21世纪高等院校规划教材

网络安全原理与应用
（第二版）

主　编　戚文静　刘　学

U0201674

中国水利水电出版社
www.waterpub.com.cn

内 容 提 要

本书从网络安全的基本理论和技术出发，深入浅出、循序渐进地讲述了网络安全的基本原理、技术应用及配置方法。内容全面，通俗易懂，理论与实践相得益彰。全书分为 11 章，内容涉及：网络安全概述、网络体系结构及协议基础、密码学基础、密码学应用、防火墙技术、网络攻击和防范、入侵检测技术、病毒与防范、WWW 安全、电子邮件安全、无线网络安全等。

本书概念准确，选材适当，结构清晰，注重理论与实践的结合。每章配有 1～2 个应用实例，并详细讲解使用和配置方法，既有助于读者对理论的理解和掌握，也可作为实验指导资料。

本书可作为高等院校计算机、信息安全、网络工程、信息工程等专业信息安全课程的教材，也可作为成人高校、高职高专和民办院校计算机等相关专业的"网络安全"课程教材，还可作为信息安全的培训教材及信息技术人员的参考书。

本书配有免费的电子教案，读者可以从中国水利水电出版社网站和万水书苑上下载，网址为：http://www.waterpub.com.cn/softdown/和 http://www.wsbookshow.com。

图书在版编目（ＣＩＰ）数据

网络安全原理与应用 / 戚文静，刘学主编. -- 2版
. -- 北京 ：中国水利水电出版社，2013.2（2021.8 重印）
21世纪高等院校规划教材
ISBN 978-7-5170-0607-7

Ⅰ．①网… Ⅱ．①戚… ②刘… Ⅲ．①计算机网络－安全技术－高等学校－教材 Ⅳ．①TP393.08

中国版本图书馆CIP数据核字(2013)第014440号

策划编辑：雷顺加　　责任编辑：宋俊娥　　加工编辑：宋 杨　　封面设计：李 佳

书　　名	21世纪高等院校规划教材 网络安全原理与应用（第二版）
作　　者	主 编 戚文静 刘 学
出版发行	中国水利水电出版社 （北京市海淀区玉渊潭南路 1 号 D 座　100038） 网址：www.waterpub.com.cn E-mail: mchannel@263.net（万水） 　　　　sales@waterpub.com.cn 电话：(010) 68367658（营销中心）、82562819（万水）
经　　售	全国各地新华书店和相关出版物销售网点
排　　版	北京万水电子信息有限公司
印　　刷	三河市铭浩彩色印装有限公司
规　　格	184mm×260mm　16 开本　21 印张　518 千字
版　　次	2005 年 9 月第 1 版　2005 年 9 月第 1 次印刷 2013 年 2 月第 2 版　2021 年 8 月第 5 次印刷
印　　数	7001—8000 册
定　　价	36.00 元

第二版前言

随着网络技术的成熟和不断发展，计算机网络已经成为人类生活中不可或缺的组成部分。越来越多的信息和重要数据利用网络存储和交换，电子商务、网络银行等网络业务的飞速发展，给人类的生产和生活带来了快捷与方便。但与此同时，攻击、入侵和病毒等问题也严重威胁着网络中各类资源和应用的安全性，极大地损害了网络使用者的利益，给网络应用的健康发展带来巨大的障碍。因此，网络安全问题已成为各国政府普遍关注的问题，网络安全技术也成为信息技术领域的重要研究课题。

"网络安全"是一门综合计算机、网络、通信、密码等技术的综合性学科，涉及硬件平台、软件系统、基础协议各方面的问题，内容复杂，形式多变。本书从网络安全的基本原理和技术基础出发，力求以浅显易懂、循序渐进的方式讲述网络安全的基本原理、技术应用及配置方法。全书分为 11 章，内容涉及：网络安全概述、网络体系结构及协议基础、密码学基础、密码学应用、防火墙技术、网络攻击和防范、入侵检测技术、病毒与防范、WWW 安全、电子邮件安全、无线网络安全等。

本书在第一版的基础上，结合一线教师和学生的反馈意见，对内容进行了适当的调整和补充，主要包括：对内容的系统性进行调整，使之在体系上更科学，在逻辑上更合理；针对网络安全对内容实效性要求高的特点，对内容的时效性进行检查和更新，去掉过时的内容，增加当前最新的技术和发展动态，保持资料的新鲜性；增加习题的数量，便于读者复习和加强对学习内容的理解；更加突出实践能力的培养，拓展课后实践题目的题材和方式，使读者能够更好地结合实际进行学习，做到学有所用、学以致用。

本书的写作目的是帮助读者了解网络所面临的各种安全威胁，掌握网络安全的基本原理，掌握保障网络安全的主要技术和方法，学会在开放的网络环境中保护信息和数据。本书注重理论与实践相结合，每章都配有应用实例，一方面有助于读者对理论知识的理解和掌握；另一方面，学以致用可以提高读者的学习兴趣、增加学习动力，也有助于提高读者的实践能力。本书在选材时充分考虑学生的基础和能力，在协调内容的深度、广度、难度的关系以及理论和应用的比例方面，都做了深入的考虑，在保证科学性和实用性的同时，尽量做到深入浅出、通俗易懂。

本书由戚文静、刘学担任主编，并执笔编写了第 1、3、4、5、6、8、10、11 等章节的主要内容，孙鹏、李国文、张艳、袁卫华、杜向华、许丽娜、徐功文、柳楠等老师参与了第 2、6、7、8、9 章部分内容的编写及教学资源建设工作，赵秀梅、秦松、赵敬、赵莉、魏代森等老师参加了本书大纲讨论、内容校对工作。本书在编写过程中参阅了大量的中外文献及安全网站，从中获得了很多启示和帮助，在此一并感谢。

由于"网络安全"是一门内容广博、不断发展的学科，加之作者水平有限，书中的疏漏和不足在所难免，敬请读者批评指正。作者的 E-mail 地址为：qiwj@hotmail.edu.cn。

编　者

2012 年 12 月

第一版前言

在信息化社会中，人们对计算机网络的依赖日益增强。越来越多的信息和重要数据资源存储和传输于网络中，通过网络获取和交换信息的方式已成为当前主要的信息沟通方式之一。与此同时，由于网络安全事件频繁发生，使得网络安全成为倍受关注的问题。尤其是网络上各种新业务（如电子商务、网络银行等）的兴起以及各种专用网络（如金融网）的建设，对网络的安全性提出更高的要求。攻击、入侵行为和病毒的传播严重威胁着网络中各类资源的安全性，极大地损害了网络使用者的利益，也为网络应用的健康发展带来巨大的障碍。因此，网络安全问题已成为各国政府普遍关注的问题，网络安全技术也成为信息技术领域的重要研究课题。

网络安全涉及硬件平台、软件系统、基础协议等方方面面的问题，复杂而多变。只有经过系统的学习和训练，才能对网络安全知识有全面的理解和掌握。本书从网络安全的基本理论和技术出发，深入浅出、循序渐进地讲述了网络安全的基本原理、技术应用及配置方法，内容全面，通俗易懂，理论与实践相得益彰。全书分为 11 章，内容涉及：网络安全体系结构、密码学基础、密码学应用、防火墙、攻击技术、病毒与防范、入侵检测、WWW 安全、E-mail 安全、操作系统安全。

本书的写作目的是帮助读者了解网络所面临的各种安全威胁，掌握网络安全的基本原理，掌握保障网络安全的主要技术和方法，学会如何在开放的网络环境中保护信息和数据，防止黑客和病毒的侵害。在学习本教材之前，读者应具备编程语言、计算机网络、操作系统等方面的基础知识。本书适合作为计算机及相关专业的学生教材或参考书，也可作为对网络安全感兴趣的初学者的自学教材。

本书的主要特点是：

- 注重理论与实践相结合：每章都配有应用实例，一方面可以帮助读者对理论知识进行理解和掌握；另一方面，学以致用可以提高读者的学习兴趣、增加学习动力，也有助于提高读者的实践能力。
- 内容丰富、科学合理：本书在选材时充分考虑学生的基础和能力，在协调内容的深度、广度、难度的关系以及理论和应用的比例方面，都做了深入的考虑，在保证科学性和实用性的同时，尽量做到深入浅出、通俗易懂。

本书由戚文静、刘学担任主编，并执笔编写了第 1、2、3、4、5、6、8、10 等章节内容，孙鹏、赵秀梅、秦松、杜向华等老师参与了第 7、9、11 章部分内容的编写工作，参加本书编写工作的还有赵敬、杨云、刘倩、杨艳春、董艳丽、王红、张磊等。本书在编写过程中参阅了大量的中外文献及安全网站，从中获得很多启示和帮助，在此一并感谢。

由于"网络安全"是一门内容广博、不断发展的学科，加之作者水平有限，书中的疏漏和不足在所难免，敬请读者批评指正。作者的 E-mail 地址为：wenjing_qi@21cn.com。

编 者

2005 年 7 月

目　　录

第1章 网络安全概述

本章介绍网络安全的基本概念和术语，分析网络安全现状及影响网络安全的因素；阐述网络安全对于政治、经济、军事等方面的重要作用；最后分析了国内外对信息安全的重视和立法情况。通过本章的学习，应达到以下目标：

- 理解网络安全的基本概念和术语
- 了解目前主要的网络安全问题和安全威胁
- 理解基本的网络安全模型及功能
- 了解网络和信息安全的重要性
- 了解国内外的信息安全保障体系

自 20 世纪 90 年代以来，互联网在全球呈爆炸式增长，这是互联网的发明者们始料未及的。Internet 的历史可以追溯到 1969 年美国国防部高级研究计划署（ARPA）建立的 ARPANET。这个网络最初用于军方的各种计算机之间的相互通信，通过一组叫做 TCP/IP 的通信协议将军方的各种不同的计算机互相连接起来。随着 ARPANET 的发展，它逐渐成为目前通常所说的国际互联网 Internet。Internet 早已不再局限于美国本土，也不再局限于军事用途，它已发展成为全球性的、高速互联的一个庞大系统，并对人类的生产和生活方式产生了巨大的影响。目前，通过网络获取和交换信息的方式已成为主要的信息沟通方式，并且这种趋势还在不断地发展。网络上各种新业务（如电子商务、网络银行等）的兴起以及各种专用网络（如金融网）的建设，对网络的安全性提出更高的要求，而如何保障网络安全成为目前一个亟待解决的问题。

1.1 网络安全的基本概念

1.1.1 网络安全的定义及相关术语

1. 网络安全的定义

在解释网络安全这个术语之前，首先要明确计算机网络的定义。计算机网络是地理上分散的多台自主计算机互联的集合，这些计算机遵循约定的通信协议，与通信设备、通信链路及网络软件共同实现信息交互、资源共享、协同工作及在线处理等功能。

所以，从广义上说，网络安全包括网络硬件资源及信息资源的安全性。硬件资源包括通信线路、通信设备（交换机、路由器等）、主机等。要实现信息快速、安全的交换，一个可靠的物理网络是必不可少的。信息资源包括维持网络服务运行的系统软件和应用软件以及在网络中存储和传输的用户信息数据等。信息资源的保密性、完整性、可用性等是网络安全研究的重要课题，也是本书涉及的重点内容。

从用户角度看，网络安全主要是保障个人数据或企业的信息在网络中的保密性、完整性、不可否认性，防止信息的泄露和破坏，防止信息资源的非授权访问。对于网络管理者来说，网络安全的主要任务是保障合法用户正常使用网络资源，避免病毒、拒绝服务、远程控制、非授权访问等安全威胁，及时发现安全漏洞，制止攻击行为等。从教育和意识形态方面，网络安全主要是保障信息内容的合法与健康，控制含不良内容的信息在网络中的传播。例如英国实施的"安全网络 R-3 号"计划，其目的就是打击网络上的犯罪行为，防止 Internet 上不健康内容的泛滥。

可见网络安全的内容是十分广泛的，不同的人群对其有不同的理解，在不同的层面有不同的内涵。在此对网络安全下一个通用的定义：网络安全是指保护网络系统中的软件、硬件及信息资源，使之免受偶然或恶意的破坏、篡改和泄露，保证网络系统正常运行、网络服务不中断。

2．网络安全的属性

在美国国家信息基础设施（NII）的文献中，给出了安全的 5 个属性，分别为：可用性、机密性、完整性、可靠性和不可抵赖性。这 5 个属性适用于国家信息基础设施的各个领域，如教育、娱乐、医疗、运输、国家安全、通信等。

（1）可用性（Availability）。可用性是指得到授权的实体在需要时可以得到所需要的网络资源和服务。由于网络最基本的功能就是为用户提供信息和通信服务，而用户对信息和通信需求是随机的（内容的随机性和时间的随机性）、多方面的（文字、语音、图像等），有的用户还对服务的实时性有较高的要求。网络必须能够保证所有用户的通信需要，一个授权用户无论何时提出要求，网络必须是可用的，不能拒绝用户要求。攻击者常会采用一些手段来占用或破坏系统的资源，以阻止合法用户使用网络资源，这就是对网络可用性的攻击。对于针对网络可用性的攻击，一方面要采取物理加固技术，保障物理设备安全、可靠地工作；另一方面可以通过访问控制机制，阻止非法访问进入网络。

（2）机密性（Confidentiality）。机密性是指网络中的信息不被非授权实体（包括用户和进程等）获取与使用。这些信息不仅指国家机密，也包括企业和社会团体的商业秘密和工作秘密，还包括个人的秘密（如银行账号）和个人隐私（如邮件、浏览习惯）等。网络在人们生活中的广泛使用，使人们对网络机密性的要求提高。在网络的不同层次上有不同的机制来保障机密性。在物理层上，主要是采取电磁屏蔽技术、干扰及跳频技术来防止电磁辐射造成的信息外泄；在网络层、传输层及应用层主要采用加密、路由控制、访问控制、审计等方法来保证信息的机密性。其中，密码技术是用于保障网络信息机密性的主要技术。

（3）完整性（Integrity）。完整性是指网络信息的真实可信性，即网络中的信息不会被偶然或者蓄意地删除、修改、伪造、插入等，保证授权用户得到的信息是真实的。只有具有修改权限的实体才能修改信息，如果信息被未经授权的实体修改了或在传输过程中出现了错误，信息的使用者应能够通过一定的方式判断出信息是否真实可靠。一般通过消息认证码（Message Authentication Code，MAC）的方式来进行完整性的认证，消息认证码是由原始消息经过一定的变换得到的，如通过 Hash 算法来生成消息认证码。

（4）可靠性（Reliability）。可靠性是指系统在规定的条件下和规定的时间内，完成规定功能的概率。可靠性是网络安全最基本的要求之一。目前对于网络可靠性的研究主要偏重于硬件可靠性的研究，主要采用硬件冗余、提高硬件质量和精确度等方法。实际上，软件的可靠性、人员的可靠性和环境的可靠性在保证系统可靠性方面也是非常重要的。在一些关键的应用领域，如航空、航天、电力、通信等，软件可靠性显得尤为重要，在银行、证券等金融服务性行业，其软件系统的可靠性也直接关系到自身的声誉和生存发展竞争力。随着软件系统的规模越来越大、结构越来越复杂，软件的可靠性越来越难以保证。若在软件项目的开发过程中，对可靠性没有提出明确的要求，只注重运行速度、结果的正确性和用户界面的友好性等直接效益因素，而在投入使用后才发现大量可靠性问题，会大大增加软件系统维护的困难和工作量，甚至造成无法投入实际使用的情况。

　　（5）不可抵赖性（Non-repudiation）。不可抵赖性也称为不可否认性，是指通信的双方在通信过程中，对于自己所发送或接收的消息不可抵赖。即发送者不能抵赖他发送过消息的事实和消息内容，而接收者也不能抵赖其接收到消息的事实和消息内容。通过身份认证和数字签名技术来实现网络上信息交换或电子商务交易的不可抵赖性。

1.1.2　主要的网络安全威胁

1. 网络安全威胁的定义及分类
　　所谓的网络安全威胁是指某个实体（人、事件、程序等）对某一网络资源的机密性、完整性、可用性及可靠性等可能造成的危害。安全威胁可分成故意的（如系统入侵）和偶然的（如信息被发到错误地址）两类。故意威胁又可进一步分成被动威胁和主动威胁两类。被动威胁只对信息进行监听，而不对其进行修改和破坏。主动威胁则是对信息进行故意篡改和破坏，使合法用户得不到可用信息。实际上，目前没有统一、明确的方法对安全威胁进行分类和界定，但为了理解安全服务的作用，人们总结了计算机网络及通信中常遇到的一些威胁。

　　（1）对信息通信的威胁。用户在网络通信过程中，通常遇到的威胁可分为两类，一类为主动攻击，攻击者通过网络将虚假信息或计算机病毒传入信息系统内部，破坏信息的完整性及可用性，即造成通信中断、通信内容破坏甚至系统无法正常运行等较严重后果的攻击行为；另一类为被动攻击，攻击者截获、窃取通信信息，损害信息的机密性。被动攻击不易被用户发现，具有较大的欺骗性。对信息通信的主要威胁如图 1-1 所示。

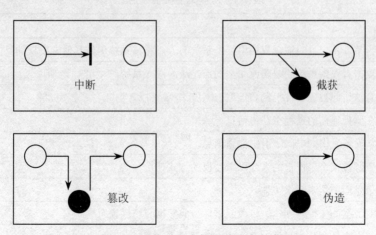

图 1-1　通信过程中的四种攻击方式

- 中断：是指攻击者使系统的资源受损或无法使用，从而使系统无法进行正常的通信和服务，属于主动威胁。
- 截获：是指攻击者非法获得了对一个资源的访问，并从中窃取了有用的信息或服务，属于被动威胁。
- 篡改：是指攻击者未经授权访问并改动了资源，从而使合法用户得到虚假的信息或错误的服务等，属于主动攻击。
- 伪造：是指攻击者未经许可在系统中制造出假的信息源、信息或服务，欺骗接收者，属于主动攻击。

对通信的保护主要借助密码学的方法，通过对信息的加密来保证只有授权的用户才能看到信息的真实内容，通过消息认证及数据签名等技术来防止信息被篡改和伪造。

（2）对信息存储的威胁。对于存储在计算机存储设备中的数据，也存在着同样严重的威胁。攻击者获得对系统的访问控制权后，就可以浏览存储设备中的数据、软件等信息，窃取有用信息，破坏数据的机密性。如果对存储设备中的数据进行删除和修改，则破坏信息的完整性和可用性。对信息存储的安全保护主要通过访问控制和数据加密方法来实现。另外，物理的不安全因素也是信息存储的主要潜在威胁之一，如由于自然灾害和环境因素引发的存储数据损坏。因此，对于重要信息和服务要有必要的备份机制来保障信息或服务被损坏时能够及时得到替代，把损失降到最低。

（3）对信息处理的威胁。信息在进行加工和处理的过程中，通常以明文形式出现，加密保护不能用于处理过程中的信息。因此，在处理过程中信息极易受到攻击和破坏，造成严重损失。另外，信息在处理过程中，也可能由于信息处理系统本身软、硬件的缺陷或脆弱性等原因，使信息的安全性和完整性遭到损害。

2．网络安全威胁的主要表现形式

网络中的信息和设备所面临的安全威胁有着多种多样的具体表现形式，而且威胁的表现形式随着软、硬件技术的发展不断地进化，这里简单地总结一些典型的危害网络安全的行为，如表 1-1 所示。

表 1-1　威胁的主要表现形式

威胁	描述
授权侵犯	为某一特定目的被授权使用某个系统的人，将该系统用作其他未授权的目的
旁路控制	攻击者发掘系统的缺陷或安全弱点，从而渗入系统
拒绝服务	合法访问被无条件拒绝和推迟
窃听	在监视通信的过程中获得信息
电磁泄露	从设备发出的电磁辐射中泄露信息
非法使用	资源被某个未授权的人或以未授权的方式使用
信息泄露	信息泄露给未授权实体
完整性破坏	对数据的未授权创建、修改或破坏造成数据完整性损害
假冒	一个实体假装成另外一个实体
物理侵入	入侵者绕过物理控制而获得对系统的访问权

威胁	描述
重放	出于非法目的而重新发送截获的合法通信数据的拷贝
否认	参与通信的一方事后否认曾经发生过此次通信
资源耗尽	某一资源被故意超负荷使用，导致其他用户的服务被中断
业务流分析	通过对业务流模式（有、无、数量、方向、频率）进行观察，而使信息泄露给未授权实体
特洛伊木马	含有觉察不出或无害程序段的软件，当它被运行时，会损害用户的安全
陷门	在某个系统或文件中预先设置的"机关"，使得当提供特定的输入时，允许违反安全策略
人员疏忽	授权人员出于某种动机或由于粗心将信息泄露给未授权的人

3. 构成威胁的因素

影响信息系统安全的因素很多，这些因素可能是有意的，也可能是无意的；可能是人为的，也可能是非人为的。归结起来，针对信息系统的威胁主要有以下 3 类因素：

（1）环境和灾害因素。温度、湿度、供电、火灾、水灾、地震、静电、灰尘、雷电、强电磁场、电磁脉冲等，均会破坏数据和影响信息系统的正常工作。灾害轻则造成业务工作混乱，重则造成系统中断甚至造成无法估量的损失。这类不安全因素对信息的完整性和可用性威胁最大，而对信息的保密性影响较小。如 1999 年 8 月吉林省某电信业务部门的通信设备被雷击中，造成惊人的损失；还有某铁路计算机系统遭受雷击，造成设备损坏、铁路运输中断等。解决这类安全威胁的主要方法是采取有效的物理安全保障措施，完善管理制度，对设备、服务及信息都要有良好的备份和恢复机制。

（2）人为因素。在网络安全问题中，人为的因素是不可忽视的。多数的安全事件是由于人员的疏忽、恶意程序、黑客的主动攻击造成的。人为因素对网络安全的危害性更大，也更难于防御。人为因素可分为有意和无意两种。有意是指人为的恶意攻击、违纪、违法和犯罪。例如，计算机病毒是一种人为编写的恶意代码，具有自我繁殖、相互感染、激活再生等特征。计算机一旦感染病毒，轻者影响系统性能，重者破坏系统资源，甚至造成死机和系统瘫痪。网络为病毒的传播提供了捷径，其危害也更大。黑客攻击是指利用通信软件，通过网络非法进入他人系统，截获或篡改数据，危害信息安全。对于这些有意的安全威胁行为，主要的防范措施包括建立适当的安全监控机制、及时检测和识别威胁、进行报警和响应等。无意是指网络管理员或使用者因工作的疏忽造成失误，没有主观的故意，但同样会对系统造成严重的不良后果。如由于操作员安全配置不当造成的安全漏洞，用户安全意识不强，用户口令选择不慎，用户将自己的账号随意转借他人或与别人共享，文件的误删除，输入错误的数据等。人员无意造成的安全问题主要源自 3 个方面，一是网络及系统管理员方面，对系统配置及安全缺乏清醒的认识或整体的考虑，造成系统安全性差，影响网络安全及服务质量；二是程序员方面的问题，程序员开发的软件有安全缺陷，比如常见的缓冲区溢出问题；三是用户方面，用户有责任保护好自己的口令及密钥。以上这些人为的因素威胁到网络信息的机密性、完整性和可用性，防范此类威胁的方法包括防止电磁泄露、完善安全管理制度、制定合适的安全保护策略等，并加强对用户安全意识的教育。

（3）系统自身因素。计算机网络安全保障体系应尽量避免天灾造成的计算机危害，控制、预防、减少人祸以及系统本身原因造成的计算机危害。尽管近年来计算机网络安全技术取得了巨大的进步，但计算机网络系统的安全性却比以往都更加脆弱。主要表现在它极易受到攻击和侵害、抗打击力和防护力很弱。其脆弱性主要表现在以下几个方面：

1）计算机硬件系统的故障。由于生产工艺或制造商的原因，计算机硬件系统本身有故障而引起系统的不稳定、受电压波动干扰等。硬件系统在工作时会向外辐射电磁波，易造成敏感信息的泄露。由于这些问题是固有的，除在管理上强化人工弥补措施外，采用软件程序的方法见效不大。因此在设计硬件时，应尽可能减少或消除这类安全隐患。

2）软件组件。软件组件的安全隐患是来源于程序设计和软件工程中的问题。包括：软件设计中的疏忽可能留下安全漏洞；软件设计中不必要的功能冗余及代码过长，不可避免地导致软件存在安全脆弱性；不按信息系统安全等级要求进行模块化设计，导致软件的安全等级不能达到所声称的安全级别；软件工程实现中造成的软件系统内部逻辑混乱。

软件组件可分为 3 类，即操作平台软件、应用平台软件和应用业务软件。这 3 类软件以层次结构构成软件组件体系。操作平台软件处于基础层，维系着系统组件运行的平台，因此操作平台软件的任何风险都可能直接危及或被转移、延伸到应用平台软件。所以，操作平台软件的安全等级应不低于系统安全等级要求。应用平台软件处于中间层，是在操作平台支持下运行的、支持和管理应用业务软件的软件。一方面，应用平台软件可能受到来自操作平台软件风险的影响；另一方面，应用平台软件的任何风险可直接危及或传递给应用业务软件。因此，应用平台软件的安全特性也至关重要。在提供自身安全保障的同时，应用平台软件还必须为应用业务软件提供必要的安全服务功能。应用业务软件处于顶层，直接与用户或实体打交道。应用业务软件的任何风险都直接表现为信息系统的风险，因此其安全功能的完整性及自身的安全等级必须大于系统安全的最小需求。

3）网络和通信协议。安全问题最多的网络和通信协议是基于 TCP/IP 协议的 Internet 及其通信协议。因为任何接入 Internet 的计算机网络，在理论上和技术实现上已无真正的物理界限，同时在地域上也没有真正的边界。国与国之间、组织与组织之间，以及个人与个人之间的网络界限是依靠协议、约定和管理关系进行逻辑划分的，因而是一种虚拟的网络现实。TCP/IP 协议最初设计的应用环境是美国国防系统的内部网络，这一网络环境是相互信任的，因此，TCP/IP 协议只考虑了互联互通和资源共享的问题，并未考虑来自网络中的大量安全问题。当其推广到全社会的应用环境之后，信任问题发生了，因此 Internet 充满安全隐患就不难理解了。

总之，系统自身的脆弱和不足，是造成信息系统安全问题的内部根源，各种人为因素正是利用系统的脆弱性使各种威胁变成现实。所以，保障网络的安全需要从几个方面考虑。首先，从根源出发，设计高可靠性的硬件和软件；其次就是要加强管理，设置有效的安全防范和管理措施；还有很重要的一点就是应当加强宣传和培训，增强用户的安全意识。

1.1.3　网络安全策略

安全策略是指在某个安全区域内，所有与安全活动相关的一套规则，这些规则由此安全区域内所设立的一个权威建立。如果说网络安全的目标是一座大厦的话，那么相应的安全策略就是施工的蓝图，它使网络建设和管理过程中的安全工作避免盲目性。但是，它并没有得到足够的重视。国际调查显示，目前 55%的企业网没有自己的安全策略，仅靠一些简单的安全措施来保障网络安全,这些安全措施可能存在互相分立、互相矛盾、互相重复、各自为战等问题,既无法保障网络的安全可靠,又影响网络的服务性能,并且随着网络运行而对安全措施进行不断的修补,使整个安全系统愈加臃肿不堪,难于使用和维护。

网络安全策略包括对企业的各种网络服务的安全层次和用户的权限进行分类、确定管理员的安全职责、如何实施安全故障处理、网络拓扑结构、入侵和攻击的防御和检测、备份和灾难恢复等内容。本书中所说的安全策略主要指系统安全策略,主要涉及四个大的方面,分别为:物理安全策略、访问控制策略、信息加密策略、安全管理策略。

1. 物理安全策略

制定物理安全策略的目的是保护路由器、交换机、工作站、各种网络服务器、打印机等硬件实体和通信链路免受自然灾害、人为破坏和搭线窃听攻击;验证用户的身份和使用权限,防止用户越权操作;确保网络设备有一个良好的电磁兼容工作环境;建立完备的机房安全管理制度,妥善保管备份磁带和文档资料;防止非法人员进入机房进行偷窃和破坏活动。

2. 访问控制策略

访问控制是网络安全防范和保护的主要策略,它的主要任务是保证网络资源不被非法使用和访问。它也是维护网络系统安全、保护网络资源的重要手段。各种安全策略必须相互配合才能真正起到保护作用,但访问控制可以说是保证网络安全最重要的核心策略之一。下面分述各种访问控制策略。

(1) 入网访问控制。入网访问控制为网络访问提供了第一层访问控制。它控制哪些用户能够登录到服务器并获取网络资源,控制准许用户入网的时间和准许他们在哪台工作站入网。用户的入网访问控制可分为 3 个步骤,分别为:用户名的识别与验证、用户口令的识别与验证、用户账号的默认限制检查。三道关卡中只要任何一关未通过,该用户便不能进入该网络。

对网络用户的用户名和口令进行验证是防止非法访问的第一道防线。用户注册时首先输入用户名和口令,服务器将验证所输入的用户名是否合法。如果验证合法,才继续验证用户输入的口令,否则,用户将被拒在网络之外。用户的口令是用户入网的关键所在。为保证口令的安全性,用户口令不能显示在显示屏上,口令长度应不少于 6 个字符,口令字符最好是数字、字母和其他字符的混合,用户口令必须经过加密。经过加密的口令,即使是系统管理员也难以得到它。用户还可采用一次性用户口令,也可用便携式验证器(如智能卡)来验证用户的身份。

网络管理员应该可以控制和限制普通用户的账号使用、访问网络的时间和方式。用户名或用户账号是所有计算机系统中最基本的安全形式。用户账号应只有系统管理员才能建立。用户口令应是每个用户访问网络所必须提交的"证件",用户可以修改自己的口令,但系统管理员应该可以控制口令的以下几个方面的限制:最小口令长度、强制修改口令的时间间隔、口令的唯一性、口令过期失效后允许入网的宽限次数。

用户名和口令验证有效之后,再进一步履行用户账号的默认限制检查。网络应能控制用户登录入网的站点、限制用户入网的时间、限制用户入网的工作站数量。当用户对交费网络的访问"资费"用尽时,网络还应能对用户的账号加以限制。网络应对所有用户的访问进行审计。如果多次输入口令不正确,则认为是非法用户的入侵,应给出报警信息。

(2) 网络的权限控制。网络的权限控制是针对网络非法操作所提出的一种安全保护措施。用户和用户组被赋予一定的权限。网络控制用户和用户组可以访问哪些目录、子目录、文件和其他资源。可以指定用户对这些文件、目录、设备能够执行哪些操作。可以根据访问权限将用户分为以下几类：特殊用户（即系统管理员）；一般用户，系统管理员根据他们的实际需要为他们分配操作权限；审计用户，负责网络的安全控制与资源使用情况的审计。用户对网络资源的访问权限可以用一个访问控制表来描述。

（3）目录级安全控制。网络应允许控制用户对目录、文件、设备的访问。用户在目录一级指定的权限对所有文件和子目录有效，用户还可以进一步指定对目录下的子目录和文件的访问权限。对目录和文件的访问权限一般有 8 种，分别为：系统管理员（Supervisor）权限、读（Read）权限、写（Write）权限、创建（Create）权限、删除（Erase）权限、修改（Modify）权限、文件查找（File Scan）权限、存取控制（Access Control）权限。一个网络系统管理员应当为用户指定适当的访问权限，这些访问权限控制着用户对服务器的访问。8 种访问权限的有效组合可以让用户有效地完成工作，同时又能有效地控制用户对服务器资源的访问，从而加强了网络和服务器的安全性。

（4）属性安全控制。当使用文件、目录和网络设备时，网络系统管理员应给文件、目录等指定访问属性。属性安全控制可以将给定的属性与网络服务器的文件、目录和网络设备联系起来。属性安全在权限安全的基础上提供更进一步的安全性。网络上的资源都应预先标出一组安全属性。属性往往能控制以下几个方面的权限：向某个文件写数据、拷贝一个文件、删除目录或文件、查看目录和文件、执行文件、隐含文件、共享、系统属性等。网络的属性可以保护重要的目录和文件，防止用户对目录和文件的误删除、执行修改、显示等。

（5）网络服务器安全控制。网络允许在服务器控制台上执行一系列操作。用户使用控制台可以装载和卸载模块，执行安装和删除软件等操作。网络服务器的安全控制包括可以设置口令锁定服务器控制台，以防止非法用户修改、删除重要信息或破坏数据；可以设定服务器登录时间限制、非法访问者检测和关闭的时间间隔。

（6）网络监测和锁定控制。网络管理员应对网络实施监控，服务器应记录用户对网络资源的访问，对非法的网络访问，服务器应以图形、文字或声音等形式报警，以引起网络管理员的注意。如果不法之徒试图进入网络，网络服务器应会自动记录企图尝试进入网络的次数，如果非法访问的次数达到设定数值，那么该账户将被自动锁定。

（7）网络端口和结点的安全控制。网络中服务器的端口往往使用自动回呼设备、静默调制解调器加以保护，并以加密的形式来识别结点的身份。自动回呼设备用于防止假冒合法用户，静默调制解调器用于防范黑客的自动拨号程序对计算机进行攻击。网络还常对服务器端和用户端采取控制，用户必须携带证实身份的验证器（如智能卡、磁卡、安全密码发生器）。在对用户的身份进行验证之后，才允许用户进入用户端。然后，用户端和服务器端再进行相互验证。

（8）防火墙控制。防火墙是一种保护计算机网络安全的技术性措施，它是一个用于阻止黑客访问某个机构网络的屏障，是控制进/出两个方向通信的门槛。在网络边界上通过建立起来的相应网络通信监控系统来隔离内部和外部网络，以阻挡外部网络的侵入。

3. 信息加密策略

信息加密的目的是保护网内的数据、文件、口令和控制信息，保护网络会话的完整性。网络加密可以在链路层、网络层、应用层等进行，分别对应网络体系结构中的不同层次形成加密通信通道。用户可以根据不同的需要，选择适当的加密方式。

加密过程由加密算法来具体实施。据不完全统计，到目前为止，已经公开发表的各种加密算法多达数百种。如果按照收发双方使用的密钥是否相同来分类，可以将这些加密算法分为对称密码算法和非对称密码算法。

在对称密码算法中，加密和解密使用相同的密钥。比较著名的对称密码算法有美国的 DES 及其各种变形、欧洲的 IDEA、RC4、RC5 以及以代换密码和转轮密码为代表的古典密码算法等。对称密码的优点是有很强的保密强度，能经受住时间的检验，但其密钥必须通过安全的途径传送。因此，其密钥管理成为保证系统安全的重要因素。

在非对称（公钥）密码算法中，加密和解密使用的密钥互不相同，而且很难从加密密钥推导出解密密钥。比较著名的公钥密码算法有 RSA、Diffe-Hellman、LUC、Rabin 等，其中最有影响的公钥密码算法是 RSA。公钥密码的优点是可以适应网络的开放性要求，且密钥管理问题也较为简单，可方便地实现数字签名和验证。但其算法复杂，加密数据的速率较低。

针对两种密码体系的特点，一般的实际应用系统中都采用两类密码算法的组合应用，对称算法加密长消息，非对称算法加密短消息。比如：用对称算法来加密数据，用非对称算法来加密对称算法所使用的密钥，这样既解决了对称算法密钥管理的问题，又解决了非对称算法加密速度的问题。现在流行的 PGP 和 SSL 等加密技术就是将对称密码算法和公钥密码算法结合在一起使用，利用 DES 或 IDEA 来加密信息，而采用 RSA 来传递会话密钥。

加密是实现网络安全的最有效的技术之一。

4．安全管理策略

安全与方便往往是互相矛盾的。有时虽然知道自己网络中存在的安全漏洞以及可能招致的攻击，但是出于管理协调方面的问题而无法去更正。因为管理一个网络，包括用户数据更新管理、路由政策管理、数据流量统计管理、新服务开发管理、域名和地址管理等，网络安全管理只是其中的一部分，并且在服务层次上，处于对其他管理提供服务的地位上。这样，在与其他管理服务存在冲突的时候，网络安全往往需要做出让步。因此，制定一个好的安全管理策略，协调好安全管理与其他网络管理业务、安全管理与网络性能之间的关系，对于确保网络安全可靠的运行是必不可少的。

网络的安全管理策略包括：确定安全管理等级和安全管理范围；制定有关网络操作使用规程和人员出入机房管理制度；制定网络系统的维护制度和应急措施等。安全管理的落实是实现网络安全的关键。

1.1.4　网络安全模型

1．P²DR 安全模型

由于互联网络的动态变化、多维互联的特点，并且随着网络规模和应用系统规模的不断增大，网络安全越来越难以控制和保障。传统的安全理论和单一的安全技术不足以保障网络的安全，于是可适应网络安全的理论体系逐渐形成。

P²DR 模型是由美国国际互联网安全系统公司提出的一个可适应的网络安全模型（Adaptive Network Security Model），如图 1-2 所示。P²DR 包括 4 个主要部分，分别是：Policy——策略，Protection——保护，Detection——检测，Response——响应。P²DR 模型的基本思想是：一个系统的安全应该在一个统一的安全策略（Policy）的控制和指导下，综合运用各种安全技术（如防火墙、操作系统身份认证、加密等手段）对系统进行保护，同时利用检测工具（如漏洞评估、入侵检测等系统）来监视和评估系统的安全状态，并通过适当的响应机制来将系统调整到相对"最安全"和"风险最低"的状态。从 P²DR 模型的示意图也可以看出，它强调安全是一个在安全策略指导下的保护、检测、响应不断循环的动态过程，系统的安全在这个动态的过程中不断得到加固。因此称之为可适应的安全模型。

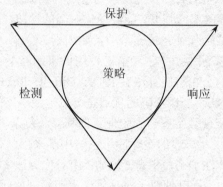

图 1-2   P^{2}DR 安全模型

P^{2}DR 模型对安全的描述可以用下面的公式来表示：

安全=风险分析+执行策略+系统实施+漏洞监测+实时响应

（1）策略。安全策略是整个 P^{2}DR 模型的核心，所有的保护、检测、响应都是依据安全策略而实施的，安全策略为安全管理提供管理方向和支持手段。策略体系的建立包括安全策略的制定、评估、执行等。制定可行的安全策略取决于对网络信息系统的了解程度。不同的网络需要不同的策略，在制定策略以前，需要全面考虑网络有哪些安全需求，分析网络存在哪些安全风险，了解网络的结构、规模，了解应用系统的用途和安全要求等。对这些问题做出详细回答，明确哪些资源是需要保护的，需要达到什么样的安全级别，并确定采用何种防护手段和实施办法，这就是针对企业网络的一份完整的安全策略。策略一旦制定，应当作为整个企业安全行为的准则。

（2）保护。保护就是采用一切可能的手段来保护网络系统的保密性、完整性、可用性、可靠性和不可否认性。保护是预先阻止可能引起攻击的条件产生，让攻击者无懈可击，良好的防护可以避免大多数入侵事件的发生。在安全策略的指导下，根据不同等级的系统安全要求来完善系统的安全功能和安全机制。通常采用传统的静态安全技术来实现，主要有防火墙技术、数据加密技术及认证技术等。

对网络的保护是一种边界防卫技术，主要是在边界提高防御能力。但界定网络信息系统的边界通常是非常困难的。一方面，网络系统会随着业务的发展而不断变化；另一方面，要保护无处不在的网络基础设施成本很高。边界防卫通常将安全边界设在需要保护的信息周边，如存储和处理信息的计算机系统的外围，以阻止假冒、搭线窃听等行为。

边界防卫技术又可分为物理实体保护技术和信息保护技术。

物理实体保护主要是对有形的信息载体实施保护，使之不被窃取、复制和破坏。信息载体的传输、使用、保管、销毁各个环节的安全都属于物理实体保护的范畴。

信息保护技术是对信息处理过程和传输过程实施保护，使之不被非法或未授权用户窃取、复制、破坏、泄露。对信息处理的保护有两种技术，一种是计算机软、硬件加密和保护技术，如计算机口令字验证、数据库控制技术、审计跟踪技术、密码技术、防病毒技术等；另一种是计算机网络保密技术，主要指用于防止内部网络秘密信息非法外传的保密网关、安全路由器、防火墙等。对信息传输的保护也有两种技术，一种是对信道采取措施，如专网通信技术、跳频通信技术、辐射屏蔽和干扰技术等，主要是增加窃听信道的难度；另一种是对信息采取措施，如对信息进行加密，这样，即使窃听者截获了信息也无法知道真实的内容。

（3）检测。检测是动态响应和加强防护的依据，使强制落实安全策略的工具通过不断地检测和监控网络及系统来发现新的威胁和弱点，通过循环反馈来及时作出有效的响应。网络安全风险是实时存在的，检测的对象主要针对系统自身的脆弱性及外部威胁，利用检测工具了解和评估系统的安全状态。

检测是检查系统存在的脆弱性。在计算机系统运行过程中，检查、测试信息是否泄露、系统是否遭到入侵，并找出泄露的原因和攻击的来源。包括计算机网络入侵检测、信息传输检查、电子邮件及文件的监控、物理安全检测等。

其中非常重要的一项是系统入侵检测。入侵检测是发现渗透企图和入侵行为的一系列的技术手段和措施。从近年来的入侵案例来看，攻击者主要是利用系统的各种安全漏洞来入侵系统。入侵检测主要基于入侵者的行为与合法用户的正常行为有明显的不同这一特征来实施对入侵行为的检测和告警，以及实现对入侵者的跟踪、定位和行为取证。

（4）响应。在检测到安全漏洞之后必须及时做出正确的响应，从而把系统调整到安全状态。对于危及安全的事件、行为、过程，及时做出处理，杜绝危害进一步扩大，使系统尽快恢复到能提供正常服务的状态。

由于任何系统都无法做到绝对的安全、万无一失，因此，应急响应和系统恢复就成为系统安全中非常重要的一环。通过制定应急响应方案，建立反应机制，提高对安全事件快速响应的能力。

P^2DR 的应用实例

1997 年，美国互联网安全系统（Internet Security System，ISS）有限公司推出可适应性网络安全解决方案——SAFESuite 套件系列。

SAFESuite 的功能包括三个部分：①风险评估（Risk Assessment）；②入侵探测（Intrusion Detection）；③安全管理（Security Managment）。其包括 Internet 扫描器（Internet Scanner）、系统扫描器（System Scanner）、数据库扫描器（DBS Scanner）、实时监控系统（RealSecure System）和 SAFESuite 套件决策软件（SAFESuite Decisions Software）。其中，Internet 扫描器通过对网络安全弱点全面和自主的检测与分析，能够迅速找到安全漏洞并予以修复；系统扫描器通过对内部网络安全弱点的全面分析，协助企业进行安全风险管理；数据库扫描器是针对数据库管理系统风险的评估检测工具，用户可以利用它建立数据库的安全规则，通过运行审核程序来提供有关安全风险和位置的简明报告；实时监控系统对计算机网络进行自主、实时的攻击检测与响应，它对网络的安全进行轮回监控，使用户可以在系统被破坏之前自主地中断并响应安全漏洞和误操作。SAFESuite 套件从防范、检测和及时响应三方面入手，确保企业网络的安全。

2. PDRR 安全模型

另一个常用的安全模型是 PDRR 模型。PDRR 模型是美国国防部提出的"信息安全保护体系"中的重要内容，概括了网络安全的整个环节。PDRR 包括 4 个部分，分别是 Protection（防护）、Detection（检测）、Response（响应）、Recovery（恢复）。这 4 个部分构成了一个动态的信息安全周期。

PDRR 在网络安全模型中引入时间的概念。Pt 表示系统受保护的时间，即从系统受攻击到被攻破所经历的时间，入侵技术的提高及安全薄弱的系统都能增加攻击的有效性，使保护时间 Pt 缩短。Dt 表示系统检测到攻击所需的时间，即从系统受到攻击到系统检测到攻击所用的时间。改进检测算法可以缩短检测时间。Rt 表示系统对攻击进行响应所需要的时间，即指系统从检测到攻击，到产生抵御行为所经历的时间。有了这个定义后，就可以简单地用这三个量来表示一个系统的安全状态，如果 $Pt > Rt + Dt$，则系统是安全的，即系统有能力在受到攻击后快速地响应，保证在系统被攻破前完成检测和响应，保护系统的安全。否则，若 $Pt < Rt + Dt$，则表示系统无法在其保护时间内完成检测和响应，这样的系统就是不安全的。另一个时间量——系统暴露时间 Et 也是描述系统安全的一个重要参数。Et 是指系统处于不安全状态的时间，亦即从检测到入侵者破坏系统安全时开始到系统恢复到正常状态为止的这段时间。很显然，系统暴露时间越长，其安全损失就越大。

这实际上是给网络安全一个高度概括的定义，即：及时的检测和响应就是安全。根据这个定义可以看出，在构筑网络安全体系时，一个主要的宗旨就是：提高系统的保护时间，缩短检测时间和响应时间。

1.2 网络安全保障体系及相关立法

1.2.1 美国政府信息系统的安全防护体系

2004 年 1 月，美国成立了"全国信息保障委员会"、"全国信息保障同盟"和"关键基础设施信息保障办公室"等 10 多个全国性机构。9·11 事件后，美国成立了由副总统领导的国家本土安全局，其职责包括保护本土信息基础设施的安全。布什总统发布 13231 号总统令，将克林顿成立的"总统关键基础设施保护委员会"这一部委之间的协调机构改为行政实体"总统关键基础设施保护办公室"，接受总统办公厅领导。这些措施体现了美国积极防御的信息安全战略意图。美国国家信息安全战略的目标是：防止针对关键设施的网络攻击；减少可能遭受攻击的安全漏洞；减少损失，缩短对网络攻击的反应时间。

1. 信息安全机构的设置情况

美国政府信息机构的设置情况如下：

（1）商务部负责发布有关计算机安全的标准和指导方针，并决定在何种范围内强制执行，或准予豁免执行某些标准的规定。商务部下属的国家标准与技术局主要负责非保密信息系统的信息安全工作，具体主持制定和推广成本效益好的计算机安全标准和指导其发展。计算机系统实验室计算机安全部具体落实国家标准与技术局所负责的信息安全工作，负责帮助联邦政府各部委解决各种各样的信息安全问题，其中包括安全规划、风险管理、应急计划、安全教育培训、网络安全、加密技术、人员身份认证技术、智能卡应用技术、计算机病毒检测与防治。

（2）国防部下属的国家安全局主要负责保密信息系统（被有关法规称为"国家安全系统"）的信息安全工作。国家安全局局长被任命为国家安全系统的信息安全国家主管。国家安全系统的保密信息包括美国宪法 2315 款第 102 项规定的信息：涉及情报的活动；涉及与国家安全有关的隐蔽活动；涉及军队的指挥与控制；涉及属于武器和武器系统的设备或对于完成军事或情报任务至关重要的设备等。全国计算机安全中心具体落实国家安全局所负责的信息安全工作，包括以下几个方面：第一，帮助其他政府机构解决与"国家安全系统"有关的信息安全问题，其中包括风险评估、安全规划、运行安全、验证等安全措施；第二，出版《信息系统安全产品和服务名录》；第三，根据联邦政府机构及其合同单位的要求，对有关信息系统的薄弱环节加以评估，并提出消除和改善薄弱环节的信息系统安全措施。

（3）计算机应急处理小组协调中心的具体任务是：提供 24 小时可靠、可信的紧急情况联络；促进专家之间的交流以便解决信息安全问题；作为发现和改善计算机系统薄弱环节的服务中心；与研究机构保持紧密联系，进行旨在改进现有系统安全性能的研究；采取有效措施增进广大网络用户和网络服务提供单位对信息安全的认识和了解。

2．信息安全防护政策及措施

1985 年 12 月，美国总统直属的行政管理与预算局（OMB）负责制定了一项重要的政策——《联邦政府信息资源管理 OMB A-130 号通告》，并在 1993 年 7 月 2 日作了修改。该通告全面阐述了美国政府的信息资源管理政策。在这份长达 20 多万字的政策文件中，不仅详细论述了美国联邦政府信息、信息系统和信息技术的管理政策与方针，而且在其附录中还详细阐述了具体执行上述政策的细则。尤其在附录《联邦政府自动化信息资源的安全》政策大纲中，具体阐述了计算机系统的安全对策。该通告适用于所有美国政府部门的所有机构，因此这是美国联邦政府信息资源管理和信息安全的政策大纲。

1987 年美国国会通过《计算机安全法案》，并于 1988 年开始实施。该法案的目的是为了改善联邦政府使用的计算机系统内敏感信息的安全与保密。该法案对敏感信息的定义是其丢失、不当使用、未经授权被人接触、修改会不利于国家利益或联邦政府计划的实行或不利于个人依法享有的个人隐私权的所有信息。计算机安全保密法案要求所有联邦机构确认含有敏感信息的计算机系统，并提供开发计划确保这些系统的安全。这个法案说明美国政府对计算机脆弱性引起的威胁已经开始重视。

1996 年 12 月美国国防部颁布的《S600.1 命令》和 1998 年 5 月美国总统克林顿签发的 63 号总统令（PDD63），提出信息保障的概念。为此，1998 年 1 月国防部制定了《国防信息保障纲要》，1998 年 5 月国家安全局制定了《信息保障技术框架》。

2000 年，《政府信息安全改革法案》增补了信息安全一章，增加了《政府文案工作减少法案》信息安全方面的内容，同时根据实践工作修订了《计算机安全保密法案》。这些法案增加的信息安全方面的核心内容是：联邦政府机构应该建立内部计算机安全机制，以保护为政府工作的计算机系统不受侵害。

2000 年 1 月，白宫发表《保卫美国的计算机空间——保护信息的国家计划 V1.0》；关于信息保障，国防部已经制定了 10 多个相关的计划。

2002 年，美国通过的《联邦信息安全管理法案》规定：必须对联邦政府信息系统进行安全评估并备案，为美国政府机构信息系统改善信息安全问题设定了目标，也被称作美国电子政务法案。《联邦信息安全管理法案》为美国联邦政府信息安全设定了目标，却没有规定如何实现这些目标。为此，美国国家技术与标准局（NIST）负责为实现这些目标制定最低安全要求，启动了信息系统安全计划。

2003 年，美国政府的财政预算有 7.22 亿美元用于信息安全建设，以防止遭受恐怖袭击。其中引入注目的是"政府专用网"（GOVNET）研究计划，建立一个连接联邦机构的保密网络，采用合适的技术与因特网隔离。根据《GOVNET 需求信息通知》，GOVNET 的关键特征是"它必须没有外来网络的攻击，在完全安全的情况下进行网络通信"。政府希望 GOVNET 能够借助 IP 协议提供专用的语音和数据传输网络服务，同时保证 GOVNET 不和商用或公共网络连接。布什总统的网络安全问题特别顾问理查德·克拉克在提出 GOVNET 系统的设想时认为，如果政府在互联网安全方面不投入更多的资金，那么，"数字珍珠港"事件总有一天会爆发。恐怖分子完全可能破坏美国的信息基础设施，控制电信、电网、水力供应和空中交通的计算机网络。

在 2009 开始的巴拉克·奥巴马总统执政时期，美国在信息技术领域遇到了三个大问题，一个是技术的扩散，越来越多的国家行为体和非国家行为体掌握了信息技术，使得美国赖以获取财富的网络的安全性变得相对脆弱；另一个是美国的技术精英和企业精英在开拓的过程中也将自主权尽可能扩大，挑战了美国政府的公权力；第三，新兴技术国家在信息技术设备生产中的份额不断扩大，美国建立一个既有利于推广价值观又能帮助美国继续繁荣的网络新秩序的需要更加紧迫。为了解决这三方面的问题，奥巴马政府先后出台《国家网络安全战略报告》、《信息技术空间政策评估》、《美国全国宽带计划》、《信息技术空间国际战略》、《信息技术空间可信任身份的国家战略》、《四年防务评估报告》等一系列文件。这些战略和政策立足于不同的层面，针对不同的领域，相互支撑，形成了立体全面的美国网络治理战略。

2011 年 5 月，希拉里·克林顿在白宫举行的启动《信息技术空间国际战略》仪式上发表讲话时，将美国网络治理战略归纳为七个关键的政策重点，分别是：第一，扩大经济参与，鼓励创新和贸易，保护知识产权；第二，加强网络安全以保护美国的网络并加强国际合作；第三，强化执法以提高应对网络犯罪的能力，加强国际法律和法规；第四，做好军事准备，帮助盟国采取更多措施共同应对网络威胁，确保美国军队的网络安全；第五，加强多方参与的互联网综合管理以使网络发挥应有的效力；第六，帮助其他国家建立其信息基础设施和提升抵御网络威胁的能力，通过发展支持新生合作伙伴；第七，保障互联网自由，在网上保护隐私权，保护言论、集会、结社的基本自由。这七个方面涵盖了美国网络治理战略的主要内容。

3. 信息安全技术标准

1985 年，美国国防部国家计算机安全中心代表国防部制定并出版了《可信计算机安全评价标准（Trusted Computer Security Evaluation Criteria，TCSEC）》，即著名的"桔皮书"（Orange Book）。最初，《可信计算机安全评价标准》用于美国政府和军方的计算机系统，而近年来这一标准的影响已扩展到了公共管理领域，成为事实上大家公认的标准。

《可信计算机安全评价标准》为计算机信息系统的安全定义了四类 7 个安全级别，从最低的 D 级到最高的 A 级。

（1）D 类安全等级只包括 D1 一个级别。D1 安全等级最低（Minimal Protection）。D1 系统只为文件和用户提供安全保护。D1 系统最普通的形式是本地操作系统，或者是一个完全没有保护的网络。DOS 和 Windows 95/98 等操作系统属于这一级。

（2）C 类安全等级能够提供自主保护（Discretionary Protection），并为用户的行动和责任提供审计能力。C 类安全等级可划分为 C1 和 C2 两个级别。C1 级是自主安全保护（Discretionary Security Protection）。C1 系统对所有的用户进行分组，每个用户必须注册后才能使用，系统记录每个用户的注册活动，以同样的敏感性来处理数据，即用户认为 C1 系统中的所有资源都具有相同的机密性。C2 级为可控的安全保护（Controlled Access Protection），C2 系统具有 C1 系统中所有的安全性特征，比 C1 系统加强了可调的审核控制。在连接到网络上时，C2 系统的用户分别对各自的行为负责，C2 系统通过登录过程、安全事件和资源隔离来增强这种控制。

UNIX 系统的安全等级标准达到 C2 级。

（3）B 类为强制保护，采用可信计算基准（Trusted Computing Base，TCB）方法，即保持敏感性标签的完整性并用它们形成一整套强制访问控制规则。B 类系统必须在主要数据结构和对象中带有敏感性标签，B 级又可细分为 B1、B2、B3 三个等级，其中 B1 表示被标注的安全保护（Labeled Security Protection），B2 表示结构化保护（Structured Protection），B3 表示安全域（Security Domain）。

B1 系统满足下列要求：系统对网络控制下的每个对象都进行敏感性标记；系统使用敏感性标记作为所有强迫访问控制的基础；系统在把对象放入系统前标记它们；敏感性标记必须准确地表示其所联系的对象的安全级别；当系统管理员创建系统或者增加新的通信通道或 I/O 设备时，管理员必须指定每个通信通道和 I/O 设备是单级还是多级，并且管理员只能手工改变指定；单级设备并不保持传输信息的敏感级别；所有直接面向用户位置的输出（无论是虚拟的还是物理的）都必须产生标记来指示关于输出对象的敏感度；系统必须使用用户的口令或证明来决定用户的安全访问级别；系统必须通过审计来记录未授权访问的企图。

B2 系统必须满足 B1 系统的所有要求。另外，B2 系统的管理员必须使用一个明确的、文档化的安全策略模式作为系统的可信任运算基础体制。B2 系统必须满足下列要求：系统必须立即通知系统中的每一个用户所有与之相关的网络连接的改变；只有用户能够在可信任通信路径中进行初始化通信；可信任运算基础体制能够支持独立的操作者和管理员。

B3 系统必须符合 B2 系统的所有安全需求。B3 系统具有很强的监视委托管理访问能力和抗干扰能力，且必须设有安全管理员。B3 系统应满足以下要求：除了控制个别对象的访问外，B3 必须产生一个可读的安全列表；每个被命名的对象提供对该对象没有访问权的用户列表说明；B3 系统在进行任何操作前，要求用户进行身份验证；B3 系统验证每个用户，并审计安全相关事件；能够进行自动的入侵检测、通告及响应；具有可信系统恢复过程。

（4）A 类提供可验证的保护（Verified Protection），是最高安全级别。目前，A 类安全等级只包含 A1 一个安全类别。A1 类与 B3 类相似，对系统的结构和策略不作特别要求。A1 系统的显著特征是，系统的设计者必须按照一个正式的设计规范来分析系统。对系统进行分析后，设计者必须运用可验证的技术来确保系统符合设计规范。A1 系统必须满足下列要求：系统管理员必须从开发者那里接收到一个安全策略的正式模型；所有的安装操作都必须由系统管理员进行；系统管理员进行的每一步安装操作都必须有正式文档。

为了更好的根据网络、信息系统和数据库的具体情况应用"桔皮书"标准，美国国防部国家安全计算机中心又制定并出版了三个解释性文件，即《可信网络解释》、《计算机安全系统解释》和《可信数据库解释》。至此，便形成了美国计算机系统安全评价标准系列——彩虹系列。

另一个重要的国际安全标准是 CC，其全称为信息技术安全评估通用标准（The Common Criteria for Information Technology Security Evaluation）。CC 起源于欧洲标准 ITSEC、加拿大标准 CTCPEC 及美国标准 TCSEC，并由加拿大、法国、德国、荷兰、英国和美国政府共同制定。CC 定义了 11 个公认的安全功能需求类，即：安全审计类、通信类、加密支持类、用户数据保护类、身份识别与鉴别类、安全管理类、隐私类、安全功能件保护类、资源使用类、安全产品访问类和可信路径/通道类；7 个公认的安全保障需求类，即：配置管理类、发行与使用类、开发类、指南文档类、生命周期支持类、测试类和脆弱性评估类；7 个安全确信度等级 EAL1～EAL7。

CC 定义了 7 个按级排序的评估保证级（Evaluation Assurance Level，EAL）EAL1～EAL7，

即提供了一个递增的尺度，该尺度在确定时权衡了各个级别所获得的保证以及达到该保证程度所需的（评估）代价和可行性。每一个 EAL 都要比所有较低的 EAL 提供更多的保证。从 EAL1 到 EAL7 的安全保证的不断增加，是靠用同一保证族中的一个更高级别的保证组件替换低级别中的相应组件（即增加严格性、范围或深度），以及增加另一个保证族中的保证组件（如添加新的要求）来实现的。每个评估保证级（EAL）都是一些保证组件的适当组合，除 CC 中明确定义的 7 个保证级外，CC 还允许增强 EAL，即将所有包括在 EAL 中的保证族中的组件增加到 EAL 中，或用同一个保证族中的其他更高级别的保证组件替换 EAL 中原有的保证组件。不过 CC 不允许"减弱"EAL。CC 中各保证级的定义如下：

EAL1——功能测试：为客户提供对评估目标（Target of Evaluation，TOE）的评估，包括依据规范的独立测试和对所提供的指南文档的检查。在没有 TOE 开发者的帮助下，EAL1 评估也能成功进行。EAL1 评估所需费用最少。经 EAL1 评估后将提供如下证据：TOE 的功能行为与文档一致；TOE 对已标识的威胁提供了有用的保护。

EAL2——结构测试：EAL2 评估通过使用功能和接口规范、指南文档和 TOE 高层设计，对安全功能进行分析，了解安全行为，提供安全保证。这种分析由如下内容支持：TOE 安全功能的独立性测试，开发者基于功能规范进行测试得到的证据，对开发者测试结果的选择性独立确认，功能强度分析，开发者搜寻明显脆弱性（如公开的脆弱性）的证据。EAL2 也将通过 TOE 的配置表，以及安全交付程序方面的证据来提供保证。EAL2 通过要求开发者测试、脆弱性分析和基于更详细的 TOE 规范的独立性测试，使安全保证较 EAL1 实现有意义的增长。

EAL3——系统的测试和检查：EAL3 评估通过使用功能和接口规范、指导性文档和 TOE 高层设计，对安全功能进行分析，了解安全行为，提供保证。这种分析由如下内容支持：TOE 安全功能的独立性测试，开发者根据功能规范和高层设计进行测试得到的证据，对开发者测试结果的选择性独立确认，功能强度分析，开发者搜寻明显脆弱性（如公开的脆弱性）的证据。EAL3 还将通过开发环境控制措施的使用、TOE 的配置管理和安全交付程序方面的证据提供保证。EAL3 通过要求更完整的安全功能和机制的测试范围，以及要求相应的程序为说明 TOE 在开发过程中不会被篡改提供一定的信任，使安全保证较 EAL2 实现有意义的增长。

EAL4——系统的设计、测试和复查：EAL4 评估通过使用功能和完整的接口规范、指导性文档、TOE 高层设计和低层设计、实现子集，对安全功能进行分析，了解安全行为，提供保证，并且通过非形式化 TOE 安全策略模型获得额外保证。这种分析由下述内容支持：TOE 安全功能的独立性测试，开发者根据功能规范和高层设计进行测试得到的证据，对开发者测试结果有选择地进行独立确认，功能强度分析，开发者搜寻脆弱性的证据，以及为证明可抵抗低强度等级攻击进行的独立的脆弱性分析。EAL4 还将通过开发环境控制措施的使用以及包括自动化在内的额外的 TOE 配置管理和安全交付程序证据来提供保证。EAL4 通过要求更多的设计描述、实现的子集以及要求增进的机制和有关程序为说明 TOE 在开发或交付过程中不会被篡改提供一定的信任，使安全保证较 EAL3 实现有意义的增长。

EAL5——半形式化的设计和测试：EAL5 评估通过使用功能和完整的接口规范、指导性文档、TOE 的高层和低层设计以及全部实现，对安全功能进行分析，了解安全行为，提供保证。并且通过 TOE 安全政策的形式化模型、功能规范和高层设计的半形式化表示以及它们之间对应性的半形式化证明获得额外保证。此外还需要 TOE 的模块化设计。这种分析由下列内容支持：TOE 安全功能的独立测试，开发者根据功能规范、高层设计和低层设计进行测试得到的证据、开发者对测试结果有选择地进行独立确认、功能强度分析、开发者搜寻脆弱性的证据，以及为证明可抵御中等强度攻击进行的独立的脆弱性分析。这种分析也包括对开发者的隐蔽信道分析的确认。EAL5 还将通过开发环境控制措施的使用，以及包括自动化在内的全面的 TOE 配置管理和安全交付程序证据来提供保证。EAL5 通过要求半形式化的设计描述、整个实现、更结构化（因而更具有可分析性）的体系结构、隐蔽信道分析以及要求增进的机制和有关程序为说明 TOE 在开发过程中不会被篡改提供一定的信任，使安全保证较 EAL4 实现有意义的增长。

EAL6——半形式化的验证设计和测试：EAL6 评估通过使用功能和完整的接口规范、指南文档、TOE 高层和低层设计以及实现的结构化表示，对安全功能进行分析，了解安全行为，提供保证。并且通过 TOE 安全政策的形式化模型、功能规范、高层设计和低层设计的半形式化表示以及它们之间对应性的半形式化证明获得额外保证。此外还需要 TOE 的模块化与层次化的设计。这种分析由下列内容支持：TOE 安全功能的独立测试、开发者根据功能规范、高层设计和低层设计进行测试得到的证据、对开发者测试结果有选择地进行独立确认、功能强度分析、开发者搜寻脆弱性的证据，以及为证明可抵御具有高等级攻击而进行的独立的脆弱性分析。这种分析也包括对开发者的系统化隐蔽信道的分析和确认。EAL6 还将通过使用结构化的开发过程、开发环境控制措施，以及包括完全自动化在内的全面的 TOE 配置管理和安全交付程序证据，提供保证。EAL6 通过要求更全面的分析、实现的结构化表示、更体系化的结构（如分层）、更全面的独立脆弱性分析、系统化的隐蔽信道识别以及增进的配置管理和开发环境控制，使安全保证较 EAL5 实现有意义的增长。

EAL7——形式化的验证设计和测试：EAL7 评估通过使用功能和完整的接口规范、指南文档、TOE 高层和低层设计以及实现的结构化表示，对安全功能进行分析，了解安全行为，提供保证。并且通过 TOE 安全政策的形式化模型、功能规范和高层设计的形式化表示、低层设计的半形式化表示以及它们之间对应性的形式化和半形式化证明获得额外保证。此外还需要 TOE 的模块化、层次化且简单的设计。这种分析由下列内容支持：TOE 安全功能的独立测试、开发者根据功能规范、高层设计和低层设计及实现表示进行测试得到的证据，对开发者测试结果的全部独立确认，功能强度分析，开发者搜寻脆弱性的证据，以及为证明可抵御高等级攻击而进行的独立的脆弱性分析。这种分析也包括对开发者的系统化隐蔽信道分析的确认。EAL7 还将通过使用结构化的开发过程、开发环境控制措施以及包括完全自动化在内的全面的 TOE 配置管理和安全交付程序证据来提供保证。EAL7 通过要求使用形式化表示和形式化对应性进行更全面的分析以及更全面的测试，使安全保证较 EAL6 实现有意义的增长。EAL7 适用于极高风险环境或者因资产价值高值得花高代价加以保护的环境中的安全 TOE 的开发。

表 1-2 是 TCSEC 和 CC 标准之间安全保障级别的对应关系。

表 1-2　TCSEC 和 CC 标准安全级别的对应关系

TCSEC	D	-	C1	C2	B1	B2	B3	A1
CC	-	EAL1	EAL2	EAL3	EAL4	EAL5	EAL6	EAL7

1.2.2　中国网络安全保障体系

1. 中国信息安全等级保护

中国的信息安全等级保护从开始筹划到标准出台，再到实战操作，经历了近十年的漫长过程。中国的信息安全等级保护源自 1994 年国务院发布的 147 号令，按照当时的条例，规定计算机信息系统必须实行等级保护。等级的管理办法和等级的划分标准，由公安部门和有关部门制定。经过 4 年的前期研究，1998 年，公安部制定了等级保护制度建设的纲要，对等级标准划分做了一个基本规划。1999 年，公安部会同信息产业部、保密局、中办机要局、军队和地方的专家，正式制定了计算机信息系统等级划分标准。1999 年 9 月，该标准被国家技术监督局作为强制性的国家标准发布。

（1）我国已发布实施《计算机信息系统安全保护等级划分准则》GB 17859－1999。这是一部强制性的国家标准和技术法规。它从功能上将信息系统的安全等级划分为五个级别。第一级：用户自主保护级；第二级：系统审计保护级；第三级：安全标记保护级；第四级：结构化保护级；第五级：访问验证保护级。安全保护能力从第一级到第五级逐级增强。以此为基础，有关部门已经研究并提出了信息安全等级保护管理与技术标准体系，正在开展等级保护标准体系的建设，目前已发布了一些重要标准，并完成该标准体系的实施指南。各部门、各单位应当依照等级保护实施指南及相关标准，根据实际安全需求，按照等级的确定原则、要求和方法，确定本部门所属信息系统的安全保护等级，制定各自的安全等级保护解决方案，组织对现有信息系统进行加固改造，逐步开展新建系统的安全等级保护工作。

（2）安全等级保护制度实行五个关键环节的控制：①法律规范：国家制定和完善信息安全等级保护政策、法律规范以及组织实施规则和方法，完善信息安全保护法律体系；②管理与技术规范：制定符合国情的标准，建立等级保护体系；③实施过程控制：明确落实系统拥有者的安全责任制，系统拥有者按法律规定和安全等级标准的要求进行信息系统的建设和管理，并承担应急管理责任，在信息系统生命周期内进行自管、自查、自评，建立安全管理体系，同时，安全产品的研发者提供符合安全等级标准要求的技术产品；④结果控制：建立非盈利并能够覆盖全国的系统安全等级保护的执法检查与评估体系，使用统一标准和工具开展系统安全等级保护检查评估工作；⑤监督管理：公安机关依法行政，督促安全等级保护责任制的落实，以等级保护标准监督、检查、指导基础信息网络和重要信息系统安全等级保护的建设和管理，对安全等级技术产品实行监管，对监测评估机构实施监管，政府其他职能部门应当认真履行职责，依法行政，按职责开展信息安全等级保护专项制度建设工作，完善信息安全监督体系。这五个关键控制环节，构成了国家信息安全等级保护长效运行机制。国家通过控制这五个关键环节，就能够从宏观上把握信息安全等级保护制度的建设。

（3）信息系统安全等级保护整体要求——PDR 模型。

第一，防范与保护。对于大网络系统可引入安全域和边界的概念，即大域和子域。为了便于实现纵深分级防护，大型网络可以分解为最小网络单元，重要信息系统应当分解为最小子系统单元。简化的基本模型为：安全计算环境、安全终端系统、安全集中控制管理中心、安全通信线路、最小安全防护边界。由小到大、从里到外实现多级纵深防范。对重点区域、重点部位应当采用综合措施进行重点防范。不同安全等级系统之间应当本着"知所必需、用所必需、共享必需、公开必需、互联互通必需"的信息系统安全控制管理原则，进行互联互通。系统安全集中控制管理中心应当向系统主管部门负责，并接受国家信息安全保护职能部门的监督、指导，协助并支持国家信息安全等级保护职能部门的安全等级保护工作。

第二，监控与检查：包括对系统的安全等级保护状况的监控和检查，对服务器、路由器、防火墙等网络部件、系统安全运行状态、信息（包括有害信息和数据）的监控和检查。系统主管部门和国家信息安全职能部门都有职责和权力实施安全监控和检查。

第三，响应与处置：事件发现、响应、处置和应急恢复。系统主管部门和国家信息安全职能部门都有职责和权力实施响应与处置。

2. 中国的网络安全立法情况

计算机犯罪主要包括以下几个方面：一是"黑客"非法侵入，破坏计算机信息系统；二是网上制作、复制、传播和查阅有害信息；三是利用计算机实施金融诈骗盗窃、贪污、挪用公款；四是非法盗用、使用计算机资源；五是利用互联网进行恐吓、敲诈等其他犯罪。随着网络犯罪率的不断上升，各国政府都非常重视与网络安全相关的立法工作，以有效打击网络犯罪，保障网络运行的正常秩序，维护国家安全和社会稳定。

目前网络安全方面的法规已经写入《中华人民共和国宪法》，于 1982 年 8 月 23 日写入《中华人民共和国商标法》，于 1984 年 3 月 12 日写入《中华人民共和国专利法》，于 1988 年 9 月 5 日写入《中华人民共和国保守国家秘密法》，于 1993 年 9 月 2 日写入《中华人民共和国反不正当竞争法》。1997 年新《刑法》首次界定了计算机犯罪，该法第二百八十五、二百八十六、二百八十七条以概括列举的方式分别规定了非法侵入计算机信息系统罪、破坏计算机信息系统罪及利用计算机实施金融犯罪等。

网络安全方面的法规也已写入国家条例和管理办法。1991 年写入国务院发布的《计算机软件保护条例》，1998 写入《软件知识管理办法》，1997 年写入公安部发布的《计算机信息网络国际联网安全保护管理办法》，1998 年写入公安部和中国人民银行联合发布的《金融机构计算机信息系统安全保护工作暂行规定》，1999 年 10 月写入《商用密码管理条例》，2000 年 9 月写入《互联网信息服务管理办法》，2000 年 12 月写入《全国人大常委会关于维护互联网安全的决定》。

可见，我国政府和法律界早已清醒地认识到网络安全的重要性，已经建立了有中国特色的网络法律体系。现有的计算机网络法律对打击网络违法犯罪起到积极的作用，但也存在着明显的不足之处，需尽快加以完善，如《刑法》中计算机犯罪的覆盖面过于狭窄，与实现处罚、预防计算机犯罪的目标相差甚远。由于计算机犯罪具有隐秘性强、高智能性、破坏性强、没有犯罪现场、侦查和取证困难、公众对计算机犯罪的危害性认识不清、跨国犯罪多的特征，使得计算机犯罪的类型五花八门，非《刑法》几条所能涵盖。

对许多国外都已经定为网络犯罪的行为，我国刑法仍然处于"盲区"状态，如在互联网上制造虚假资料、非法传播非法信息等严重影响市场秩序的行为，目前在我国仍不属于犯罪行为。由此看来，修改刑法势在必行。刑法修改首先要扩大现行计算机犯罪的适用范围；其次应在罚则中增加财产刑；第三需拓宽打击面，增加具体详细的计算机犯罪罪名，如滥用计算机罪、窃取计算机系统服务罪、破坏计算机金融资产罪等。

我国网络立法的主旨是打击计算机犯罪，故其立法重点在于刑事法律和行政管理方面，对网络交易活动基本没有作出明确规定，对网络提供者及使用者之间的权利义务关系涉及寥寥，导致网上交易中损害投资者权益的情形时有发生，使得网上交易缺乏法律上的支持，所以，应尽快制定网上交易管理办法，规范我国网上交易活动。

我国目前的网络法基本都是行政立法，尽管 IT 行业的发展离不开政府的扶持和引导，但政府直接介入网络经营活动，恐怕久而久之会抑制网络活力，形成过多的政府干预，因此，政府既要采取防范措施来维护因特网的安全性，又要保持因特网的发展势头并使之继续成长。政府在强调严惩网络违法犯罪的同时，需对网上交易予以鼓励，如对网络安全产品的生产采取灵活的经营方针，并给予贷款、税收方面的支持，同时加强技术认证有关的法律制度的建设，降低上网费，刺激网上交易的发展。

现有的"法律规范"都是禁止性规范和事后救济型的规范，虽然不乏震慑性，但缺乏引导性，也就是说，在这些规范面前，人们一般不知道怎样做才是正确的。从法律制度建设的角度而言，人们缺乏的是民事法律规范，而不是刑事法律规范与行政管理规范。另外，许多人可能并没有感受到前述禁止性与制裁性规范的存在对网络犯罪活动的制约作用。这可能与相关法律规范的实施往往会遇到一些困难有关，如证据的保存与收集、数字化数据信息的证据效力、执法者对网络技术的陌生感及由此带来的执法层面上的止步不前、网络服务商在网络犯罪活动中的作用与责任难以界定等。这些问题的解决既有赖于法律规范自身可操作性问题的解决，同时更有赖于全体网络行为人的共同努力与密切合作，还有赖于执法者及社会公众对网络技术的理解和掌握。

总的来说，我国已在信息安全方面给予了足够的重视，但从标准和技术方面，我国还是处于比较劣势的地位，有待于在标准的制定、信息安全技术研究及产品开发方面进一步提高。

1.3　网络安全现状

1.3.1　网络安全现状

随着人类跨入 21 世纪，全球信息革命实现了新的腾飞。Internet 已成为全新的传播媒体，几乎所有的新闻都会在网络上和在其他媒体上同步出现，而且网络具有更好的交互性和时效性。电子商务发展更出人意料，根据 2005 年 4 月"第八届中国国际电子商务大会"上的消息，我国的电子商务最近几年发展迅猛，交易总额的平均年增长率为 40%。大会透露的数据显示，2004 年我国电子商务的交易总额达到 4400 亿元人民币，2005 年将激增至 6200 亿元人民币。美国对"Internet 经济"的投资达到 1240 亿，第二代 Internet 正式启动，第三代智能网络已在酝酿，以 Internet 为代表和主体的信息网络必将在 21 世纪成为人类生产、生活的一种基本方式。就在世界各国都以战略眼光注视着它的发展，并在积极谋取网上的优势和主动权的同时，"信息垃圾""邮件炸弹""电脑黄毒""黑客"等也开始在网上横行，不仅造成巨额的经济损失，也在用户的心理及网络发展的道路上投下巨大的阴影。不仅如此，网络安全在国家安全方面也日益显现其重要性。美国 1995 年提出的"战略信息战"的概念，就是指通过侵袭和操纵计算机网络设施实施破坏，从而达到战略目的的作战手段。并把它与核战和生化战列为对国家安全最具威胁的三大挑战。历年网络安全事件报道数量的统计见表 1-3。

表 1-3　CERT 有关安全事件的统计

年份	事件报道数目/个	年份	事件报道数目/个
1988	6	1996	2573
1989	132	1997	2134
1990	252	1998	3734

续表

年份	事件报道数目/个	年份	事件报道数目/个
1991	406	1999	9859
1992	773	2000	21756
1993	1334	2001	52658
1994	2340	2002	82094
1995	2412	2003	137529

以下是对前几年著名的网络安全事件的回顾。

2000 年 5 月 4 日，爱虫病毒在短短的四五天内侵袭了全世界 100 多万台计算机，造成 96 亿美元的损失。此类事件还有很多，据美国联邦调查局的调查，美国每年因为网络安全造成的经济损失超过 170 亿美元。

2001 年 2 月，美国许多著名的网站先后遭到黑客攻击，造成直接经济损失达 12 亿美元，并造成股市动荡。

2001 年 9 月 17 日，尼姆达病毒首先在美国出现，因为它具有感染速度快、扩散面广、传播形式复杂多样等特点，当天下午就有超过 130000 台计算机受到感染，第 2 天就传播到全世界，造成的损失超过 26 亿美元。

2003 年 1 月 25 日，互联网遭遇到蠕虫王病毒的攻击。蠕虫王的病毒体极其短小，却具有极强的传播性，它利用 Microsoft SQL Server 的漏洞进行传播，由于 Microsoft SQL Server 在世界范围内都很普及，因此导致全球范围内的互联网瘫痪。在中国，80%以上网民受其影响而不能上网，很多企业的服务器感染引起网络瘫痪。而美国、泰国、日本、韩国、马来西亚、菲律宾和印度等国家的互联网也受到严重影响。直到 26 日晚，蠕虫王病毒才得到初步的控制。这是继红色代码、尼姆达、求职信病毒后又一起极速病毒传播案例，给全世界造成的损失额高达 26 亿美元。

2003 年 3 月 20 日，美国对伊拉克发动战争。在炸弹持续向伊拉克倾泄之际，抗议者和拥护美英的黑客之间的互联网大战也随之升级，他们互相篡改对方公司与政府网站的内容，黑客入侵事件激增。有三类黑客参与了对网站的攻击：以美国为基地的黑客、伊斯兰极端主义组织、反战的和平主义人士。破坏的信息无所不包，而受害的网站也各种各样。黑客组织篡改美国和英国的网站事件每 1 分钟就会有 3～4 起，这次黑客攻击在数量和速度上都比以往有大幅度的提高。

2003 年 8 月 11 日，一种名为冲击波的新型蠕虫病毒开始在网络上传播，它的传播速度快、波及范围广，对计算机正常使用和网络运行造成严重影响。该病毒能够在短时间内造成大面积的泛滥，是因为病毒运行时会扫描网络，寻找操作系统为 Windows 2000/XP 的计算机，然后通过 RPC 漏洞进行感染，并且操纵 135、4444、69 端口，危害系统。受到感染的计算机中的 Word、Excel、PowerPoint 等程序无法正常运行，弹出找不到链接文件的对话框，"粘贴"等一些功能无法正常使用，计算机出现反复重启等现象。

2003 年邮件病毒一个接一个地爆发，从年初的"求职信"、"恶邮差"，中期的"大无极"，到后来的"小邮差"新变种，一个比一个厉害。邮件病毒的最大危害就是它们会自动搜索用户的通信录，再以用户的名义发给用户的亲朋好友，接收者一见到是熟人发的邮件，往往放松警惕，使病毒蒙混过关，导致系统中毒。邮件病毒的恶性循环就这样产生了。

在病毒肆虐的同时，垃圾邮件也大肆泛滥。全球垃圾邮件数量的增长率已经超过正常电子邮件的增长率，而且每封垃圾邮件的平均容量也比正常的电子邮件要大得多。中国互联网络信息中心 2003 年 7 月公布的统计报告显示，中国网民平均每周收到 16.1 封电子邮件，其中垃圾邮件占据 8.9 封，垃圾邮件数量超过了正常邮件数量。到 2004 年上半年我国有 93.5%的邮箱用户收到过垃圾邮件，平均每人每周收到垃圾邮件 27.8 封，而平均每周收到的正常电子邮件数量仅为 14.5 封。垃圾邮件数量约占网民收到的电子邮件总量的三分之二。垃圾邮件在我国的增长势头非常之猛，用户在每天几十甚至几百封电子邮件里几乎找不到多少有用信息。我国已经成为世界知名的垃圾邮件泛滥之源。

我国信息业调查专家分析认为："当前国内大多数管理者对网络安全不甚了解，在管理上存在巨大的漏洞。主要表现在：不重视信息系统和网络安全，只重视物理安全；不重视逻辑安全，只重视单机安全。"这种情况使得我国 90%以上的网站都很容易被攻击。如果黑客或敌对国家利用网络对我国核心行业进行攻击，其后果是不堪设想的。

据公安部 2004 年对 7072 家重要信息网络、信息系统使用单位的统计结果表明，发生网络安全事件的比例为 58%。其中，发生 1 次的占总数的 22%，2 次的占 13%，3 次以上的占 23%。发生的网络安全事件中，计算机病毒、蠕虫和木马程序造成的安全事件占发生安全事件单位总数的 79%，拒绝服务、端口扫描和篡改网页等网络攻击事件占 43%，大规模垃圾邮件传播造成的安全事件占 36%。54%的被调查单位网络安全事件造成的损失比较轻微，损失严重和非常严重的占发生安全事件单位总数的 10%。

综上所述，无论从我国还是从全世界范围来看，网络安全状况都是不容乐观的。网络安全已经成为网络技术发展的瓶颈，阻碍网络应用在各个领域的纵深发展。网络安全问题对传统的国家安全体系提出了严峻的挑战，使国家机密、金融信息等面临巨大的威胁。面对当前网络安全状况，应当持正确的、辩证的态度。一方面不能因噎废食，拒绝先进的网络技术和文化；另一方面一定要对网络的安全威胁给予充分的重视。政府对网络安全技术的研究及网络安全产品的研发积极支持，网络使用者及网络服务提供者也应该充分认识到网络安全及网络管理的重要性，保护个人利益、企业利益、国家利益不受侵害。

1.3.2 研究网络安全的意义

1. 网络安全与政治、军事

目前各国都很注重电子政务的发展，通过电子政务来改善政府职能，提升政府形象。而政府网站往往成为属于不同政治阵营的黑客们的主要攻击目标，特别是在发生一些重大国际政治事件的时候。

1999 年 1 月，美国黑客组织"美国地下军团"联合波兰、英国的黑客组织，有组织地对我国政府网站进行攻击。

1999 年 5 月 8 日，美国轰炸我国驻南联盟大使馆后，中国的黑客攻击了许多美国政府网站，包括美国能源部的一个网站，白宫网站也被迫关闭了一段时间。

1999 年 7 月，李登辉公然抛出"两国论"之后，台湾地区多家军政网站受到大陆黑客攻击，受攻击最严重的是台湾地区"国民大会"的网站，其主页上不仅被贴上五星红旗，而且其系统内部的资料也被删除殆尽，电脑主机一度瘫痪。

2001 年 4 月～5 月，中美撞机事件引发中美黑客大战，但由于在技术等方面和美国的差距，使得我国在这次网络大战中损失惨重。其间，江西宜春政府网、西安信息港、贵州方志与地情网、中国青少年发展基金会网、福建外贸信息网、湖北武昌区政府信息网、桂林图书馆、中国科学院理化技术研究所、中国科学院心理研究所等许多网站遭到攻击，一些大型门户网站也相继被黑。这是近年来中国网络安全受到的最大的挑战。

2004 年 8 月，中国网络黑客组织——红客大联盟在获知日本首相小泉参拜靖国神社后，立即采取行动，替换了部分日本政府站点的主页，以示抗议。有十余个日本政府网站被换上了中国黑客们的抗议页面。红客大联盟在发布的一份声明中称：小泉参拜靖国神社的举动严重伤害了亚洲各国人民尤其是中国人民的感情。加之此前的教科书事件等，令他们非常愤怒。为此，红客大联盟决定用攻击日本政府网站的方式，表达他们的强烈不满。

信息安全对国防的巩固，民心的安定都会产生巨大的影响。不费一兵一卒就能攻城略地，这对鼓吹战争零伤亡的欧美国家而言，势必是一个重要的发展方面。

1991 年，在"海湾战争"中，美军第一次将计算机病毒用于实战，在空袭巴格达的战斗中，利用病毒成功地破坏了对方的指挥系统，使之瘫痪，保证了战斗顺利进行，直至最后胜利。

在 9·11 事件之后，布什政府就要求 AT&T、世通、Sprint 以及美国在线（AOL）等通信运营商和 ISP 提供互联网通信状况的有关数据，以便对网上信息进行监视，提前掌握互联网上与信息恐怖袭击有勾结的可疑活动。

2003 年 3 月 20 日，美国对伊拉克发动战争。在美国政府要对伊拉克动武之前，更是早早就对互联网的安全增加了监管力度，并频频造访硅谷的 IT 企业，希望它们就有关信息安全、网络攻击、GPS 定位、卫星通信、战场态势感知系统等提出更好的方案。

美军是全球信息化程度最高的军队，在未来几年内美国将投入 17 亿美元的专项巨资来备战 21 世纪的网络战争；俄军则认为在未来战争中，网络电子战将起到与火力突击效果相同的作用；而印度军队的高层将领更是直言：21 世纪是信息战的世纪，战争中杀伤敌人的不再是子弹，而是计算机病毒，甚至坦言要招募黑客入伍。

目前，中国的网民大约有 6000 多万，位居全球第二，但是信息安全水平却一直被排在最不发达的第四类国家之列。在我国，无论是操作系统，还是硬件芯片，甚至通信设备，大都依赖进口，很多是引进于美国，这就存在许多安全隐患。英国的某位科学家在描绘信息战时曾称："每块芯片都是一个武器，就像插入敌人心脏的匕首。"因此，在新形势下，我国要想打赢一场高科技的局部战争，就必须先要接受信息安全提出的挑战。

2. 网络安全与经济

一个国家信息化程度越高，整个国民经济和社会运行对信息资源和信息基础设施的依赖程度也越高。2003 年 1 月 25 日，一只小小的蠕虫病毒 Win32.SQLExp.Worm（蠕虫王）瞄准了微软 SQL Server 2000 系统的漏洞，它开始疯狂的自我复制，并在全球蔓延开来。于是，习惯刷卡消费的美国人在 ATM 取款机前呆若木鸡；远在大洋彼岸的韩国互联网出现全国范围内的瘫痪，股市停盘；中国、日本、加拿大、澳大利亚也纷纷告急。"蠕虫王"的出现，使全世界损失额高达 26 亿美元。

同传统的金融管理方式相比，金融电子化如同金库建在计算机里，把钞票存在数据库里，资金流动在计算机网络里，金融计算机系统已经成为犯罪活动的新目标。据有关资料显示，美国金融界每年由于计算机犯罪造成的经济损失近百亿美元。据统计，在美国已经有5700万人受到网络诈骗邮件的攻击。市场调查公司Gartner在2004年4月份对5000名使用网络和电子邮件的美国成年人进行调查，根据得出的数据估计，在2003年里有近200万美国人跌入欺诈陷阱。消费者的直接损失总额达24亿美元，平均每位受害者付出了1200美元的代价。

网络诈骗的社会危害性相当大，它一方面对网络管理和信息造成严重的破坏，会叫人感到网上什么消息都可疑。另一方面也往往会造成直接严重经济损失，让投资者不知所从，而且对社会造成的不良影响远远大于经济损失。

我国金融系统发生的计算机犯罪也有逐年上升的趋势。1997年20多起，1998年142起，1999年908起，2000年上半年1420起，再后来就没有办法统计了。利用计算机实施金融犯罪已经渗透到了我国金融行业的各项业务。近几年已经破获和掌握100多起，涉及的金额达几个亿，其中最大的一起犯罪案件造成的经济损失高达人民币2100万元。对我国金融系统计算机网络安全状况，目前有一些形象的比喻：使用不加锁的储柜存放资金（终端缺乏安全保护）；使用"公共汽车"运送钞票（网络缺乏安全保障）；使用"邮寄托寄"的方式传送资金（转账支付缺乏安全渠道）；使用"商店柜台"的方式存取资金（授权缺乏安全措施）；使用"平信"邮寄机密信息（敏感信息缺乏保密措施）。

据风险管理公司mi2g公布的调查结果显示，2004年，病毒、蠕虫和特洛伊木马等恶意程序共给全球造成1690亿美元的经济损失。该数字相当于2003年的2倍。据mi2g预计，全球约有6亿台Windows计算机，每台计算机因恶意程序带来的经济损失大约在281美元到340美元之间。

3. 网络安全与社会稳定

境内外敌对势力和反动组织利用互联网对我国进行渗透和煽动破坏；网上淫秽、色情内容泛滥；垃圾邮件危及网络安全；利用互联网盗窃、诈骗、敲诈勒索等违法犯罪活动也呈上升趋势；互联网上散布的一些虚假信息、有害信息对社会管理秩序造成的危害，要比现实社会中的一个谣言要大得多。以上所述的种种问题都直接影响到国家安全与社会稳定，直接危害社会主义精神文明建设。

这些虚假信息损害了网络媒体的公信度，一旦被网民采信，就会给社会造成极大危害。曾有人在网上散布某地交通银行行长携款潜逃的虚假消息，结果造成储户挤兑的后果，三天十万人上街排队，一天提出十多亿，还使该行遭受1250多万元的直接经济损失和2050万元的间接损失。

2003年4~6月，北京、广东、河北等17个省、市公安机关已经依法查处利用互联网制造传播非典谣言案件107起。在这些案件中，有的以电子邮件传播未经证实的夸大非典疫情的信息，有的在网上散布烧香、放鞭炮、喝绿豆汤能防非典的所谓"绝对可靠内部消息"，有的制造某某名人因非典去世、某某街道是社区非典灾害区等谣言。这些网上传播的虚假、有害信息，扰乱了正常的经济和治安秩序，加剧了社会恐慌，影响了社会和人心的稳定，严重干扰了抗击非典斗争的进行。

综上所述，网络与现实世界息息相关，研究网络安全对于保障社会稳定，促进国际国内政治和经济的健康发展都具有重要意义。

2011 年中国互联网网络安全态势

（一）基础网络防护能力明显提升，但安全隐患不容忽视。根据工信部组织开展的 2011 年通信网络安全防护检查情况，基础电信运营企业的网络安全防护意识和水平较 2010 年均有所提高，对网络安全防护工作的重视程度进一步加大，网络安全防护管理水平明显提升，对非传统安全的防护能力显著增强，网络安全防护达标率稳步提高，各企业网络安全防护措施总体达标率为 98.78%，较 2010 年的 92.25%、2009 年的 78.61% 呈逐年稳步上升趋势。但是，基础电信运营企业的部分网络单元仍存在比较高的风险。据抽查结果显示，域名解析系统（DNS）、移动通信网和 IP 承载网的网络单元存在风险的百分比分别为 6.8%、17.3% 和 0.6%。涉及基础电信运营企业的信息安全漏洞数量较多。据国家信息安全漏洞共享平台（CNVD）收录的漏洞统计，2011 年发现涉及电信运营企业网络设备（如路由器、交换机等）的漏洞有 203 个，其中高危漏洞 73 个；发现直接面向公众服务的 DNS 零日漏洞达 23 个，应用广泛的域名解析服务器软件 Bind9 的漏洞有 7 个。涉及基础电信运营企业的攻击形势严峻。据国家计算机网络应急技术处理协调中心（CNCERT）监测，2011 年每天发生的分布式拒绝服务（DDoS）攻击事件中平均约有 7% 的事件涉及到基础电信运营企业的域名系统或服务。2011 年 7 月 15 日域名注册服务机构三五互联 DNS 服务器遭受 DDoS 攻击，导致其负责解析的大运会官网域名在部分地区无法解析。2011 年 8 月 18 日晚和 19 日晚，新疆某运营商 DNS 服务器也连续两次遭到拒绝服务攻击，造成局部用户无法正常使用互联网。

（二）政府网站篡改类安全事件显著减少，网站用户信息泄漏引发社会高度关注。据 CNCERT 监测，2011 年中国大陆被篡改的政府网站为 2807 个，比 2010 年大幅下降 39.4%；从 CNCERT 专门面向国务院部门门户网站的安全监测结果来看，国务院部门门户网站存在低级别安全风险的比例从 2010 年的 60% 进一步降低为 50%。但从整体来看，2011 年网站安全情况有一定恶化趋势。在 CNCERT 接收的网络安全事件（不含漏洞）中，网站安全类事件占到 61.7%；境内被篡改网站数量为 36612 个，较 2010 年增加 5.1%；4～12 月被植入网站后门的境内网站为 12513 个。CNVD 接收的漏洞中，涉及网站相关的漏洞占 22.7%，较 2010 年大幅上升，排名由第三位上升至第二位。网站安全问题进一步引发网站用户信息和数据的安全问题。2011 年底，CSDN、天涯等网站发生用户信息泄露事件引起社会广泛关注，被公开的疑似泄露的数据库达 26 个，涉及账号、密码的信息 2.78 亿条，严重威胁了互联网用户的合法权益和互联网安全。根据调查和研判发现，我国部分网站的用户信息仍采用明文的方式存储，相关漏洞修补不及时，安全防护水平较低。

（三）我国遭受境外的网络攻击持续增多。2011 年，CNCERT 抽样监测发现，境外有近 4.7 万个 IP 地址作为木马或僵尸网络控制服务器参与控制我国境内主机，虽然其数量较 2010 年的 22.1 万大幅降低，但其控制的境内主机数量却由 2010 年的近 500 万增加至近 890 万，呈现大规模化趋势。其中位于日本（22.8%）、美国（20.4%）和韩国（7.1%）的控制服务器 IP 数量居前三位，美国继 2009 年和 2010 年两度位居榜首后，2011 年其控制服务器 IP 数量下降至第二位，以 9528 个 IP 控制着我国境内近 885 万台主机，控制我国境内主机数仍然高居榜首。

在网站安全方面，境外黑客对境内 1116 个网站实施了网页篡改；境外 11851 个 IP 通过植入后门对境内 10593 个网站实施远程控制，其中美国有 3328 个 IP（占 28.1%）控制着境内 3437 个网站，位居第一，源于韩国（占 8.0%）和尼日利亚（占 5.8%）的 IP 分别位居于第二、三位；仿冒境内银行网站的服务器 IP 有 95.8%位于境外，其中美国仍然排名首位——共有 481 个 IP（占 72.1%）仿冒了境内 2943 个银行网站的站点，中国香港（占 17.8%）和韩国（占 2.7%）分列第二、三位。总体来看，2011 年位于美国、日本和韩国的恶意 IP 地址对我国的威胁最为严重。另据工业和信息化部互联网网络安全信息通报成员单位报送的数据，2011 年在我国实施网页挂马、网络钓鱼等不法行为所利用的恶意域名约有 65%在境外注册。此外，CNCERT 在 2011 年还监测并处理多起境外 IP 对我国网站和系统的拒绝服务攻击事件。这些情况表明我国面临的境外网络攻击和安全威胁越来越严重。

（四）网上银行面临的钓鱼威胁愈演愈烈。随着我国网上银行的蓬勃发展，广大网银用户成为黑客实施网络攻击的主要目标。2011 年初，全国范围大面积爆发假冒中国银行网银口令卡升级的骗局，据报道此次事件中有客户损失超过百万元。据 CNCERT 监测，2011 年针对网银用户名和密码、网银口令卡的网银大盗、Zeus 等恶意程序较往年更加活跃，3 月~12 月发现针对我国网银的钓鱼网站域名达 3841 个。CNCERT 全年共接收网络钓鱼事件举报 5459 件，较 2010 年增长近 2.5 倍，占总接收事件的 35.5%；重点处理网页钓鱼事件 1833 件，较 2010 年增长近两倍。

（五）工业控制系统安全事件呈现增长态势。继 2010 年伊朗布舍尔核电站遭到 Stuxnet 病毒攻击后，2011 年美国伊利诺伊州一家水厂的工业控制系统遭受黑客入侵导致其水泵被烧毁并停止运作，2011 年 11 月 Stuxnet 病毒转变为专门窃取工业控制系统信息的 Duqu 木马。2011 年 CNVD 收录了 100 余个对我国影响广泛的工业控制系统软件安全漏洞，较 2010 年大幅增长近 10 倍，涉及西门子、北京亚控和北京三维力控等国内外知名工业控制系统制造商的产品。相关企业虽然能够积极配合 CNCERT 处置安全漏洞，但在处置过程中部分企业也表现出产品安全开发能力不足的问题。

（六）手机恶意程序呈现多发态势。随着移动互联网生机勃勃的发展，黑客也将其视为攫取经济利益的重要目标。2011 年 CNCERT 捕获移动互联网恶意程序 6249 个，较 2010 年增加超过两倍。其中，恶意扣费类程序数量最多，为 1317 个，占 21.08%，其次是恶意传播类、信息窃取类、流氓行为类和远程控制类。从手机平台来看，约有 60.7%的恶意程序针对 Symbian 平台，该比例较 2010 年有所下降，针对 Android 平台的恶意程序较 2010 年大幅增加，有望迅速超过 Symbian 平台。2011 年境内约 712 万台上网的智能手机曾感染手机恶意程序，严重威胁和损害手机用户的权益。

（七）木马和僵尸网络活动越发猖獗。2011 年，CNCERT 全年共发现近 890 余万个境内主机 IP 地址感染了木马或僵尸程序，较 2010 年大幅增加 78.5%。其中，感染窃密类木马的境内主机 IP 地址为 5.6 万余个，国家、企业以及网民的信息安全面临严重威胁。根据工业和信息化部互联网网络安全信息通报成员单位报告，2011 年截获的恶意程序样本数量较 2010 年增加 26.1%，位于较高水平。黑客在疯狂制造新的恶意程序的同时，也在想方设法逃避监测和打击，例如，越来越多的黑客采用在境外注册域名、频繁更换域名指向 IP 等手段规避安全机构的监测和处置。

（八）应用软件漏洞呈现迅猛增长趋势。2011 年，CNVD 共收集整理并公开发布信息安全漏洞 5547 个，较 2010 年大幅增加 60.9%。其中，高危漏洞有 2164 个，较 2010 年增加约 2.3 倍。在所有漏洞中，涉及各种应用程序的最多，占 62.6%，涉及各类网站系统的漏洞位居第二，占 22.7%，而涉及各种操作系统的漏洞则排到第三位，占 8.8%。除发布预警外，CNVD 还重点协调处置了大量威胁严重的漏洞，涵盖网站内容管理系统、电子邮件系统、工业控制系统、网络设备、网页浏览器、手机应用软件等类型以及政务、电信、银行、民航等重要部门。上述事件暴露了厂商在产品研发阶段对安全问题重视不够，质量控制不严格，发生安全事件后应急处置能力薄弱等问题。由于相关产品用户群体较大，因此一旦某个产品被黑客发现存在漏洞，将导致大量用户和单位的信息系统面临威胁。这种规模效应也吸引黑客加强对软件和网站漏洞的挖掘和攻击活动。

（九）DDoS 攻击仍然呈现频率高、规模大和转嫁攻击的特点。2011 年，DDoS 仍然是影响互联网安全的主要因素之一，表现出三个特点。一是 DDoS 攻击事件发生频率高，且多采用虚假 IP 地址。据 CNCERT 抽样监测发现，我国境内日均发生攻击总流量超过 1G 的较大规模的 DDoS 攻击事件 365 起。其中，TCP SYN FLOOD 和 UDP FLOOD 等常见虚假源 IP 地址攻击事件约占 70%，对其溯源和处置难度较大。二是在经济利益驱使下的有组织的 DDoS 攻击规模十分巨大，难以防范。例如 2011 年针对浙江某游戏网站的攻击持续了数月，综合采用了 DNS 请求攻击、UDP FLOOD、TCP SYN FLOOD、HTTP 请求攻击等多种方式，攻击峰值流量达数十个 Gb/s。三是受攻击方恶意将流量转嫁给无辜者的情况屡见不鲜。2011 年多家省部级政府网站都遭受过流量转嫁攻击，且这些流量转嫁事件多数由游戏私服网站争斗引起。

——来源：国家互联网应急中心

习题 1

一、思考题

1. 在美国国家信息基础设施的文献中定义的安全的 5 个属性分别是什么？
2. 举例说明如何保证信息的完整性及可用性。
3. 通信过程中的攻击主要有哪几种？
4. 举例说明什么是主动攻击、什么是被动攻击，这两种攻击方式的主要区别是什么？
5. 网络安全威胁的主要表现形式有哪些？你认为哪种威胁的危害比较大？说明理由。
6. 计算机网络系统自身存在哪些不安全因素？
7. 人为和环境因素会对计算机系统造成哪些安全威胁？
8. 制定网络安全策略需要考虑哪些方面？
9. 简述 P^{2}DR 和 PDRR 安全模型的基本思想，并比较它们的异同。
10. 《可信计算机安全评价标准》是如何对计算机信息系统的安全进行分级的？

二、实践题

1. 通过查找资料说明近一个月内主要的网络安全事件及其造成的危害。
2. 通过查找资料说明 Windows 系统、UNIX 操作系统属于哪个安全级别。
3. 通过查找资料写出某种安全威胁（如木马、病毒）的近些年的发展态势及特点。

第 2 章　网络体系结构及协议基础

　　了解计算机网络知识是学习网络安全必不可少的基础。本章将对一些基本的、与网络安全联系紧密的网络知识作一个简单的介绍。通过本章的学习，应达到以下目标：

- 了解 OSI 模型及其安全体系
- 了解 TCP/IP 网络模型及其安全体系结构
- 掌握常用的网络协议和网络命令
- 掌握协议分析工具的使用方法

　　网络体系结构是计算机之间相互通信的层次以及各层中的协议和层次之间接口的集合。体系结构是一个抽象的概念，它精确定义了网络及其部件所应实现的功能，但这些功能究竟用何种硬件或软件方法来实现则是一个具体实施的问题。换言之，网络的体系结构相当于网络的类型，而具体的网络结构则相当于网络的一个实例。本章将从网络体系结构入手，讲述网络安全机制、安全服务以及协议和应用等一系列知识。

2.1　网络的体系结构

2.1.1　网络的层次结构

　　计算机网络系统是一个十分复杂的系统，将一个复杂系统分解为若干个容易处理的子系统，然后"分而治之"，逐个加以解决，是工程设计中常用的结构化设计方法。分层就是系统分解的最好方法之一。层次结构的好处在于使每一层实现一种相对独立的功能，每一层向上一层提供服务，同时接受下一层提供的服务。每一层不必知道下面一层是如何实现的，只要知道下层通过层间接口提供的服务是什么，以及本层向上层提供什么样的服务，就能独立地设计，这就是常说的网络层次结构，如图 2-1 所示。系统经分层后，每一层次的功能相对简单且易于实现和维护。此外，若某一层需要做改动或被替代时，只要不改变它和上、下层的接口服务关系，则其他层次都不会受其影响，因此具有很大的灵活性。分层结构还有利于交流、理解和标准化。

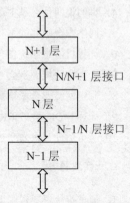

图 2-1　网络的层次结构

2.1.2　服务、接口和协议

每一层的活动元素称为实体，实体可以是软件实体（如进程），也可以是硬件实体。位于不同系统上的同一层中的实体称为对等实体，不同系统间进行通信实际上是各对等实体间的通信。在某层上进行通信所使用的规则、标准或约定的集合就称为协议（Protocol）。各层协议按层次顺序排列而成的协议序列称为协议栈。协议主要由以下 3 个要素组成：

（1）语义（Semantics）。涉及用于协调与差错处理的控制信息。

（2）语法（Syntax）。涉及数据及控制信息的格式、编码及信号电平等。

（3）定时（Timing）。涉及速度匹配和排序等。

除了在最底层的物理介质上进行的是实通信以外，其余各对等实体间进行的都是虚通信，即并没有数据流从一个系统的第 N 层直接流到另一个系统的第 N 层。每个实体只能和同一系统中上下相邻的层中的实体进行直接通信，不同系统中的对等实体是没有直接通信能力的，它们之间的通信必须通过其下各层的通信间接完成。第 N 层实体向第 N+1 层实体提供的在第 N 层上的通信能力称为第 N 层的服务。即第 N+1 层实体通过请求第 N 层的服务完成第 N+1 层上的通信，而第 N 层实体通过请求第 N-1 层的服务完成第 N 层上的通信，依此类推，直至到达最底层，最底层的对等实体通过连接在它们之间的物理介质进行直接的通信。

在接口处规定了下层向上层提供的服务，以及上下层实体请求或提供服务所使用的形式规范语句，这些形式规范语句称为服务原语。就是说，相邻层的实体通过发送或接收服务原语进行作用。下层向上层提供的服务分为两大类，分别为：面向连接的服务和面向无连接的服务。面向连接的服务是电话系统服务模式的抽象，每一次完整的数据传输都必须经过建立连接、使用连接和终止连接三个过程。面向连接的服务就像在两个实体间提供一个管道，发送者在一端输入数据，接收者从另一端取出数据。其特点是：收发数据不但顺序一致而且内容相同。无连接服务是邮政系统服务的抽象，其中每个数据分组都带有完整的信宿地址，各数据分组在系统中独立传送。无连接服务不能保证数据分组的先后顺序，由于先后发送的数据分组可能经不同的路由去往信宿，所以收到的顺序不确定。

2.2　OSI 模型及其安全体系

2.2.1　OSI/RM

1．OSI/RM 的层次结构

开放系统互连参考模型（Open System Interconnection/Reference Model，OSI/RM）是由国际标准化组织（ISO）制定的标准化开放式计算机网络层次结构模型，"开放"这个词表示能使任意两个遵守参考模型和有关标准的系统进行互连。

OSI 包括体系结构、服务定义和协议规范三级抽象。OSI 的体系结构定义了一个七层模型，用以进行进程间的通信，并作为一个框架来协调各层标准的制定；OSI 的服务定义描述了各层所提供的服务，以及层与层之间的抽象接口和交互用的服务原语；OSI 各层的协议规范，精确地定义了应当发送何种控制信息及用何种过程来解释该控制信息。直至今日，OSI/RM 仍是学习网络技术最好的模型，有助于对网络通信概念的理解。OSI 是一个概念上的框架，利用它可以更好地理解不同网络设备间的交互。OSI 模型只定义需要完成的任务和提供的服务，实际工作由实际网络中相应的软件或硬件完成。

　　OSI/RM 采用分层的结构化技术，将整个通信网络划分为七层。每层按照一组协议来实现某些网络功能，同时，每一层为其上层提供服务。OSI/RM 的结构如图 2-2 所示。OSI 七层模型从下到上分别为物理层、数据链路层、网络层、传输层、会话层、表示层和应用层。整个开放系统环境由作为信源和信宿的端开放系统及若干中继开放系统通过物理媒体连接构成。这里的端开放系统和中继开放系统，都是国际标准 ISO 7498 中使用的术语。通俗地说，它们就相当于资源子网中的主机和通信子网中的结点机（IMP）。只有在主机中才可能需要包含所有七层的功能，而在通信子网中的 IMP，一般只需要最低三层甚至只要最低两层的功能就可以了。

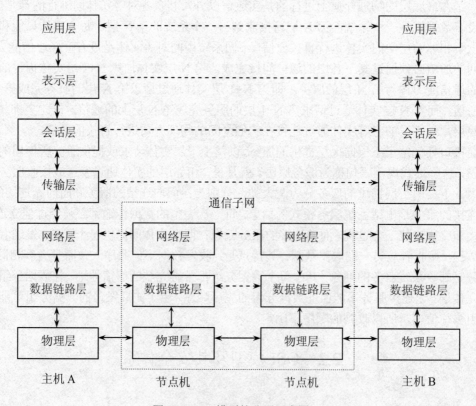

图 2-2　OSI 模型的分层示意图

　　（1）物理层（Physical Layer）。物理层是 OSI/RM 的最底层，它定义了通信介质的机械特性、电气特性、功能特性和过程特性，以建立、维持和拆除物理连接。物理层建立在物理通信介质之上，是系统和通信介质的接口。

　　（2）数据链路层（Data Link Layer）。数据链路层检测和校正物理层可能发生的差错，从而构成一条无差错的链路。数据链路层将从其上层接收的数据包封装成特定格式的数据单元，这种数据单元称为"帧"，在帧中除了数据部分外还附加了一些控制信息，如帧类型、流量控制、差错控制信息等，可以实现数据流控制、差错控制及发送顺序控制等功能。

　　（3）网络层（Network Layer）。网络层主要实现线路交换、路由选择和网络拥塞控制等功能，保证信息包在接收端以准确的顺序接收。

（4）传输层（Transport Layer）。传输层负责实现端到端的数据报文的传递。传输层提供了两端点之间可靠、透明的数据传输，执行端到端的差错控制、流量控制及管理多路复用。

（5）会话层（Session Layer）。会话层是网络会话控制器，它建立、维护和同步通信设备之间的交互操作，保证每次会话都正常关闭。会话层建立和验证用户之间的连接，控制数据交换，决定以何种顺序将对话单元传送到传输层，决定传输过程中哪一点需要接收端的确认。

（6）表示层（Presentation Layer）。表示层的目的是为了保证通信设备之间的互操作性。由于不同的计算机系统中数据的表示不同（如使用不同的编码方式），通过表示层的处理可以消除不同实体之间的语义差异。还可以代表应用进程协商数据表示，完成数据转换、格式化和文本压缩等。

（7）应用层（Application Layer）。应用层是用户与网络的接口，它直接为网络用户或应用程序提供各种网络服务。应用层提供的网络服务包括文件服务、事务管理服务、网络管理服务、数据库服务等。

OSI 协议有 3 个主要的概念，分别为：服务、接口和协议。服务定义某一层应该做什么；接口告诉处于上一层的进程如何访问该层；协议定义实体间数据通信的规则。

2．OSI/RM 的数据格式

当网络中的两个主机进行通信时，使用对等层通信协议，即在不同主机的同一层的数据具有相同的封装格式。从表面上看，好像数据是从一台主机的第 N 层直接到达另一台主机的第 N 层，而实际并非如此。假设数据从主机 A 发送到主机 B，数据从主机 A 的应用层依次向下一层传送，每经过一层都要加一个信息头，到达物理层后，数据通过传输介质传送到主机 B 的物理层，然后再依次向上一层传递，每经过一层去掉相应的信息头，这样不同的主机的同一层信息表示是相同的，系统可以根据对等层协议来理解和控制信息。图 2-3 表示了在主机 A、B 之间交换数据的格式和路径。实线表示数据实际的传输路径，虚线表示虚拟的对等层通信。

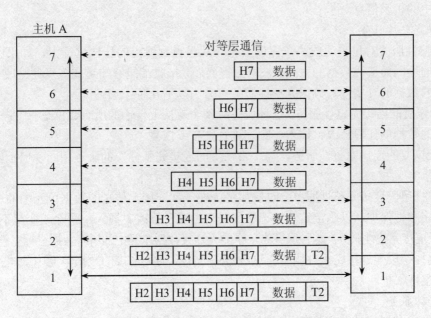

图 2-3　OSI-RM 中的数据交换路径和格式

2.2.2 OSI 模型的安全服务

安全服务是指计算机网络提供的安全防护措施。国际标准化组织（ISO）定义了以下几种基本的安全服务：认证服务、访问控制、数据机密性服务、数据完整性服务、抗否认服务。

1. 认证服务

认证服务用于确保某个实体的身份的真实性。可分为两种类型：

（1）对等实体认证。对等实体认证是指参与通信连接或会话的一方向另一方提供身份证明，接收方通过一定的方式来鉴别实体所提供的身份证明的真实性。对等实体鉴别是保障网络安全最基本的操作，实体的许多后继的活动都取决于鉴别的有效性。例如，实体身份一旦得到确认，就可以和访问控制列表中的权限关联起来，决定能否进行访问。

（2）数据源发认证。某个数据的发送者在发送数据时向接收方提交身份证明，这个身份证明同具体的某些数据相关联，用于确认接收到的数据的来源的真实性，这种鉴别称为数据源发认证。

2. 访问控制

访问控制的目标是防止对任何资源的非授权访问，确保只有经过授权的实体才能访问受保护的资源。所谓未授权访问包括未经授权的使用、泄露、修改、销毁以及发出指令等。访问控制对于保障系统的机密性、完整性、可用性及合法使用具有重要作用。

3. 数据机密性服务

数据机密性服务用于保护信息不泄露给那些没有授权的实体。具体分为以下几种：

（1）连接机密性服务。这种服务对某个连接上传输的全部数据进行加密。

（2）无连接机密性服务。这种服务对一个无连接数据单元的所有数据提供机密性保护。

（3）选择字段机密性服务。这种服务对某个数据单元中那些被选择的字段进行加密。

（4）通信业务流机密性服务。这种服务提供的保护，使攻击者无法通过观察通信业务流来推断出其中的机密信息。

4. 数据完整性服务

数据完整性服务对付主动威胁，保证数据在从起点到终点的传输过程中，如果因为机器故障或人为的原因而造成数据的丢失、被篡改等问题，接收端能够知道或恢复这些改变，从而保证接收到的数据的真实性。数据完整性服务可分为以下几种：

（1）带恢复的连接完整性服务。这种服务对某个连接上传输的所有数据进行完整性保护，并对检测到的数据的任何篡改、插入、删除进行补救或恢复。

（2）无恢复的连接完整性服务。与"带恢复的连接完整性"的服务相同，但不做补救或恢复工作。

（3）选择字段连接完整性服务。这种服务为在一次连接上传送的数据单元中的一些指定的字段进行完整性保护，以确定这些被选字段是否遭受了篡改、插入、删除或变得不可用。

（4）无连接完整性服务。这种服务为单个的无连接数据单元中的所有数据进行完整性保护。

（5）选择字段无连接完整性服务。这种服务为单个的无连接的数据单元中一些被选中的字段提供完整性保护。

5. 抗否认服务

否认是指参与通信的一方事后不承认曾发生过本次信息交换。抗否认服务就是用来针对这种威胁的，可有以下两种形式：

（1）有数据源发证明的抗否认。在这种服务中，数据的接收者可以提供数据的源发证据，这将使发送者不承认发送过这些数据或否认其内容的企图不能得逞。

（2）有交付证明的抗否认。在这种服务中，数据的发送者可以提供数据已经交付的证据，这将使接收者事后不承认收到过这些数据或否认其内容的企图不能得逞。

2.2.3　OSI 模型的安全机制

安全服务是由各种安全机制来实现的，在本节中列出的 8 种安全机制可以设置在适当的某一层上，以提供 2.2.2 节中所述的某些安全服务。

1. 加密机制

加密就是对数据进行密码变换以产生密文。利用加密机制可以提供数据的安全保密，也可以提供通信的保密。加密可以根据不同的需求，在网络结构中的不同层次实现。比如，如果需要保证全部通信业务流的机密性，可以选取物理层加密。如果要求对不同应用提供不同的密钥或对协议中的某些字段进行保护，可以选取表示层加密。由于加密算法耗费大量的处理能力，所以选择字段保护是很重要的。如果希望实现所有端系统到端系统通信的简单块保护，可以选取网络层加密。如果要求带恢复的完整性，同时又具有细粒度保护，可以选取传输层加密。当关系到上述需求中的两项或多项时，可能需要在多个层上提供加密。

2. 数字签名机制

数字签名是对附加在数据单元上的一些数据，或是对数据单元所做的密码变换，这种变换可以使数据单元的接收者确认数据单元的来源和完整性，并使发送者有效地保护数据，防止被人伪造。数字签名机制包括两个主要的操作：对数据单元签名和验证数据单元的签名。签名使用公钥体制进行，签名过程是使用签名者的私钥对数据单元或由该数据单元生成的一个摘要进行加密；验证过程使用签名者的公钥来解密签名从而对其进行验证。签名机制的本质特征是：该签名只有使用签名者的私钥才能产生出来。因而，当该签名得到验证后，它能在事后的任何时候向第三方（例如法官或仲裁人）证明只有那个私有信息的唯一拥有者才能产生这个签名。

3. 访问控制机制

访问控制是依据实体所具有的权限，对实体提出的资源访问请求加以控制。访问控制机制依据该实体已鉴别的身份，或使用有关该实体的信息及该实体的权利进行。如果这个实体试图使用非授权的资源，或者以不正当的方式使用授权资源，那么访问控制功能将拒绝这一企图，另外还可能产生一个报警信号或把它作为安全审计跟踪的一部分进行记录。访问控制系统一般包括主体、客体和安全访问策略。简单地说，主体是指发出访问请求的实体；客体是指被访问的程序、数据等资源；安全访问策略就是一组用于确认主体是否对客体具有访问权限的规则。访问控制机制是系统安全防范应用的最普遍也是最重要的安全机制。

4. 数据完整性机制

实现消息的安全传输，仅用加密方法是不够的。攻击者虽无法破译加密消息，但如果攻击者篡改或破坏了消息，接收者仍无法收到正确的消息。因此，需要有一种机制来保证接收者能够辨别收到的消息是否是发送者发送的原始数据，这种机制称为数据完整性机制。决定数据的完整性涉及两个过程，一个在发送实体上，一个在接收实体上。发送实体给数据单元附加一个消息，这个消息为该数据的函数。接收实体根据接收到的数据能产生一个相应的消息，并通过与接收到的附加消息的比较来确定接收到的数据是否在传送中被篡改过。

5. 鉴别交换机制

可用于鉴别交换的技术有：使用鉴别信息、密码技术、使用该实体的特征或占有物等。这种机制可设置在网络的第 N 层以提供对等实体鉴别。如果在鉴别实体时得到否定的结果，就会导致连接被拒绝或终止，或在安全审计跟踪中增加一个记录，或向安全管理中心报警。

6. 通信流量填充机制

通信流量填充机制用来防止对网络流量进行分析的攻击。有时攻击者通过对通信双方的数据流量的变化进行分析，根据流量的变化来推出一些有用的信息或线索。例如，监视某一项目两个研究小组之间的通信流量，如果流量突然减少，就说明某一项目的研究可能已结束或中止。因此，在此类机密通信中，可以通过生成一定的哑流量填充到业务流量中去，以保持网络流量的基本恒定，使攻击者无法捕获任何信息。

7. 路由选择控制机制

路由选择控制是指发送者可以指定数据通过网络的路径。这样就可以选择一条路径，这条路径上的结点都是可信任的，确保发送的信息不会因通过不安全的结点而受到攻击。

8. 公证机制

公证机制由通信各方都信任的第三方提供，由第三方来确保数据的完整性，数据源、时间及目的地的正确。例如，一个必须在截止期限前发送的消息必须带有由可信时间服务机构提供的时间戳，以证明自己的提交时间。该时间服务机构可以在消息上直接加入时间戳，必要时还可对消息进行数字签名。

2.2.4 OSI 安全服务与安全机制的关系

一种安全服务可由一种或多种安全机制来提供，一种安全机制可以用于不同的安全服务中。ISO 7498-2 标准对实现哪些安全服务应该采用哪种机制给出了一个说明性的描述，参见表 2-1。

表 2-1 OSI 安全服务与安全机制的关系

服务	机制							
	加密	数字签名	访问控制	数据完整性	鉴别交换	通信流量填充	路由控制	公证机制
对等实体鉴别	Y	Y			Y			
数据源发鉴别	Y	Y						
访问控制服务			Y					
连接机密性	Y						Y	
无连接机密性	Y						Y	
选择字段机密性	Y							
通信业务流机密性	Y					Y	Y	
带恢复的连接完整性	Y			Y				
不带恢复的连接完整性	Y			Y				

续表

服务	机制							
	加密	数字 签名	访问 控制	数据 完整性	鉴别 交换	通信流 量填充	路由 控制	公证 机制
选择字段连接完整性	Y			Y				
无连接完整性	Y	Y		Y				
选择字段无连接完整性	Y	Y		Y				
有数据源发证明的抗否认		Y		Y				Y
有交付证明的抗否认		Y		Y				Y

注：Y 表示该机制适合提供该种服务，空格表示该机制不适合提供该种服务。

2.2.5　OSI 各层中的安全服务配置

OSI 安全体系结构总结了上述各项安全服务在 OSI 七层中的位置，参见表 2-2。

表 2-2　安全服务与层之间的关系

服务	协议层						
	1	2	3	4	5	6	7
对等实体鉴别			Y	Y			Y
数据源发鉴别			Y	Y			Y
访问控制服务			Y	Y			Y
连接机密性	Y	Y	Y	Y		Y	Y
无连接机密性		Y	Y	Y		Y	Y
选择字段机密性							Y
通信业务流机密性	Y					Y	Y
带恢复的连接完整性							Y
不带恢复的连接完整性			Y	Y			Y
选择字段连接完整性							Y
无连接完整性			Y	Y			Y
选择字段无连接完整性			Y	Y			Y
有数据源发证明的抗否认							Y
有交付证明的抗否认							Y

注：Y 表示该服务应该在相应的层中提供，空格表示不提供。对于第 7 层而言，应用程序本身必须提供这些
　　安全服务。

安全服务的分层配置一般要遵循以下规则：

● 实现一种服务的不同方法越少越好。

- 在多个层上提供安全来建立安全系统是可取的。
- 为安全所需的附加功能不应该、也不必要重复 OSI 的现有功能。
- 避免破坏层的独立性。
- 可信功能度的总量应尽量少。

2.3   TCP/IP 模型及其安全体系

2.3.1   TCP/IP 参考模型

1. TCP/IP 参考模型的层次结构

TCP/IP 参考模型是因特网的前身 ARPANET 及因特网的参考模型。TCP/IP 参考模型共有 4 层，从上至下分别为应用层、传输层、网络层和网络接口层。TCP/IP 模型的结构及各层的数据封装格式如图 2-4 所示。TCP/IP 模型没有会话层和表示层，去掉了 OSI 模型中各层之间存在的一些重复的功能，在实现上比较简练高效。比如：并不是所有的服务都需要可靠的连接服务，如果在 IP 层进行可靠性控制会造成处理能力的浪费，因此 TCP/IP 模型把连接控制服务放到传输层进行，使 IP 层更加简洁。TCP/IP 注重实用的特性，使它在应用领域有着强大的生命力，而 OSI/RM 至今仍只是一种标准，没有推广到应用中去。TCP/IP 的体系结构与 OSI 七层模型的对应关系如图 2-5 所示。

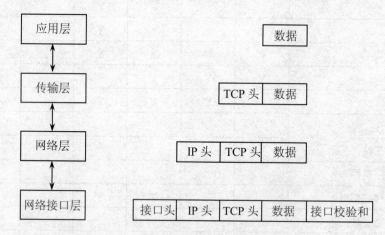

图 2-4   TCP/IP 网络的层次结构及信息格式

2. TCP/IP 模型各层的功能

（1）应用层：大致对应 OSI 的表示层、会话层和应用层，是 TCP/IP 模型的最上层，是用户访问网络的界面。包括一些向用户提供的常用应用程序，如电子邮件、Web 浏览器、文件传输、远程登录等，也包括用户在传输层之上建立的自己的应用程序。

（2）传输层：对应 OSI 的传输层。负责实现源主机和目的主机上的实体之间的通信。它提供了两种服务，一种是可靠的、面向连接的服务（TCP 协议）；一种是无连接的数据报服务（UDP 协议）。为了实现可靠传输，要在会话时建立连接，对数据包进行校验和收发确认，通信完成后再拆除连接。

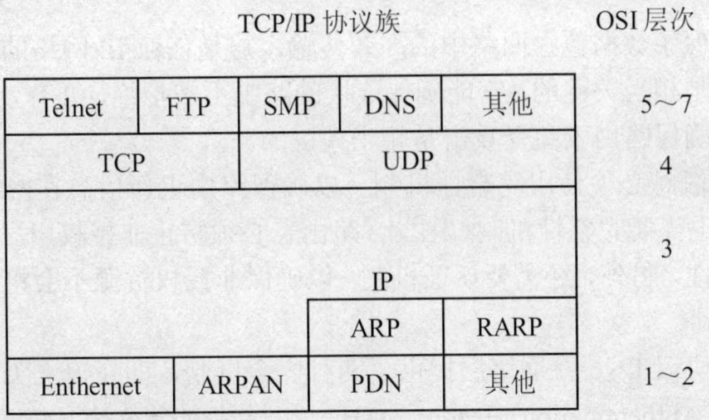

TCP/IP 协议族　　　　　　　　OSI 层次

Telnet	FTP	SMP	DNS	其他	5～7
TCP			UDP		4
IP					3
			ARP	RARP	
Enthernet	ARPAN		PDN	其他	1～2

图 2-5　TCP/IP 模型各层包括的主要协议及其与 OSI 层次模型的对应关系

（3）网络层：对应 OSI 的网络层，负责数据包的路由选择，保证数据包能顺利到达指定的目的地。一个报文的不同分组可能通过不同的路径到达目的地，因此要对报文分组加一个顺序标识符，以使目标主机接收到所有分组后，可以按序号将分组装配起来，恢复原报文。

（4）网络接口层：大致对应 OSI 的数据链路层和物理层，是 TCP/IP 模型的最底层。它负责接收 IP 数据包并通过网络传输介质发送数据包。

2.3.2　TCP/IP 的安全体系

1. 链路层安全

只有在各个结点间安装或租用了专门的通信设施，才能对 TCP/IP 网络进行链路层保护。对网络的链路层保护一般可以达到点对点间较强的身份认证、保密性和连续的通道认证，在大多数情况下，也可保证数据流的安全。有些安全服务可以提供数据的完整性服务或至少具有防止欺骗的能力。

链路层保护不能提供真正的终端用户认证，也不能在合理成本下为被保护网络内的用户提供用户间的保密性。如果没有其他附加的安全机制，所有交换路由设备都是不安全的，包括无法限制设备的信息流。如果要求有防火墙之类的功能，应在链路层加密机制之前加入。

由于存在上述局限性，链路层保护可能并不十分有效，但有些保护机制在高层并不容易实现。第一种是通信安全机制。如果用户关心对迫近行为的指示和报警，就必须采用这种安全机制。第二种是高层不拥有的安全机制，如在限制隐通道数目方面的安全机制。隐通道的存在会像幽灵一样对系统构成威胁，数据包中任何字节的改变或传输参数的任何变化都是潜在的隐通道。链路层保护可以有效地去除诸如传输信息长度、时间以及地址的隐通道。其他隐通道起源于对未完全定义的传输杂项位进行利用并对其进行访问控制的能力。

另外，链路层系统设计较为简单，与其他层相比更容易达到预期目标。用户知道现在各种通信技术的限制，所以链路层解决方案将成为最容易被接受的解决方案。

2. 网络层安全

IP 包是一种面向无连接协议的包，通过对通信传输的控制，攻击者有可能修改网络的操作以达到他们的攻击目的，数据包有可能被路由器发往错误的地方，服务可能被局部或全部拒绝。

动态路由机制确保了数据包在网络中的高效传输，这是任何 IP 网络的重要特征。路由信息和路由表的正确性是相当关键的，它能确保连接的路由不被拒绝，并有效使用网络资源。对网络的可用性来说，确保路由表免受攻击是相当关键的。

路由器间的更新信息必须使用完整性机制，以确保路由更新信息在网络上传送时不会被修改。路由器的内部也需要完整性机制。因此，路由表必须防止非授权用户的非法修改，以确保路由表信息的准确性。另外，还需要认证机制，以确保非授权资源不会将路由更新信息插入网络。

新一代的互联网协议 IPv6 在网络层提供了两种安全机制，即在报文头部包含两个独立的扩展报头：认证头（Authentication Header，AH）和封装安全负荷（Encapsulating Security Payload，EPS）。

认证头（AH）指一段消息认证代码（Message Authentication Code，MAC），在发送 IP 包之前，它已经被事先计算好。发送方用一个加密密钥算出 AH，接收方用同一或另一密钥对之进行验证。如果收发双方使用的是单钥体制，那它们就使用同一密钥；如果收发双方使用的是公钥体制，那它们就使用不同的密钥。在后一种情形下，AH 体制能额外地提供不可否认的服务。IP AH 可以提供认证和完整性控制的能力。

封装安全负荷（ESP）封装整个 IP 报文或上层协议（如 TCP、UDP、ICMP）数据并进行加密，然后给已加密的报文加上一个新的明文 IP 报头。这个明文报头用来对已加密的 IP 包在 Internet 上作路由选择。因而 ESP 提供了良好的保密能力。当认证和保密两者都需要时，AH 与 ESP 相结合，就可以获得所需的安全性。一般的做法是把 ESP 放在 AH 里，这允许接收者在解密之前对消息进行认证检查或者并行地执行认证和检查。

IP 安全性的主要优点是它的透明性，也就是说，安全服务的提供不需要应用程序，也不需要其他通信层次和网络部件做任何改动。它的最主要缺点是网络层一般对属于不同进程的包不作区别。对所有去往同一地址的包，它将按照同样的加密密钥和访问控制策略来处理，这会使性能下降。针对面向主机密钥分配的问题，RFC 1825 推荐使用面向用户的密钥分配，其中，不同的连接会得到不同的加密密钥。但是，面向用户的密钥分配需要对相对应的操作系统内核作比较大的改动。

网络层非常适合提供基于主机的安全服务。相应的安全协议可以用来在 Internet 上建立安全的 IP 通道和虚拟专网。例如，利用它对 IP 包的加密和解密功能，可以强化防火墙系统的防卫能力。

3. 传输层安全

由于 TCP/IP 协议本身非常简单，没有加密、身份认证等安全特性，因此要向上层应用提供安全通信的机制就必须在 TCP 之上建立一个安全通信层次。传输层网关在两个通信结点之间代为传递 TCP 连接并进行控制，这个层次一般称作传输层安全。最常见的传输层安全技术有 SSL、SOCKS 和安全 RPC 等。

在 Internet 应用编程中，通常使用广义的进程间通信（IPC）机制来与不同层次的安全协议打交道。比较流行的两个 IPC 编程接口是 BSD Sockets 和传输层接口（TLI）。

在 Internet 中提供安全服务的首要想法是在它的 IPC 界面中加入安全支持，如 BSD Sockets 接口等，具体做法包括双向实体的认证、数据加密密钥的交换等。Netscape 公司遵循这个思路，制定了建立在可靠的传输服务（如 TCP/IP 提供）基础上的安全套接层（SSL）协议。SSL 分为两层，如图 2-6 所示，上面是 SSL 握手层，双方通过协商约定协议版本、加密算法，进行身份验证、生成共享密钥等；下面是 SSL 记录层，它把上层的数据经分段、压缩后加密，由传输层传送出去。SSL 采用公钥方式进行身份认证，但是大量数据传输仍使用对称密钥方式。通过双方协商，SSL 可以支持多种身份认证、加密和检验算法（关于 SSL 更多的内容请参阅 9.5 节）。

高层协议
SSL 握手层
SSL 记录层
传输层
低层协议

图 2-6　SSL 结构图

网络层安全机制的透明性优点对于传输层来说是做不到的，这是传输层安全机制的主要缺点。原则上，任何 TCP/IP 应用，只要应用传输层安全协议（如 SSL），就必定要进行若干修改以增加相应的功能，并使用稍微不同的 IPC 界面。同时，公钥体系存在的不方便性 SSL 也同样存在，例如用户很难记住自己的公钥和私钥，必须依靠某些物理设备（如 IC 卡或者磁盘）来存储，这样对用户终端有一定要求。再有就是服务器方和客户方必须依赖 CA 来签发证书，双方都必须将 CA 的公钥存放在本地。为了保持在 Internet 上的通用性，目前一般的 SSL 协议只要求服务器方向客户方出示证书以证明自己的身份，而不要求用户方同样出示证书，在建立起 SSL 信道后再加密传输用户的口令实现客户方的身份验证。

同网络层安全机制相比，传输层安全机制的主要优点是它提供基于进程对进程（而不是主机对主机）的安全服务和加密传输信道，利用公钥体系进行身份认证，安全强度高，支持用户选择的加密算法。这一成就如果再加上应用级的安全服务，就可以提供更加安全可靠的安全性能。

4. 应用层安全

网络层的安全协议能够为网络连接建立安全的通信信道，传输层安全协议允许为进程之间的数据通道增加安全性，但它们都无法根据所传送的不同内容的安全要求予以区别对待。如果确实想区分具体文件的不同的安全性要求，就必须在应用层采用安全机制。本质上，这意味着真正的数据通道还是建立在主机（或进程）之间，但却不可能区分在同一通道上传输的具体文件的安全性要求。例如，如果在一个主机与另一个主机之间建立起一条安全的 IP 通道，那么两个进程间传输的所有报文都要自动被加密。提供应用层的安全服务，实际上是最灵活的处理单个文件安全性的手段。例如，一个电子邮件系统可能需要对要发出的信件的个别段落实施数据签名。较低层的协议提供的安全功能一般不会知道要发出的信件的段落结构，从而不可能知道该对哪一部分进行签名。只有应用层是唯一能够提供这种安全服务的层次。

一般来说，在应用层提供安全服务有下面几种可能的做法。首先是对每个应用（及应用协议）分别进行修改和扩展，加入新的安全功能。一些重要的 TCP/IP 应用已经这样做了。例如，在 RFC 1421～RFC 1424 中，IETF 规定了私用强化邮件（PEM）来为基于 SMTP 的电子邮件系统提供安全服务。

S-HTTP 是 Web 上使用的超文本传输协议（HTTP）的安全增强版本，提供了文本级的安全机制，因此每个文件都可以设置成保密/签字状态。用作加密及签名的算法可以由参与通信的收发双方协商。S-HTTP 提供了对多种单向散列（Hash）函数的支持，如 MD2、MD5 及 SHA；对多种私钥体制的支持，如 DES、三重 DES、RC2、RC4 以及 CDMF；对数字签名体制的支持，如 RSA 和 DSS。

S-HTTP 和 SSL 从不同角度提供 Web 的安全性，S-HTTP 对单个文件做"保密/签字"，而 SSL 则把参与通信的相应进程之间的数据通道按"保密"和"已鉴别"进行监管。

除了电子邮件系统外，另一个重要的应用是电子商务，尤其是信用卡交易。为使 Internet 上的信用卡交易更安全，MasterCard 公司与 IBM、Netscape、GTE 和 CyberCash 等公司制定了安全电子付费协议（SEPP），Visa 国际公司与微软等公司制定了安全交易技术（STT）协议。同时，MasterCard、Visa 国际公司和微软公司已经同意联手推出 Internet 上的安全信用卡交易服务。他们发布了相应的安全电子交易（SET）协议，其中规定信用卡持有人用其信用卡通过 Internet 进行付费的方法。这套机制的后台有一个证书颁发的基础设施，提供对 X.509 证书的支持。SET 标准在 1997 年 5 月发布了第一版，它提供数据保密、数据完整性、对于持卡人和商户的身份认证以及其他安全系统的互操作性。

目前网络应用的模式正在从传统的客户机/服务器转向 BWD（Browser-Web-Database，浏览器－Web－数据库）方式，以浏览器作为通用客户端软件。由于 BWD 模式采用浏览器作为通用的客户方，原先的客户端软件工作很大部分变成了网页界面设计，各种数据库系统也提供了 Web 接口，可以在 CGI/Java 等网页创作工具中采用标准化的方式直接访问数据库，因此整个系统无论开发还是维护的工作量都大大减轻，特别是能够提供对内部网络应用和 Internet 统一的访问界面，使用十分方便。因此采用 BWD 模式改造现有的网络应用正在结合 Internet/Intranet 的建设迅速推行。在原先的客户机/服务器模式中，需要设计和实现各种专用的客户端软件以及客户端与服务器之间的安全措施，层次繁多复杂并且不具有通用性。转向 BWD 模式后，重点将放在浏览器到 Web 服务器之间以及 Web 服务器与数据库之间的安全上，因此应用层安全，特别是 WWW 的安全将成为至关重要的环节。

2.4　常用网络协议和服务

在本节中，只是简单介绍一下常用协议的基本原理及格式，以帮助读者对后续章节知识的理解。

2.4.1　常用网络协议

1. IP 协议

在网络协议中，IP 是面向非连接的协议，所以它是不可靠的数据报协议。IP 协议主要负责在主机之间寻址和选择路由。

IP 数据报的结构为：IP 头+数据，IP 头有一个 20 字节的固定长度部分和一个可选任意长度部分，格式如下：

0	4	8	16	19	31

版本	头长度	服务类型	封包总长度		
封包标识			标志	分段偏移量	
生命期		协议	校验和		
源 IP 地址					
目的 IP 地址					
可选项（变长，可以是 0 或更多个字） ……					

各个字段的含义解释如下：

- 版本：4bit，指明 IP 协议的版本号。每台机器上的版本可能不同，引入该字段可以在不同版本间传输数据。

- 头长度：4bit，因为 IP 头的长度是不固定的，所以用该字段指明头的长度。以 4 字节（即 32bit）为一个单位，该字段最小值为 5，表示没有可选部分，只有 20 字节（即 4 字节×5）的固定长度部分；该字段最大值为 15（即 4bit 全为 1），表示头部最大长度为 60 字节（4 字节×15），其中固定长度部分 20 字节，可选部分 40 字节。

- 服务类型：8bit，IP 优先级字段，主机可以通过该字段告诉网络它需要什么样的服务，是强调速度，还是强调准确性。

- 封包总长度：16bit，数据包中所有信息的长度，包括头部和数据。单位为字节，最大 65535（即 $2^{16}-1$）字节。

- 封包标识：16bit，用于让目的主机判断新来的分段属于哪个分组，所有属于同一分组的的分段包含同样的标识值。

- 标志：占 3bit，第 1bit 未用，只用到后面的两个 bit。

    DF（Don't Fragment）用来标志是否允许路由器将数据报分段。

    　　DF=1，不允许分段。

    　　DF=0，允许分段。

    MF（More Fragment）用来标志是否所有的分组都已到达。

    　　MF=1，后面还有分段的数据包。

    　　MF=0，分段数据包的最后一个。

- 分段偏移量：13bit，用于说明分段在当前数据报中的相对位置。13bit 表示每个数据报最长可以有 8192（即 2^{13}）个分段，基本分段单位为 8 字节，所以最大的数据报长度为 65536（即 8192×8）字节，比前面提到的总长度字段的最大值 65535 还大 1。现在的数据报都没达到这么长，65535 的上限还是可以忍受的。

- 生命期：8bit，指分组的生命期，最长生命周期为 255，默认的单位是秒。当分组经过每个结点时，该字段的值递减，当值减到零时，该分组就要丢弃。

- 协议：8bit，该字段值表明 IP 数据包携带的是何种协议报文。

    1：ICMP

    6：TCP

    17：UDP

89：OSPF

- 检验和：16bit，指对 IP 协议头的校验和。
- 源 IP 地址：32bit，IP 报文的源地址。
- 目的 IP 地址：32bit，IP 报文的目的地址。
- 可选项：是为了允许后续版本的协议中引入新的信息、方便用户尝试新的想法以及避免让很少使用的信息占用头部位而提供的冗余字段。可选项是变长的。目前已定义了 5 个可选项，分别是：安全性、严格的源路由选择、松的源路由选择、记录路由、时间标记，但并不是所有的路由器都支持全部的 5 个可选项。

图 2-7 所示是对一个 IP 报头的解析。

```
□IP: ID = 0xDA87; Proto = TCP; Len: 1500
  IP: Version = 4 (0x4)
  IP: Header Length = 20 (0x14)
  IP: Precedence = Routine
  IP: Type of Service = Normal Service
  IP: Total Length = 1500 (0x5DC)
  IP: Identification = 55943 (0xDA87)
□IP: Flags Summary = 2 (0x2)
  IP: .......0 = Last fragment in datagram
  IP: ......1. = Cannot fragment datagram
  IP: Fragment Offset = 0 (0x0) bytes
  IP: Time to Live = 108 (0x6C)
  IP: Protocol = TCP - Transmission Control
  IP: Checksum = 0xB1BB
  IP: Source Address = 207.46.198.60
  IP: Destination Address = 60.232.170.133
  IP: Data: Number of data bytes remaining = 1480 (0x05C8)
```

图 2-7　IP 报头解析

2. TCP 协议

TCP 是传输层协议，是专门设计用于在不可靠的因特网上提供可靠的、端到端的字节流通信的协议。

发送和接收方 TCP 实体以数据段（Segment）的形式交换数据。一个数据段包含一个固定的 20 字节的头（加上一个可选部分），后面跟着 0 字节或多字节的数据。TCP 协议的头的结构如下：

0								16	31
源端口								目的端口	
顺序号									
确认号									
TCP 头长		U R G	A C K	P S H	R S T	S Y N	F I N	窗口大小	
校验和								紧急指针	
可选项（0 或更多的 32 位字）									

各个字段的含义如下：

- 源端口：长度为 16bit 的源端口字段的值为初始化通信的端口号。
- 目的端口：长度为 16bit 的目的端口字段的值为传输的目的端口号。
- 顺序号：发送方向接收方发送的封包的顺序号，长度为 32bit。TCP 连接上的每个字节均有它自己的 32bit 的顺序号，顺序号经过一段时间（如一个小时或更长）后会出现重复。

- 确认号：是指发送方希望接收的下一个封包的顺序号，长度为 32bit。
- 头长度：表明 TCP 头包含多少个 32 位字，长度为 4bit。

接下来的 6bit 未用；接着的 6 个标志位长度各 1bit，含义如下：

- URG：是否使用紧急指针。
  1：使用
  0：不使用
- ACK：是请求状态还是应答状态。
  1：应答，则确认号有效
  0：请求，则确认号被忽略
- PSH：PSH=1，表示接收方请求的数据一到便送往应用程序而不必等到缓冲区满才传送。
- RST：用于复位由于主机崩溃或其他原因而出现错误的连接。常可用于拒绝非法的数据或非法的连接请求。
- SYN：用于建立连接。在连接请求中，SYN=1，ACK=0，表示连接请求；SYN=1，ACK=1，表示连接被接受。
- FIN：用于释放连接。它表明发送方已没有数据发送了。
- 窗口大小：实现流量控制的字段，表示接收方想收到的每个 TCP 数据段的大小。若该字段值为 0 则表示希望发送方暂停发送数据。长度为 16bit。
- 校验和：是指对整个数据包的校验和，长度为 16bit。
- 紧急指针：当 URG 为 1 时才有效，是发送紧急数据的一种方式，长度为 16bit。
- 可选项：用于提供一种增加额外设置的方法，这种设置在常规的 TCP 包中是不包括的。

一个具体的 TCP 包头结构如图 2-8 所示。

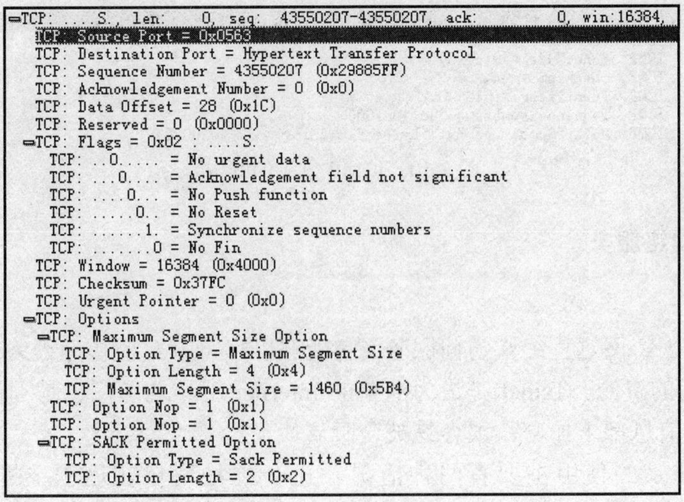

```
TCP: ....S., len:    0, seq:  43550207-43550207, ack:          0, win:16384,
  TCP: Source Port = 0x0563
  TCP: Destination Port = Hypertext Transfer Protocol
  TCP: Sequence Number = 43550207 (0x29885FF)
  TCP: Acknowledgement Number = 0 (0x0)
  TCP: Data Offset = 28 (0x1C)
  TCP: Reserved = 0 (0x0000)
 TCP: Flags = 0x02 : ....S.
   TCP: ..0..... = No urgent data
   TCP: ...0.... = Acknowledgement field not significant
   TCP: ....0... = No Push function
   TCP: .....0.. = No Reset
   TCP: ......1. = Synchronize sequence numbers
   TCP: .......0 = No Fin
  TCP: Window = 16384 (0x4000)
  TCP: Checksum = 0x37FC
  TCP: Urgent Pointer = 0 (0x0)
 TCP: Options
   TCP: Maximum Segment Size Option
     TCP: Option Type = Maximum Segment Size
     TCP: Option Length = 4 (0x4)
     TCP: Maximum Segment Size = 1460 (0x5B4)
   TCP: Option Nop = 1 (0x1)
   TCP: Option Nop = 1 (0x1)
   TCP: SACK Permitted Option
     TCP: Option Type = Sack Permitted
     TCP: Option Length = 2 (0x2)
```

图 2-8　TCP 包头结构

3. UDP 协议

UDP 向应用程序提供了一种无连接的服务，通常用于每次传输量较小或有实时需要的程序，在这种情况下，使用 UDP 开销较少，避免频繁建立和释放连接的麻烦。

一个 UDP 数据段包括一个 8 字节的头和数据部分。UDP 的协议头比较简单，如下所示：

0	16	31
源端口		目的端口
封包长度		校验和

UDP 头只包括 4 个字段，每个字段的长度为 16bit。

源端口、目的端口的作用与 TCP 中的相同。

封包长度：是指 UDP 头和数据的总长度。

校验和：与 TCP 头中的校验和一样，不仅对头数据进行检验，还对包的内容进行校验。
一个具体的 UDP 包头如图 2-9 所示。

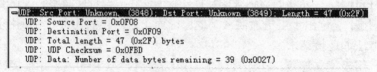

图 2-9　UDP 包头结构

4．ICMP 协议

ICMP 称为因特网控制消息协议。通过 ICMP 协议，主机和路由器可以报告错误并交换相关的状态信息。在下面几种情况中自动发送 ICMP 消息。

（1）IP 数据报无法访问目标。

（2）IP 路由器（网关）无法按当前的传输速率转发数据报。

（3）IP 路由器将发送主机重定向为使用更好的到达目标的路由。

一个具体的 ICMP 包头的解析如图 2-10 所示。

```
ICMP: Echo  From 60.232.170.133 To 60.232.170.129
ICMP: Packet Type = Echo
ICMP: Echo Code = 0 (0x0)
ICMP: Checksum = 0x4A5C
ICMP: Identifier = 512 (0x200)
ICMP: Sequence Number = 256 (0x100)
ICMP: Data: Number of data bytes remaining = 32 (0x0020)
```

图 2-10　ICMP 包头的解析

2.4.2　常用网络服务

1．Telnet

Telnet 是一种因特网远程终端访问服务。它能够以字符方式模仿远程终端，登录远程服务器，访问服务器上的资源。Telnet 是最为简单的 Internet 工具之一，也是一种非常不安全的服务。Telnet 发送的信息都未加密，很容易被窃听。

Telnet 远程登录的使用主要有两种情况。第一种是用户在远程主机上有自己的账号（Account），即用户拥有注册的用户名和口令；第二种是许多 Internet 主机为用户提供某种形式的公共 Telnet 信息资源，这种资源对于每一个 Telnet 用户都是开放的。

要建立一个到远程主机的对话，只需在命令提示符下输入命令：telnet　远程主机名。在

Windows 系统中，用户可以用具有图形界面的 Telnet 客户端程序与远程主机建立 Telnet 连接。Telnet 通过端口 23 工作。

2. FTP

文件传输协议 FTP 的主要作用是让用户连接上一个远程计算机(这些计算机上运行着 FTP 服务器程序)，并察看远程计算机有哪些文件，然后把文件从远程计算机上下载到本地计算机，或把本地计算机的文件上传到远程计算机去。FTP 服务的端口为 21。

与大多数 Internet 服务一样，FTP 也是一个客户机/服务器系统。用户通过一个支持 FTP 协议的客户端程序，连接到在远程主机上的 FTP 服务器程序，并向服务器程序发出命令，服务器程序执行用户所发出的命令，并将执行的结果返回到客户机。例如，用户发出一条命令，要求服务器向用户传送某一个文件的一份拷贝，服务器会响应这条命令，将指定文件送至用户的机器上。客户端程序代表用户接收到这个文件，将其存放在用户目录中。

使用 FTP 时必须先登录，在远程主机上获得相应的权限以后，方可上传或下载文件。也就是说，要想向哪一台计算机传送文件，就必须具有哪一台计算机的适当授权。换言之，除非有用户 ID 和口令，否则便无法传送文件。这种情况违背了 Internet 的开放性，Internet 上的 FTP 主机何止千万，不可能要求每个用户在每一台主机上都拥有账号。匿名 FTP 就是为解决这个问题而产生的。用户可以使用 anonymous 作为用户 ID，E-mail 地址作为口令连接到提供了匿名 FTP 服务的远程主机上，并从那里下载文件，而无需成为其注册用户。

为了安全起见，不要在匿名 FTP 服务器上存放机密文件。

3. E-mail

电子邮件是最流行和最基本的网络服务之一。随着邮件病毒和垃圾邮件的泛滥，电子邮件的安全问题越来越突出。

电子邮件的工作方式遵循客户/服务器模式。使用电子邮件服务的每位用户必须在一个邮件服务器上申请一个电子邮箱。邮件服务器管理着众多的客户邮箱。

电子邮件系统由客户端软件和邮件服务端软件所组成。通常，客户端程序（如 Outlook、Foxmail 等）为用户提供友好的交互式界面，方便用户编辑、阅读、处理信件。服务器端程序，负责将信件从消息源传送到目的邮箱。

目前 E-mail 服务使用的两个最主要的协议是简单邮件传输协议 SMTP 和邮局协议 POP。SMTP 默认占用 25 端口，用于发送邮件；POP 占用 110 端口，用来接收邮件。

SMTP 协议支持的功能比较简单，并且有安全方面的缺陷。经过它传递的所有电子邮件都是以明码传输的文本形式，任何人都可以在中途截取并复制这些邮件，甚至对邮件内容进行篡改。邮件在传输过程中可能丢失。别有用心的人也很容易以冒名顶替的方式伪造邮件。为了克服上述缺陷，后来出现了 ESMTP（Extended SMTP，扩展的 SMTP）协议。

POP 协议是一种允许用户从邮件服务器收发邮件的协议。它有 2 种版本，即 POP2 和 POP3，都具有简单的电子邮件存储转发功能。POP2 与 POP3 本质上类似，都属于离线式工作协议，但是由于使用了不同的协议端口，两者并不兼容。与 SMTP 协议相结合，POP3 是目前最常用的电子邮件服务协议。

4. WWW

WWW 服务是目前最常用的服务，使用 HTTP 协议，默认端口为 80。在 Windows 下一般使用 IIS 配置 Web 服务器。

用户通过浏览器可以方便地访问 Web 上众多的网页，网页包含文本、图片、语音、视频等各种文件。大多数 Web 服务器比较安全，但也经常有一些网站被黑，还有一些恶意网站在网页中添加恶意代码，修改用户机器的注册表。

5. DNS

域名服务（Domain Name Service，DNS）用于映射网络地址，即寻找 Internet 域名并将它转化为 IP 地址。域名是有意义的、容易记忆的 Internet 地址。域名和 IP 地址是分布式存放的。DNS 请求首先到达地理上比较近的 DNS 服务器，如果寻找不到此域名，主机会将请求向远方的 DNS 服务器发送。例如，将域名 www.sina.com.cn 通过 DNS 解析为 211.95.77.3。

2.5 Windows 常用的网络命令

网络命令是在命令行方式下的网络操作工具集，利用这些网络命令，可以了解网络状态、进行网络配置、测试网络连通性、使用网络服务等。本节将详细介绍一些常用网络命令的格式及用法。

2.5.1 ping 命令

ping 命令用来检测当前主机与目的主机之间的连通情况，它通过从当前主机向目的主机发送 ICMP 包，并接收应答信息来确定两台计算机之间的网络是否连通，并可显示 ICMP 包到达对方的时间。当网络运行中出现故障时，利用这个实用程序来预测故障和确定故障源是非常有效的。

ping 命令的格式如图 2-11 所示（在命令行状态下输入 ping 即可显示其格式及参数的说明）。

图 2-11　ping 命令参数

其中的常用参数说明如下：
- -t：使当前主机不断地向目的主机发送数据，直到按 Ctrl+C 键中断。
- -n count：指定要做多少次 ping，其中 count 为正整数值。

- -l size：发送的数据包的大小。
- -a：通过 IP 地址可以解析出对方的计算机。

一般使用的较多的参数为-t、-n、-l。

使用 ping 命令最简单的格式为：ping 主机域名，如图 2-12 所示。

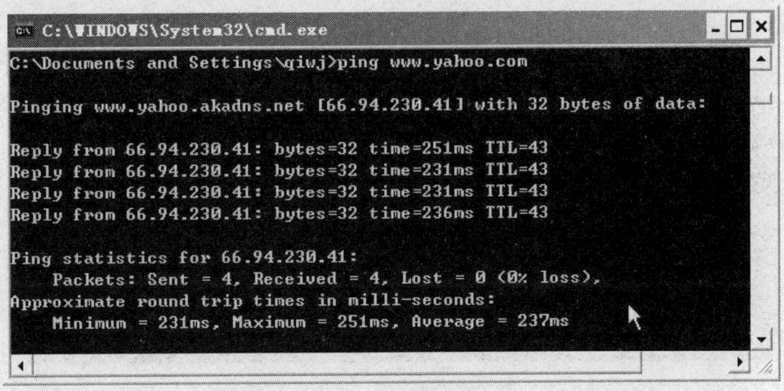

图 2-12　使用 ping 命令

如果 ping 某一网络地址，如 www.yahoo.com，出现 Reply from 66.94.230.41:bytes=32 time=251ms TTL=43，则表示本地主机与该网络地址之间的 IP 级连接是畅通的；如果出现 Request timed out，则表示此时发送的小数据包不能到达目的地，此时可能有以下两种情况，一种是网络不通，另一种是网络连通状况不佳。此时还可以使用带参数的 ping 命令来确定是哪一种情况，如使用 ping www.sina.com.cn -t -l 1500 不断地向目的主机发送数据，并且包大小设置为 1500 字节，此时如果都显示为 Request timed out，则表示网络之间确实不通，如果不是全部显示 Request times out 则表示此网站还是通的，只是响应时间长或通信状况不佳。

默认情况下，在显示 Request timed out 之前，ping 等待 1000 毫秒（1 秒）的时间让每个响应返回。如果通过 ping 探测的目标系统经由时间延迟较长的链路，如卫星链路，则响应可能会花更长的时间才能返回。此时可以使用-w（等待）选项指定更长时间的超时。

如果执行 ping 不成功，则可以预测故障出现在以下几个方面：网线不连通，网络适配器配置不正确，IP 地址不可用等；如果执行 ping 成功而网络仍无法使用，那么问题很可能出在网络系统的软件配置方面，ping 成功只能保证当前主机与目的主机间存在一条连通的物理路径。

另外，由于 ping 命令可以被攻击者用来收集主机信息和作为攻击的手段，因此，出于安全的考虑，许多主机的防火墙配置了"拒绝外部的 ICMP 包"这样的规则，这样的主机也是无法 ping 到的。例如，用命令 ping www.sohu.com，返回信息 Request timed out，看起来好像该主机不可达，而实际上，通过浏览器是可以正常访问该服务器的。

2.5.2　ipconfig 命令

ipconfig 用于在命令行方式下显示 TCP/IP 配置信息、刷新动态主机配置协议和域名系统设置。ipconfig 的命令及常用参数格式如下：

ipconfig [/? | /all | /release [adapter] | /renew [adapter]]

其中的参数的说明如下：

- /?：显示 ipconfig 的格式和参数的英文说明。

- /all：显示所有的配置信息。
- /release：为指定的适配器（或全部适配器）释放 IP 地址（只适用于 DHCP）。
- /renew：为指定的适配器（或全部适配器）更新 IP 地址（只适用于 DHCP）。

使用不带参数的 ipconfig 命令可以得到的信息如图 2-13 所示，包括 IP 地址、子网掩码、默认网关。

图 2-13　查看本机 IP 设置

使用 ipconfig /all 可以得到更多的信息，包括主机名、DNS 服务器、结点类型、网络适配器的物理地址、主机的 IP 地址（IP Address）、子网掩码（Subnet Mask）以及默认网关（Default Gateway）等。如图 2-14 所示为利用此命令显示所有的 IP 配置信息。

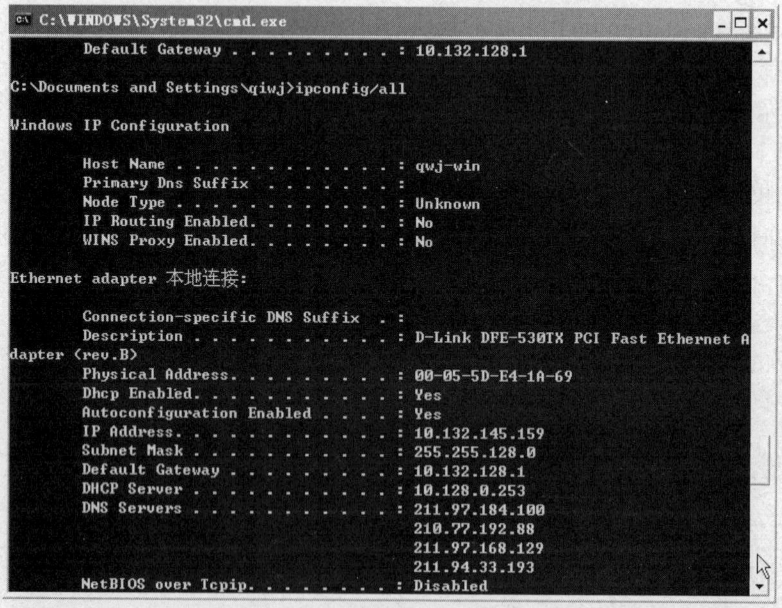

图 2-14　显示所有的 IP 配置信息

参数/renew 的功能是更新指定网络适配器（若未指定适配器，则指所有适配器）的 DHCP 配置。该参数仅在网卡自动获取 IP 的机器上可用。

2.5.3　netstat 命令

netstat 命令可用来显示当前的 TCP/IP 连接、Ethernet 统计信息、路由表等。Netstat 命令的格式如下：

netstat [-a][-e][-n][-o][-s][-p proto][-r][interval]

netstat -a 命令将显示所有连接，而 netstat -r 命令用于显示路由表和活动连接。netstat -e 命令将显示 Ethernet 统计信息，而 netstat -s 用于显示每个协议的统计信息。如果使用 netstat -n，则不能将地址和端口号转换成名称。如图 2-15 所示是使用 netstat -a 命令时的输出示例。

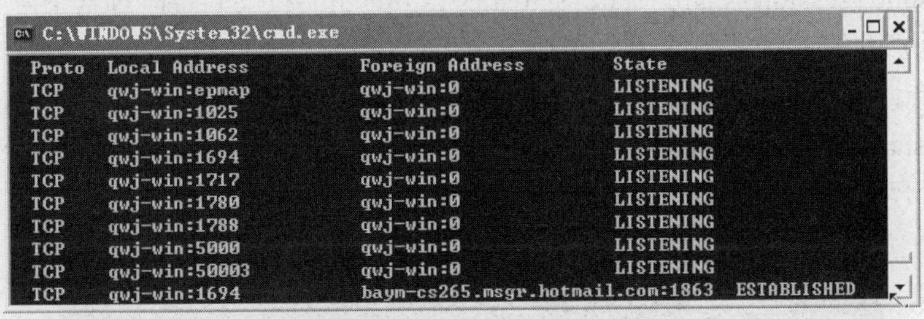

```
C:\WINDOWS\System32\cmd.exe
Proto  Local Address          Foreign Address                     State
TCP    qwj-win:epmap          qwj-win:0                           LISTENING
TCP    qwj-win:1025           qwj-win:0                           LISTENING
TCP    qwj-win:1062           qwj-win:0                           LISTENING
TCP    qwj-win:1694           qwj-win:0                           LISTENING
TCP    qwj-win:1717           qwj-win:0                           LISTENING
TCP    qwj-win:1780           qwj-win:0                           LISTENING
TCP    qwj-win:1788           qwj-win:0                           LISTENING
TCP    qwj-win:5000           qwj-win:0                           LISTENING
TCP    qwj-win:50003          qwj-win:0                           LISTENING
TCP    qwj-win:1694           baym-cs265.msgr.hotmail.com:1863    ESTABLISHED
```

图 2-15　netstat -a 命令输出示例

从图 2-15 中可以看到，计算机打开许多端口，其中有些端口的状态为 LISTENING，表示该端口处于监听状态，没有和其他计算机建立连接；而有的端口状态为 ESTABLISHED，表明该端口正与某计算机进行通信。

2.5.4　tracert 命令

通过向目标发送不同 IP 生存时间（TTL）值的 ICMP 数据包，tracert 诊断程序确定到目标所采取的路由。路径上的每个路由器在转发数据包之前至少将数据包上的 TTL 递减 1，当数据包上的 TTL 减为 0 时，路由器将“ICMP 已超时”的消息发回源系统。tracert 先发送 TTL 为 1 的回应数据包，并在随后的每次发送过程将 TTL 递增 1，直到目标响应或 TTL 达到最大值，从而确定路由。通过检查中间路由器发回的“ICMP 已超时”的消息确定路由。tracert 命令按顺序打印出返回“ICMP 已超时”消息的路径中的近端路由器接口列表。

tracert 命令的用法示例如图 2-16 所示。

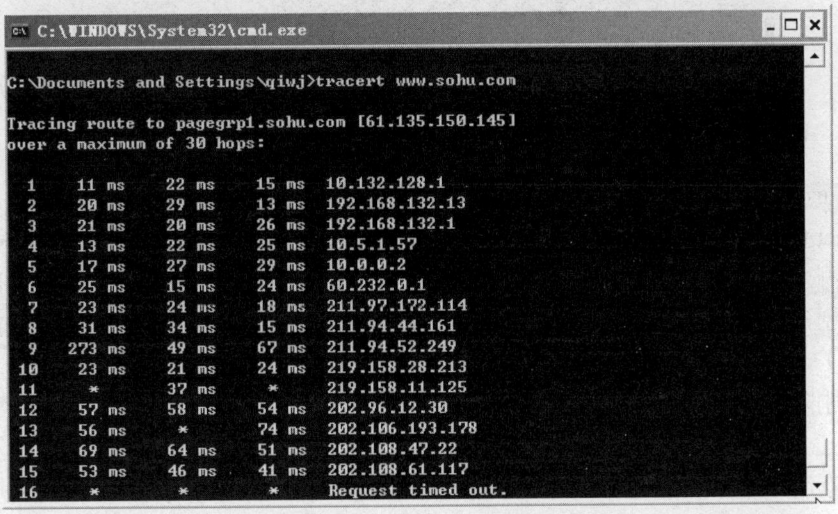

```
C:\WINDOWS\System32\cmd.exe
C:\Documents and Settings\qiwj>tracert www.sohu.com

Tracing route to pagegrp1.sohu.com [61.135.150.145]
over a maximum of 30 hops:

  1    11 ms    22 ms    15 ms  10.132.128.1
  2    20 ms    29 ms    13 ms  192.168.132.13
  3    21 ms    20 ms    26 ms  192.168.132.1
  4    13 ms    22 ms    25 ms  10.5.1.57
  5    17 ms    27 ms    29 ms  10.0.0.2
  6    25 ms    15 ms    24 ms  60.232.0.1
  7    23 ms    24 ms    18 ms  211.97.172.114
  8    31 ms    34 ms    15 ms  211.94.44.161
  9   273 ms    49 ms    67 ms  211.94.52.249
 10    23 ms    21 ms    24 ms  219.158.28.213
 11     *       37 ms     *     219.158.11.125
 12    57 ms    58 ms    54 ms  202.96.12.30
 13    56 ms     *       74 ms  202.106.193.178
 14    69 ms    64 ms    51 ms  202.108.47.22
 15    53 ms    46 ms    41 ms  202.108.61.117
 16     *        *        *     Request timed out.
```

图 2-16　tracert 命令示例

2.5.5 net 命令

net 命令是网络命令中最重要的一个，必须透彻掌握它的每一个子命令的用法，因为它的功能非常强大，首先来看一下它都有哪些子命令，键入 net /?后回车，显示该命令的用法：

net [accounts | computer | config | continue | file | group | help | helpmsg | localgroup | name | pause | print | send | session | share | start | statistics | stop | time | use | user | view]

下面，重点介绍几个常用的子命令。

1．net start <service name>

使用 net start <service name>命令可以启动本地主机或远程主机上的服务。例如，用 net start telnet 就可以启动本地主机上的 telnet 服务，如图 2-17 所示。

图 2-17 启动 telnet 服务

2．net stop <service name>

使用 net stop <service name>命令来停止本地或远程主机上已开启的服务。如在 Windows 2000 的 cmd shell 下用命令 net stop server，就可以停止 Server 服务及与之关联的服务，如图 2-18 所示。

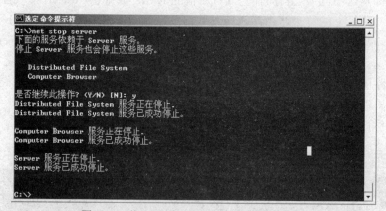

图 2-18 停止 Server 服务及与之关联的服务

3．net user

使用 net user 命令用来执行查看和账户有关的操作，包括新建账户、删除账户、查看特定账户、激活账户、账户禁用等。输入不带参数的 net user，可以查看所有用户，如图 2-19 所示。

（1）创建新账户。使用 net user peter 12345 /add 命令，新建一个用户名为 peter，密码为 12345 的账户，默认为 user 组成员，如图 2-20 所示。

（2）删除账户。使用 net user peter /del 命令，将用户名为 peter 的用户删除，如图 2-20 所示。

（3）禁用某个账户。设 123 为一个已存在的用户账户，则使用 net user 123 /active:no 命令，可将用户名为 123 的用户禁用，如图 2-21 所示。

图 2-19 显示所有用户

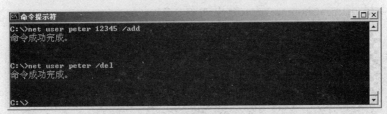

图 2-20 创建和删除用户

图 2-21 禁用和激活账户的操作

（4）激活某个账户。使用 net user 123 /active:yes，激活用户名为 123 的账户，如图 2-21 所示。

（5）查看用户信息。使用 net user 123 命令，查看用户名为 123 的用户的情况，包括用户账户的状态、密码有效期、所属组和上次登录时间等。

4．net localgroup

net localgroup 命令用于查看所有和用户组有关的信息和进行相关操作。输入不带参数的 net localgroup 即列出当前所有的用户组。可以用它来把某个账户提升为 Administrator 组账户，用法为：net localgroup groupname username /add。如把上面的用户账户 123 添加到管理员组中去，可以使用命令 net localgroup administrators 123 /add，123 就成为管理员组的成员，获得了管理员的权限。用命令 net localgroup administrators 123 /del，就可实现把 123 用户账户从管理员组删除。使用 net localgroup 命令如图 2-22 所示。

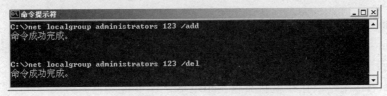

图 2-22 使用 net localgroup 命令

5．net view

net view 命令的格式如图 2-23 所示。

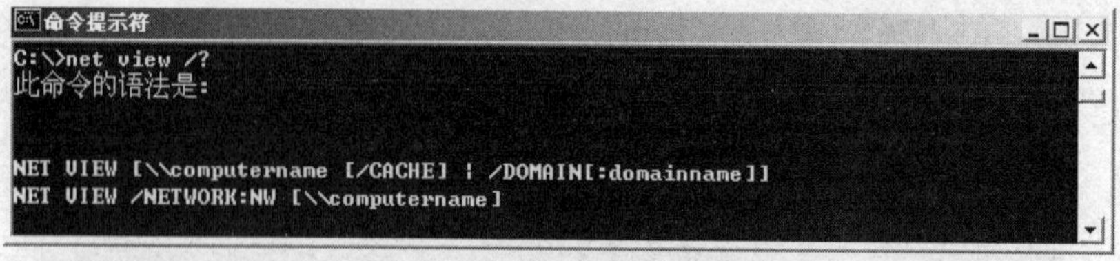

图 2-23　net view 命令的格式

使用 net view /domain:workgroupname 来查看名为 workgroupname 的域中的所有计算机。如执行 net view /domain:mshome，显示结果如图 2-24 所示。

图 2-24　查看域中的计算机

6. net share

不带参数的 net share 用于显示当前主机上的所有共享资源，如图 2-25 所示。

图 2-25　查看共享资源

关闭共享：net share　共享资源名　/del

如关闭 IPC$共享，使用的命令为：net share ipc$ /del

2.5.6　nbtstat 命令

nbtstat（TCP/IP 上的 NetBIOS 统计数据）实用程序用于提供关于 NetBIOS 的统计数据。运用 nbtstat，可以查看本地计算机或远程计算机上的 NetBIOS 名字列表。

常用选项：

- nbtstat -n：用于显示寄存在本地的名字和服务程序。
- nbtstat -c：用于显示 NetBIOS 名字高速缓存的内容。NetBIOS 名字高速缓存用于存放与本计算机最近进行通信的其他计算机的 NetBIOS 名字和 IP 地址对。
- nbtstat -r：用于清除和重新加载 NetBIOS 名字高速缓存。
- nbtstat -a IP：通过 IP 显示另一台计算机的物理地址和名字列表，显示的内容就像对方计算机自己运行 nbtstat -n 一样。执行结果如图 2-26 所示。

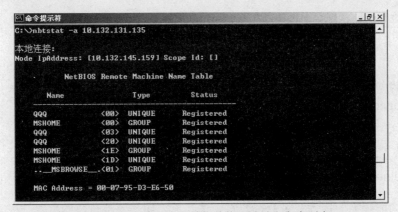

图 2-26　显示另一台计算机的物理地址和名字列表

2.5.7　ftp 命令

基本的 ftp 命令的使用方法为：首先在命令行键入 ftp 并回车，出现 ftp 的提示符，这时候可以键入 help 来查看帮助（任何 DOS 命令都可以使用此方法查看其帮助）。

首先是登录过程，直接在 ftp 的提示符下输入"open 主机 IP ftp 端口"回车即可，一般端口默认都是 21，可以不写，接着输入合法的用户名和密码进行登录，这里以匿名 ftp 为例介绍。在 user 后面，输入 anonymous，在 password 后面输入一个邮件地址作为口令，如图 2-27 所示。

```
ftp> open ftp.pku.edu.cn
Connected to vineyard.pku.edu.cn.
220 vineyard.pku.edu.cn FTP server (Version wu-2.6.1(1) Wed Mar 28 15:17:48 CST
2001) ready.
User (vineyard.pku.edu.cn:(none)): anonymous
331 Guest login ok, send your complete e-mail address as password.
Password:
```

图 2-27　使用 ftp 服务

接下来介绍具体命令的使用方法。

● dir：跟 DOS 命令一样，用于查看服务器的文件，直接键入 dir 并回车，就可以看到此 ftp 服务器上的文件，如图 2-28 所示。

```
ftp> dir
200 PORT command successful.
150 Opening ASCII mode data connection for /bin/ls.
total 1387
dr-xr-xr-x   2 0        3             512 May 19  2003 .
drwxr-xr-x   9 0        0             512 May 19  2003 ..
-r-xr-xr-x   1 0        3          701052 Apr 27  1995 libc.so.1
-r-xr-xr-x   1 0        3            2344 Apr 27  1995 libdl.so
-r-xr-xr-x   1 0        3           55968 Apr 27  1995 libgen.so
-r-xr-xr-x   1 0        3          590964 Apr 27  1995 libnsl.so
-r-xr-xr-x   1 0        3           39568 Apr 27  1995 nswcompat.so
226 Transfer complete.
ftp: 461 bytes received in 0.00Seconds 461000.00Kbytes/sec.
ftp> get libnsl.so
200 PORT command successful.
150 Opening ASCII mode data connection for libnsl.so (590964 bytes).
226 Transfer complete.
ftp: 592142 bytes received in 47.31Seconds 12.52Kbytes/sec.
ftp>
```

图 2-28　ftp 服务器上的文件列表

- cd：用于进入某个文件夹。
- get：用于下载文件到本地机器。
- put：用于上传文件到远程服务器。这就要看远程 ftp 服务器是否给了可写的权限。
- delete：用于删除远程 ftp 服务器上的文件。这也必须保证有可写的权限。
- disconnect：用于断开当前连接。
- bye：用于退出 ftp 服务。
- quit：同上。

2.5.8 telnet 命令

telnet 是功能强大的远程登录命令。它操作简单，如同使用自己的机器一样，使用如下方法建立 telnet 连接：

方法一：telnet 主机名（IP）。

方法二：首先输入 telnet，按回车键；然后在提示符下输入 open IP 并回车，显示登录界面，输入合法的用户名和密码，输入任何密码时都是不显示的。

当输入的用户名和密码都正确后就成功建立了 telnet 连接，这时用户就在远程主机上具有了相应的权限。

2.6 网络协议分析工具——Wireshark

网络分析程序（Network Packet Analyzer）可以帮助网络管理员捕获网络中传输的数据包和分析数据包信息。比较常用的网络分析工具有 Wireshark、Microsoft Network Monitor、Capsa Packet Sniffer、NetworkMiner 等。网络分析工具的用途广泛，网络管理员使用它来检测网络问题，网络安全工程师使用它来检查信息安全的相关问题，开发者可以使用它来为新的通信协议除错，普通使用者可以使用它来学习网络协议的相关知识。当然，也会有少数"居心叵测"的人用它来寻找一些敏感信息。

网络包分析工具 Wireshark，其前身是 Ethereal，是目前最流行的开源网络分析工具之一，它具有的主要功能和特性如下：

- 支持 UNIX 和 Windows 平台。
- 在网络接口实时捕捉包。
- 能显示包的详细协议信息。
- 可以打开/保存捕捉的包。
- 可以导入/导出其他捕捉程序支持的包数据格式。
- 可以通过多种方式过滤包。
- 可以通过种方式查找包。
- 通过过滤以多种色彩显示包。
- 创建多种统计分析。

下面简单介绍如何安装和使用网络分析工具 Wireshark。

2.6.1　Wireshark 的安装

1. 下载

可以从 Wireshark 官方网站下载最新版本的软件，网址为 http://www.wireshark.org/download.html。Wireshark 通常在 4～8 周内发布一次新版本，目前的最新版本为 1.8.4。还可以订阅 Wireshark-announce 邮件列表获得 Wireshark 发布的消息。

2. 安装环境

Wireshark 可以运行在 Windows 和 UNIX 的多个系统平台上，其中 Windows 操作系统包括 Windows 2000/XP/2003/Vista 等；UNIX/Linux 操作系统平台包括 Apple Mac OSX、Debian GNU/Linux、FreeBSD、Solaris、OpenPKG 等。Wireshark 的最低运行环境要求为：

- 任何 32 位 x86 或 64 位 AMD64（x86-64）处理器；
- 128MB 可用系统内存；
- 75MB 可用磁盘空间（如果想保存捕捉文件，需要更多空间）；
- 800×600（建议 1280×1024 或更高）分辨率，最少 65536（16bit）色。

支持的网卡包括：以太网、无线局域网网卡。由于 Wireshark 底层使用 Libpcap/Winpcap，因此与它们具有相同的局限性，对于 Wireshark 在不同平台上能捕获哪些接口上的数据，这里不再详细介绍，参见 http://wiki.wireshark.org/CaptureSetup/NetworkMedia。

3. 在 Windows 下安装 Wireshark

本节将探讨在 Windows 下安装 Wireshark 二进制包。

下载的 Wireshark 二进制安装包的名称类似 Wireshark-setup-x.y.z.exe，如 Wireshark-win32-1.8.4.exe。Wireshark 安装包已经包含 Winpcap，所以不需要单独下载安装它，只需要下载 Wireshark 安装包并执行它即可。在安装的过程中，如果不了解设置的作用，尽量保持默认的设置。安装中还可以选择想要的组件，如图 2-29 所示。

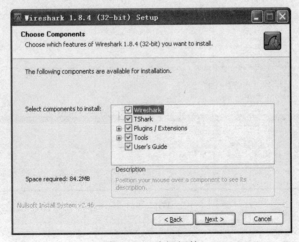

图 2-29　选择组件

这些组件包括：

（1）Wireshark：Wireshark GTK 是一个基于图形用户界面的协议分析器。

（2）TShark：一个基于命令行的网络分析工具。

（3）插件/扩展（Wireshark，TShark 分析引擎）：

- Dissector Plugins：分析插件，带有扩展分析的插件。
- Tree Statistics Plugins：树状统计插件，统计工具扩展。
- Mate - Meta Analysis and Tracing Engine（experimental）：可配置的显示过滤引擎，参考http://wiki.wireshark.org/Mate。
- SNMP MIBs：SNMP、MIBS 的详细分析。

（4）Tools/工具（处理捕捉文件的附加命令行工具）：

- Editcap：用来读一个捕获文件并把其中的部分或全部包写入另一个文件的程序。
- Text2Pcap：用来将 ASCII 形式的十六进制转存成 libpcap 格式的捕获文件。
- Mergecap：用于将多个捕获文件合并成一个单独的输出文件的程序。
- Capinfos：提供捕获文件的信息。
- Rawshark：是一个原始包过滤器。

（5）User's Guide（用户手册）：本地安装的用户手册。如果不安装用户手册，单击"帮助"菜单的大部分按钮的结果可能是访问 Internet。

2.6.2　Wireshark 主窗口

1. 启动 Wireshark

Wireshark 软件安装成功后，可以通过"开始"菜单启动 Wireshark 程序。在主界面或 Capture 菜单项中可以选择要捕获的网络接口并启动捕获过程，主窗口界面如图 2-30 所示。

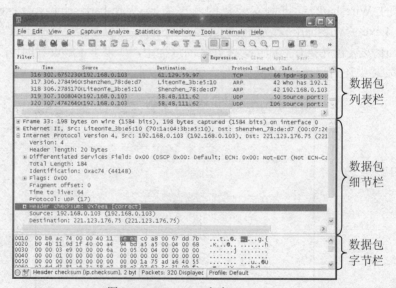

图 2-30　Wireshark 主窗口

2. 主窗口界面及功能

和大多数图形界面程序一样，Wireshark 主窗口由如下部分组成：

- 菜单：用于开始各种功能。
- 主工具栏：提供快速访问菜单中经常用到的项目的功能。
- 过滤工具栏：提供处理当前显示内容所使用的过滤方法。

- 数据包列表栏：如图 2-30 中数据包列表栏中显示打开文件或当前捕获的每个包的摘要。单击其中的一条项目，该数据包的详细情况将显示在另外两栏（数据包细节栏及数据包字节栏）中。
- 数据包细节栏：显示在数据包列表栏中选中的数据包的更多详情。
- 数据包字节栏：显示在数据包列表栏中被选中的数据包的数据，并且当在数据包细节栏中选择某一字段的内容时，会在此栏中高亮显示对应的字节的内容。

其他菜单项的功能不再一一描述，仅介绍最常用的菜单项 Capture、Analyze，它们包括的子菜单项分别如图 2-31、图 2-32 所示。其中几个常用子菜单项的功能描述见表 2-3 和表 2-4。

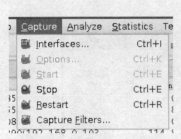

图 2-31　Capture 子菜单项

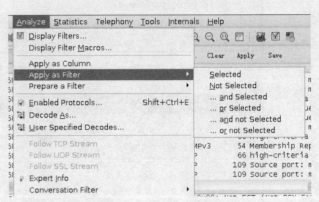

图 2-32　Analyze 子菜单项

表 2-3　Capture 子菜单项及功能说明

菜单项	说明
Interfaces...	在弹出的对话框中选择要进行捕捉的网络接口
Options...	打开设置捕捉选项的对话框
Start	立即开始捕捉，默认参照最后一次设置
Stop	停止正在进行的捕捉
Restart	正在进行捕捉时停止捕捉，并按同样的设置重新开始捕捉，仅在认为有必要时使用
Capture Filters...	打开对话框，编辑捕捉过滤设置，可以命名过滤器，保存为其他捕捉时使用

表 2-4　Analyze 主要子菜单项及功能说明

菜单项	说明
Display Filters...	打开过滤器对话框编辑过滤设置，可以命名过滤设置，保存为其他场合使用
Apply as Filter	更改当前过滤显示并立即应用。根据选择的项，当前显示字段会被替换成在 Detail 面板选择的协议字段
Prepare a Filter	更改当前过滤显示，但不会立即应用。同样根据当前选择项，过滤字符会被替换成在 Detail 面板选择的协议字段
Enabled Protocols...	是否允许协议分析

2.6.3 数据包捕获

1. 选择接口

在 Capture 菜单中选择子菜单项 Interfaces…，打开 Capture Interfaces（捕获接口）对话框，如图 2-33 所示。选择相应的端口，按 Start 按钮开始捕获数据包。若选择 Options 按钮，则可弹出 Capture Options（捕捉选项）窗口，如图 2-34 所示，可以对一些捕捉选项进行设置。

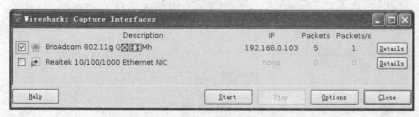

图 2-33　Capture Interfaces 窗口

图 2-34　Capture Options 窗口

首先,在图 2-34 中双击 Capture 栏中的某个接口,弹出图 2-35 所示的 Edit Interface Settings（接口设置）对话框，显示以下内容，可对其中一些选项进行设置:

● Interface：该字段显示用于进行捕捉的接口。

● IP address：显示接口的 IP 地址。如果系统未指定 IP 地址，将会显示为 unknown。

● Link-layer header type：链路层包头类型，除非有些特殊应用，尽量保持默认选项。

- Buffer size：输入用于捕捉的缓冲区的大小。该选项用于设置写入数据到磁盘前保留在核心缓存中捕捉数据的大小，如果发现丢包，尝试增大该值。
- Capture packets in promiscuous mode：指定 Wireshark 捕捉包时，设置接口为混杂模式。如果未指定该选项，Wireshark 将只能捕捉进出计算机的数据包（不能捕捉整个局域网段的包）。
- Limit each packet to *n* bytes：指定捕捉过程中，每个包的最大字节数。如果禁止该选项，默认值为 65535，这个长度适用于大多数协议。
- Capture Filter：指定捕捉过滤器，默认情况下是空的。

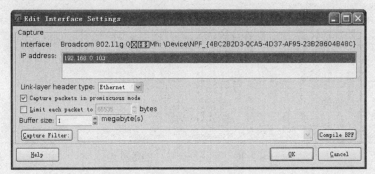

图 2-35　Edit Interface Settings 窗口

在图 2-34 中，还可以对 Capture File(s)、Stop Capture、Display Options、Name Resolution 等选项进行设置，如：

- File：指定将用于捕捉的文件名。该字段默认是空白。如果保持空白，捕捉数据将会存储在临时文件夹。可以单击文本框右侧的按钮打开浏览窗口，设置文件存储位置。
- Use multiple files：如果指定条件达到临界值，Wireshark 将会自动生成一个新文件，而不是使用单独文件。如 Next file every *n* megabyte(s)是指如果捕捉文件容量达到指定值，将会切换到新文件。

其他的关于 Stop Capture、Display Options、Name Resolustion 的各选项本文不再详细介绍，具体内容参考软件的使用手册。

2．过滤器定义

Wireshark 基于 Winpcap 过滤器对捕获数据进行过滤。过滤器是一个包含过滤表达式的 ASCII 字符串，如果没有给定的过滤表达式，过滤引擎将会接收所有的数据包；否则，只有带入表达式之后其值为 true 的包才会被接收。过滤表达式可以包括关系运算和标准二进制操作，如"ether[0] &1!= 0"表示捕获所有的多播流量。更复杂的过滤表达式还可以综合运用逻辑运算符 and（&&）、or（||）和 not（!）。如使用过滤器"ip.dst == 122.97.252.78 && http"，将过滤目的 ip 地址 122.97.252.78 的 http 数据包，如图 2-36 所示。

3．数据包捕获解析

图 2-36 所示是对捕获的报文进行解码的显示界面，目前大部分网络分析工具都采用这种三层的显示结构。要求解码分析人员对协议比较熟悉，这样才能看懂解析出来的报文，如图 2-37 和图 2-38 所示分别是对 IP 协议、TCP 协议的 HTTP 协议的解码分析。关于协议方面的细节，这里不再详细讨论，请参阅有关协议方面的资料来理解这些解码的含义。

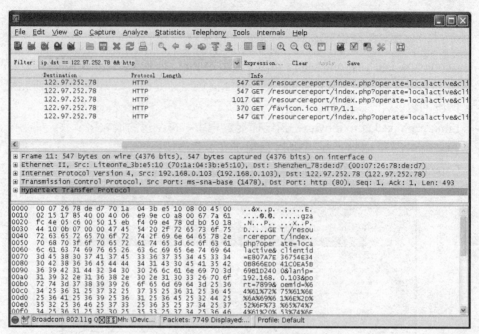

图 2-36　捕获符合条件的数据包

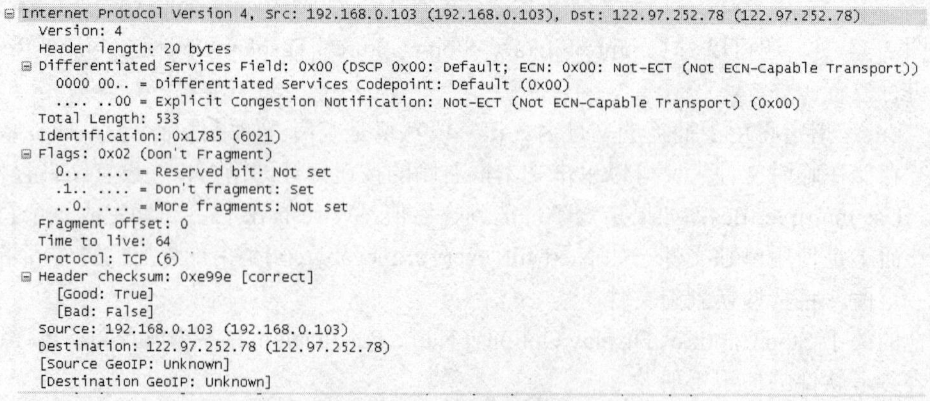

图 2-37　对 IP 协议的解码分析

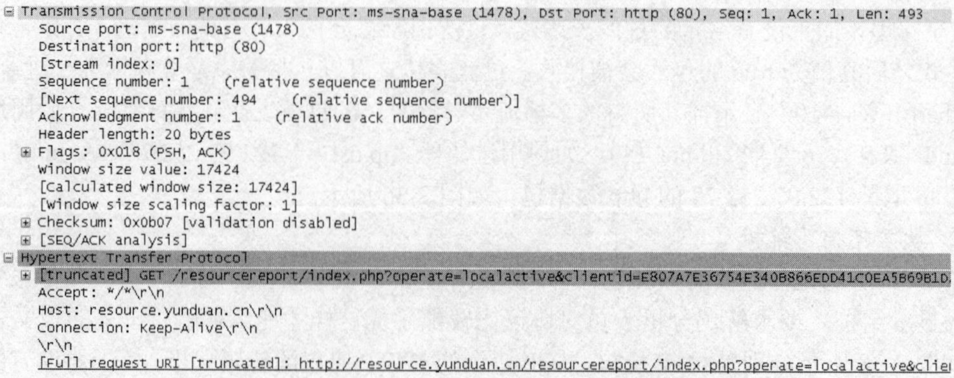

图 2-38　对 TCP 和 HTTP 协议的解码分析

一、思考题

1. 说明 OSI 安全体系结构中，定义了哪些安全服务和安全机制。

2. 说明 TCP/IP 的网络层安全和应用层安全是如何实现的。

3. 分析 TCP 和 UDP 协议的异同。

4. 分析 ping 命令可能造成的安全威胁。

5. 根据 ICMP 协议的定义来分析 ICMP 攻击的机制。

6. net 命令可以实现哪些网络管理功能？

7. tracert 命令实现路径跟踪的原理是什么？

8. 通过 netstat 命令可以了解什么信息？

9. 使用命令 ping www.sohu.com -l 6000，返回的信息为 Reply from 199.188.36.12: bytes=6000 time=127ms TTL=128，请解释命令及返回信息中每个方框中部分表示的含义。

二、实践题

1. 如何使用 net 来添加用户？如何把添加的用户提升到管理员组？如何显示共享和关闭共享？

2. 使用 Sniffer 进行数据包的捕获及数据包结构的分析，理解协议对数据的封装。

3. 如何登录 ftp 服务器并下载文件？

4. 利用 tracert 命令跟踪到达www.amazon.com的路由。

5. 查阅相关资料，研究 IPC\$共享的用途及可能存在的威胁，并讨论如何降低 IPC\$共享带来的风险。

第 3 章　密码学基础

本章介绍密码学的基础知识，讲述古典密码学和现代密码学的主要算法。通过本章的学习，应掌握以下内容：

- 密码学的基本概念和术语
- 对称和非对称密码的区别
- 古典密码学的基本方法
- 掌握对称密码算法 DES 和 AES
- 掌握非对称密码算法 RSA 和 Diffie-Hellman
- 掌握消息摘要算法 MD5 及 SHA

密码学是信息安全的基础。很早以前，它就在政治、军事、外交等领域的信息保密方面发挥着重要的作用。随着计算机与互联网的发展，密码学开始广泛用于民用信息安全领域。密码学是实现认证、加密、访问控制的最核心的技术。

3.1　密码学概述

3.1.1　密码学的发展史

公元前 5 世纪，古希腊斯巴达出现原始的密码器，用一条带子缠绕在一根木棍上，沿木棍纵轴方向写好明文，解下来的带子上就只有杂乱无章的密文字母。解密者只需找到相同直径的木棍，再把带子缠上去，沿木棍纵轴方向即可读出有意义的明文。这是最早的换位密码术。

公元前 1 世纪，著名的恺撒（Caesar）密码被用于高卢战争中，这是一种简单易行的单字母替代密码。

公元 9 世纪，阿拉伯密码学家阿尔·金迪提出解密的频度分析方法，通过分析计算密文字符出现的频率破译密码。

公元 16 世纪中期，意大利数学家卡尔达诺（G.Cardano，1501～1576）发明了卡尔达诺漏格板，覆盖在密文上，可从漏格中读出明文，这是较早的一种分置式密码。

公元 16 世纪晚期，英国的菲利普斯（Philips）利用频度分析法成功破解苏格兰女王玛丽的密码信，信中策划暗杀英国女王伊丽莎白，这次解密将玛丽送上了断头台。

几乎在同一时期，法国外交官 Blaise de Vigenere（1523～1596）提出著名的维吉尼亚方阵密表和维吉尼亚密码（Vigenere Cypher），这是一种多表加密的替代密码，可使阿尔·金迪和菲利普斯的频度分析法失效。

公元 1863 年，普鲁士少校卡西斯基（Kasiski）首次从关键词的长度着手将维吉尼亚密码破解。英国的巴贝奇（Charles Babbage）通过仔细分析编码字母的结构也将维吉尼亚密码破解。

公元 20 世纪初，第一次世界大战进行到关键时刻，英国破译密码的专门机构"40 号房间"利用缴获的德国密码本破译了著名的"齐默尔曼电报"，促使美国放弃中立参战，改变了战争进程。

1918 年，第一次世界大战快结束时，美国数学家吉尔伯特•维那姆发明了一次性便笺密码，它是一种理论上绝对无法破译的密码系统，被誉为密码编码学的圣杯。但产生和分发大量随机密钥的困难使它的实际应用受到很大限制，从另一方面来说安全性也更加无法保证。

第二次世界大战中，在破译德国著名的"恩格玛（Enigma）"密码的过程中，原本以语言学家和人文学者为主的解码团队中加入了数学家和科学家，计算机科学之父阿兰•麦席森•图灵（Alan Mathison Turing）就是在这个时候加入解码队伍，发明了一套更高明的解码方法。同时，这支优秀的队伍设计了人类的第一部计算机来协助破解工作。

同样在第二次世界大战中，印第安纳瓦霍（NAWAHO）土著语言被美军用作密码。在第二次世界大战日美的太平洋战场上，美国海军军部让北墨西哥和亚历桑那印第安纳瓦霍族人使用纳瓦霍语进行情报传递。纳瓦霍语的语法、音调及词汇都极为独特，不为世人所知，当时纳瓦霍族以外的美国人中，能听懂这种语言的也就一二十人。这是密码学和语言学的成功结合，纳瓦霍语密码成为历史上从未被破译的密码。

1975 年 1 月 15 日，对计算机系统和网络进行加密的 DES（数据加密标准）由美国国家标准局颁布为国家标准，这是密码学历史上一个具有里程碑意义的事件。

1976 年，当时在美国斯坦福大学的 Diffie 和 Hellman 两人在论文《New Direction in Cryptography》中提出公开密钥密码的新思想，把密钥分为加密的公钥和解密的私钥，这是密码学的一场革命。

1977 年，美国的 Ronald Rivest、Adi Shamir 和 Len Adleman 三人提出第一个较完善的公钥密码系统——RSA 体制，这是一种建立在大数因子分解基础上的算法。

1985 年，英国牛津大学物理学家戴维•多伊奇（David Deutsch）提出量子计算机的初步设想，这种计算机一旦造出来，可在 30 秒钟内完成传统计算机要花上 100 亿年才能完成的大数因子分解，从而可以轻易破解使用 RSA 算法加密的信息。

同一年，美国的贝内特（Bennet）根据他关于量子密码学的协议，在实验室第一次实现了量子密码加密信息的通信。尽管通信距离只有 30 厘米，但它证明了量子密码学的实用性。与一次性便笺密码结合，同时利用量子的神奇物理特性，可产生连量子计算机也无法破译的绝对安全的密码。

在信息安全技术中，需要经常验证消息的完整性，散列（Hash）函数提供了这一服务，它对不同长度的输入消息产生固定长度的输出。这个固定长度的输出称为原输入消息的"散列值"或"消息摘要"（Message Digest）。1992 年 8 月 Ronald L. Rivest 向 IETF 提交了一份重要文件，描述了 MD5 算法的原理，由于这种算法的公开性和安全性，在 20 世纪 90 年代被广泛应用于各种程序语言中，用以确保资料传递无误。

1993 年，安全散列算法（SHA）由美国国家标准和技术协会（NIST）提出，并作为联邦信息处理标准（FIPS PUB 180）公布；1995 年又发布了一个修订版 FIPS PUB 180-1，通常称之为 SHA-1。SHA-1 基于 MD4 算法，并在设计上很大程度地模仿 MD4，现在已成为公认的最安全的散列算法之一，并被广泛使用。最新的标准已经于 2008 年更新到 FIPS PUB 180-3。其中规定了 SHA-1、SHA-224、SHA-256、SHA-384 和 SHA-512 几种单向散列算法。SHA-1、SHA-224 和 SHA-256 适用于长度不超过 2^{64} 个二进制位的消息。SHA-384 和 SHA-512 适用于长度不超过 2^{128} 个二进制位的消息。

2003 年，位于日内瓦的 id Quantique 公司和位于纽约的 MagiQ 技术公司，推出了传送量子密码的商业产品。日本电气公司在创纪录的 150 公里传送距离的演示后，也向市场推出产品。IBM、富士通和东芝等企业也在积极进行研发。目前，市面上的产品能够将密钥通过光纤传送几十公里。

2004 年，中国数学家王小云证明 MD5 数字签名算法可以产生碰撞。2007 年，Marc Stevens、Arjen K. Lenstra 和 Benne de Weger 进一步指出通过伪造软件签名，可重复性攻击 MD5 算法。

综上所述，密码学的发展史大体可以归结为三个阶段：

第一阶段：1949 年之前，密码学更像是一门艺术而非科学，因为在这个时期没有任何公认的客观标准衡量各种密码体制的安全性，因此也就无法从理论上深入研究信息安全问题。出现一些密码算法和加密设备；密码算法主要针对字符加密；出现简单的密码分析手段。这个阶段的主要特点是数据的安全基于算法的保密。

第二阶段：1949～1975 年，在这一阶段密码学成为科学。计算机使得基于复杂计算的密码成为可能，这个阶段密码学的主要特点是数据的安全基于密钥的保密而不是算法的保密。

第三阶段：1976 年以后，密码学出现新的发展方向——公钥密码学。1976 年 Diffie & Hellman 的《New Direction in Cryptography》提出不对称密钥；1977 年 Rivest、Shamir & Adleman 提出 RSA 公钥算法；20 世纪 90 年代逐步出现椭圆曲线等其他公钥算法。这个阶段密码学的主要特点是：公钥密码使得发送端和接收端无密钥传输的保密通信成为可能。

3.1.2　密码系统的概念

一个密码系统被定义为一对数据变换，其中一个变换应用于称之为明文的数据项，变换后产生的相应数据项称为密文；而另一个变换应用于密文，变换后的结果为明文。这两个变换分别称为加密变换（Encryption）和解密变换（Decryption）。加密变换将明文和一个称为加密密钥的独立数据值作为输入，输出密文；解密变换将密文和一个称为解密密钥的数据值作为输入，输出明文；密钥是变换中的一个参数。密文通过不安全信道，仍存在被攻击的可能。通过密码分析，攻击者可能获得部分明文或密钥的信息。密码系统的通信模型如图 3-1 所示。

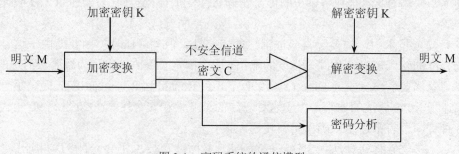

图 3-1　密码系统的通信模型

通常，一个密码系统可以表达为一个五元组（M，C，K，E，D），其中：

（1）M 是可能的明文的有限集，称为明文空间。

（2）C 是可能的密文的有限集，称为密文空间。

（3）K 是一切可能的密钥构成的有限集，称为密钥空间。

（4）对于密钥空间的任一密钥有一个加密算法和相应的解密算法使得 $E_k:M \rightarrow C$ 和 $D_k:C \rightarrow M$ 分别为加密和解密函数，且满足 $D_k(E_k(M)) = M$。

要使一个密码系统可以实际应用还必须满足如下特性：

（1）每一个加密函数 E_k 和每一个解密函数 D_k 都能有效地计算。

（2）破译者取得密文后将不能在有效的时间内破解出密钥 K 或明文 M。

（3）一个密码系统安全的必要条件是：穷举密钥搜索将是不可行的，即密钥空间非常大。

密码算法是用于加密和解密的数学函数。如果密码的安全性依赖于密码算法的保密，此类算法称为受限制的算法（Restricted Algorithm），其保密性不易控制。比如一个组织采用某种密码算法，一旦有人离开，这个组织的其他成员就不得不启用新的算法。另外，受限制算法不能进行质量的控制和标准化，因为每个组织或个人都使用各自唯一的算法。

现代密码学解决了这个问题，密码系统的加密、解密算法是公开的，算法的可变参数（密钥）是保密的，密码系统的安全性仅依赖于密钥的安全性，这样的算法称为基于密钥的算法。基于密钥的算法通常有两类：对称加密算法和非对称加密算法。

根据被破译的难易程度，不同的密码算法具有不同的安全等级。如果破译算法的代价高于被加密数据的价值，或者破译算法所需要的时间比所加密数据保密的时间长，或者加密的数据量比破译算法所需要的数据量少得多，那么这个算法的安全性就高。

密码算法的安全性可以通过两种方法研究。一种是信息论方法，研究破译者是否具有足够的信息量去破译密码，侧重理论安全性。另一种是计算复杂性理论，研究破译者是否具有足够的时间和存储空间去破译密码，侧重实用安全性。

3.1.3　密码的分类

从不同的角度根据不同的标准，可以把密码分成若干类。

1. 按应用的技术或历史发展阶段划分

按应用的技术或历史发展阶段可将密码划分为以下几种：

（1）手工密码。以手工完成加密操作或者以简单器具辅助操作的密码，称为手工密码。第一次世界大战以前主要是这种操作形式的密码。

（2）机械密码。以机械密码机或电动密码机来完成加解密操作的密码，称为机械密码。这种密码从第一次世界大战出现到第二次世界大战期间得到普遍应用。

（3）电子机内乱密码。通过电子电路以严格的程序进行逻辑运算，以少量制乱元素生产大量的加密乱数，因为其制乱是在加解密过程中完成的而不需预先制作，所以称为电子机内乱密码。从 20 世纪 50 年代末期出现到 20 世纪 70 年代被广泛应用。

（4）计算机密码。计算机密码以计算机软件编程进行算法加密为特点，是适用于计算机数据保护和网络通信等广泛用途的密码。

2. 按保密程度划分

按保密程度高低，将密码分为以下几种：

（1）理论上保密的密码。不管获取多少密文和有多大的计算能力，对明文始终不能得到唯一解的密码，称为理论上保密的密码，也称为理论不可破的密码。如客观随机一次一密的密码就属于这种类型。

（2）实际上保密的密码。在理论上可破，但在现有客观条件下，无法通过计算来确定唯一解的密码，称为实际上保密的密码。

（3）不保密的密码。在获取一定数量的密文后可以得到唯一解的密码，称为不保密的密码。如早期单表代替密码、后来的多表代替密码以及明文加少量密钥等密码，现在都成为不保密的密码。

3. 按密钥方式划分

按密钥方式可将密码分为：

（1）对称式密码。收发双方使用相同密钥的密码，称为对称式密码。传统的密码都属此类。

（2）非对称式密码。收发双方使用不同密钥的密码，称为非对称式密码。如现代密码中的公开密钥密码就属此类。

4. 按明文形态

按明文形态可将密码分为：

（1）模拟型密码。用以加密模拟信息，如对连续变化的语音信号加密的密码，称为模拟型密码。

（2）数字型密码。用于加密数字信息，对两个离散电平构成 0、1 二进制关系的电报信息加密的密码称为数字型密码。

5. 按编制原理划分

密码可通过移位、代替和置换 3 种以及它们的组合形式形成。古今中外的密码，不论其形态多么繁杂，变化多么巧妙，都是按照这 3 种基本原理编制出来的。移位、代替和置换这 3 种原理在密码编制和使用中相互结合、灵活应用，形成了各种不同的密码算法。

3.1.4　近代加密技术

1. 对称加密算法

对称加密算法（Symmetric Algorithm）也称为传统密码算法，其加密密钥与解密密钥相同或很容易相互推算出来，因此也称之为秘密密钥算法或单钥算法。这种算法要求通信双方在进行安全通信前协商一个密钥，用该密钥对数据加密和解密。整个通信的安全性完全依赖于密钥的保密。对称加密算法的加密和解密过程可以用式子表述如下：

加密：$E_k(M)=C$

解密：$D_k(C)=M$

式中 E 表示加密运算，D 表示解密运算，M 表示明文（有的书上用 P 表示），C 表示密文，k 表示加、解密所用的密钥。以后章节沿用这些表示方法。

对称算法分为两类，一类称为序列密码（Stream Cipher）算法，另一类称为分组密码（Block Cipher）算法。序列密码算法以明文中的单个位（有时是字节）为单位进行运算，分组算法则以明文的一组位（这样的一组位称为一个分组）为单位进行加密运算。

序列密码算法加密时，将一段类似于噪声的伪随机序列与明文序列模 2 加后作为密文序列，这样即使对于一段全"0"或全"1"的明文序列，经过序列密码加密后也会变成类似于噪声的乱码流。在接收端，用相同的随机序列与密文序列模 2 加便可恢复明文序列。序列密码的关键技术是伪随机序列发生器的设计。

相比之下，分组算法的适用性更强一些，适宜作为加密标准。分组密码算法的核心是构造既具有可逆性又有很强的非线性的算法。加密过程主要重复使用混乱和扩散两种技术，这是Shannon 在 1949 年发现的隐蔽信息的方法。混乱（confusion）是指改变信息块使输出位和输入位无明显的统计关系。扩散（diffusion）是指将明文位和密钥的效应传播到密文的其他位。另外，在基本算法前后，还要进行移位和扩展等。对称密码算法有很多种，如 DES、Triple DES、IDEA、RC2、RC4、RC5、RC6、GOST、FEAL、LOKI 等。

对称加密算法的主要优点是运算速度快，硬件容易实现；其缺点是密钥的分发与管理比较困难，特别是当通信的人数增加时，密钥数目急剧膨胀。因为每两个人需要一个密钥，当 n 个人互相通信时，需要 $n(n-1)/2$ 个密钥。假如一个公司里有 100 个员工，就需要分发和管理近5000 把密钥。

2. 非对称加密算法

非对称加密算法（Asymmetric Algorithm）也称公开密钥算法（Public Key Algorithm），是 Whitefield Diffie 和 Martin Hellman 于 1976 年发明的，Ralph Merkle 也独立提出了此概念。公开密钥加密的第一个算法是由 Ralph Merkle 和 Martin Hellman 开发的背包算法。背包算法的安全性起源于背包难题，它是一个 NP 完全问题。尽管这个算法后来被发现是不安全的，但由于它证明了如何将 NP 完全问题用于公开密钥密码学，因而具有一定的研究价值。

公开密钥体制把信息的加密密钥和解密密钥分离，通信的每一方都拥有这样的一对密钥。其中加密密钥可以像电话号码一样对外公开，由发送方用来加密要发送的原始数据；解密密钥则由接收方秘密保存，作为解密时的私用密钥。公开密钥加密算法的核心是一种特殊的数学函数——单向陷门函数（Trap-Door One Way Function）。即该函数从一个方向求值是容易的，但其逆变换却是极其困难的，因此利用公开的加密密钥只能作正向变换，而逆变换只有依赖于私用的解密密钥这一"陷门"才能实现。

公开密钥体制最大的优点就是不需要对密钥通信进行保密，所需传输的只有公开密钥。这种密钥体制还可以用于数字签名，即信息的接收者能够验证发送者的身份，而发送者在发送已签名的信息后不能否认。公开密钥体制的缺陷在于其加密和解密的运算时间比较长，这在一定程度上限制了它的应用范围。公开密钥体制在理论上被认为是一种比较理想的计算密码的方法，但现在真正实用的公开密钥算法还不是很多，比较著名的算法有 RSA、Diffie-Hellman、DSS 等，具体算法见第 3.4 节。公开密钥算法的通用表示为：

$E_{k1}(M)=C$

$D_{k2}(C)=M$

$D_{k2}(E_{k1}(M))=M$（其中 k1 和 k2 分别为一对密钥中的公开密钥和私有密钥）

公开密钥体制主要有以下 3 个不同方面的用途：

（1）数据的加/解密：发送消息方用接收方的公钥加密消息；接收方用自己的私钥解密消息。

（2）数字签名：发送方用自己的私有密钥对要发送的消息进行加密，一般是对该消息的消息摘要（通过一种单向函数计算的、能唯一标识该消息的一段数据）进行加密。接收方用发送方的公钥来认证消息的真实性和来源。

（3）密钥交换：用于通信双方进行会话密钥的交换。

RSA 算法可以用于以上三个用途，Diffie-Hellman 仅用于密钥交换，DSS 仅用于数字签名。

3.1.5　密码的破译

在用户看来，密码学中的密钥，十分类似于计算机的口令。正如不同的计算机系统使用不同长度的口令，不同的密码系统也使用不同长度的钥匙。一般来说，在其他条件相同的情况下，钥匙越长，破译密码越困难，密码系统就越可靠。从窃取者角度看来，主要有如下两种破译密码、获取原来明文的方法，就是密钥的穷尽搜索和密码分析。

1. 密钥的穷尽搜索

破译密文最简单的方法，就是尝试所有可能的钥匙组合。在此假设破译者有识别正确解密结果的能力。虽然大多数密钥尝试都是失败的，但最终总会有一个钥匙让破译者得到原文。这个过程称为密钥的穷尽搜索。

密钥穷尽搜索的方法虽然简单，但效率很低，甚至有时达到不可行的程度。例如，PGP使用的 IDEA 加密算法使用 128 位的钥匙，因此存在着 2^{128} 种可能性。即使破译者能够每秒尝试一亿把钥匙，也需要 10^{23} 年才能完成密钥穷尽搜索。UNIX 系统的用户账号用 8 个字符的口令来保护，总共有 $126^8 \approx 6.3 \times 10^{16}$ 个组合，如果每秒尝试一亿次，也要花上 20 年时间。到那时，或许用户已经不再使用这个口令了。

但是如果密码系统钥匙生成的概率分布不均匀，比如有些钥匙组合根本不会出现，而另一些组合经常出现，那么可能的钥匙数目则减少很多。搜索到密钥的速度就会大大加快。例如，UNIX 用户账号的口令如果只用 26 个小写字母组成，钥匙组合数目就只有 26^8 个，口令被人猜出来的几率就大大增加了。因此，在设置口令时，尽量使用各种字母和数字的组合，不要使用常用单词、日期等简单的口令。

2. 密码分析

大多数密码算法的安全性是建立在算法的复杂性及数学难题的难度基础上的，也就是说只是破解难度很大，并不是不可能破解。并且许多算法的复杂度和强度并未达到设计者期望的那么高。因而随着数学方法研究的不断深入和计算机运算能力不断增强，特别是 Internet 带来的强大的分布计算能力，使得即使在没有钥匙的情况下，也可能解开密文。经验丰富的密码分析员，甚至可以在不知道加密算法的情况下破译密码。这也说明，加密算法的保密，并不能提高加密的可靠性。

在不知道钥匙的情况下，利用数学方法破译密文或找到密钥的方法，称为密码分析。密码分析有两个基本目标：利用密文发现明文和利用密文发现钥匙。常见的密码分析方法有：

- 已知明文的破译方法。在这种方法中，密码分析员掌握了一段明文和对应的密文，目的是发现加密的钥匙。在实用中，获得某些密文所对应的明文是可能的。例如，电子邮件信头的格式总是固定的，如果加密电子邮件，必然有一段密文对应于信头。
- 选定明文的破译方法。在这种方法中，密码分析员设法让对手加密一段分析员选定的明文，并获得加密后的结果，目的是确定加密的钥匙。
- 差别比较分析法。这种方法是选定明文的破译法的一种，密码分析员设法让对手加密一组相似却差别细微的明文，然后比较它们加密后的结果，从而获得加密的钥匙。

不同的加密算法对以上这些攻克方法的抵抗力是不同的。难于攻克的算法被称为"强"的算法，易于攻克的算法被称为"弱"的算法。当然，两者之间没有严格的界线。

除了一次性密码簿外，所有的加密算法都无法从数学上证明其不可攻克性。因此，设计一个"强"的新加密算法是十分困难的。在如何设计可靠的加密算法方面，一般人知之甚少，仅有的一点知识也已经被保密部门定为"绝密"而掩藏起来。历史上有过很多加密算法，虽经过审查、通过，并已具体实现，但最后还是发现仍然有破绽。

判断加密方法是"强"还是"弱"，唯一办法就是公布它的加密算法，等待和企求有人能够找出它的弱点。这种同行鉴定的办法虽然不完美，但远比把算法封闭起来，不让人推敲的好。读者不要轻信任何自称发明了新加密算法的人，尤其是他拒绝透露其加密算法具体内容的时候。如果该算法用来保护有价值的信息，就会有人购买该密码系统，然后分解硬件或反汇编软件，最终总能够找出其算法。真正的加密安全性，必须要建立在公开和广泛的同行鉴定、检查的基础上。

3．其他密码破译方法

除了对密钥的穷尽搜索和进行密码分析外，在实际生活中，对手更可能针对人机系统的弱点进行攻击以达到其目的，而不是攻击加密算法本身。例如：可以欺骗用户，套出密钥；在用户输入密钥时，应用各种技术手段，"窥视"或"偷窃"钥匙内容；利用密码系统实现中的缺陷或漏洞，对用户使用的密码系统偷梁换柱；从用户工作生活环境的其他来源获得未加密的保密信息，比如进行"垃圾分析"；让通信的另一方透露密钥或信息；胁迫用户交出密钥等。虽然这些方法不是密码学所研究的内容，但对于每一个使用加密技术的用户来说，是不可忽视的问题，甚至比加密算法本身更为重要。

3.2　古典密码学

3.2.1　代换密码

代换密码的特点是：依据一定的规则，明文字母被不同的密文字母所代替。下面介绍几种典型的代换密码。

1．移位密码

移位密码基于数论中的模运算。因为英文有 26 个字母，故可将移位密码定义如下：

令 P={A,B,C,…,Z}，C={A,B,C,…,Z}，K={0,1,2,…,25}

加密变换：$E_k(x)=(x+k) \bmod 26$

解密变换：$D_k(y)=(y-k) \bmod 26$

其中：$x \in P$，$y \in C$，$k \in K$。

从上面的定义可以看出，移位密码的代换规则是：明文字母被字母表中排在该字母后的第 k 个字母代替。

假设移位密码的密钥 k=10，明文为 computer，求密文。

首先建立英文字母和模 26 的剩余 0～25 之间的对应关系，如图 3-2 所示。

A	B	C	D	E	F	G	H	I	J	K	L	M
0	1	2	3	4	5	6	7	8	9	10	11	12
N	O	P	Q	R	S	T	U	V	W	X	Y	Z
13	14	15	16	17	18	19	20	21	22	23	24	25

图 3-2　英文字母和模 26 的剩余 0～25 之间的对应关系

利用上图可得 computer 所对应的整数为：

2、14、12、15、20、19、4、17

将上述每一数字与此密钥 10 相加进行模 26 运算得：

12、24、22、25、4、3、14、1

再对应上表得出相应的字母串：

MYWZEDOB

若以上面的 MYWZEDOB 为密文串输入，进行解密变换 $D_k(y)=(y-k) \bmod 26$：

对密文串中的第一个字母 M 有：$y=12$，$k=10$，$(12-10) \bmod 26=2$，则对应的明文为 c。

对密文串中的第五个字母 E 有：$y=4$，$k=10$，$(4-10) \bmod 26=20$，则对应的明文为 u。

依此类推，可对其他的密文进行解密。

注意：在进行解密运算时，由于 $D_k(y)=(y-k) \bmod 26$ 中的 $(y-k)$ 可能出现负值，此时，求模运算结果时要取正值。如 $-6 \bmod 26$，取商为 -1，则余数为 20。

为了讨论方便，上例中使用小写字母表示明文，用大写字母表示密文，以后也沿用这个规则。

当 $k=3$ 时的移位密码称为凯撒密码（Caesar Cipher）。

移位密码是不安全的，这种模 26 的密码很容易通过穷举密钥的方式破译，因为密钥的空间很小，只有 26 种可能。通过穷举密钥很容易得到有意义的明文。比如下面的例子：

设密文串为：JBCRCLQRWCRVNBJENBWRWN

依次试验可能的解密密钥 $k=0,1\cdots$，可得以下不同的字母串：

jbcrclqrwcrvnbjenbwrwn

iabqbkpqvbqumaidmavqvm

hzapajopuaptlzhclzupul

gyzozinotzoskygbkytotk

fxynyhmnsynrjxfajxsnsj

ewxmxglmrxmqiweziwrmri

dvwlwfklqwlphvdyhvqlqh

cuvkvejkpvkogucxgupkpg

btujudijoujnftbwftojof

astitchintimesavesnine

当试验至 $k=9$ 时，可以看出是一个具有意义的明文串 "a stitch in time saves nine"（小洞不补，大洞吃苦）。

2. 单表代换密码

单表代换密码的基本思想是：列出明文字母与密文字母的一一对应关系，如图 3-3 所示。

明文	a	b	c	d	e	f	g	h	i	j	k	l	m
密文	W	J	A	N	D	Y	U	Q	I	B	C	E	F
明文	n	o	p	q	r	s	t	u	v	w	x	y	z
密文	G	H	K	L	M	O	P	R	S	T	V	X	Z

图 3-3　明文字母与密文字母的对应关系

该密码表就是加密和解密的密钥。

例如：明文为 networksecurity，则相应的密文为：GDPTHMCODARMIPX。

单表代换的密码表很难记，可以采用一个密钥词组来建一个密码表。比如：使用一个密钥词组 WJANDYUQI，将该字符串依次对应 abcdefghi，然后把 26 个字母中除密钥词组以外的字母按顺序依次对应 jklm…z 这些字符，就生成了如图 3-3 所示的密码表。这样，只需记住密钥词组就可以掌握整张密码表。

通过对大量的非科技性英文文章的统计发现，不同文章中英文字母出现的频率惊人的相似。比如字母 e 出现的次数最多，其他依次是：t、a、o 等，Beker 和 Piper 给出的英文字母出现频率如表 3-1 所示。

表 3-1　英文字母出现频率

字母	频率	字母	频率
a	0.0856	n	0.0707
b	0.0139	o	0.0797
c	0.0279	p	0.0199
d	0.0378	q	0.0012
e	0.1304	r	0.0677
f	0.0289	s	0.0607
g	0.0199	t	0.1045
h	0.0528	u	0.0249
i	0.0627	v	0.0092
j	0.0013	w	0.0149
k	0.0042	x	0.0017
l	0.0339	y	0.0199
m	0.0249	z	0.0008

不仅单个字母如此，相邻的连缀字母也如此。出现频率较高的双字母有：th，he，in，er，an，re，ed，on，es，st，en，at，to，nt，ha，nd，ou，ea，ng，as，or，ti，is，et，it，ar，te，se，hi，of。

三字母出现频率高的有：the，ing，and，her，ere，ent，tha，nth，was，eth，for，dth。

在表 3-1 的基础上，Beker 和 Piper 把 26 个英文字母划分成如下 5 组：

（1）E　　　　　　概率约为 0.120
（2）TAOINSHR　　概率为 0.06～0.09
（3）DL　　　　　　概率约为 0.04
（4）CUMWFGYPB　概率为 0.015～0.023
（5）VKJXQZ　　　概率小于 0.01

所以，单表替换密码的主要缺点是，一个明文字母与一个密文字母的对应关系是固定的，由于在英文文章中，各字母的出现频率遵循一定的统计规律，则根据密文字母出现频率和前后连缀关系，及字母出现频率的统计规则，就可以分析出明文。

举一个例子说明如何利用统计的方法进行密文的破译。已知密文序列如下：

GJXXN GGOTZ NUCOT WMOHY JTKTA MTXOB YNFGO GINUG JFNZV QHYNG
NEAJF HYOTW GOTHY NAFZN FTUIN ZBNFG NLNFU TXNXU FNEJC INHYA
ZGAEU TUCQG OGOTH JOHOA TCJXK HYNUV COCOH QUHCN UGHHA FNUZH
YNCUT WJUWN AEHYN AFOWO TUCHN PHOGL NFQZN GOFUV CNVJH TAHNG
GNTHO UCGJX YOGHY NABNT OTWGN THNTX NAEBU FKNFY OHHGI UTJUC
EAFHY NGACJ HOATA EIOCO HUFQX OBYNF G

统计上面的密文串，可得字母出现的次数为：

N: 36 H: 26 O: 25 G: 23 T: 22 U: 20 F: 17 A: 16 Y: 14 C: 13 J: 12
X: 9 E: 7 Z: 7 W: 6 B: 5 I: 5 Q: 5 V: 4 K: 3 L: 2 M: 2 P: 1 R: 0
D: 0 S: 0

利用统计规律进行密文分析时，需要的密文数量较大，密文数据量较大时符合统计特征。对于密文量较少的情况，密文出现的频率不能严格符合统计特征。在进行密文分析时，要综合字母频率、连缀规律、语义等多方面进行分析。具体的分析过程请同学自己思考完成。

对应明文为：

Success in dealing with unknown ciphers is measured by these four things in the order named,perseverance,careful methods of analysis,intuition,luck.The abllity at least to read the language of the original text is very desirable but not essential.Such is the opening sentence of Parker Hitt's Manual for the solution of Military Ciphers.

3. 多表替换密码

Vigenere 密码是一种典型的多表替换密码算法。算法如下：

设密钥 $K=k_1k_2\cdots k_n$，明文 $M=m_1m_2\cdots m_n$

加密变换：$c_i\equiv(m_i+k_i) \bmod 26$（$i=1$，2，$\cdots$，n），

解密变换：$m_i\equiv(c_i-k_i) \bmod 26$（$i=1$，2，$\cdots$，n），

例如：明文 M=cipher block，密钥为 hit，则把明文划分成长度为 3 的序列 cip her blo ck。

每个序列中的字母分别与密钥序列中的相应字母进行模 26 运算，得密文：JQI OMK ITH JS。

从上面的例子可以看出多表替换与单表替换的不同，即同一密文可以对应不同的明文，如上例中，密文 I 分别对应 p 和 b；反之亦成立，即同一明文可以对应不同的密文。因此，这种多表替换掩盖了字母的统计特征，比移位变换和单表替换具有更好的安全性。

3.2.2 置换密码

置换密码的特点是保持明文的所有字母不变，只是利用置换打乱明文字母出现的位置。置换密码系统定义如下：

令 m 为一正整数，P=C={A,B,C,$\cdots$,Z}，对任意的置换 π（密钥），定义：

加密变换：$E_\pi(x_1,x_2,\cdots,x_m)=(x_{\pi(1)},x_{\pi(2)},\cdots,x_{\pi(m)})$

解密变换：$D_\pi(y_1,y_2,\cdots,y_m)=(x_{\pi^{-1}(1)},x_{\pi^{-1}(2)},\cdots,x_{\pi^{-1}(m)})$

例如，设 m=6，密钥为如下的置换 π：

x	1	2	3	4	5	6
π(x)	3	5	1	6	4	2

相应的逆变换π⁻¹为：

y	1	2	3	4	5	6
π⁻¹(y)	3	6	1	5	2	4

上述第一张表的第一行表示明文字母的位置编号，第二行为经过π置换后，明文字母位置的变化。即原来位置在第 1 位的字母经置换后排在第 3 位，原来第 2 位的到第 5 位，依此类推。第二张表的第一行为经过π置换后的密文字母的位置编号，第二行为经过逆置换π⁻¹后对应位置编号的原明文位置。

假设有一段明文：internet standards and rfcs。

将明文每 6 个字母分为一组：intern | etstan | dardsa | ndrfcs

351642 351642 351642 351642

根据上面给出的π转换，可得密文：tnirnesneattradsadrsncdf

把密文转换为明文过程：

将密文每 6 个字母分为一组：tnirne | sneatt | radsad | rsncdf

361524 361524 361524 361524

根据上面给出的π⁻¹转换，可得明文：internetstandardsandrfcs

置换密码也不能掩盖字母的统计规律，因而不能抵御基于统计的密码分析方法的攻击。

3.3 对称密码学

本节主要介绍对称密码学中的分组密码及典型的分组密码算法。

3.3.1 分组密码概述

分组密码是将明文消息编码表示后的数字序列 $b_1b_2b_3b_4\cdots$ 划分成长度为 n 的分组，一个分组表示为 $m_i=(b_j,b_{j+1},b_{j+2},\cdots,b_{j+n-1})$，各个分组在密钥的作用下，变换为等长的数字输出序列 $c_i=(x_j,x_{j+1},x_{j+2},\cdots,x_{j+n-1})$。它与流密码不同之处在于输出的每一位数字不是只与相应时刻输入的明文数字有关，而是与一组长为 n 的明文数字有关。在相同密钥下，分组密码对长为 n 的输入明文组所实施的变换是等同的，所以只需研究对任一组明文数字的变换规则。如图 3-4 所示为一个明文分组的加密与解密过程，其分组长度为 n，密钥长度为 t。

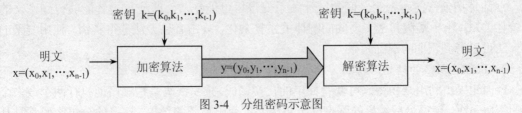

图 3-4 分组密码示意图

设计分组密码算法时，需要考虑以下几个要素：

（1）分组长度 n 要足够大。设分组是一个长度为 n 的二进制序列，如果对明文进行穷举攻击，则要尝试的明文的数量为 2^n 个，当 n 足够大时，对明文进行穷举的攻击行为就不能奏效。目前常用的算法如 DES、IDEA、FEAL 和 LOKI 等分组密码采用的分组长度为 64。

（2）密钥空间足够大。密钥空间是指所有可能的密钥组成的有限集，它和密钥的长度及组成密钥的元素所属的集合大小有关。例如，若选取的密钥全部由小写英文字母组成，且长度为 8，则密钥空间的大小为 26^8。显而易见，密钥空间越大，则通过穷举密钥来进行攻击的方法就越难实现。

（3）算法要足够复杂。算法的复杂性主要是用来保证明文与密钥的充分扩散和混淆，不能找到简单的线性关系或统计关系等，以抵御已知的一些密码分析手段，如差分攻击和线性攻击等，使破译者除了使用穷举的方法外，无其他的捷径可走。算法复杂性的一个附属特性是要求雪崩效应特性足够好。雪崩效应是指明文或密文变化一个比特时，对应的密文或明文将有约一半的比特发生变化，该特性可以使攻击者破译密码时"失之毫厘，谬以千里"，因此，实用的分组密码算法必须具有足够好的雪崩效应特性。

（4）加密和解密运算简单，易于实现，差错传播尽可能小。分组加密算法将信息分成长度为 n 的二进制位段进行加、解密的变换，为易于软硬件的快速实现，一般应选取加、乘、移位等简单的运算，避免使用软件难于实现的逐比特转换。为了便于硬件实现，加解密过程之间的区别应仅在于由密钥所生成的子密钥的不同，这样加、解密就可以由同一部件来实现。另外，在算法设计时，应尽量考虑到如何控制差错的传播，即一个分组中产生的错误应尽可能少地影响其他的分组。

3.3.2　分组密码的基本设计思想——Feistel 网络

1. 扩散和混乱

扩散和混乱是由 Shannon 提出的设计密码系统的两个基本方法，目的是抵抗攻击者对密码的统计分析。如果攻击者知道明文的某些统计特性，如消息中不同字母出现的频率、常出现的字母组合等特性，而这些特性能在密文中体现出来，那么在攻击者收集到大量的密文后，就可以根据这些统计特性推断出明文、密钥或它们的一部分。因而，在一个密码系统里，算法的设计应尽可能的掩盖和消除这种统计特性。扩散和混乱由于成功地实现了分组密码的本质属性，因而成为现代密码设计的基础。

扩散是指将明文的统计特性散布到密文中去，实现方式是使得明文的每一位影响密文中多位的值，也可反过来说，就是要让密文中的每一位均受到明文中尽量多的位的影响。最终使明文和密文之间的统计关系变得尽可能复杂，使攻击者无法推知密钥。通过使用置换算法，并将一个复杂函数作用于这一置换，可以获得扩散的效果。

混乱是指使密文和密钥之间的统计关系变得尽可能复杂，即使攻击者能够得到密文的一些统计关系，由于密钥和密文之间的统计关系复杂化，攻击者也无法获得密钥。使用复杂的代换算法可以得到预期的混乱效果。

2. Feistel 网络的结构及特点

Feistel 提出利用乘积密码可获得简单的代换密码。乘积密码是指顺序地执行两个或多个基本的密码系统，使得最后结果的强度高于每个基本密码系统的结果。许多的分组密码都是基于这种 Feistel 网络结构，如图 3-5 所示。

（1）将明文分组分为左右两个部分，分别为：L_0、R_0，数据的这两部分通过 n 轮（round）

处理后，再结合起来生成密文分组。

（2）第 i 轮处理其上一轮产生的 L_{i-1} 和 R_{i-1}，用 K 产生的子密钥 K_i 作为输入。一般说来，子密钥 K_i 与 K 不同，子密钥之间也不同，它们是用子密钥生成算法从密钥生成的。

（3）每一轮的处理的结构都相同，置换在数据的左半部分进行，其方法是先对数据的右半部分应用处理函数 F，然后对函数输出结果和数据的左半部分取异或（XOR）。

（4）处理函数 F 对每轮处理都有相同的通用结构，但由循环子密钥 K_i 来区分。

（5）在置换之后，执行由数据两部分互换构成的交换。

（6）解密过程与加密过程基本相同。规则如下：用密文作为算法的输入，但以相反顺序使用子密钥 K_i。

（7）加密和解密不需要用两种不同的方法。

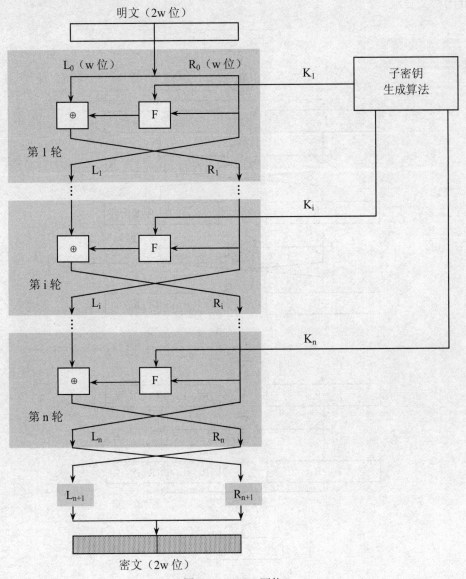

图 3-5　Feistel 网络

3.3.3 DES 算法

1. 算法描述

DES（Data Encryption Standard）作为美国标准化协会（ANSI）的数据加密算法（DEA）和国际标准化组织（ISO）的 DEA-1，成为世界范围事实上的加密标准已有二十余年。它很好地抵抗住了多年的密码分析，对多数的攻击仍是安全的。

DES 算法流程如图 3-6 所示。首先把明文分成若干个 64bit 的分组，算法以一个分组作为输入，通过一个初始置换（IP）将明文分组分成左半部分（L_0）和右半部分（R_0），各为 32bit。然后进行 16 轮完全相同的运算，这些运算我们称为函数 f，在运算过程中数据与密钥相结合。经过 16 轮运算后，左、右两部分合在一起经过一个末转换（初始转换的逆置换 IP^{-1}），输出一个 64bit 的密文分组。

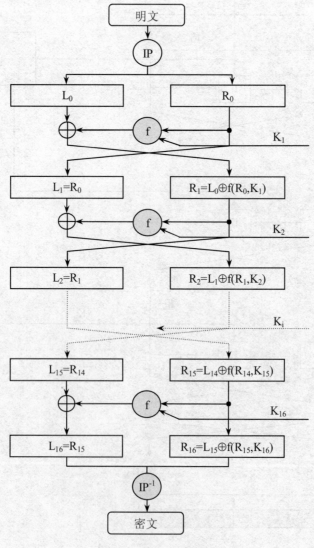

图 3-6 DES 算法流程

其中，每一轮的运算过程如图 3-7 所示。密钥位移位，从密钥的 56 位中选出 48 位。①通过一个扩展置换将数据的右半部分扩展成 48 位；②通过一个异或操作与 48 位密钥结合；③通过 8 个 S-盒（Substitution Box）将这 48 位替代成新的 32 位，DES 算法的 8 个 S-盒的定义如图 3-8 所示；④再通过 P-盒一次。以上四步构成复杂函数 f（图 3-7 中虚线框里的部分）。然后通过另一个异或运算，将复杂函数 f 的输出与左半部分结合成为新的右半部分。如此反复 16 次，完成 DES 算法的 16 轮运算。

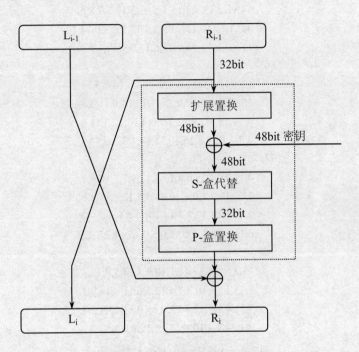

图 3-7　DES 算法一轮的运算过程

S1：

14,4,13,1,2,15,11,8,3,10,6,12,5,9,0,7,
0,15,7,4,14,2,13,1,10,6,12,11,9,5,3,8,
4,1,14,8,13,6,2,11,15,12,9,7,3,10,5,0,
15,12,8,2,4,9,1,7,5,11,3,14,10,0,6,13,

S2：

15,1,8,14,6,11,3,4,9,7,2,13,12,0,5,10,
3,13,4,7,15,2,8,14,12,0,1,10,6,9,11,5,
0,14,7,11,10,4,13,1,5,8,12,6,9,3,2,15,
13,8,10,1,3,15,4,2,11,6,7,12,0,5,14,9,

S3：

10,0,9,14,6,3,15,5,1,13,12,7,11,4,2,8,
13,7,0,9,3,4,6,10,2,8,5,14,12,11,15,1,
13,6,4,9,8,15,3,0,11,1,2,12,5,10,14,7,
1,10,13,0,6,9,8,7,4,15,14,3,11,5,2,12,

图 3-8　DES 算法的 8 个 S-盒

S4:

7,13,14,3,0,6,9,10,1,2,8,5,11,12,4,15,

13,8,11,5,6,15,0,3,4,7,2,12,1,10,14,9,

10,6,9,0,12,11,7,13,15,1,3,14,5,2,8,4,

3,15,0,6,10,1,13,8,9,4,5,11,12,7,2,14,

S5:

2,12,4,1,7,10,11,6,8,5,3,15,13,0,14,9,

14,11,2,12,4,7,13,1,5,0,15,10,3,9,8,6,

4,2,1,11,10,13,7,8,15,9,12,5,6,3,0,14,

11,8,12,7,1,14,2,13,6,15,0,9,10,4,5,3,

S6:

12,1,10,15,9,2,6,8,0,13,3,4,14,7,5,11,

10,15,4,2,7,12,9,5,6,1,13,14,0,11,3,8,

9,14,15,5,2,8,12,3,7,0,4,10,1,13,11,6,

4,3,2,12,9,5,15,10,11,14,1,7,6,0,8,13,

S7:

4,11,2,14,15,0,8,13,3,12,9,7,5,10,6,1,

13,0,11,7,4,9,1,10,14,3,5,12,2,15,8,6,

1,4,11,13,12,3,7,14,10,15,6,8,0,5,9,2,

6,11,13,8,1,4,10,7,9,5,0,15,14,2,3,12,

S8:

13,2,8,4,6,15,11,1,10,9,3,14,5,0,12,7,

1,15,13,8,10,3,7,4,12,5,6,11,0,14,9,2,

7,11,4,1,9,12,14,2,0,6,10,13,15,3,5,8,

2,1,14,7,4,10,8,13,15,12,9,0,3,5,6,11,

图 3-8　DES 算法的 8 个 S-盒（续）

扩展置换是将 32bit 扩展成 48bit 的过程。S-盒置换用来将 48bit 输入转为 32bit 的输出，过程如下：48bit 组被分成 8 个 6bit 组，每一个 6bit 组作为一个 S-盒的输入，输出均为一个 4bit 组。每个 S-盒是一个 4 行 16 列的表，表中的每一项都是一个 4bit 的数。S-盒的 6bit 的输入确定其输出为表中的哪一个项，其方式是：6bit 数的首、末两位数决定输出项所在的行；中间的四位决定输出项所在的列。例如，假设第 6 个（参见图 3-8 中的 S_6）S-盒的输入为 110101，则输出为第 3 行第 10 列的项（行与列的记数从 0 开始），即输出为 4bit 组 0001。扩展置换和 P-置换如图 3-9 所示。

每一轮中的子密钥的生成过程如图 3-10 所示。密钥通常表示为 64bit，但每个第 8 位用作奇偶校验，实际的密钥长度为 56bit。在 DES 的每一轮运算中，从 56bit 密钥产生出不同的 48bit 的子密钥（$K_1, K_2, \cdots, K_{16}$）。首先，由 64bit 密钥经过一个置换选择（PC-1）选出 56bit 并分成两部分（以 C、D 分别表示这两部分），每部分 28 位，然后每部分分别循环左移 1 位或 2 位（从第 1 轮到第 16 轮，相应左移位数分别为：1、1、2、2、2、2、2、2、1、2、2、2、2、2、2、1）。再将生成的 56bit 组经过另一个置换选择（PC-2），舍掉其中的某 8 个位并按一定方式改变位的位置，生成一个 48bit 的子密钥 K_i。两个置换选择 PC-1 和 PC-2 如图 3-11 所示。

扩展置换

32	1	2	3	4	5
4	5	6	7	8	9
8	9	10	11	12	13
12	13	14	15	16	17
16	17	18	19	20	21
20	21	22	23	24	25
24	25	26	27	28	29
28	29	30	31	32	1

P-置换

16	7	20	21
29	12	28	17
1	15	23	26
5	18	31	10
2	8	24	14
32	27	3	9
19	13	30	6
22	11	4	25

图 3-9　扩展置换和 P-置换

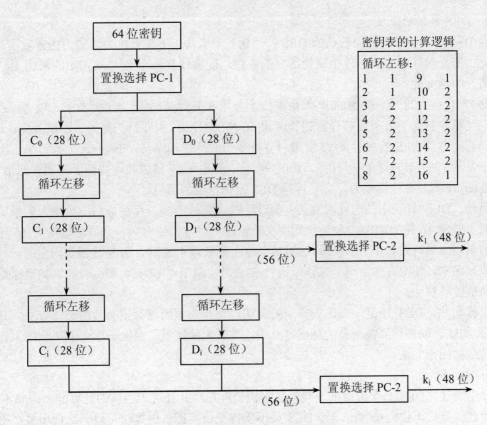

图 3-10　DES 密钥的产生过程

PC-1

57	49	41	33	25	17	9
1	58	50	42	34	26	18
10	2	59	51	43	35	27
19	11	3	60	52	44	36
63	55	47	39	31	33	15
7	62	54	46	38	30	22
14	6	61	53	45	37	29
21	13	5	28	20	12	4

PC-2

14	17	11	24	1	5
3	28	15	6	21	10
23	19	12	4	26	8
16	7	27	20	13	2
41	52	31	37	47	55
30	40	51	45	33	48
44	49	39	56	34	53
46	42	50	36	29	32

图 3-11　子密钥生成过程中的两次置换选择

2. DES 算法的强度

自 DES 公布以来，人们就认为 DES 的密钥长度太短，不能抵抗穷尽密钥搜索攻击，即给定明文、密文对（M，C），逐个试验所有的密钥，能够找到一个令 $C=E_K(M)$ 的密钥 K。事实证明情况的确如此。

1997 年 1 月 28 日，美国的 RSA 数据安全公司在 RSA 安全年会上公布了一项"秘密密钥挑战"竞赛，悬赏 1 万美元破译密钥长度为 56 位的 DES。主要目的是为了测试 Internet 上的分布计算能力及 DES 的相对强度。结果科罗拉多州的一位程序员在 Internet 上数万名志愿者的协助下，从 1997 年 3 月 13 日开始，历时 96 天，于 6 月 17 日成功地找到了密钥。此事表明，利用 Internet 的分布计算能力，穷尽搜索 DES 密钥已成为可能。

另外，DES 算法中的迭代次数、S-盒设计以及算法中是否存在陷门，也是人们争论的焦点。对于低于 16 轮的 DES，使用已知明文攻击比穷举攻击更有效，当算法恰恰为 16 轮时，只有穷举攻击最有效。由于 DES 算法的安全性主要依赖于 S-盒，而 S-盒都是固定的，并且其设计原理保密，使得许多密码学家怀疑设计 S-盒时隐藏了"陷门"，那么设计者如果愿意就可以轻易地破解算法。

仅管如此，DES 还是一个比较安全的算法，迄今为止尚没有很有效的破译方法。并且目前 DES 的软、硬件产品在所有的加密产品中占非常大的比重，是密码学史上影响最大、应用最广的数据加密算法。

3. 3DES

如上所述，DES 一个致命的缺陷就是密钥长度短，并且对于当前的计算能力，56 位的密钥长度已经抵抗不住穷举攻击，而 DES 又不支持变长密钥。但算法可以一次使用多个密钥，从而等同于更长的密钥。3DES 算法表示为：

$$C=E_{K3}(D_{K2}(E_{K1}(M)))$$

通常取 $K_3=K_1$，则上式变为：

$$C=E_{K1}(D_{K2}(E_{K1}(M)))$$

这样对于 3DES 的穷举攻击需要 2^{112} 次，而不是 DES 的 2^{64} 次。另外，注意到 3DES 中间的一次运算使用了解密运算，这样设计的唯一目的是为了与 DES 兼容，即以前使用 DES 加密的数据，也可以用 3DES 来解密，只要在三次运算中采用相同的密钥，3DES 与 DES 就是相同的。

3.3.4　高级加密标准——AES

1．AES 的产生背景

1997 年 4 月 15 日，美国国家标准和技术研究所 NIST 发起了征集 AES（Advanced Encryption Standard）算法的活动，并成立了专门的 AES 工作组，目的是为了确定一个非保密的、可公开披露的、全球免费使用的分组密码算法，用于保护下一世纪政府的敏感信息，并希望成为秘密和公开部门的数据加密标准。1997 年 9 月 12 日在联邦登记处公布了征集 AES 候选算法的通告，AES 的基本要求是：比 3DES 快而且至少和 3DES 一样安全；分组长度为 128bit；密钥长度为 128/192/256bit。1998 年 8 月 20 日 NIST 召开第一次 AES 候选大会并公布了 15 个候选算法，1999 年 3 月 22 日举行第二次 AES 候选会议从中选出 5 种算法。入选 AES 的 5 种算法是：MARS、RC6、Serpent、Twofish 和 Rijndael。2000 年 10 月 2 日美国商务部部长 Norman Y. Mineta 宣布经过三年来世界著名密码专家之间的竞争，"Rijndael 数据加密算法"最终获胜，至此在全球范围内角逐了数年的激烈竞争宣告结束。这一新加密标准将取代 DES 数据加密标准成为 21 世纪保护国家敏感信息的高级算法。

开发 Rijndael 算法的是两位来自比利时的密码专家 Joan Daemen 博士和 Vincent Rijmen 博士，两位先生在加密领域一直比较活跃。NIST 主任 Ray Kammer 在马里兰召开的新闻发布会上说他之所以选中 Rijndael 是因为它很快，而且所需的内存不多，这个算法是如此可靠，就连在密码方面最内行的美国国家安全局也决定用它来保护一些关键数据不被窥视。

Rijndael 算法的原形是 Square 算法，它的设计策略是宽轨迹策略（Wide Trail Strategy），这种策略针对差分分析和线性分析提出一个分组迭代密码，具有可变的分组长度和密钥长度。三个密钥长度分别为 128/192/256bit，用于加密长度为 128/192/256bit 的分组，相应的轮数为 10/12/14。Rijndael 在安全性能、效率、可实现性和灵活性等方面都有优势，无论在有无反馈模式的计算环境下的软硬件中，Rijndael 都显示出其非常好的性能；Rijndael 对内存的需求非常低，也使它很适合用于受限制的环境中；Rijndael 的操作简单，并可抵御强大和实时攻击；此外它还有许多未被特别强调的防御性能。

2．AES 算法的描述

AES（Rijndael）是一个迭代型分组密码，其分组长度和密钥长度都可变，可以分别选择为 128bit、192bit、256bit。算法的迭代轮次依赖于数据分组的长度和密钥的长度，其关系如表 3-2 所示，其中 Nb=分组长度/32，Nk=密钥长度/32，Nr 为迭代轮次。

表 3-2　分组长度、密钥长度与迭代轮次的关系

Nr	Nb=4	Nb=6	Nb=8
Nk=4	10	12	14
Nk=6	12	12	14
Nk=8	14	14	14

　　Rijndael 有两个主要的优点：一个是算法的执行效率较高，即使是由纯软件来实现速度也非常快，并且对内存的要求也较低。另一个就是 AES 的 S-盒具有一定的代数结构，能够抵御差分攻击和线性攻击。

　　下面就具体描述一下 AES 算法的思路。

　　（1）状态、种子密钥和轮数。

　　类似于明文分组和密文分组，将表示算法的中间结果的分组称为状态，所有的操作都在状态上进行。状态可以用以字节为元素的矩阵阵列表示，该阵列有 4 行，列数记为 Nb，Nb 等于分组长度除以 32。

　　种子密钥类似地用一个以字节为元素的矩阵阵列表示，该矩阵有 4 行，列数记为 Nk，Nk 等于密钥长度除以 32。

　　图 3-12 是 Nb=6 的状态和 Nk=4 的种子密钥的矩阵阵列表示。

a_{00}	a_{01}	a_{02}	a_{03}	a_{04}	a_{05}
a_{10}	a_{11}	a_{12}	a_{13}	a_{14}	a_{15}
a_{20}	a_{21}	a_{22}	a_{23}	a_{24}	a_{25}
a_{30}	a_{31}	a_{32}	a_{33}	a_{34}	a_{35}

k_{00}	k_{01}	k_{02}	k_{03}
k_{10}	k_{11}	k_{12}	k_{13}
k_{20}	k_{21}	k_{22}	k_{23}
k_{30}	k_{31}	k_{32}	k_{33}

图 3-12　Nb=6 的状态和 Nk=4 的种子密钥的矩阵阵列表示

　　算法的输入和输出被看成是由 8 比特（字节）构成的一维数组，其元素下标的范围是 0～（4Nb-1），因此输入和输出以字节为单位的分组长度分别是 16、24 和 32，其元素下标的范围分别是 0～15、0～23 和 0～31。输入的种子密钥也看成是由 8 比特（字节）构成的一维数组，其元素下标的范围是 0～(4Nk-1)，因此种子密钥以字节为单位的分组长度也分别是 16、24 和 32，其元素下标的范围分别是 0～15、0～23 和 0～31。

　　算法的输入（包括最初明文输入和中间过程的轮输入）以字节为单位按 $a_{00}a_{10}a_{20}a_{30}a_{01}a_{11}a_{21}a_{31}\cdots$ 的顺序放置到状态阵列中。同理，种子密钥以字节为单位按 $k_{00}k_{10}k_{20}k_{30}k_{01}k_{11}k_{21}k_{31}\cdots$ 的顺序放置到种子密钥阵列中。而输出（包括中间过程的轮输出和最后的密文输出）也是以字节为单位按相同的顺序从状态阵列中取出。若输入（或输出）分组中第 n 个元素对应于状态阵列的第(i,j)位置上的元素，则 n 和(i,j)有以下关系：

$$i=n \bmod 4；\quad j=\lfloor n/4 \rfloor；\quad n=i+4j$$

　　（2）轮函数。Rijndael 的轮函数由 4 个不同的计算部件组成，分别是：字节代换（ByteSub）、行移位（ShiftRow）、列混合（MixColumn）和密钥加（AddRoundKey）。

　　1）字节代换（ByteSub）。字节代换是非线性变换，独立地对状态的每个字节进行。代换表（即 S-盒）是可逆的，由以下两个变换的合成得到：

①首先，将字节看作 $GF(2^8)$ 上的元素，映射到自己的乘法逆元，"00"映射到自己。

②其次，对字节做如下的［$GF(2^8)$ 上的，可逆的］仿射变换：

$$
\begin{pmatrix} y_0 \\ y_1 \\ y_2 \\ y_3 \\ y_4 \\ y_5 \\ y_6 \\ y_7 \end{pmatrix}
=
\begin{pmatrix}
1 & 0 & 0 & 0 & 1 & 1 & 1 & 1 \\
1 & 1 & 0 & 0 & 0 & 1 & 1 & 1 \\
1 & 1 & 1 & 0 & 0 & 0 & 1 & 1 \\
1 & 1 & 1 & 1 & 0 & 0 & 0 & 1 \\
1 & 1 & 1 & 1 & 1 & 0 & 0 & 0 \\
0 & 1 & 1 & 1 & 1 & 1 & 0 & 0 \\
0 & 0 & 1 & 1 & 1 & 1 & 1 & 0 \\
0 & 0 & 0 & 1 & 1 & 1 & 1 & 1
\end{pmatrix}
\begin{pmatrix} x_0 \\ x_1 \\ x_2 \\ x_3 \\ x_4 \\ x_5 \\ x_6 \\ x_7 \end{pmatrix}
+
\begin{pmatrix} 1 \\ 1 \\ 0 \\ 0 \\ 0 \\ 1 \\ 1 \\ 0 \end{pmatrix}
$$

上述 S-盒对状态的所有字节所做的变换记为：

$$ByteSub(State)$$

图 3-13 是字节代换示意图。

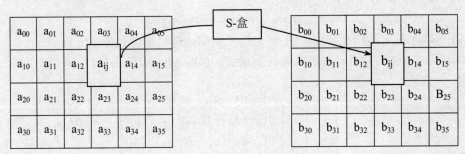

图 3-13　字节代换示意图

ByteSub 的逆变换由代换表的逆表做字节代换，可通过如下两步实现：首先进行仿射变换的逆变换，再求每一字节在 $GF(2^8)$ 上的逆元。

2）行移位（ShiftRow）。行移位是指将状态阵列的各行进行循环移位，不同状态的位移量不同。第 0 行不移动，第 1 行循环左移 C_1 个字节，第 2 行循环左移 C_2 个字节，第 3 行循环左移 C_3 个字节。位移量 C_1、C_2、C_3 的取值与 Nb 有关，由表 3-3 给出。

表 3-3　对应于不同分组长度的位移量

Nb	C_1	C_2	C_3
4	1	2	3
6	1	2	3
8	1	3	4

按指定的位移量对状态的行进行的行移位运算记为：

$$ShiftRow(State)$$

图 3-14 是以 Nb=6 为例的行移位示意图。

ShiftRow 的逆变换是对状态阵列的后 3 行分别以位移量 $Nb-C_1$、$Nb-C_2$、$Nb-C_3$ 进行循环左移位，使得第 i 行第 j 列的字节移位到 $(j-(Nb-C_i)) \bmod Nb$ 列。

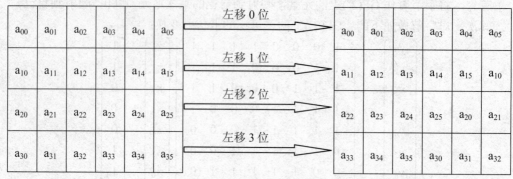

图 3-14　行移位示意图

3）列混合（MixColumn）。在列混合变换中，将状态阵列的每个列视为 $GF(2^8)$ 上的多项式，再与一个固定的多项式 C(x) 进行模 x^4+1 乘法。当然要求 C(x) 是模 x^4+1 可逆的多项式，否则列混合变换就是不可逆的，因而会使不同的输入分组对应的输出分组可能相同。Rijndael 的设计者给出的 C(x) 为（系数用十六进制数表示）：

$$C(x)='03'x^3+'01'x^2+'01'x+'02'$$

C(x) 与 x^4+1 互素，因此是模 x^4+1 可逆的。列混合运算也可写为矩阵乘法。

设 $B(x)=C(x)\otimes A(x)$，写成矩阵乘法的形式，如图 3-15 所示。

$$\begin{bmatrix} b_0 \\ b_1 \\ b_2 \\ b_3 \end{bmatrix} = \begin{bmatrix} 02 & 03 & 01 & 01 \\ 01 & 02 & 03 & 01 \\ 01 & 01 & 02 & 03 \\ 03 & 01 & 01 & 02 \end{bmatrix} \otimes \begin{bmatrix} a_0 \\ a_1 \\ a_2 \\ a_3 \end{bmatrix}$$

图 3-15　列混合的矩阵表示

这个运算需要做 $GF(2^8)$ 上的乘法，但由于所乘的因子是 3 个固定的元素 02、03、01，所以这些乘法运算仍然是比较简单的。

对状态 State 的所有列所做的列混合运算记为：

MixColumn(State)

图 3-16 是列混合运算的示意图。

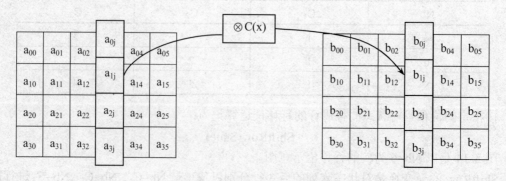

图 3-16　列混合运算示意图

列混合运算的逆运算是类似的，即每列都用一个特定的多项式 d(x)相乘。d(x)满足：

$$('03'x^3+'01'x^2+'01'x+'02')\otimes d(x)='01'$$

由此可得：

$$d(x)='0B'x^3+'0D'x^2+'09'x+'0E'$$

4）密钥加（AddRoundKey）。密钥加是指将轮密钥简单地与状态进行逐比特异或。轮密钥由种子密钥通过密钥编排算法得到，轮密钥长度等于 Nb。

状态 State 与轮密钥 RoundKey 的密钥加运算表示为：

AddRoundKey(State,RoundKey)

图 3-17 是密钥加运算示意图。

$$\begin{bmatrix} a_{00} & a_{01} & a_{02} & a_{03} & a_{04} & a_{05} \\ a_{10} & a_{11} & a_{12} & a_{13} & a_{14} & a_{15} \\ a_{20} & a_{21} & a_{22} & a_{23} & a_{24} & a_{25} \\ a_{30} & a_{31} & a_{32} & a_{33} & a_{34} & a_{35} \end{bmatrix} \oplus \begin{bmatrix} k_{00} & k_{01} & k_{02} & k_{03} & k_{04} & k_{05} \\ k_{10} & k_{11} & k_{12} & k_{13} & k_{14} & k_{15} \\ k_{20} & k_{21} & k_{22} & k_{23} & k_{24} & k_{25} \\ k_{30} & k_{31} & k_{32} & k_{33} & k_{34} & k_{35} \end{bmatrix} = \begin{bmatrix} b_{00} & b_{01} & b_{02} & b_{03} & b_{04} & b_{05} \\ b_{10} & b_{11} & b_{12} & b_{13} & b_{14} & b_{15} \\ b_{20} & b_{21} & b_{22} & b_{23} & b_{24} & b_{25} \\ b_{30} & b_{31} & b_{32} & b_{33} & b_{34} & b_{35} \end{bmatrix}$$

图 3-17　密钥加运算示意图

密钥加运算的逆运算是其自身。

综上所述，组成 Rijndael 轮函数的计算部件简捷快速，功能互补。轮函数的伪 C 代码如下：

```
Round(State,RoundKey)
{
  ByteSub(State);
  ShiftRow(State);
  MixColumn(State);
  AddRoundKey(State,RoundKey)
}
```

结尾轮的轮函数与前面各轮不同，将 MixColumn 这一步去掉，其伪 C 代码如下：

```
FinalRound(State,RoundKey)
{
  ByteSub(State);
  ShiftRow(State);
  AddRoundKey(State,RoundKey)
}
```

在以上的 C 代码记法中，State、RoundKey 可用指针类型，函数 Round、FinalRound、ByteSub、ShiftRow、MixColumn、AddRoundKey 都在指针 State、RoundKey 所指向的阵列上进行运算。

3. 轮密钥的生成

轮密钥的生成过程算法由密钥扩展和轮密钥选取两部分构成，其基本原则如下：

- 轮密钥的比特数等于分组长度乘以轮数加 1 的和，即为(Nr+1)×Nb 个 32 位字。
- 种子密钥被扩展成为扩展密钥。
- 轮密钥从扩展密钥中取，其中第 1 轮轮密钥取扩展密钥的前 Nb 个字，第 2 轮轮密钥取接下来的 Nb 个字，依此类推。

（1）密钥扩展。扩展密钥是以 4 字节为元素的一维阵列，表示为 W[Nb×(Nr+1)]，其中前

Nk 个字取为种子密钥，以后每个字按递归方式定义。扩展算法根据 Nk≤6 和 Nk>6 有所不同。扩展算法的伪代码描述如图 3-18 所示。

```
KeyExpansion(byte key[4*Nk], word w[Nb*(Nr+1)], Nk)
{
    word temp;
    i = 0;
    while (i < Nk)
    {
        w[i] = word(key[4*i], key[4*i+1], key[4*i+2], key[4*i+3]);
        i = i+1;
    }
    i = Nk;
    while (i < Nb * (Nr+1))
    {
        temp = w[i-1];
        if (i mod Nk == 0)
            temp = SubWord(RotWord(temp)) xor Rcon[i/Nk];
        else if (Nk > 6 and i mod Nk == 4)
            temp = SubWord(temp);
        w[i] = w[i-Nk] xor temp;
        i = i + 1;
    }
}
```

图 3-18　密钥扩展算法伪代码

其中 Key[4×Nk]为种子密钥，看作以字节为元素的一维阵列。函数 SubWord()返回 4 字节字，其中每个字节都是用 Rijndael 的 S-盒作用到输入字对应的字节得到。函数 RotWord()也返回 4 字节字，该字由输入的字循环移位得到，即当输入字为（a，b，c，d）时，输出字为（b，c，d，a）。Rcon[i/Nk]为轮常数，其值与 Nk 无关，定义为（字节用十六进制表示，同时理解为 $GF(2^8)$ 上的元素）：

$$Rcon[i]=(RC[i],'00','00','00')$$

其中，RC[i]是 $GF(2^8)$ 中值为 x^{i-1} 的元素，因此：

$$RC[1]=1（即'01'）$$

$$RC[i]=x（即'02'\cdot RC[i-1]=x^{i-1}）$$

从扩展算法的伪代码可以看出，扩展密钥的前 Nk 个字即为种子密钥 key，之后的每个字 W[i]等于前一个字 W[i-1]与 Nk 个位置之前的字 W[i-Nk]的异或；不过当 i/Nk 为整数时，需先将前一个字 W[i-1]经过如下一系列的变换：

1 字节的循环移位 RotWord→用 S-盒进行变换 SubWord→异或轮常数 Rcon[i/Nk]。

Nk=8 时，密钥扩展算法与 Nk≤6 时的区别在于：当 i-4 为 Nk 的倍数时，需在异或运算前先将 W[i-1]经过 SubWord 变换（参见伪代码的 else if 部分）。

（2）轮密钥选取。轮密钥 I（即第 i 个轮密钥）由轮密钥缓冲字 W[Nb×i]到 W[Nb×(i+1)]给出。

4．加密算法

加密算法为顺序完成以下操作：初始的密钥加；(Nr–1)轮迭代；一个结尾轮。即：

```
Rijndael(State,CipherKey)
{
  KeyExpansion(CipherKey,ExpandedKey);
  AddRoundKey(State,ExpandedKey);
  for(i=1;i<Nr;i++)  Round(State,ExpandedKey+Nb*i);
  FinalRound(State,ExpandedKey+Nb*Nr)
}
```

其中 CipherKey 是种子密钥，ExpandedKey 是扩展密钥。密钥扩展可以事先进行（预计算），且 Rijndael 密码的加密运算可以用这一扩展来描述，即：

```
Rijndael(State,CipherKey)
{
  AddRoundKey(State,ExpandedKey);
  for(i=1;i<Nr;i++)  Round(State,ExpandedKey+Nb*i);
  FinalRound(State,ExpandedKey+Nb*Nr)
}
```

5．解密算法

解密只需对所有操作逆序，设字节代换（ByteSub）、行移位（ShiftRow）、列混合（MixColumn）的逆变换分别为 InvByteSub、InvShiftRow、InvMixColumn，而 AddRoundKey 的逆操作就是它本身。Rijndael 密码的解密算法为顺序完成以下操作：初始的密钥加；(Nr–1)轮迭代；一个结尾轮。其中解密算法的轮函数为：

```
InvRound(State,RoundKey)
{
  InvByteSub(State);
  InvShiftRow(State);
  InvMixColumn(State);
  AddRoundKey(State,RoundKey)
}
```

解密算法的结尾轮为：

```
InvFinalRound(State,RoundKey)
{
  InvByteSub(State);
  InvShiftRow(State);
  AddRoundKey(State,RoundKey)
}
```

设加密算法的初始密钥加、第 1 轮、第 2 轮、…、第 Nr 轮的子密钥依次为：

k(0)，k(1)，k(2)，…，k(Nr–1)，k(Nr)

则解密算法的初始密钥加、第 1 轮、第 2 轮、…、第 Nr 轮的子密钥依次为：

k(Nr)，InvMixColumn[k(Nr-1)]，InvMixColumn[k(Nr-2)]，…，InvMixColumn[k(1)]，k(0)

3.3.5　对称密码的工作模式

1980 年 NBS（现在的 NIST）公布了 4 种 DES 的工作模式，它们分别是电子密码本

（Electronic Codebook，ECB）模式、密码分组链（Cipher Block Chaining，CBC）模式、密码反馈（Cipher Feedback，CFB）模式、输出反馈（Output Feedback，OFB）模式。2000 年 3 月 NIST 为 AES 公开征集保密工作模式，2001 年 12 月在文件 300-38A 中公布用于保密性的 5 种工作模式，分别是 ECB、CBC、CFB、OFB、CTR（Counter，计数）模式。

1. 电子密码本 ECB 模式

ECB 模式如图 3-19 所示。一个明文分组加密成一个密文分组，相同的明文分组被加密成相同的密文分组。由于大多数消息并不是刚好分成 64 比特（或者其他任意分组长）的加密分组，通常需要填充最后一个分组，为了在解密后将填充位去掉，需要在最后一个分组的最后一个字节中填上填充长度。

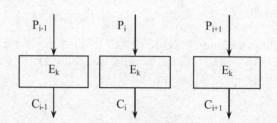

图 3-19　电子密码本模式

ECB 模式的缺点是：如果密码分析者有很多消息的明密文对，就可能在不知道密钥的情况下恢复出明文；更严重的问题是敌手通过重放，可以在不知道密钥的情况下修改被加密过的消息，用这种办法欺骗接收者。例如在实际应用中，不同的消息可能会有一些比特序列是相同的（消息头），敌手重放消息头，修改消息体欺骗接收者。

2. 密码分组链 CBC 模式

明文要与前面的密文进行异或运算然后被加密，从而形成密文链。每一分组的加密都依赖于所有前面的分组。在处理第一个明文分组时，与一个初始向量（IV）组进行异或运算。IV 不需要保密，它可以明文形式与密文一起传送。密码分组链模式如图 3-20 所示。

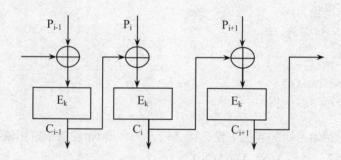

图 3-20　密码分组链模式

加密：$C_i = E_k(P_i \oplus C_{i-1})$

解密：$P_i = C_{i-1} \oplus D_k(C_i)$

使用 IV 后，完全相同的明文被加密成不同的密文。敌手再用分组重放进行攻击是完全不可能的。

3. 密码反馈模式

利用图 3-21 所示的密码反馈模式（Cipher Feedback Mode，CFB）可以把任意分组密码转成流密码。图中假设传输单元的长度是 sbit（通常 s=8）。加密函数的输入是 bbit 移位寄存器中的数值，初值为初始化向量 IV；加密函数输出值的最左侧 sbit 与明文单元 P_i 进行异或操作得到密文 C_i；然后移位寄存器左移 s 位，将 C_i 放到移位寄存器的最右侧的 s 位上。这个过程一直反复持续到完成所有的明文加密。CFB 与 CBC 加密模式一致，所有的明文也是连接在一起的，这样任何一个密文单元都是前面所有明文单元的函数。

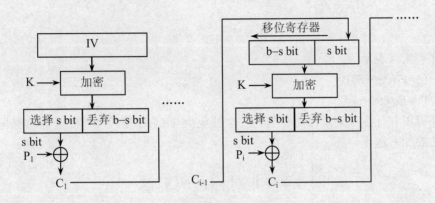

图 3-21　sbit 的密码反馈模式

4. 输出反馈 OFB 模式

OFB 模式的工作过程是：一个同步流密码，通过反复加密一个初始向量 IV 来产生一个密钥流，将此密钥流和明文流进行异或得到密文流。仍然需要一个初始向量 IV。IV 应当唯一但不需保密。加密和解密可表示为：

加密：$S_0=IV$；$S_i=E_k(S_{i-1})$；$C_i=P_i \oplus S_i$

解密：$P_i=C_i \oplus S_i$；$S_i=E_k(S_{i-1})$

其中 S_i 是由 IV 经第 i 次加密的结果，它独立于明文和密文。输出反馈模式如图 3-22 所示。

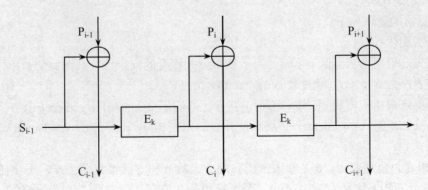

图 3-22　输出反馈模式

5. 计数 CTR 模式

CTR 模式使用一个计数向量 ctr（也是一个初始向量）。计数模式如图 3-23 所示。

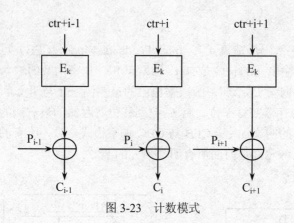

图 3-23　计数模式

加密和解密可表示为：

加密：$C_i = E_k(ctr+i) \oplus P_i$

解密：$P_i = E_k(ctr+i) \oplus C_i$

该模式可以并行、预处理，可证明其安全性至少与 CBC 模式一样好，且加密与解密仅涉及密码算法的加密运算。

3.4　非对称密码算法

3.4.1　RSA 算法

1. RSA 算法的描述

RSA 是最著名、应用最广的公钥系统。它于 1978 年由 Ron Rivest、Adi Shamir 和 Leonard Adleman 发明，并以三个发明者的名字的首字母命名。RSA 的安全性依赖于大数分解的难度。其公开密钥和私人密钥是一对大素数（100 到 200 位的十进制数或更大）的函数。从一个公开密钥和密文中恢复出明文的难度等同于分解两个大素数之积的难度。该算法经受住了多年深入的密码分析，虽然分析者不能证明 RSA 的安全性，但也没有证明 RSA 的不安全，这表明该算法的可信度还是比较好的。

RSA 算法的思路如下：

（1）密钥生成。

1）首先选取两个大素数 p 和 q。为了获得最大程度的安全性，选两数的长度一样。

2）计算模数 n=p×q，欧拉数 φ(n)= (p−1)×(q−1)。

3）随机选取加密密钥 e，使 e 和 φ(n) 互素，即满足 0<e<φ(n) 且 gcd(e,φ(n))=1。

4）用欧几里得（Euclidean）扩展算法计算解密密钥 d，d 满足 e×d≡1 mod φ(n)，即 d≡ e^{-1} mod φ(n)。

5）e 和 n 为公开密钥，d 是私人密钥。两个大数 p 和 q 应该立即丢弃，不让任何人知道。一般选择公开密钥 e 比私人密钥 d 小。最常选用的 e 值有 3 个，即 3、17、65537。

（2）加密和解密。

加密消息时，首先将消息分成比 n 小的数据分组（采用二进制数，选到小于 n 的 2 的最大次幂），设 m_i 表示消息分组，c_i 表示加密后的密文，它与 m_i 具有相同的长度。

1）加密过程：$c_i=m_i^e \bmod n$。

2）解密过程：$m_i=c_i^d \bmod n$。

上述过程总结如表 3-4 所示。

表 3-4 RSA 算法的描述

公开密钥	n：两素数 p 和 q 的乘积（p 和 q 必须保密） e：与 $\varphi(n)=(p-1)\times(q-1)$ 互素
私人密钥	$d \equiv e^{-1} \bmod \varphi(n)$
加密运算	$c=m^e \bmod n$
解密运算	$m=c^d \bmod n$

下面举一个实际的例子来帮助理解 RSA 算法。

（1）选择素数 p=17，q=11。

（2）计算 $n = p\times q =17\times 11=187$。

（3）计算 $\varphi(n)=(p-1)\times(q-1)=16\times 10=160$。

（4）选择 e：$\gcd(e,160)=1$，选择 e=7。

（5）确定 d：$d\times e \equiv 1 \bmod 160$ 且 d<160，可选择 d=23。因为 $23\times 7=161= 1\times 160+1$。

（6）公钥 PK={7,187}。

（7）私钥 SK={23,187}。

假设给定的消息为 m=88，则：

- 加密：$c=88^7 \bmod 187=11$。
- 解密：$m=11^{23} \bmod 187=88$。

2．RSA 的速度及安全性

已有多家公司制造出了 RSA 加密芯片，如 AT&T、Alpher Techn、CNET、Cryptech、英国电信等。硬件实现 RSA 比实现 DES 慢大约 1000 倍，最快的实现 512bit 模数的芯片的速度可达 1Mb/s。在智能卡中已大量实现 RSA，这些实现都比较慢。软件实现时，RSA 大约比 DES 慢 100 倍，这些情况随着技术发展可能有所改观，但 RSA 的加密速度永远不会达到对称算法的加密速度。

公钥的分发问题需要解决。虽然用户不必担心公钥泄密，但需要考虑有人冒名顶替公布假的公钥。所以应当尽可能广泛地公布正确的公钥，以防假冒。就像将电话号码在电话簿上公开出来一样，公布面越广，号码的正确性就越能经多方面核实而得到保证。当然，即使这样也仍然不能完全保障它们都是正确的和真实的，需要更复杂的机制（如公钥证书）来保护公钥分发的安全性。

RSA 算法的安全性基于数论中大数分解的难度。但随着分解算法不断改进和计算能力的不断增强，模数小的算法越来越不安全。110 位十进制数早已能够分解。RSA-129（429bit）已由包括 5 大洲 43 个国家的 600 多人使用二次筛选法，利用 1600 台计算机通过 Internet 同时工作，耗时 8 个月于 1994 年 4 月 2 日分解出长度为 64bit 和 65bit 的两个因子，而原来估算要 4 亿年才能计算出来。这是有史以来规模最大的数学运算。RSA-130 于 1996 年 4 月 10 日利用数域筛选法分解出来，目前正向更大数，特别是 512bit 的 RSA-154 挑战。Internet 的分布计算能力对短模数的 RSA 造成严重的威胁，RSA-129 的分解致使 RSADSI 公司不得不建议 RSA 钥匙长度应为不短于 768bit 的二进制数（相当于 RSA-230 问题）。另一个决定性的因素是在数论，特别是数分解技术方面的突破，急剧地减少了破译 RSA 加密的工作量，使得用有限的计算能力来破译密码成为可能。破译 RSA 加密能力的飞速提高，已经给算法带来相当程度的威胁。虽然这种威胁可以通过增加 RSA 钥匙长度的办法来暂时抵挡，但是随着钥匙长度的增加，加密运算的工作量也增加，运算效率会降低，缩小了 RSA 算法的可应用范围，尤其是那些对速度要求很高的应用。

3.4.2 Diffie-Hellman 算法

Diffie-Hellman 算法发明于 1976 年，是第一个公开密钥算法。Diffie-Hellman 算法不能用于加密和解密，但可用于密钥分配。密钥交换协议（Key Exchange Protocol）是指两人或多人之间获取密钥并应用于通信加密的协议。

在实际的密码应用中，密钥交换是很重要的一个环节。比如说利用对称加密算法进行加密通信，双方首先需要建立一个共享密钥。如果双方没有约定好密钥，就必须进行密钥交换。如何使得密钥到达交换者和发送者手里是件很复杂的事情，最早利用公钥密码思想提出一种允许陌生人建立共享秘密密钥的协议就是 Diffie-Hellman 密钥交换协议。

Diffie-Hellman 密钥交换算法基于有限域中计算离散对数的困难性问题之上。下面简单介绍一下相关的概念。

素数 p 的本原根（primitive root）定义：如果 a 是素数 p 的本原根，则数 a mod p，a^2 mod p，…，$a^{(p-1)}$ mod p 是不同的并且包含 1 到 p-1 的整数的某种排列。对于一个整数 b 和素数 p 的一个原根 a，可以找到唯一的指数 i，使得 b= a^i mod p，其中 0≤i≤(p–1)，则指数 i 称为 b 的以 a 为基数的模 p 的离散对数。

离散对数问题中，对任意正整数 i，计算 a^i mod p 是很容易的；但是已知 a、b 和 p 求 i，并使 b= a^i mod p 成立，在计算上几乎是不可能的。

设 Alice 和 Bob 是要进行秘密通信的双方，利用 Diffie-Hellman 算法进行密钥交换的过程可以描述如下：

（1）Alice 选取大的随机数 x，并计算 X= a^x mod p，Alice 将 a、p、X 传送给 Bob。

（2）Bob 选取大的随机数 y，并计算 Y= a^y mod p，Bob 将 Y 传送给 Alice。

（3）Alice 计算 K= Y^x mod p，Bob 计算 K'= X^y mod p，易见，K= K'= a^{xy} mod p。

Alice 和 Bob 获得相同的密钥值 K，双方以 K 作为加解密钥以对称密钥算法进行保密通信。监听者可以获得 a、p、X、Y，但由于算不出 x、y，所以得不到共享密钥 K。

虽然 Diffie-Hellman 密钥交换算法十分巧妙，但没有认证功能，存在中间人攻击。当 Alice 和 Bob 交换数据时，Trudy 拦截通信信息，并冒充 Alice 欺骗 Bob，冒充 Bob 欺骗 Alice。其过程如图 3-24 所示。

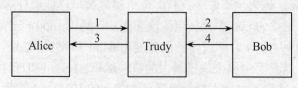

图 3-24　中间人攻击

（1）Alice 选取大的随机数 x，并计算 X= a^x mod p，Alice 将 a、p、X 传送给 Bob，但被 Trudy 拦截。

（2）Trudy 冒充 Alice 选取大的随机数 z，并计算 Z= a^z mod p，Trudy 将 Z 传送给 Bob。

（3）Trudy 冒充 Bob 选取大的随机数 z，并计算 Z= a^z mod p，Trudy 将 Z 传送给 Alice。

（4）Bob 选取大的随机数 y，并计算 Y= a^y mod p，Bob 将 Y 传送给 Alice，但被 Trudy 拦截。

由（1）、（3）可知 Alice 与 Trudy 共享秘密密钥 a^{xz}，由（2）、（4）可知 Trudy 与 Bob 共享共享密钥 a^{yz}。

站间协议（Station-to-Station Protocol）是一个密钥协商协议，它能够挫败这种中间人攻击，其方法是让 A、B 分别对信息签名。

（1）A→B: a^x

（2）B→A: $a^y\| E_k(S_b(a^y\|a^x))$

（3）A→B: $E_k(S_a(a^x\|a^y))$

其中建立的会话密钥是 K= a^{xy} 。站间协议的一个改进版本没有使用加密，建立的会话密钥仍然是 K= a^{xy}。

（1）A→B: a^x

（2）B→A: $a^y\|S_b(a^y\|a^x)$

（3）A→B: $S_a(a^x\|a^y)$

站间协议具有前向保密性（Forward Secret）。前向保密性是指长期密钥被攻破后，利用长期密钥建立的会话密钥仍具有保密性。站间协议中，A、B 的私钥泄漏不影响会话密钥的安全。

3.5　散列算法

3.5.1　单向散列函数

单向散列函数（One-Way Hash Function）也称压缩函数、收缩函数，它是现代密码学的许多协议中的另一个结构模块。散列函数是把可变长度的输入串（称为前象，preimage）转换成固定长度的输出串的一种函数。这个固定长度的输出称为原输入消息的"散列值"或"消息摘要"（Message digest）。如 Snefru 算法、N-Hash 算法、RipeMD160 算法、MD2 算法、MD4 算法、MD5 算法，SHA-1 算法、SHA-2 算法等。

理想的散列函数应该保证：如果两个散列值是不相同的（根据同一函数），那么这两个散列值的原始输入也是不相同的。但另一方面，因为消息是任意的，而散列值的长度是固定的，即散列函数的输入和输出不是一一对应关系，是从一个大的消息空间向小的散列值空间的映射。因此会出现虽然两个散列值相同，而两个输入值不同的情况，这种情况称为"碰撞"。散列算法的设计应该尽量减小这种碰撞的机会，使散列值能够更唯一的表示一个消息。对于两个输入消息，即使变化非常小，但在其输出中产生很大的变化，这被称为雪崩效应（Avalanche Effect），如表 3-5 所示，其中，消息的差别在最后一个词的第一个字母上。

表 3-5　不同算法消息摘要值及雪崩效应

消息	消息摘要值		
	MD5 算法	SHA-1 算法	RipeMD160 算法
The quick brown fox jumps over the lazy cog	1055d3e698d289f2 af8663725127bd4b	de9f2c7fd25e1b3a fad3e85a0bd17d9b 100db4b3	132072df69093383 5eb8b6ad0b77e7b6 f14acad7
The quick brown fox jumps over the lazy dog	9e107d9d372bb682 6bd81d3542a419d6	2fd4e1c67a2d28fc ed849ee1bb76e739 1b93eb12	37f332f68db77bd9 d7edd4969571ad67 1cf9dd3b
The quick brown fox jumps over the lazy Dog	eb9dd2cf8116deab 68d200c1fd7230a6	5cbe3fed3e26aab0 37bb2e457dad26e2 bf791384	b2ab445d3c722d09 42250aea0129155c 77e6cdb3

一个安全的散列函数 H 必须具有以下属性：

（1）H 能够应用到不同长度的输入数据上。

（2）H 能够生成长度固定的输出。

（3）对于任意给定的 x，H(x)的计算相对简单，适合用软、硬件快速实现。

（4）对于任意给定的代码 h，要找到满足 H(x)=h 的 x 在计算上是不可行的，这是散列函数的单向性。

（5）对于任意给定的块 x，要找到满足 H(y)=H(x)且 y ≠ x，在计算上是不可行的，这是散列函数的弱抗碰撞性。

（6）要找到满足 H(x)=H(y)的一对消息(x,y)且 x ≠ y，在计算上是不可行的，这是散列函数的强抗碰撞性。

满足上述前五个属性的散列函数称为弱散列函数，满足上述全部六个属性的散列函数称为强散列函数，第六个属性能够保证散列函数能够抵抗生日攻击。

典型的散列函数都有无限定义域，比如任意长度的字节字符串和有限的值域，比如固定长度的比特串。在某些情况下，散列函数可以设计成具有相同大小的定义域和值域间的一一对应。一一对应的散列函数也称为排列。可逆性可以通过使用一系列的对于输入值的可逆"混合"运算而得到。

利用散列函数的这些特性，可以为消息生成完整性验证码（MIC）或称消息的指纹。单向散列函数的使用为实现数据的完整性验证提供了非常有效的方法。利用单向散列函数生成消息的指纹可以分成两种情况。一种是不带密钥的单向散列函数，这种情况下，任何人都能验证消息的散列值；另一种是带密钥的散列函数，散列值是预映射和密钥的函数，这样只有拥有密钥的人才能验证散列值。单向散列函数的算法实现有很多种，下面以 MD5 及 SHA-1 算法为例，讲述消息指纹的生成过程。

3.5.2　消息摘要算法 MD5

1. 算法的设计思想

MD4 是 Ron Rivest 设计的单向散列算法，MD 表示消息摘要（Message Digest）。Rivest

的设计目标是：

- 安全性：找到两个具有相同散列值的消息在计算上是不可行的。
- 直接安全性：算法的安全性不基于任何假设，如因子分解的难度等。
- 速度：算法适于用软件实现，基于 32bit 操作数的简单操作。
- 简单性和紧凑性：算法尽可能简单，没有大的数据结构和复杂程序。

MD4 公布后，有人分析出算法的前两轮存在进行差分密码攻击的可能性，因而 Rivest 对其进行了修改，产生了 MD5 算法。

2. MD5 算法描述

MD5 以 512bit 的分组来处理输入文本，每一分组又划分为 16 个 32bit 的子分组。算法的输出由 4 个 32bit 分组组成，将它们级联形成一个 128bit 的散列值。首先填充消息使其长度恰好为一个比 512 的倍数仅小 64bit 的数。填充方法是在消息后面附一个 1，然后填充上所需要的位数的 0，然后在最后的 64bit 上附上填充前消息的长度值。这样填充后，可使消息的长度恰好为 512 的整数倍，且保证不同消息在填充后不相同。

首先要对 4 个 32bit 的变量进行初始化，这四个变量称为链接变量（Chaining Variable）。

A=0x01234567

B=0x89abcdef

C=0xfedcba98

D=0x76543210

接着进入算法的主循环，循环的次数是消息中 512 位消息分组的数目。将上面的 A、B、C、D 分别复制给 a、b、c、d。每个循环有四轮运算，每一轮要进行 16 次操作，分别针对 512bit 消息分组中的 16 个 32bit 子分组进行。每次操作对 a、b、c 和 d 中的 3 个作一次非线性函数运算，然后将所得结果加上第四个变量、消息的一个子分组和一个常数。再将所得结果向左循环一个不定的数，并加上 a、b、c、d 其中之一，最后用结果取代 a、b、c、d 其中之一。完成后，将 A、B、C、D 分别加上 a、b、c、d。然后用下一分组继续运行算法，最后输出 A、B、C、D 的级联，即消息的散列值。一次循环过程如图 3-25 所示。

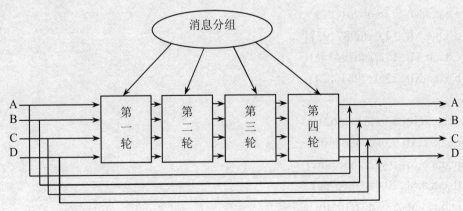

图 3-25　MD5 主循环

每次操作中用到的 4 个非线性函数为：

$F(X,Y,Z)=(X \wedge Y) \vee ((\neg X) \wedge Z)$

$G(X,Y,Z)=(X\wedge Z)\vee(Y\wedge(\neg Z))$

$H(X,Y,Z)=X\oplus Y\oplus Z$

$I(X,Y,Z)=Y\oplus(X\vee(\neg Z))$

其中⊕为异或，∧为与，∨为或，¬为反。

设 M_j 表示一个 512bit 消息分组的第 j 个子分组（$0\leq j\leq 15$），<<<s 表示循环左移 s 位，第 i 步中，$t_i=2^{32}\times abs(sin(i))$。

四轮操作分别定义为：

FF(a,b,c,d,M_j,s,t_i)　表示 $a=b+(a+(F(b,c,d)+M_j+t_i)<<<s)$

GG(a,b,c,d,M_j,s,t_i)　表示 $a=b+(a+(G(b,c,d)+M_j+t_i)<<<s)$

HH(a,b,c,d,M_j,s,t_i)　表示 $a=b+(a+(H(b,c,d)+M_j+t_i)<<<s)$

II(a,b,c,d,M_j,s,t_i)　表示 $a=b+(a+(I(b,c,d)+M_j+t_i)<<<s)$

四轮操作的 64 步分别为：

第一轮：

FF($a,b,c,d,M_0,7,$0xd76aa478)

FF($d,a,b,c,M_1,12,$0xe8c7b756)

FF($c,d,a,b,M_2,17,$0x242070db)

FF($b,c,d,a,M_3,22,$0xc1bdceee)

FF($a,b,c,d,M_4,7,$0xf57c0faf)

FF($d,a,b,c,M_5,12,$0x4787c62a)

FF($c,d,a,b,M_6,17,$0xa8304613)

FF($b,c,d,a,M_7,22,$0xfd469501)

FF($a,b,c,d,M_8,7,$0x698098d8)

FF($d,a,b,c,M_9,12,$0x8b44f7af)

FF($c,d,a,b,M_{10},17,$0xffff5bb1)

FF($b,c,d,a,M_{11},22,$0x895cd7be)

FF($a,b,c,d,M_{12},7,$0x6b901122)

FF($d,a,b,c,M_{13},12,$0xfd987193)

FF($c,d,a,b,M_{14},17,$0xa679438e)

FF($b,c,d,a,M_{15},22,$0x49b40821)

第二轮：

GG($a,b,c,d,M_1,5,$0xf61e2562)

GG($d,a,b,c,M_6,9,$0xc040b340)

GG($c,d,a,b,M_{11},14,$0x265e5a51)

GG($b,c,d,a,M_0,20,$0xe9b6c7aa)

GG($a,b,c,d,M_5,5,$0xd62f105d)

GG($d,a,b,c,M_{10},9,$0x02441453)

GG($c,d,a,b,M_{15},14,$0xd8a1e681)

GG($b,c,d,a,M_4,20,$0xe7d3fbc8)

GG(a,b,c,d,M_9,5,0x21e1cde6)

GG(d,a,b,c,M_{14},9,0xc33707d6)

GG(c,d,a,b,M_3,14,0xf4d50d87)

GG(b,c,d,a,M_8,20,0x455a14ed)

GG(a,b,c,d,M_{13},5,0xa9e3e905)

GG(d,a,b,c,M_2,9,0xfcefa3f8)

GG(c,d,a,b,M_7,14,0x676f02d9)

GG(b,c,d,a,M_{12},20,0x8d2a4c8a)

第三轮：

HH(a,b,c,d,M_5,4,0xfffa3942)

HH(d,a,b,c,M_8,11,0x8771f681)

HH(c,d,a,b,M_{11},16,0x6d9d6112)

HH(b,c,d,a,M_{14},23,0xfde5380c)

HH(a,b,c,d,M_1,4,0xa4beea44)

HH(d,a,b,c,M_4,11,0x4bdecfa9)

HH(c,d,a,b,M_7,16,0xf6bb4b60)

HH(b,c,d,a,M_{10},23,0xbebfbc70)

HH(a,b,c,d,M_{13},4,0x289b7ec6)

HH(d,a,b,c,M_0,11,0xeaa127fa)

HH(c,d,a,b,M_3,16,0xd4ef3085)

HH(b,c,d,a,M_6,23,0x04881d05)

HH(a,b,c,d,M_9,4,0xd9d4d039)

HH(d,a,b,c,M_{12},11,0xe6db99e5)

HH(c,d,a,b,M_{15},16,0x1fa27cf8)

HH(b,c,d,a,M_2,23,0xc4ac5665)

第四轮：

II(a,b,c,d,M_0,6,0xf4292244)

II(d,a,b,c,M_7,10,0x432aff97)

II(c,d,a,b,M_{14},15,0xab9423a7)

II(b,c,d,a,M_5,21,0xfc93a039)

II(a,b,c,d,M_{12},6,0x655b59c3)

II(d,a,b,c,M_3,10,0x8f0ccc92)

II(c,d,a,b,M_{10},15,0xffeff47d)

II(b,c,d,a,M_1,21,0x85845dd1)

II(a,b,c,d,M_8,6,0x6fa87e4f)

II(d,a,b,c,M_{15},10,0xfe2ce6ef0)

II(c,d,a,b,M_6,15,0xa3014314)

II(b,c,d,a,M_{13},21,0x4e0811a1)

II(a,b,c,d,M$_4$,6,0xf7537e82)
II(d,a,b,c,M$_{11}$,10,0xbd3af235)
II(c,d,a,b,M$_2$,15,0x2ad7d2bb)
II(b,c,d,a,M$_9$,21,0xeb86d391)

3.5.3　安全散列算法 SHA

1. SHA 家族

SHA（Secure Hash Algorithm，安全散列算法）是由美国国家安全局（NSA）设计，美国国家标准与技术研究院（NIST）发布的一系列密码散列函数。正式名称为 SHA 的家族的第一个成员发布于 1993 年，人们给它取了一个非正式的名称 SHA-0 以避免与它的后继者混淆。但它在发布之后很快就被 NSA 撤回，并且由1995 年发布的修订版本 FIPS PUB 180-1（通常称为 SHA-1）取代。SHA-1 和 SHA-0 的算法只在压缩函数的消息转换部份差了一个位的循环位移。根据 NSA 的说法，它修正了一个在原始算法中会降低散列安全性的弱点。SHA-0 和 SHA-1 可将一个最大 2^{64} 位的讯息，转换成一串 160 位的讯息摘要；其设计原理相似于散列算法MD4 和MD5。

随着 SHA-0 和 SHA-1 的弱点相继被攻破，NIST 发布了三个额外的 SHA 变体，这三个函数都将消息映射到更长的消息摘要以减少碰撞的几率。以它们的摘要长度（以位元计算）加在原名后面来命名，分别为 SHA-256、SHA-384 和 SHA-512。2002 年，它们连同 SHA-1 以官方标准 FIPS PUB 180-2 发布。2004 年2 月，发布的 FIPS PUB 180-2 的变更通知中加入了一个额外的变种 SHA-224，这些算法有时候也被统称为 SHA-2。SHA 系列算法的参数比较，如表 3-6 所示。

表 3-6　SHA 算法参数比较

算法名称		输出长度 /bits	分块长度 /bits	最大消息长度 /bits	字长 /bits	轮数	是否发现碰撞
SHA-0		160	512	2^{64}−1	32	80	是
SHA-1							
SHA-2	SHA-256/224	256/224	512	2^{64}−1	32	64	否
	SHA-512/384	512/384	1024	2^{128}−1	64	80	否

2. SHA-512 算法

下面以 SHA-512 为例描述 SHA 算法的实现过程，其他版本的算法与这个算法类似。算法输入的消息长度不超过 2^{54} 位，输出消息摘要的长度为 160 位。输入被处理成 512 位的块，图 3-26 显示了 SHA-512 算法处理消息并生成摘要的过程，处理过程由以下步骤组成：

（1）填充。对消息进行填充使填充后的长度为 896 mod 1024。填充是必须的，即使消息已经是需要的长度，因此填充部分的长度介于 1 和 1024 之间。填充值由一个 1 和若干个 0 组成。

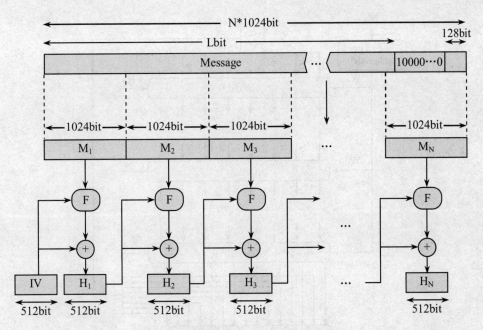

图 3-26　用 SHA-512 生成消息摘要的过程

（2）填加长度。128bit 的块添加到填充后的消息后面，该块表示填充前原始消息的长度。

经过上述两步处理后生成的消息的长度恰为 1024bit 的整数倍。在图 3-26 中，扩展后的消息用 1024bit 的块 M_1、M_2、M_3、…、M_N 表示，整个扩展消息的长度为 $N \times 1024$bit。

（3）初始 Hash 缓冲区。一个 512bit 的块用于保存 Hash 函数的中间值和最终结果。该缓冲区用 8 个 64bit 的寄存器（a,b,c,d,e,f,g,h）表示，并将这些寄存器初始化为下列 64bit 的整数（十六进制值）：

a=6A09E667F3BCC908

b=BB67AE8584CAA73B

c=3C6EF372FE94F82B

d=A54FF53A5F1D36F1

e=510E527FADE682D1

f=9B05688C2B3E6C1F

g=1F83D9ABFB41BD6B

h=5BE0CD19137E2179

（4）以 1024bit 的块（16 个字）为单位处理消息。算法的核心是具有 80 轮运算的模块，在图 3-26 中，用 F 标识该运算模块，其运算逻辑如图 3-27 所示。每一轮都把 512bit 缓冲区的值 abcdefgh 作为输入，并更新缓冲区的值。第一轮，缓冲区里的值是中间的散列值 H_{i-1}。每一轮，如 t 轮，使用一个 64bit 的值 W_t，其中 $0 \leqslant t \leqslant 79$ 表示轮数，该值由当前被处理的 1024bit 消息分组 M_i 导出。每一轮还将使用附加的常数 K_t。这些常数由如下方法获得：前 80 个素数取三次方根，取小数部分的前 64bit。这些常数提供了 64bit 的随机串集合，可以消除输入数据里的任何规则性。第 80 轮的输出和第一轮的输入 H_{i-1} 相加产生 H_i。缓冲区里的 8 个字和 H_{i-1} 里的相应字独立进行模 2^{64} 的加法运算。

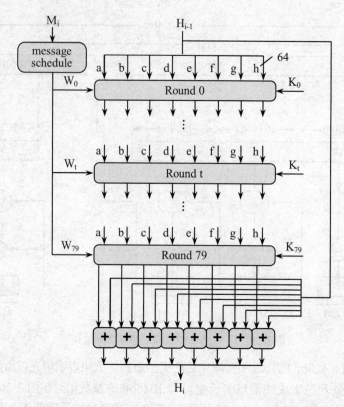

图 3-27　SHA-512 处理一个单独的 1024 比特块的过程

（5）输出。所有的 N 个 1024bit 分组都处理完以后，从第 N 阶段输出的是 512bit 的消息摘要。

 阅读材料

SHA-1 伪代码

Note 1: All variables are unsigned 32 bits and wrap modulo 2^{32} when calculating
Note 2: All constants in this pseudo code are in big endian. Within each word,
the most significant byte is stored in the leftmost byte position
Initialize variables:

```
h0 = 0x67452301
h1 = 0xEFCDAB89
h2 = 0x98BADCFE
h3 = 0x10325476
h4 = 0xC3D2E1F0
```

Pre-processing:
append the bit '1' to the message
append 0 ≤ k < 512 bits '0', so that the resulting message length (in bits)
　is congruent to 448 (mod 512)
append length of message (before pre-processing), in *bits*, as 64-bit big-endian
integer

Process the message in successive 512-bit chunks:
```
break message into 512-bit chunks
for each chunk
    break chunk into sixteen 32-bit big-endian words w[i], 0 ≤ i ≤ 15
```

Extend the sixteen 32-bit words into eighty 32-bit words:
```
for i from 16 to 79
    w[i] = (w[i-3] xor w[i-8] xor w[i-14] xor w[i-16]) leftrotate 1
```

Initialize hash value for this chunk:
```
a = h0
b = h1
c = h2
d = h3
e = h4
```

Main loop:
```
for i from 0 to 79
    if 0 ≤ i ≤ 19 then
        f = (b and c) or ((not b) and d)
        k = 0x5A827999
    else if 20 ≤ i ≤ 39
        f = b xor c xor d
        k = 0x6ED9EBA1
    else if 40 ≤ i ≤ 59
        f = (b and c) or (b and d) or (c and d)
        k = 0x8F1BBCDC
    else if 60 ≤ i ≤ 79
        f = b xor c xor d
        k = 0xCA62C1D6

    temp = (a leftrotate 5) + f + e + k + w[i]
    e = d
    d = c
    c = b leftrotate 30
    b = a
    a = temp
```

Add this chunk's hash to result so far:
```
h0 = h0 + a
h1 = h1 + b
h2 = h2 + c
h3 = h3 + d
h4 = h4 + e
```

Produce the final hash value (big-endian):
```
digest = hash = h0 append h1 append h2 append h3 append h4
```

来源: en.wikipedia.org

一、思考题

1. 什么是对称密码和非对称密码？分析这两种密码体系的特点和应用领域。

2. Feistel 密码结构有哪些特点？证明 Feistel 解密是 Feistel 加密的逆过程。

3. 对称算法的基本要素是什么？

4. 加密算法中的两种基本操作是什么？

5. 分组密码和流密码的区别是什么？各有什么优点？

6. DES 算法中 S-盒的作用是什么？若第六个 S-盒的输入是 100101，那么其输出是什么？

7. 使用两个密钥的 3DES 算法的密钥有效长度是多少？为什么 3DES 算法中间的部分使用解密操作？

8. 对称密码的工作模式有哪几种？比较密码反馈模式与输出反馈模式的异同。

9. 密码攻击的常用方法有哪些？

10. 使用 ECB 模式时，如果在密文传输中存在一个错误，那么只会影响到相应的明文块，但在 CBC 模式中，错误就会传播。

（1）假设第一个密文块 C1 在传输中出现错误，那么解密时会影响到几个明文？

（2）如果第一个明文块 P1 出现错误，那么错误会在多少个密文块中传播？对于接收者有什么影响？

11. 如果在 8 位的 CFB 模式中传输的密文字符发生了一位的错误，那么该错误会传播多远？

12. 对于下列值，使用 RSA 算法进行加密和解密。

（1）p=3，q=11，e=7，m=5

（2）p=17，q=31，e=7，m=2

（3）p=7，q=11，e=17，m=8

13. 在使用 RSA 公钥系统中，如果窃听到发送给用户 A（其公钥为{e=5,n=35}）的密文为 c=10，请问对应的明文是什么？

在 RSA 公钥系统中，若 e=31，n=3599，试求 d。该计算结果说明什么问题？

14. 在 Diffie-Hellman 算法中，若 p=11，本原根 a=2，求：（1）如果用户 A 的公钥为 Y_A=9，则 A 的私钥是什么；（2）若用户 B 的公钥是 Y_B=3，则 A、B 之间的共享密钥是什么？

15. 一个安全的散列算法需要具备哪些属性？这些属性对于散列算法的安全性及实用性有什么作用？

16. 利用概率论中著名的"生日悖论"来解释弱抗碰撞性和强抗碰撞性。

17. 为什么散列函数要进行填充？

18. 在 SHA-512 算法中，如果原始输入的消息长度为 524288bit，请问还需要填充吗？如果需要，填充数据的长度是多少？

二、实践题

1. 编程实现移位密码、单表替换密码、多表替换密码的加密和解密过程。

2. 编程实现利用穷举法破译移位密码、置换密码，并分析计算复杂性。

3. 编程实现 DES 算法、AES 算法和 RSA 算法，并比较算法的效率。

4. 编程实现 MD5 算法和 SHA-1、SHA-512 算法，并比较算法的效率。

5. 编程分析 DES、MD5 及 RSA 算法的雪崩效应特性。

第4章　密码学应用

本章主要介绍密码学应用方面的知识，主要包括密钥管理、消息认证、数字证书、PGP 等方面的基本原理、方法和应用。通过本章的学习，应掌握以下内容：

- 密钥的生命周期及密钥管理的概念
- 对称密钥体制、公钥体制的密钥管理方法
- 消息认证的原理和方法
- PKI 的原理
- 数字证书的应用
- PGP 的原理及使用

4.1　密钥管理

现代密码学的一个基本思想是：一切秘密寓于密钥之中，即密码算法是公开的，密码的安全性依赖于密钥。在一个密码系统中，密码算法是固定的，密钥作为系统的一个可变的输入部分，与被加密的内容进行融合，生成密文。只有持有密钥的人才能够轻松地解密，因而密钥的管理是密码应用中至关重要的环节。

4.1.1　密钥产生及管理概述

早期的密码系统对算法和密钥没有明显的区分，随着信息加密需求的逐渐增加以及信息加密标准化、产业化的要求，密码系统逐渐采用加密算法固定不变、密钥经常变化的方式。算法和密钥的分离极大地促进了密码学技术的发展，它简化了对加密设备的管理，使密码算法可以完全公开，促进了信息加密的标准化及产业化进程；它使得保密的核心部分——密钥可以方便地更换，从而增加了系统的抗攻击能力。这样的密码系统把安全焦点从算法转移到密钥，因而密钥管理成为一个密码系统的核心领域。

一个好的密钥管理系统应当尽量不依赖于人的因素，这不仅是为了提高密钥管理的自动化水平，更主要的目的是为了提高系统的安全性。一般来说，一个密钥管理系统应具备以下几个特点：密钥难以被非法窃取；在一定条件下窃取密钥也没有用；密钥的分配和更换过程透明等。下面将介绍有关密钥管理的基本概念和术语。

一个密钥的生存期是指授权使用该密钥的周期。一个密钥在生存期内一般要经历以下几个阶段：

- 密钥的产生。
- 密钥的分配。

- 启用密钥/停用密钥。
- 替换密钥或更新密钥。
- 撤销密钥。
- 销毁密钥。

1. 密钥的产生

产生密钥时应考虑密钥空间、弱密钥、随机过程的选择等问题。例如，DES 使用 56bit 的密钥，正常情况下，任何 56bit 的数据串都可以是密钥，但在一些系统中，加入一些特别的限制，使得密钥空间大大减少，其抗穷举攻击的能力就会大打折扣。如 Norton Discreet for MS-DOS 仅允许使用 ASCII 码字符，并强制每一个字节的最高位为零，将小写字母转换成大写字母，并忽略每个字节的最低位，这样就导致该程序可产生的密钥只有 2^{40} 个。

另外，人们在选择密钥的时候常选择姓名、生日、常用单词等，这样的密钥都是弱密钥。聪明的穷举攻击并不按照顺序去试所有可能的密钥，而是首先尝试最可能的密钥，这就是所谓的字典攻击。攻击者使用一本公用的密钥字典，利用这个方法能够破译一般计算机 40%以上的口令。为了避开这样的弱密钥，并且又使密钥比较好记，可以采用下面的方法：用标点符号分开一个词，如 splen&did；用较长的句子产生密钥，如以 Timing Attack on Implementation of Diffie-Hellman 中每个词的开头字母做密钥：TaoIoDH。

好的密钥一般是由自动处理设备产生的随机位串，那么就要求有一个可靠的随机数生成器，如果密钥为 64bit 长，每一个可能的 64bit 密钥必须具有相同的可能性。使用随机噪声作为随机源是一个好的选择。另外，使用密钥碾碎技术可以把容易记忆的短语转换为随机密钥，它使用单向散列函数将一个任意长度的文字串转换为一个伪随机位串。根据信息论的研究，标准的英语中平均每个字符含有 1.3bit 的信息，如果要产生一个 64bit 的随机密钥，一个大约有 49 个字符或者 10 个一般单词的句子就足够了。

ANSI X9.17 标准规定了一种密钥产生方法，适合在一个系统中产生会话密钥或伪随机数，用来产生密钥的加密算法是 triple DES。其过程如下：设 $E_k(X)$ 表示用密钥 K 对 X 进行三重 DES 加密，其中 K 是密钥发生器保留的一个特殊密钥，V_0 是一个秘密的 64bit 种子，T 是一个时间标记。ANSI X9.17 密钥的生成如图 4-1 所示。

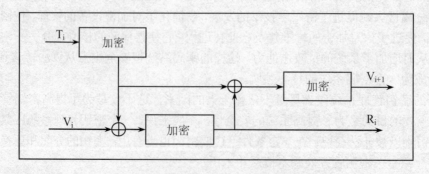

图 4-1　ANSI X9.17 密钥的生成

随机密钥这样来计算：$R_i = E_k(E_k(T_i) \oplus V_i)$

V_{i+1} 的计算方法：$V_{i+1} = E_k(E_k(T_i) \oplus R_i)$

2．密钥的分发

对于对称加密体制和非对称加密体制，密钥的分发方法不同。在对称加密中，进行安全交互通信的双方必须拥有相同的密钥，而且必须保护该密钥不被第三方知道，而且出于保密的要求，需要频繁地更换会话密钥。在分发会话密钥时，用主密钥加密会话密钥进行传送，或使用公钥加密体制来分发会话密钥。对于公钥体制的密钥分发一般采用数字证书来实现。

3．密钥的更新

如果每天都改变通信密钥当然是一种很安全的做法，但密钥分发工作是很繁重的，更容易的办法是从旧的密钥中产生新密钥，也称为密钥更新（Key Updating）。更新密钥可以使用单向散列函数进行，如果用户 A 和 B 共享一个密钥，并用同样的散列函数进行操作，他们会得到新的相同的密钥。

4．密钥的存储和备份

密钥的存储是密钥管理的另一个很棘手的问题。人们都有这样的经历，许多系统采用简单的方法，让用户把自己的口令和密码记在脑子里，但当用户使用这样的系统比较多时，忘记和混淆密码是常有的事情，许多时候用户不得不把这样那样的口令和密码记在纸上。这无疑增加了密钥泄露的可能性。其他的解决方案有：把密钥存储在硬件的介质上，如 ROM 密钥和智能卡。用户也不知道密钥是什么，使用时，只有将存有密钥的物理介质插入连在计算机终端上的专门设备上才能读出密钥。更安全的做法是将密钥平分成两份，一半存入终端，另一半存为 ROM 密钥。丢失或损害任何一部分都不会造成真正的威胁。ROM 密钥的安全性比较好，但需要相应硬件设备（读卡设备）的支持，对于小型的应用系统和分散的用户群体适用性较差。

其他的一些方法还有：用密钥加密密钥的方法来对难于记忆的密钥进行加密保存。如一个 RSA 私钥可用 DES 密钥加密后存在磁盘上，需要恢复密钥时，用户只需把 DES 密钥输入到解密程序中即可。

对密钥进行备份是非常有意义的。在某些特殊情况下，如保管机密文件的人出了意外，而他的密钥没有备份，那么他加密的文件就无法恢复了。因而在一个完善的安全保密系统中，必须有密钥备份措施以防万一。可以用密钥托管方案和秘密共享协议来解决密钥的备份问题。

密钥托管就是用户将自己的密钥交给一个安全员，由安全员保证将所有密钥安全地保存起来。这个方案的前提是，安全员必须是可以信任的，他不会滥用任何人的密钥。另外，可以用智能卡作为临时密钥托管。一个用户可将密钥存入智能卡，在他不在的时候，将智能卡交给别人，别人在需要时可以使用智能卡来解密文件或进入系统。这种方案的好处在于密钥存在智能卡里，持卡人可以使用密钥，但不能知道密钥是什么。

为了防止密钥托管方案中有人恶意滥用被托管的密钥，一个更好的方法是采用秘密共享协议来实现密钥的备份。一个用户将自己的密钥分成若干片，然后把每片发给不同的人保存。任何一片都不是密钥，只有搜集到所有的密钥片，才有可能重新把密钥恢复出来。对此可以做一些防范措施，如把每片密钥用受托保管该密钥片者的公钥加密再发给他保存，这样，只有在所有密钥片的受托人都参与的情况下才能解密并恢复密钥。

秘密共享的另一种方案是将一个密钥 K 分成 n 份，每一份称为 K 的"影子"，知道任意 m 个或更多个密钥块就能够恢复出密钥 K，知道的密钥块少于 m，则无法恢复密钥，这种方案叫做（m,n）门限方案。下面以拉格朗日插值多项式方案为例讲解（m,n）共享方案。

首先生成比 K 大的随机素数 p，然后生成 m-1 个比 p 小的随机整数 R_1，R_2，…，R_{m-1}，然后使用下面的式子将 F(x)定义为有限域上的多项式：

$$F(x)=(R_{m-1}x^{m-1}+R_{m-2}x^{m-2}+\cdots+R_1x+K) \bmod p$$

使用 n 个不同的 x_i（如 x_i=1，2，3，…，n）来计算 k_i=F(x_i)做为 K 的 n 个影子，将（p,x_i,k_i）分发给 n 个秘密共享者的第 i 个人，然后销毁 R_1，R_2，…，R_{m-1} 和 K。

m 个秘密共享者可以重构 K。重构时由 m 个秘密共享者中的每一个人写出如下的构造方程：k_i=($C_{m-1}x_i^{m-1}+C_{m-2}x_i^{m-2}+\cdots+C_1x_i+K) \bmod p$，对于第 i 个秘密共享者，（p,$x_i$,$k_i$）为已知，这样 m 个秘密共享者写出 m 个以 C_1，C_2，…，C_{m-1} 及 K 为未知数的方程，解这个 m 元一次方程组，可重构 K。

5. 密钥的撤销和销毁

密钥都有一定的有效期，密钥使用的时间越长，它泄露的机会就越多；如果一个密钥已泄露，那么这个密钥使用的时间越长，损失就越大；密钥使用越久，其受攻击的可能性和可行性也越大；对同一密钥加密的多个密文进行密码分析比较容易。因此，密钥在使用一段时间后，如果发现与密钥相关的系统出现安全问题，怀疑某一密钥已受到威胁或发现密钥的安全级别不够高等情况，该密钥应该被撤销并停止使用。即使没有发现此类威胁，密钥也应该设定一定的有效期限，过了此期限后密钥自动撤销并重新生成和启用新的密钥。被撤销的旧密钥仍需要继续保密，因为过去的许多使用了该密钥加密或签名的文件还需要使用这个密钥来解密或认证。一般来说，用于加密数据的密钥，若加密的数据价值较高或加密的通信量较大，则应更换频繁一些；用于加密密钥的密钥一般无需频繁更换；用作数字签名和身份识别的私钥使用时间较长。

密钥的销毁要清除一个密钥所有的踪迹。当和一个密钥有关的所有保密性活动都终止以后，应该安全地销毁密钥及所有的密钥拷贝。对于自己进行内存管理的计算机，密钥可以很容易地进行复制和存储在多个地方，在计算机操作系统控制销毁过程的情况下，很难保证安全的销毁密钥。谨慎的做法是写一个特殊的删除程序，让它查看所有的磁盘，寻找在未用存储区上的密钥副本，并将它们删除。还要记住删除所有临时文件或交换文件的内容。

如果密钥在 EEPROM 硬件中，密钥应进行多次重写；如果在 EPROM 或 PROM 硬件中，芯片应被打碎成小片分散丢弃；如果密钥保存在计算机磁盘里，应多次重写实际存储该密钥的磁盘存储区或将磁盘切碎。

4.1.2 对称密码体制的密钥管理

1. 密钥分配中心 KDC

对称密码系统中密钥的分配技术比较成熟的方案是采用密钥分配中心 KDC（Key Distribution Center），为了说明 KDC 的工作原理，首先说明两个术语。

（1）会话密钥（Session Key）：当两个端系统要相互通信时，它们建立一个逻辑连接。在逻辑连接期间，使用一个一次性的密钥来加密所有的用户数据，这个密钥称为会话密钥。会话密钥在会话结束后就失效。

（2）永久密钥（Permanent Key）：为了分配会话密钥，在两个实体之间使用永久密钥。

明白了上面的两个术语的含义，下面介绍 KDC 的基本思想。KDC 与每一个用户之间共享一个不同的永久密钥，当两个用户 A 和 B 要进行通信时，由 KDC 产生一个双方会话使用的密钥 K，并分别用两个用户的永久密钥 K_A、K_B 来加密会话密钥发给他们，即将 K_A(K)发给 A，

$K_B(K)$发给 B；A、B 接收到加密的会话密钥后，将之解密得到 K，然后用 K 来加密通信数据。这样做的好处是：每个用户不必保存大量的密钥，密钥的分配和管理工作主要由 KDC 来完成；可以做到每次通信都申请新的密钥，做到一次一个密钥，提高安全性；KDC 与每一个用户间共享一个密钥，可以进行用户身份验证等功能。但使用 KDC 模式也存在不可忽视的缺陷，如 KDC 采用一种集中的密钥管理方式，通信量较大，并且由于 KDC 保存着系统中所有用户的永久密钥，一旦 KDC 出现问题，会引起整个网络安全通信系统的崩溃。

2. 基于公钥体制的密钥分配

公钥体制适用于进行密钥管理，特别是对于大型网络中的密钥管理。在只使用公钥体制的密钥分配方案中，要么每个用户需要维护大量的密钥关系，要么需要配置可信的密钥分配中心。而使用公钥系统则只需保存较少的密钥关系，且公钥是公开的，无需机密性保护。公钥体制与对称密钥体制相比，其处理速度太慢。通常采用公钥体制来分发密钥，采用对称密码系统来加密数据。假设通信双方为 A 和 B，使用公钥体制交换对称密钥的过程是这样的：首先 A 通过一定的途径获得 B 的公钥；然后 A 随机产生一个对称密钥 K，并用 B 的公钥加密对称密钥 K 发送给 B；B 接收到加密的密钥后，用自己的私钥解密得到密钥 K。在这个对称密钥的分配过程中，不再需要在线的密钥分配中心，也节省了大量的通信开销。

4.1.3　公开密钥体制的密钥管理

公开密钥体制与对称密钥体制的密钥管理有着本质的区别。对称密钥体制中，密钥需要在通信的双方进行传输，而公开密钥体制使用一对密钥，其中私有密钥只有通信一方自己保存，任何其他人不接触该密钥。公开密钥则像电话号码一样是公开的，任何人都可以通过一定的途径得到它，并使用它与其所有者进行秘密通信。

公开密钥体制的密钥管理相对来说比较容易，但它也存在问题。由于公钥是公开的，不存在机密性问题，但公钥的完整性是必须保证的。假设 A 与 B 使用公钥体制进行秘密通信，A 必须首先知道 B 的公钥。A 可能通过以下一些途径获得 B 的公钥，如 A 直接从 B 那里获得他的公钥，B 可以打电话告诉 A 他的公钥或 B 将公钥通过信件寄给 A，A 也可以从公开的密钥数据库或自己的私人数据库中获得 B 的公钥。当 A 通过公开的密钥数据库获得 B 的公钥时，可能出现这样的问题：不法之徒 C 用某种方式潜入公开密钥数据库，并用自己的公钥代替 B 的公钥，而未被觉察。当 A 想与 B 进行通信时，A 从公开的密钥数据库中获得 B 的公钥（其实是 C 的公钥）并用它来加密消息发送给 B，这时一直躲在一旁伺机截获 AB 通信的 C 将 A 发送的消息截取，并用自己的私钥破译并阅读消息的原文。然而 C 并不满足于只偷窥一次秘密，他会把解密后的消息又用 B 的公钥加密发给 B，这样 A 和 B 就都被蒙在鼓里了。因此，公钥虽然是公开的，但并不像在电话号码簿上公布电话号码那样简单，必须有一定的措施来保证公钥的完整性，实现公钥和公钥持有人身份的绑定。目前，主要有两种公钥管理模式，一种采用证书的方式，另一种是 PGP 采用的分布式密钥管理模式。

1. 公钥证书

公钥证书是由一个可信的人或机构签发的，它包括证书持有人的身份标识、公钥等信息，并由证书颁发者对证书签字。在这种公钥管理机制中，首先必须有一个可信的第三方来签发和管理证书，这个机构通常称为 CA（Certificate Authority）。CA 收集证书申请人的信息，并为之生成密钥对，CA 为申请者生成数字证书，将申请者的身份与其公钥绑定，并用自己的私钥对生成的证书进行签名。证书可以放在 CA 的证书库里保存，也可以由证书持有者在本地存储。一个用户要与另一个用户进行通信时，他可从证书库里获取对方的公钥证书，并使用该 CA 的公钥来解密证书，从而验证签名证书的合法性并获取对方的公钥。这个方案的前提是 CA 必须是通信双方都信任的，且 CA 的公钥必须是真实有效的。关于 CA 和证书将在 4.4 节和 4.5 节做详细讲解。

2. 分布式密钥管理

在某些情况下，集中的密钥管理方式是不可能的，比如没有通信双方都信任的 CA。用于 PGP 的分布式密钥管理，采用了通过介绍人（Introducer）的密钥转介方式，更能反映出人类社会的自然交往，而且人们也能自由地选择信任的人来介绍，非常适用于分散的用户群。介绍人是系统中对他们朋友的公开密钥签名的其他用户。通过一个例子来了解一下分布式的密钥转介方式。Bob 将他的公钥的一个副本交给他的朋友 Carl 和 David，Carl 和 David 在 Bob 的密钥上签名并交还给 Bob，为了防止别人替换 Bob 的公钥，介绍人在签名之前必须确认公钥是属于 Bob 的。现在假设 Bob 要与一个新来者 Alice 通信，Bob 就把由介绍人签名的两个公钥副本交给 Alice，如果 Alice 认识并相信两个介绍人中的一个，则她有理由相信 Bob 的公钥是合法的。但如果 Alice 既不认识 Carl 也不认识 David，她便没有理由相信 Bob 的公钥。随着时间的推移，Bob 可以收集到更多介绍人的签名，如果 Alice 和 Bob 在同一社交圈子里，则 Alice 很有可能认识 Bob 的介绍人。这种机制不需要建立一个人人都信任的 CA，缺点是不能保证 Alice 肯定认识介绍人中的一个，因而不能保证她相信 Bob 的公钥。

4.2　消息认证

密码学除了为数据提供保密方法以外，还可以用于其他的方面：

鉴别（Authentication）：消息的接收者可以确定消息的来源，攻击者不可能伪装成他人。

抗抵赖（Nonrepudiation）：发送者事后不能否认自己已发送的消息。

完整性（Integrity）：消息的接收者能够验证消息在传送过程中是否被修改；攻击者不可能用假消息来代替合法的消息。

本节将介绍消息源认证（鉴别和抗抵赖）、消息内容的完整性认证及其实现算法。

4.2.1　数据完整性验证

实现消息的安全传输，仅用加密方法是不够的。攻击者虽无法破译加密消息，但如果攻击者篡改或破坏了消息，接收者仍无法收到正确的消息。因此，需要有一种机制来保证接收者能够辨别收到的消息是否是发送者发送的原始数据，这种机制称为数据完整性机制。

数据完整性的验证可以通过下述方法来实现。消息的发送者用要发送的消息和一定的算法生成一个附件，并将附件与消息一起发送出去；消息的接收者收到消息和附件后，用同样的算法与接收到的消息生成一个新的附件；把新的附件与接收到的附件相比较，如果相同，则说明收到的消息是正确的，否则说明消息在传送中出现了错误。其一般过程如图 4-2 所示（图中 H 表示一种算法，消息经过该算法后生成一个附件）。

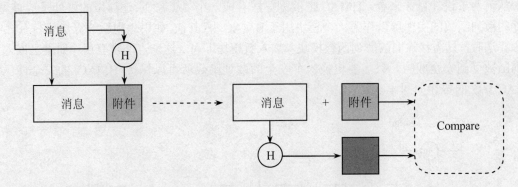

图 4-2　消息完整性验证的一般过程

完整性验证也称为消息认证、封装。上面所说的附件在具体的应用中被称为封装、完整性校验值、消息认证码（MAC）、消息完整性码（MIC）等。

消息认证码可以由以下方式产生。

1. 使用对称密钥体制产生消息认证码

发送者把消息 m 分成若干个分组（$m_1, m_2, \cdots, m_n$），利用分组密码算法来产生 MAC，其过程如图 4-3 所示。

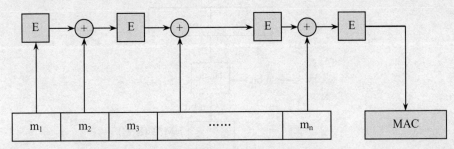

图 4-3　利用分组密码算法产生 MAC 的过程

2. 使用散列函数来产生消息认证码 HMAC

散列函数可以将任意长度的输入串转化成固定长度的输出串，在上一章中讨论了 MD5 及 SHA 等散列算法。由于密码散列算法比传统的加密算法执行速度快，而且密码散列算法的库函数容易得到，使得利用散列算法来产生消息认证码的方法得到较为广泛的认可。但像 MD5、SHA-1 这样的散列算法不能直接用于消息的认证，因为它不依赖于秘密密钥。因此研究者提出了一些方法将秘密密钥与现有的算法结合起来。HMAC 算法是其中一个比较著名的方法，它在 RFC 2104 中发布，并被选作 IP 安全中强制执行的消息认证码，也被应用在传输层安全（TLS）和安全电子交易（SET）等协议中。在 RFC 2104 中列出了 HMAC 的设计目标：

- 无需修改，直接使用目前可用的散列函数，尤其是那些在软件中运行良好、免费且广泛使用的算法；
- 当有更安全、更快的散列算法出现时，可以容易地使用新算法代替旧算法；
- 保留散列函数的原始性能，不发生严重的退化；
- 能够以一种简单的方式使用和处理密钥；
- 能用易于理解的方式对认证机制的强度进行分析。

　　从前两条设计目标来看，HMAC 把散列算法看成一个"黑盒"，这样做的好处是：首先，现存的散列函数的实现可以作为一个模块用于 HMAC 中；其次，如果想用新的算法代替 HMAC 中的算法时，只需移除旧的散列函数模块，加入新模块即可。这一点非常有用，如果已嵌入的散列函数受到安全威胁，只需要更换一个安全的散列函数就可以保持 HMAC 的安全性。对 HMAC 算法的描述如图 4-4 所示。

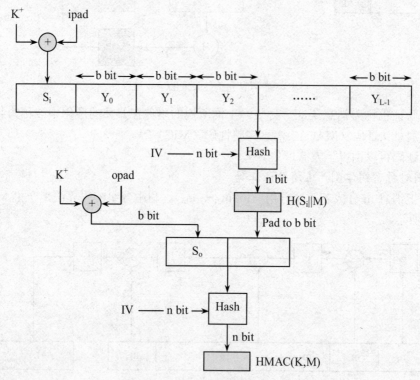

图 4-4　HMAC 算法的结构及流程

图 4-4 中各符号的定义如下：

H：散列函数；

M：输入到 HMAC 算法的消息（消息 M 要根据散列函数 H 的定义进行填充）；

Y_i：消息 M 的第 i 个块（每块的长度依据散列函数 H 的定义）；

L：消息 M 分块的数目；

b：每个消息块的长度，单位为 bit；

n：散列函数 H 产生的散列码的长度，单位为 bit；

K：秘密密钥，如果密钥长度大于 b，就将密钥输入到散列函数产生一个 nbit 的密钥，建议密钥的长度大于 n；

K^+：在 K 的左侧填充 0，达到 bbit 的长度；

ipad：00110110（十六进制的 36）重复 b/8 次；

opad：01011100（十六进制的 5C）重复 b/8 次。

有了上述的符号定义，HMAC 可以表示成如下的式子：

$$HMAC(K,M) = H[(K^+ \oplus opad) \| [(K^+ \oplus ipad) \| M]]$$

HMAC 算法的过程描述如下：

（1）在 K 的左侧填加 0 生成一个 bbit 的串 K⁺（例如，如果 K 的长度为 160bit，b=512bit，则需要在 K 的左侧填加 44 个为 0 的字节）；

（2）将 K⁺与 ipad 进行按位异或运算，生成 bbit 的块 S_i；

（3）将消息 M 添加到 S_i 后面；

（4）对第（3）步中生成的比特串流运用散列函数 H；

（5）将 K⁺与 opad 进行按位异或运算，生成 bbit 的块 S_o；

（6）将第（4）步得到的散列值添加到 S_o 后面；

（7）对第（6）步得到的结果再运用散列函数 H，输出的结果就是 HMAC 消息认证码。

4.2.2　数字签名

数字签名是信息安全的又一重要研究领域。使用数字签名的主要目的与手写签名一样：用于证明消息发布者的身份。由于数字签名是在计算机上实现，手写签名式的简单方法是行不通的，因为通过剪裁和粘贴很容易实现签名的伪造。因而数字签名不仅要能证明消息发送者的身份，还要与所发送的消息相关。数字签名机制需要实现以下几个目的：

消息源认证：消息的接收者通过签名可以确信消息确实来自于声明的发送者。

不可伪造：签名应是独一无二的，其他人无法假冒和伪造。

不可重用：签名是消息的一部分，不能被挪用到其他的文件上。

不可抵赖：签名者事后不能否认自己签过的文件。

1. 数字签名的基本原理

数字签名实际上是附加在数据单元上的一些数据或是对数据单元所作的密码变换，这种数据或变换能使数据单元的接收者确认数据单元的来源和数据的完整性，并保护数据，防止被人（如接收者）伪造。

签名机制的本质特征是该签名只有通过签名者的私有信息才能产生，也就是说，一个签名者的签名只能唯一地由他自己产生。当收发双方发生争议时，第三方（仲裁机构）就能够根据消息上的数字签名来裁定这条消息是否确实由发送方发出，从而实现抗抵赖服务。另外，数字签名应是所发送数据的函数，即签名与消息相关，从而防止数字签名的伪造和重用。

2. 数字签名的实现方法

（1）使用对称加密和仲裁者实现数字签名。假设 A 与 B 进行通信，A 要对自己发送给 B 的文件进行数字签名，以向 B 证明是自己发送的，并防止他们伪造。利用对称密码系统和一个双方都信赖的第三方（仲裁者）可以实现。假设 A 与仲裁者共享一个秘密密钥 K_{AC}，B 与仲裁者共享一个秘密密钥 K_{BC}，实现过程如图 4-5 所示（其中 E 表示加密，D 表示解密，M 表示明文，C 和 C′表示密文，S 表示第三方的证明）。

1）A 用 K_{AC} 加密准备发给 B 的消息 M，并将之发给仲裁者。

2）仲裁者用 K_{AC} 解密消息。

3）仲裁者把这个解密的消息及自己的证明 S（证明消息来自于 A）用 K_{BC} 加密。

4）仲裁者把加密的消息送给 B。

5）B 用与仲裁者共享的密钥 K_{BC} 解密收到的消息，就可以看到来自于 A 的消息 M 和来自仲裁者的证明 S。

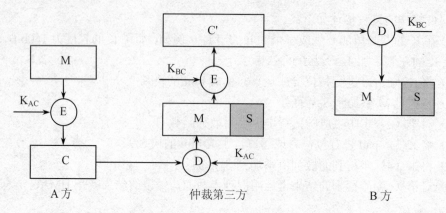

图 4-5　使用对称加密和仲裁的数字签名机制

　　这种签字方法是否可以实现数字签名的目的呢？首先，仲裁者是通信双方 A、B 都信赖的，因而由他证明消息来自于 A、B 是可信的；第二，K_{AC} 只有 A 与仲裁者有，别人无法用 K_{AC} 与仲裁者通信，所以签名不可伪造；第三，如果 B 把仲裁者的证明 S（证明消息来自于 A）附在别的文件上，通过仲裁者时，仲裁者就会要求 B 提供消息和用 K_{AC} 加密的消息，B 因不知道 K_{AC} 当然无法提供，所以签名是不可伪造的；最后，当 A、B 之间发生纠纷，A 不承认自己做的事时，仲裁者的证明 S 可以帮助解决问题，所以，这种签名过程是不可抵赖的。

　　（2）使用公开密钥体制进行数字签名。公开密钥体制的发明，使数字签名变得更简单，它不再需要第三方去签名和验证。签名的实现过程如下：

　　1）A 用他的私人密钥加密消息，从而对文件签名。

　　2）A 将签名的消息发送给 B。

　　3）B 用 A 的公开密钥解消息，从而验证签名。

　　由于 A 的私人密钥只有他一个人知道，因而用私人密钥加密形成的签名别人是无法伪造的；B 只有使用 A 的公钥才能解密消息，因而 B 可以确信消息的来源为 A，且 A 无法否认自己的签字；同样，在这个签名方案中，签名是消息的函数，无法用到其他消息上，因而此种签名也是不可重用的。这样的签名方式可以达到上面所述的数字签名的目标。但众所周知公钥体制的一个缺点就是运算速度较慢，如果采用这种方式对较大的消息进行签名，效率会较低。为解决这个问题，可以采用下面的方案。

　　（3）使用公开密钥体制与单向散列函数进行数字签名。利用单向散列函数，产生消息的指纹，用公开密钥算法对指纹加密，形成数字签名，过程如图 4-6 所示。过程描述如下：

　　1）A 使消息 M 通过单向散列函数 H，产生散列值，即消息的指纹或称消息验证码。

　　2）A 使用私人密钥对散列值进行加密，形成数字签名 S。

　　3）A 把消息与数字签名一起发送给 B。

　　4）B 收到消息和签名后，用 A 的公开密钥解密数字签名 S；再用同样的算法对消息运算生成散列值。

　　5）B 把自己生成的散列值与解密的数字签名相比较，看是否匹配，从而验证签名。

　　在上面所述的签名方案中，不仅可以实现数字签名的可信、不可重用、不可抵赖、不可伪造等目的（读者可以自己分析一下），而且由于签名是从消息的散列值产生的，可以实现对消息的完整性验证。

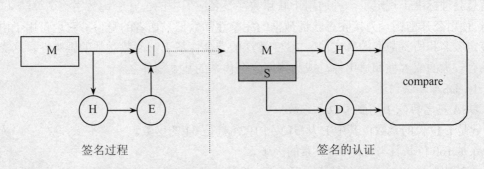

签名过程　　　　　　　　　　签名的认证

图 4-6　利用公钥算法和单向散列函数的签名与验证过程

（4）加入时间标记的签名。在实际应用中存在这样的问题：把签名和文件一起重用。比如：A 在一张数字支票上签名，把它交给 B；B 在银行验证支票并将钱从 A 的账户转到自己的账户上。本来这次交易就完成了，现在假设 B 是一个不法之徒且贪婪成性，过一段时间，他又把数字支票交给银行，银行再次把支票上的钱数转到他的账户上。只要不被 A 发现，B 就可以源源不断地把钱从 A 的账户转到自己的账户。想想看，谁还敢进行网上支付？

利用带时间标记的签名可以解决这个问题。把消息加上时间标记，然后再进行签名，B 第一次到银行里进行支票的转账时，银行验证签名并将之存储在数据库里；如果 B 再次使用这个数字支票，银行验证时，搜索数据库时会发现该支票上的时间标记与数据库中记录的已转账的支票的时间一样，从而制止 B 的不法行为。

（5）多重签名。有时存在这样的情况，即对同一消息需要多人的签名。利用公钥加密体制与单向散列函数也很容易做到这一点。

1）A 用自己的私人密钥对文件的散列值进行签名。

2）B 用自己的私人密钥对文件的散列值进行签名。

3）B 把文件与自己的签名及 A 的签名一起发送给 C。

4）C 用 A 的公开密钥验证 A 的签名，用 B 的公开密钥验证 B 的签名。

（6）盲签名。什么是盲签名呢？Chaum 曾经给出一个非常直观的说明：所谓盲签名，就是先将要隐蔽的文件放到一个信封里，然后在信封里放一张复写纸，当签名者在信封上签名时，他的签名会通过复写纸而签到里面的文件上。这样签名者就在没有看到文件的前提下完成了签名过程。计算机中实现盲签名的一般过程为：

假设 A 为消息拥有者，B 为签名者。

1）A 将消息 m 乘以一个随机数得到 m′，这个随机数通常称为盲因子，A 将盲消息发给 B。

2）B 在收到的消息 m′ 上签名，然后将签名 Sig(m′) 发给 A。

3）A 通过去除盲因子可从 B 在 m′ 上的签名 Sig(m′) 中获得 B 对 m 的签名 Sig(m)。

通俗地说，消息 m 乘以盲因子转换成消息 m′ 的过程，就相当于把文件装进信封的过程；Sig(m′) 就相当于在信封上签名；去除 Sig(m′) 中的盲因子得到 Sig(m) 的过程，就是打开信封获得签名文件的过程。

4.2.3　签名算法 DSA

1991 年 8 月，美国国家标准与技术学会（NIST）提出数字签名标准（DSS）。DSS 作为联邦信息处理标准，规定了一种适用于联邦数字签名应用中的公开密钥数字签名算法（DSA）。DSA 使用公开密钥，为接收者验证数据的完整性和数据发送者的身份。它也可用于由第三方去鉴定签名和所签数据的真实性。DSA 算法的安全性基于解离散对数的困难性，这类签名标准具有较大的兼容性和适用性，成为网络安全体系的基本构件之一。

1. DSA 算法描述

DSA 签名算法中用到了以下参数：

p 是 L 位长的素数，其中 L 从 512 到 1024 且是 64 的倍数。

q 是 160 位长且与（p–1）互素的因子。

$g=h^{(p-1)/q} \bmod p$，其中 h 是小于（p–1）并且满足 g 大于 1 的任意数。

$y=g^x \bmod p$，x 是小于 q 的数。

另外，算法使用一个单向散列函数 H(m)。标准指定了安全散列算法（SHA）。前 3 个参数 p、q 和 g 是公开的，且可以被网络中所有的用户公有。私人密钥是 x，公开密钥是 y。

对消息 m 签名时：

（1）发送者产生一个小于 q 的随机数 k。

（2）发送者产生：

$$r=(g^k \bmod p) \bmod q$$
$$s=(k^{-1}(H(m)+xr)) \bmod q$$

r 和 s 就是发送者的签名，发送者将它们发送给接收者。

（3）接收者通过计算来验证签名：

$$w=s^{-1} \bmod q$$
$$u_1=(H(m)\times w) \bmod q$$
$$u_2=(rw) \bmod q$$
$$v=((g^{u_1} \times y^{u_2}) \bmod p) \bmod q$$

如果 v=r，则签名有效。

2. 对 DSA 算法的评价

- DSA 不能用于加密或密钥分配。
- DSA 比 RSA 慢：产生签名的速度相同；验证签名时 DSA 慢 10 到 40 倍。
- DSA 是由 NSA 研制的，算法中有可能存在陷门。
- DSA 密钥的长度太小。

4.3　Kerberos 认证交换协议

4.3.1　Kerberos 模型的工作原理和步骤

Kerberos 是为 TCP/IP 网络设计的基于对称密码体系的可信第三方鉴别协议，负责在网络上进行可信仲裁及会话密钥的分配。Kerberos 可以提供安全的网络鉴别，允许个人访问网络中不同的机器。在 Windows 2000 以上版本的操作系统中，都可以使用 Kerberos 服务。

Kerberos 有一个所有客户和它们的秘密密钥的数据库，对于个人用户来说，秘密密钥是一个加密口令。需要对访问客户身份进行鉴别的服务器以及要访问此类服务器的客户，需要用

Kerberos 注册其秘密密钥。由于 Kerberos 知道每个人的秘密密钥，故它能产生消息向一个实体证实另一个实体的身份。Kerberos 还能产生会话密钥，供两个实体加密通信消息，通信完毕后销毁会话密钥。Kerberos 协议很简明，如图 4-7 所示，它包括一个认证服务器（AS）和一个（或多个）门票分配服务器（TGS）。

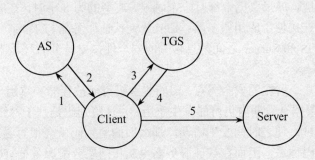

图 4-7　Kerberos 协议的步骤

以下是各符号表示的意义：

c：客户

tgs：门票服务器

$K_{x,y}$：x 与 y 的会话密钥

$T_{x,y}$：使用 y 的 x 的票据

s：服务器

K_x：x 的秘密密钥

$\{m\}K_x$：以 K_x 加密消息 m

$A_{x,y}$：从 x 到 y 的鉴别码

其工作过程如下：

（1）客户请求 Kerberos 认证服务器 AS 发给接入 TGS 的门票。

Client→AS 的消息：c,tgs

（2）AS 在其数据库中查找客户实体，产生会话密钥 $K_{c,tgs}$，使用 K_c 对之加密，生成允许客户使用 TGS 的票据 $T_{c,tgs}$（$T_{c,tgs}$ 中包括：客户实体名、地址、TGS 名、时间标记、时限、会话密钥 $K_{c,tgs}$ 等），并用 TGS 的秘密密钥加密，然后把两个加密消息发给客户。

AS→Client 的消息：$\{K_{c,tgs}\}K_c$，$\{T_{c,tgs}\}K_{tgs}$

（3）客户用自己的秘密密钥解密消息得到会话密钥 $K_{c,tgs}$，然后生成一个认证单 $A_{c,s}$（$A_{c,s}$ 中包括客户实体名、地址、时间标记），并使用 $K_{c,tgs}$ 加密，然后向 TGS 发出请求，申请接入应用服务器的门票。

Client→TGS 的消息：$\{A_{c,s}\}K_{c,tgs}$，$\{T_{c,tgs}\}K_{tgs}$

（4）TGS 对 $T_{c,tgs}$ 消息解密获得 $K_{c,tgs}$，用 $K_{c,tgs}$ 对加密的认证单解密获得 $A_{c,s}$，并与 $T_{c,tgs}$ 中的数据进行比较，然后由 TGS 产生客户和服务器之间使用的会话密钥 $K_{c,s}$，并将 $K_{c,s}$ 加入到客户向该服务器提交的 $A_{c,s}$ 中，生成门票 $T_{c,s}$，然后用目标服务器的秘密密钥 K_s 将此门票加密。

TGS→Client 的消息：$\{K_{c,s}\}K_{c,tgs}$，$\{T_{c,s}\}K_s$

（5）客户对消息解密获得 $K_{c,s}$，客户制作一个新的认证单 $A_{c,s}$，并用 $K_{c,s}$ 加密与 $\{T_{c,s}\}K_s$ 一起发给目标服务器；服务器对 $\{T_{c,s}\}K_s$ 解密获得 $K_{c,s}$，利用 $K_{c,s}$ 对 $\{A_{c,s}\}K_{c,s}$ 解密获得 $A_{c,s}$，将 $A_{c,s}$ 与 $T_{c,s}$ 的内容比较，如果无误，则服务器知道客户真实的身份，决定是否与之进行通信。

Client→Server 的消息：$\{A_{c,s}\}K_{c,s}$，$\{T_{c,s}\}K_s$

如果客户需要对服务器的身份进行确认，也可以使用同样的方法。

4.3.2　Kerberos 的优势与缺陷

Kerberos 为网络中的所有实体提供一个集中的、统一的认证管理机制，而一般的认证协议（如 SSL）仅局限于客户与服务器两者之间的交换过程；运用 Kerbeross 票据的概念，使一次性签放的机制得以实现，每张票据中都有一个时限，典型的为 8 小时，在时限到来之前，用户可以使用该票据多次连接使用应用服务器；Kerberos 认证服务器与 TGS 产生的会话密钥 $K_{c,tgs}$ 和 $K_{c,s}$ 保证客户与 TGS 和 Server 之间消息传输的安全性；支持分布环境下的认证服务；支持双向的身份认证服务。

Kerberos 仍存在几个潜在的安全弱点。旧的鉴别码可能被存储和重用，尽管时间标记可以防止这种攻击，但在票据有效期内仍可能发生重用，并且鉴别码是基于网络中所有时钟同步的事实，如果能欺骗主机，使之时间发生错误，那么旧的鉴别码就会很容易地实现重放。另外，Kerberos 基于对称密码体系，因而在认证服务器 AS 和门票分配服务器 TGS 上都要存放大量的秘密密钥，而密钥的管理一直是对称密码学中一个比较棘手的问题，如果密钥管理不善，攻击者获得一个客户的秘密密钥后就可以假冒该客户的身份申请票据，从而导致整个认证的无效。使用对称加密算法，仅能保证数据的安全性，而无法保证数据的完整性，这是该协议一个主要的弱点。

4.4　公钥基础设施——PKI

PKI（Public Key Infrustructure）又称为公钥基础设施，是一种遵循既定标准的密钥管理平台，它能够为所有网络应用提供加密和数字签名等密码服务及所必需的密钥和证书管理体系。PKI 的技术开始于 20 世纪 70 年代中期，但开发基于 PKI 的产品还刚起步不久。安全分析家 Victor Wheatman 说："随着越来越多的企业网和电子商务以不安全的 Internet 作为通信基础平台，PKI 所带来的保密性、完整性和不可否认性的重要意义日益突出。"

4.4.1　PKI 的定义、组成及功能

从广义上讲，PKI 就是一个用公钥概念和技术实现的、为网络的数据和其他资源提供具有普适性安全服务的安全基础设施。所有提供公钥加密和数字签名服务的系统都可以叫做 PKI 系统。PKI 的主要目的是通过自动管理密钥和证书，为用户建立一个安全的网络运行环境，使用户可以在多种应用环境下方便地使用加密和数字签名技术，从而保证网络通信中数据的机密性、完整性、有效性。一个有效的 PKI 系统在提供安全性服务的同时，在应用上还应该具有简单性和透明性，即用户在获得加密和数字签名服务时，不需要详细地了解 PKI 内部实现原理的具体操作方法，如 PKI 如何管理证书和密钥等。

PKI 的概念和内容是动态的、不断发展的。完整的 PKI 系统必须具有权威认证机关（CA）、数字证书库、密钥备份及恢复系统、证书作废系统、应用接口等基本构成部分，构建 PKI 也将围绕着这五大系统来着手构建。

（1）认证机关（CA）：CA 是一个基于服务器的应用，是 PKI 的核心组成部分，是数字证书的申请及签发机关。CA 从一个目录（Directory）中获取证书和公钥并将之发给认证过身份的申请者。在 PKI 框架中，CA 扮演着一个可信的证书颁发者的角色，CA 必须具备权威性，

用户相信 CA 的行为和能力对于保障整个系统的安全性和可靠性是值得信赖的。

（2）数字证书库：用于存储已签发的数字证书及公钥，用户可由此获得所需的其他用户的证书及公钥。PKI 系统对密钥、证书及废止证书列表的存储和管理，使用了一个基于 LDAP 协议的目录服务。与已注册证书的人进行安全通信，任何人都可以从该目录服务器获取注册者的公钥。

（3）密钥备份及恢复系统：如果用户丢失了用于解密数据的密钥，则数据将无法被解密，这将造成合法数据丢失。为避免这种情况，PKI 提供备份与恢复密钥的机制。但需注意，密钥的备份与恢复必须由可信的机构来完成。并且，密钥备份与恢复只能针对解密密钥，签名私钥为确保其唯一性而不能够作备份。

（4）证书作废系统：证书作废处理系统是 PKI 的一个必备的组件。与日常生活中的各种身份证件一样，证书在有效期以内也可能需要作废，原因可能是密钥介质丢失或用户身份变更等。为实现这一点，PKI 必须提供作废证书的一系列机制。

（5）应用接口：PKI 的价值在于使用户能够方便地使用加密、数字签名等安全服务，因此一个完整的 PKI 必须提供良好的应用接口系统，使得各种各样的应用能够以安全、一致、可信的方式与 PKI 交互，确保网络环境的完整性和易用性。

PKI 具有 12 种操作功能：

- 产生、验证和分发密钥。
- 签名和验证。
- 证书的获取。
- 证书的验证。
- 保存证书。
- 本地保存的证书的获取。
- 证书废止的申请。
- 密钥的恢复。
- CRL 的获取。
- 密钥更新。
- 审计。
- 存档。

这些功能大部分是由 PKI 的核心组成部分 CA 来完成的。

4.4.2　CA 的功能

CA 的主要功能包括：证书颁发、证书更新、证书撤销、证书和证书撤销列表（CRL）的公布、证书状态的在线查询、证书认证和制定政策等。

1. 证书颁发

申请者在 CA 的注册机构（RA）进行注册，申请证书。CA 对申请者进行审核，审核通过则生成证书，颁发给申请者。证书的申请可采取在线申请和亲自到 RA 申请两种方式。证书的颁发也可采取两种方式，分别为：在线直接从 CA 下载；CA 将证书制作成介质（磁盘或 IC 卡）后，由申请者带走。

2. 证书更新

当证书持有者的证书过期，证书被窃取、丢失时，通过更新证书的方法可使其使用新的证书继续参与网上认证。证书的更新包括证书的更换和证书的延期两种情况。证书的更换实际上是指重新颁发证书，因此证书更换的过程和证书的申请流程基本一致。而证书的延期只是将证书的有效期延长，其签名和加密信息的公/私密钥没有改变。

3. 证书撤销

证书持有者可以向 CA 申请撤销证书。CA 通过认证核实，即可履行撤销证书职责，通知有关组织和个人，并写入 CRL。有些人（如证书持有者的上级）也可申请撤销证书持有者的证书。

4. 证书和 CRL 的公布

CA 通过 LDAP（Lightweight Directory Access Protocol，轻量目录访问协议）服务器维护用户证书和证书撤销列表（CRL）。它向用户提供目录浏览服务，负责将新签发的证书或废止的证书加入到 LDAP 服务器上。这样用户通过访问 LDAP 服务器就能够得到他人的数字证书或能够访问 CRL。

5. 证书状态的在线查询

通常 CRL 发布为一日一次，CRL 的状态同当前证书的状态有一定的滞后。证书状态的在线查询通过向 OCSP（Online Certificate Status Protocol，在线证书状态协议）服务器发送 OCSP 查询包实现，包中含有待验证证书的序列号和验证时间戳。OCSP 服务器返回证书的当前状态并对返回结果加以签名。在线证书状态查询比 CRL 更具有时效性。

6. 证书认证

CA 对证书进行有效性和真实性的认证，但在实际中，如果一个 CA 管理的用户太多，则很难得到所有用户的信赖并接受它发行的所有用户的公钥证书，而且一个 CA 也很难对大量的用户有足够全面的了解。为此需要采用一种多 CA 分层结构的系统。在多个 CA 的系统中，由特定 CA 发放证书的所有用户组成一个域。同一域中的用户可以直接进行证书交换和认证，不同域的用户的公钥安全认证和递送，需要通过建立一个可信赖的证书链或证书通路实现。如图 4-8 所示为一个简单的证书链。若用户 U1 与用户 U2 进行安全通信，只需要涉及 3 个证书（U1、U2、CA1 的证书），若 U1 与 U3 进行安全通信，则需要涉及 5 个证书（U1、CA1、PCA、CA3、U3）。

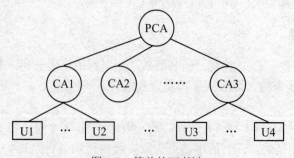

图 4-8　简单的证书链

跨域的证书认证也可以通过交叉认证来实现。通过交叉认证机制，会大大缩短信任关系的路径，提高效率。

7. 制定政策

CA 的政策越公开越好，信息发布越及时越好。普通用户信任一个 CA 除了它的技术因素之外，另一个极重要的因素就是 CA 的政策。CA 的政策是指 CA 必须对信任它的各方负责，它的责任大部分体现在政策的制定和实施上。CA 的政策包含以下几个部分：

（1）CA 私钥的保护。CA 签发证书所用的私钥要受到严格的保护，不能被毁坏，也不能被非法使用。

（2）证书申请时密钥对的产生方式。在提交证书申请时，要决定密钥对的生成方式。生成密钥对有两种办法：一种是在客户端生成，另一种是在 CA 的服务器端生成。究竟采用哪一种申请方式取决于 CA 的政策。用户在申请证书之前应仔细阅读 CA 这方面的政策。

（3）对用户私钥的保护。根据用户密钥对的产生方式，CA 在某些情况下有保护用户私钥的责任。若密钥对的生成在 CA 的服务器端完成，CA 就可提供对用户私钥的保护，以便以后用户遗失私钥后可恢复此私钥。但最好在生成密钥对时由用户来选择是否需要这种服务。

（4）CRL 的更新频率。CA 的管理员可以设定一个时间间隔，系统会按时更新 CRL。

（5）通知服务。对于用户的申请和证书过期、废除等有关事宜的回复。

（6）保护 CA 服务器。必须采取必要的措施以保证 CA 服务器的安全。必须保证该主机不被任何人直接访问，当然 CA 使用的 HTTP 服务端口除外。

（7）审计与日志检查。为了安全起见，CA 对一些重要的操作应记入系统日志。在 CA 发生事故后，要根据系统日志做事后追踪处理，即审计。CA 管理员需定期检查日志文件，尽早发现可能出现的隐患。

4.4.3　PKI 的体系结构

CA 是 PKI 的核心，作为可信任的第三方，担负着为用户签发和管理证书的功能。根据 CA 间的关系，PKI 的体系结构可以有 3 种情况：单 CA 的 PKI、分层结构 CA 的 PKI 和网状结构 CA 的 PKI。

1. 单个 CA 的 PKI

单个 CA 的 PKI 结构中，只有一个 CA，它是 PKI 中的所有用户的信任点，为所有用户提供 PKI 服务。在这种结构中，所有用户都能通过该 CA 实现相互之间的认证。单个 CA 的 PKI 结构简单，容易实现；但对于具有大量的、不同群体用户的组织不太适应，其扩展性较差。

在现实生活中，一个 CA 很难使所有用户都信赖它并接受它所颁发的证书，同时一个 CA 也很难对所有用户的情况有全面的了解和掌握，当一个 CA 的用户过多时，就会难以操作和控制，因此，多 CA 的结构成为必然。通过使用主从结构或者对等结构将多个 CA 联系起来，扩展成为支持更多用户、支持不同群体的 PKI。

2. 分层结构的 PKI

一个以主从 CA 关系建立的 PKI 称为分层结构的 PKI。在这种结构中，所有的用户都信任最高层的主 CA，上一层 CA 向下一层 CA 发放公钥证书。若一个持有由特定 CA 发证的公钥用户要与由另一个 CA 发放公钥证书的用户进行安全通信时，需解决跨域的认证问题，这一认证过程在于建立一个从根出发的可信赖的证书链。

　　层次结构 CA 系统分两大类：一类是 SET CA 系统，另一类是 non-SET CA 系统。一般的 PKI/CA 系统都为层次结构。下面以 non-SET CA 来描述这种分层结构，CA 的分层结构如图 4-9 所示。

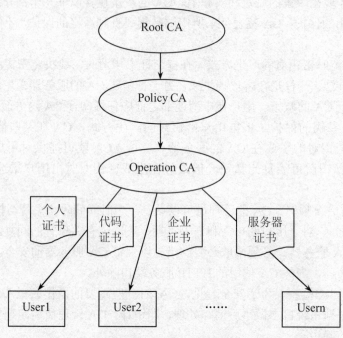

图 4-9　CA 的分层结构

　　第一层为根 CA（Root CA），简称 RCA。它负责制定和审批 CA 的总政策，为自己自签根证书，并以此为根据为二级 CA 签发并管理证书；与其他 PKI 域的 CA 进行交叉认证。根 CA 是整个 PKI 域信任的始点，是验证该域中所有实体证书的起点或终点。

　　第二层为政策性 CA（Policy CA），简称 PCA。它根据根 CA 的各种规定和总策略制定具体的管理制度、运行规范等；安装根 CA 为其签发的证书，并为第三级 CA 签发证书、管理证书以及管理撤销证书列表（CRL）。

　　第三层为运营 CA（Operation CA），简称 OCA。它安装政策 CA 签发的证书；为最终用户颁发实体证书；负责认证和管理所发布的证书及证书撤销列表。

　　这种分层结构的 PKI 系统易于升级和增加新的认证域用户，因为只要在根 CA 与该认证域的 CA 之间建立起信任关系，就能把该 CA 信任的用户引入到整个 PKI 信任域中。证书路径由于其单向性，可生成从用户证书到可信任点的简单的、路径相对较短的认证路径。由于分层结构的 PKI 依赖于一个单一的可信任点——根 CA，所以根 CA 的安全性是至关重要的。根 CA 的安全如果受到威胁，将导致整个 PKI 系统安全面临威胁。另外，建立全球统一的根 CA 是不现实的，而如果由一组彼此分离的 CA 过渡到分级结构的 PKI 也存在很多问题，如不同的分离 CA 的算法多样性、缺乏互操作性等。

　　3. 网状结构的 PKI

　　以对等的 CA 关系建立的交叉认证扩展了 CA 域之间的第三方信任关系，这样的 PKI 系统称为网状结构的 PKI。

交叉认证包括两个操作：一个操作是两个域之间信任关系的建立，这通常是一个一次性操作。在双边交叉认证的情况下，每个 CA 签发一张"交叉证书"；第二个操作由客户端软件来完成，这个操作就是验证由已经交叉认证的 CA 签发的用户证书的可信赖性，这是一个经常执行的操作。下面举个例子来说明这个问题。

如图 4-10 所示，CA1 和 CA2 通过互相颁发证书，来实现两个信任域内网络用户的相互认证。如果 User1 要验证 User2 证书的合法性，则首先要验证 CA2 对 User2 证书的签名，那它就要取得 CA2 的证书以获得 CA2 的公钥，因为 User1 信任 CA1，则它信任由 CA1 给 CA2 颁发的证书，通过该证书，User1 信任 User2 的证书。即形成一条信任路径：User1→CA1→CA2→User2。

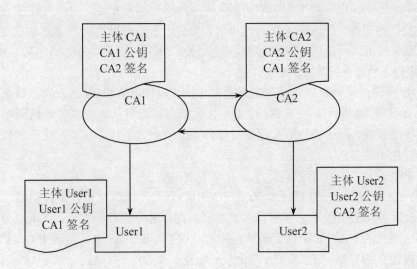

图 4-10　交叉认证

4.4.4　PKI 的相关问题

1. PKI 的安全性

PKI 是以公钥加密为基础的，为网络安全提供安全保障的基础设施。从理论上来讲，是目前比较完善和有效的实现身份认证和保证数据完整性、有效性的手段。但在实际的实施中，仍有一些需要注意的问题。

与 PKI 安全相关的最主要的问题是私有密钥的存储安全性。私有密钥保存的责任是由持有者承担的，而非 PKI 系统的责任。私钥保存丢失，会导致 PKI 的整个验证过程没有意义。另一个问题是废止证书时间与废止证书的声明出现在公共可访问列表的时间之间会有一段延迟，而无效证书可能在这一段时间内被使用。另外，Internet 使得获得个人身份信息很容易，如身份证号等，一个人可以利用别人的这些信息获得数字证书，而使申请看起来像来自别人。同时，PKI 系统的安全很大程度上依赖于运行 CA 的服务器、软件等，如果黑客非法侵入一个不安全的 CA 服务器，就可能危害整个 PKI 系统。因此，从私钥的保存到 PKI 系统本身的安全方面还要加强防范。在这几方面都有比较好的安全性的前提下，PKI 不失为一个保证网络安全的合理和有效的解决方案。

2. PKI 的标准化

PKI 的标准化问题是实现不同的 PKI 域具有良好的互操作性，使多个不同的应用系统与 PKI 实现良好接口的必要条件。目前世界上很多的标准化小组都在关注和从事 PKI 的标准化工作。

PKI 标准化的内容主要涉及四个方面：基本安全算法、公钥基础设施、E-mail 安全和 Web 安全。基本的安全算法标准包括 PKCS1～PKCS13、散列算法（MD2、MD5、SHA 等）、对称加密算法（DES、IDEA）、数字签名算法（RSA、DSA）等。公钥基础设施的标准包括 ANS.1 规范、CA 证书格式、Internet X.509 标准、PKIX、SET 安全协议等。E-mail 安全标准包括 S/MIME、PEM、PGP 协议标准。Web 的安全标准有安全 HTTP 协议（S/HTTP）、安全套接层（SSL）协议等。

PKI 的标准化工作已取得了很大的进展，许多标准已相对稳定，但仍有许多方面的标准需要进一步的发展和完善。预计在未来的几年内，会有更多的标准将进入完善和稳定阶段，并被 PKI 产品和服务提供商所采用。这些标准将大大增强 PKI 产品或服务的功能和互操作性。

3. 我国 PKI 的发展情况

1998 年，自国内第一家以实体形式运营的上海 CA 中心（SHECA）成立以来，全国先后建成了几十家不同类型的 CA 认证机构，CA 认证概念也逐步从电子商务渗透至电子政务、金融、科教等各个领域。然而国内 CA 建设自成体系的现状，直接导致 CA 认证的权威性，互通性、可靠性等达不到要求。

国内的 PKI 建设存在的问题包括以下几个方面：

（1）在 CA 的建设和布局方面。存在 CA 中心繁多、地域性和行业性明显、有些 CA 中心不具备 CA 所必须的权威第三方的基本要求等问题。国内的 CA 中心大致可以分为三类：行业或政府部门建立的 CA，如中国金融认证中心（CFCA）、中国电信认证中心（CTCA）等；地方政府授权建立的 CA，如上海 CA、北京 CA 等；商业性的 CA。

（2）在技术方面。目前为止，国内尚未出台统一的 PKI 标准或相关标准，这种缺乏统一标准的状况势必形成多种技术标准共存的局面。没有统一标准的 CA 技术研发直接导致交叉认证的困难。

（3）在应用方面。一些 CA 认证机构对证书的发放和审核不够严谨。国内众多的 CA 中心没有一个明确的管理机构，为了抢占市场，有些 CA 中心没有进行严格的身份确认和验证就随意发放证书，难以确保证书的权威性和公证性。

要使我国的 PKI 建设和应用走上健康发展的轨道，还需在 CA 建设布局、行业管理标准化、技术可靠性等方面不断改进和提高。

4.5　数字证书

数字证书，也称公钥证书，它是由称作证书机构的人或实体签发的、用于绑定证书持有人的身份与其公钥的一种数据结构，是公钥密码系统进行密钥管理的基本方法。

4.5.1　数字证书的类型和格式

1. 数字证书的类型

数字证书是标志网络用户身份信息的一系列数据，用来在网络通信中识别通信各方的身份。就如同现实生活中的一张身份证和驾驶执照一样，它可以表明持证人的身份或表明持证人具有某种资格。

数字证书是由权威公正的第三方机构即 CA 中心签发的，以数字证书为核心的加密技术可以对网络上传输的信息进行加密和解密、数字签名和签名验证，确保网上传递信息的机密性、完整性，以及交易实体身份的真实性，签名信息的不可否认性，从而保障网络应用的安全性。

数字证书可用于：发送安全电子邮件、访问安全站点、网上证券、网上招标采购、网上签约、网上办公、网上缴费、网上税务等网上安全电子事务处理和安全电子交易活动。

目前已定义的几种数字证书有：

- X.509 证书；
- 简单 PKI 证书；
- PGP 证书；
- 属性证书。

每一种证书根据功能和使用范围的不同，又可以有多种具体的实现方式，如表 4-1 所示。

表 4-1　证书的一般类型

证书名称	证书类型	主要功能描述
个人证书		用于个人网上交易、网上支付、电子邮件等相关网络作业
单位证书	单位身份证书	用于企事业单位网上交易、网上支付等
	E-mail 证书	用于企事业单位内安全电子邮件通信
	部门证书	用于企事业单位内某个部门的身份认证
服务器证书		用于服务器、安全 Web 站点认证等
代码签名证书	个人证书	用于个人软件开发者对其软件的签名
	企业证书	用于软件开发企业对其软件的签发

各类证书的内容及作用如下：

（1）个人证书。个人证书包含证书持有者的个人身份信息、公钥及 CA 的签名，在网络通信中标识证书持有者的个人身份，可用于网上购物、网上证券、网上金融、网上拍卖、网上保险等多种应用系统。目前，个人证书主要以软盘为存储介质。

（2）企业证书。企业证书包含企业身份信息、公钥及 CA 的签名，在网络通信中标识证书持有企业的身份，可用于网上税务申报、网上办公系统、网上招标投标、拍买拍卖、网上签约等多种应用系统。目前，企业证书的存储介质主要有软盘、IC 卡和 USB 接口卡等形式。

（3）Web 服务器证书。Web 服务器证书是 Web Server 与用户浏览器之间建立安全连接时所使用的数字证书。Web Server 申请证书并装载成功，进行相关的配置后，即可与用户浏览器建立安全连接。可以要求浏览器客户端拥有数字证书，建立通信时 Web Server 和浏览器交换证书，验证对方身份后建立安全连接通道。

（4）代码签名证书。代码签名证书是 CA 中心签发给软件开发者的数字证书，包含证书持有者的身份信息、公钥及 CA 的签名。软件开发者使用代码签名证书对软件进行签名后放到 Internet 上，当用户从 Internet 上下载该软件时，将会得到提示，从而可以确信代码签名证书的使用。对于用户来说，用户可以清楚地了解：软件的来源；软件自签名后到下载前，是否遭到修改或破坏。代码签名证书的使用，使用户可以清楚地了解软件的来源和可靠性，让用户可以放心地使用 Internet 上的软件资源。万一用户下载的是有害软件，也可以根据证书追踪到软件的来源。对于软件提供商来说，使用代码签名证书，其软件产品更难以被仿造和篡改，增强了软件提供商与用户间的信任度和软件商的信誉。

2. 证书的格式

下面以 X.509 标准推荐的数字证书格式为例，对证书的结构作进一步的说明。X.509 推荐的数字证书不仅可用于身份验证，还可用于公钥的发布，其格式如图 4-11 所示。

Version
Serial number
Algorithm ID & Parameters
Issuer name
Validity period
Subject name
Subject public key & algorithm

图 4-11　X.509 推荐的证书格式

- Version：用于标识证书的版本。
- Serial number：由证书颁发者分配给本证书的唯一标识符。
- Algorithm ID & Parameters：签名算法标识符，用于说明本证书所用的数字签名算法。例如：如果标识符为 SHA-1 和 RSA，则表示签名使用 RSA 对 SHA-1 的散列值加密。
- Issuer name：证书颁发者的可识别名。
- Validity period：证书的有效期限，本字段由 Not Valid Before 和 Not Valid After 两项组成。
- Subject name：证书持有者的可识别名。
- Subject public key & algorithm：持有者的公钥及算法标识符。

另外，在 X.509 版本 2 和版本 3 中，又加入了一些字段，实现更多的功能扩展，这里不再一一叙述。

3. 认证机构和证书机构（CA）

负责颁发公钥证书的机构称为证书机构（Certificate Authority），它也是对证书进行认证的机构，每一个颁发出去的证书上，都有颁发者的私钥签名。证书机构的主要功能是根据策略机构制定的策略颁发证书，负责维护证书库和证书撤销列表（CRL）等。一个用户可以从 CA 那里得到某个用户的数字证书，并用 CA 的公钥来验证证书的完整性、可用性，通过 CRL 可以知道该证书是否已被撤销等。根据系统设计结构的不同，CA 扮演的角色和功能范围也不尽相同。在比较复杂的系统中，使用单独的注册机构，以分担 CA 的一定功能，增强系统的可扩展性，降低运营成本。在小范围的应用系统中，注册功能往往被整合到 CA 里，CA 的功能和含义更加广泛。

4.5.2　数字证书的管理

数字证书的管理包括与公钥、私钥及证书的创建、分配及撤销有关的各项功能。按密钥证书的生命周期可把证书的管理划分成三个阶段，即初始化阶段、应用阶段和撤销阶段。下面详细分析各个阶段的功能及操作。

1. 初始化阶段

在一个实体能够使用一个公钥系统提供的各种服务之前，实体需要做一些初始化工作，包括：

实体注册：注册是指实体（用户级的实体或进程级的实体）的身份提交并被验证的过程。

密钥对的产生：密钥的产生可以在实体的本地应用系统（如浏览器）中产生，也可以在注册机构（RA）或证书机构（CA）中产生。

证书的创建及分发：无论密钥在哪里产生，证书的创建和分发都是由 CA 来完成的。

密钥备份：CA 提供密钥的备份功能是必要的。当用户保存的密钥无法使用时，为用户进行密钥的恢复。

2. 应用阶段

证书检索：如果一个用户要使用证书，如给某个用户发送加密消息或解密来自某个用户的签名消息时，必须通过检索证书库来获取该证书。

证书验证：证书的验证过程就是确定证书的真实性和有效性的过程，是证书管理中的一个重要功能。在 4.5.3 节中，将进一步分析证书的验证过程。

密钥恢复：用户可能会出现无法访问自己的密钥的情况，如存储介质损坏。如果没有一个密钥恢复机制，可能导致用户许多加密的信息无法进行验证和使用。CA 提供密钥的恢复服务，当用户不能正常使用密钥时，可以从 CA 的远程备份设备中恢复自己的私钥。

密钥更新：出于安全的考虑，密钥应该适当地定期更新。当密钥对超过指定的期限时，由系统自动完成对密钥的更新。

3. 撤销阶段

撤销阶段是密钥证书生命周期的最后一个阶段，在此阶段完成证书撤销、密钥存档或销毁等操作。

证书过期：在证书申请时，可以选择证书有效期是一年、几年还是永远有效。证书过期是指证书自然超过其有效期限。

证书撤销：在证书到达有效期限之前对证书进行撤销。撤销证书的原因很多，如密钥丢失或泄露、工作变动等。

密钥历史：一个有关过期密钥的资料，用该密钥加密过的文档或资料需要用它来解密。

密钥档案：为了密钥历史恢复、审计和解决争议等目的，密钥资料由安全的第三方保存。

4.5.3　数字证书的验证

数字证书的验证是指验证一个证书的有效性、完整性、可用性的过程。证书验证主要包括以下几方面的内容：

● 验证证书签名是否正确有效，这需要知道签发证书的 CA 的真正公钥，有时可能涉及证书路径的处理。

- 验证证书的完整性，即验证 CA 签名的证书散列值与单独计算出的散列值是否一致。
- 验证证书是否在有效期内。
- 查看证书撤销列表，验证证书是否被撤销。
- 验证证书的使用方式与任何声明的策略和使用限制是否一致。

下面具体介绍一个数字证书的验证过程。

1．拆封数字证书

数字证书是用颁发者的私钥签字的，所谓的证书拆封就是使用颁发者的公钥解密签字的过程。该过程一方面可以验证该证书是否是声明的可信的证书机构签发的，从而证明该证书的真实性和可信性；另一方面，正确拆封证书后，可以获得证书持有者的公钥。

2．证书链的认证

验证证书的有效性，需要用到签发者的公钥。签发该证书者的公钥可以通过一些可靠的渠道获得，也可由上一级 CA 颁发给该签发者的 CA 证书中获取。如果是从上一级的 CA 签发的 CA 证书中获取，则又要验证上一级 CA 的证书，如此就形成了一条证书链，直到最上层的根结点结束。这条路径中，任何一个 CA 的证书无效，比如超过其生存期，整个验证过程就会失败。所谓证书链的认证，就是要通过证书链追溯到可信赖的 CA 的根。

3．序列号验证

序列号的验证是指检查实体证书中签名实体序列号是否与签发者的证书的序列号一致。操作过程如下：从实体证书中取得 Authority Key Identifier 扩展项 Cert Serial Number 字段的值，然后与签发者的 CA 证书中 Certificate Serial Number 字段的值进行比较，两者的值应该相同。

4．有效期验证

验证证书的 Validity Period 字段的值，看证书是否在规定的有效期限之内，否则使用该证书将是不安全的。

5．查询 CRL

CRL（Certificate Revocation List）为证书撤销列表，一个实体证书除了超过有效期而废止外，也可能由于私钥泄露等其他意外情况而提前申请废止。被废止的证书以证书撤销列表的方式公布。用户在验证一个实体证书时，要查询 CRL，以证明该证书是否已被废止。

6．证书使用策略的认证

实体证书的使用方式必须与声明的策略一致，实体证书中的 Certificate Policy 字段的值应该是 CA 所承认的证书使用策略。

证书的认证过程由 CA 来完成，对用户是透明的。

4.5.4　Windows 2000 Server 的证书服务

CA 可以是远程的第三方机构，如 VeriSign，也可以通过安装 Windows 2000 证书服务来创建自己单位使用的 CA。本小节将讲述如何使用 Windows 2000 Server 来实现证书服务。

1．创建一个独立的根 CA

创建一个独立的根 CA 的步骤如下：

（1）以管理员的身份登录到计算机。

（2）选择"控制面板"中"添加/删除程序"选项中的"添加/删除 Windows 组件"，启动 Windows 组件向导，如图 4-12 所示。

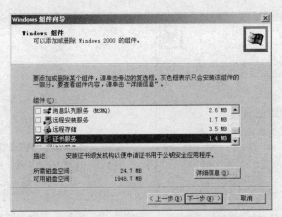

图 4-12　Windows 组件向导

（3）在"组件"列表中，选中"证书服务"复选框，单击"下一步"按钮。

（4）系统弹出"Microsoft 证书服务"消息框，提示"安装证书后，不能重命名计算机，并且计算机不能加入域或从域中删除"，单击"是"按钮，然后单击"下一步"按钮。

（5）在"证书颁发机构类型"对话框中，选中"独立根 CA"单选按钮，如图 4-13 所示，单击"下一步"按钮，弹出"CA 标识信息"对话框，输入与用户有关的信息，如图 4-14 所示。

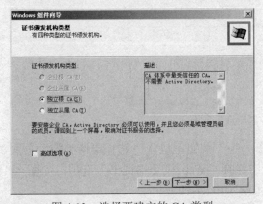

图 4-13　选择要建立的 CA 类型

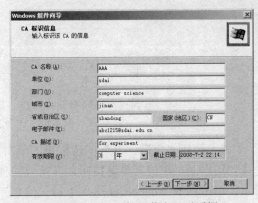

图 4-14　"CA 标识信息"对话框

（6）单击"下一步"按钮，在"数据储存位置"对话框中，可确定"证书数据库"和"证书数据库日志"的位置，一般情况下选择系统默认值即可，如图 4-15 所示，设置完成后，单击"下一步"按钮。

（7）安装证书服务需要停止"Internet 信息服务"，系统提示用户是否立即停止服务，如图 4-16 所示，单击"确定"按钮停止"Internet 信息服务"。

（8）系统安装证书过程中，要求用户指定系统文件的位置或要求使用 Windows 2000 Server 安装光盘。

（9）安装完成后，单击"完成"按钮，系统完成证书服务的安装。

2．申请证书

（1）在浏览器的 URL 栏中输入 http://server/certsrv，这里的 server 是指安装证书服务的计算机名。如在本机安装证书服务，就输入 http://127.0.0.1/certsrv 并按回车键，出现如图 4-17 所示的证书服务"欢迎"界面。

图 4-15　设置数据存储位置　　　图 4-16　安装证书服务时提示停止 Internet 信息服务

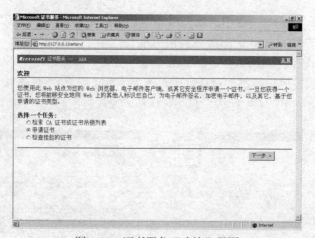

图 4-17　证书服务"欢迎"界面

（2）选择"申请证书"单选按钮，单击"下一步"按钮，进入"选择申请类型"页面，选择"用户证书申请"单选按钮，在下方的列表中选择"Web 浏览器证书"选项，如图 4-18 所示。单击"下一步"按钮进入"标识信息"页面，如图 4-19 所示。

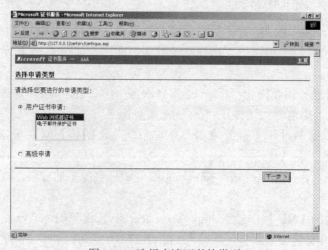

图 4-18　选择申请证书的类型

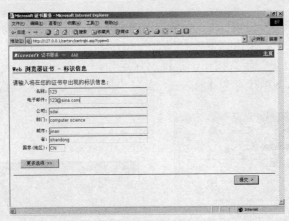

图 4-19　填写证书的标识信息

（3）在"标识信息"页面中填写相关信息后单击"提交"按钮，证书申请送到证书服务器，此时证书处于挂起状态，需要管理员批准颁发，如图 4-20 所示。

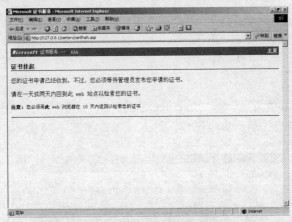

图 4-20　证书处于挂起状态

3．颁发证书

（1）单击"控制面板"→"管理工具"的"证书颁发机构"选项，打开"证书颁发机构"窗口，打开"待定申请"文件夹，找到刚才的证书申请，如图 4-21 所示。选中该申请，单击"操作"菜单，选择"所有任务"→"颁发"选项，则该申请证书颁发成功，证书保存到"颁发的证书"文件夹中。

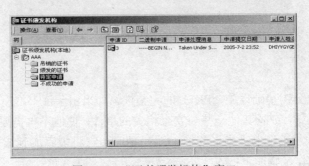

图 4-21　"证书颁发机构"窗口

（2）在"颁发的证书"文件夹中，双击该证书，弹出"证书"对话框，如图 4-22 所示，选择"详细信息"选项卡，单击"复制到文件"按钮，打开证书导出向导。选择证书的格式，如图 4-23 所示，单击"下一步"按钮，把证书保存为一个 filename.cer 文件，filename 为用户所起的证书文件名。本例中保存为 123.cer，单击"下一步"按钮，完成证书导出。

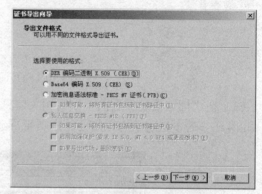

图 4-22　"证书"对话框　　　　　图 4-23　选择导出文件格式

4．导入浏览器证书

在 IE 浏览器中单击"工具"→"Internet 选项"→"内容"→"证书"→"导入"，打开证书导入向导。按向导的提示一步步操作，导入证书，如图 4-24 所示。

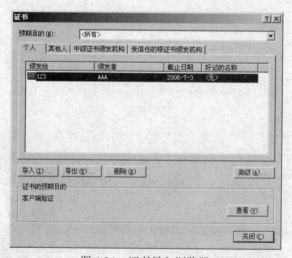

图 4-24　证书导入浏览器

5．吊销证书

为帮助维护一个公钥基础设施（PKI）的完整性，如果由于证书持有人离开单位，或者证书持有人的私钥已泄露，或者其他一些与安全相关的事件，使他不再需要将证书视为"有效"，则 CA 的管理员必须吊销证书。当证书被 CA 吊销时，它将被添加到该 CA 的证书吊销列表（CRL）中。具体操作步骤如下：

（1）以管理员身份登录计算机，打开"证书颁发机构"窗口，如图 4-21 所示。

（2）打开"颁发的证书"文件夹，在右侧子窗口中显示该 CA 已颁发的证书列表。单击要注销的证书右击，在快捷菜单中选择"所有任务"→"吊销证书"选项，弹出"证书吊销"对话框，如图 4-25 所示。

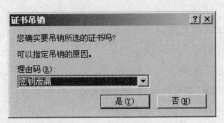

图 4-25　"证书吊销"对话框

（3）在"证书吊销"对话框中，选择理由码，单击"是"按钮。这时，要注销的证书从当前的"颁发的证书"文件夹中消失。

（4）打开"吊销的证书"文件夹，发现刚才吊销的证书在列表中，如图 4-26 所示。

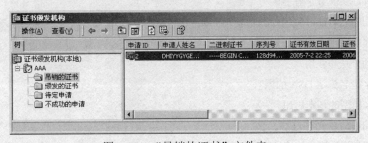

图 4-26　"吊销的证书"文件夹

（5）右击被吊销的证书，弹出快捷菜单，选择"属性"选项，弹出"吊销的证书 属性"对话框，如图 4-27 所示。在此可以设置 CRL 的发行间隔。单击"查看当前 CRL"按钮，可以查看当前已吊销的证书的信息（证书序列号、吊销日期、吊销理由），如图 4-28 所示。

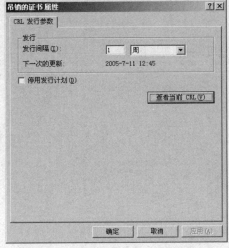

图 4-27　"吊销的证书 属性"对话框

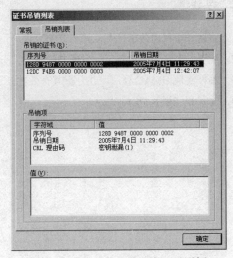

图 4-28　"证书吊销列表"对话框

一、思考题

1. 简述如何利用秘密共享协议来实现密钥的备份。

2. 密钥在生存期内一般要经历哪几个阶段？

3. 举例说明什么样的密钥是好密钥。

4. 简述利用密钥分配中心 KDC 进行对称密钥管理的方法及优缺点。

5. 简述利用非对称算法进行对称密钥分发的方法。

6. 公钥体制中有哪两种主要的密钥管理方法？

7. 消息认证码一般由什么构成？举出两种不同的构造消息认证码的方法。

8. 简述 HMAC 算法的实现过程及算法的优点。

9. 数字签名的目的有哪些？

10. 写出两种能实现数字签名的方案。

11. 加入时间的签名能够实现什么功能？

12. 多重签名的实现方法和作用？

13. 盲签名的方法和作用？

14. 简述数字签名算法 DSA 的原理。

15. Kerberos 模型的基本思想？

16. 简述 Kerberos 的工作过程。

17. PKI 由哪几部分组成？简述各部分的功能。

18. 数字证书中主要包括哪些信息？各字段的作用？

19. 如何对一个数字证书进行验证？

20. 上一章介绍的 Diffie-Hellman 算法是如何实现密钥分配的？这种密钥分配方法易受什么攻击？

二、实践题

1. 申请一个试用数字证书，并练习使用它。

2. 配置一个证书服务器，练习证书的颁发、下载、使用、撤销等操作。

3. 编程实现 HMAC 算法，并分析其有效性。

4. 配置和使用 Kerberos 服务。

第5章　防火墙技术

学习目标

本章主要介绍防火墙的概念、分类、体系结构以及有关产品。通过本章的学习，应该掌握以下内容：

- 防火墙及相关概念
- 包过滤与代理
- 防火墙的体系结构
- 分布式防火墙与嵌入式防火墙

防火墙技术是一种成熟有效的网络安全技术，应用于内部网络与外部网络中间，保障着内部网络的安全。在所有安全产品中，防火墙占据的市场份额最大，据统计，2011 年上半年，防火墙/VPN 硬件的市场规模为 1.26 亿美元，同比增长 13.4%，以 40.5%的比例占据中国 IT 安全硬件市场中最大的子市场。中国市场的防火墙品牌众多，但用户关注较为集中。2010 年上半年，思科以 25.1%的关注比例成为最受用户关注的品牌，优势显著。另外，华为赛门铁克、H3C、Juniper、天融信四大品牌的用户关注比例处于 11～13%，彼此差距不明显。

因为防火墙是内部网和外部网之间的第一道闸门，防火墙在网关的位置过滤各种进出网络的数据，以保护内部网主机，故防火墙的应用比较广泛。因此，防火墙被寄予了很高的期望，希望防火墙能对数据包进行过滤，能抗击各种入侵行为，能对病毒进行过滤，能记录各种异常的访问行为，能进行带宽分配，能过滤恶意代码和数据内容等。

5.1　防火墙概述

随着因特网应用的发展和普及，人们在享受信息化带来的众多好处的同时，也面临着日益突出的网络安全问题，有 20%以上的用户曾经遭受过黑客的骚扰。尽管黑客如此猖獗，网络安全问题至今仍没有引起足够的重视，很多用户认为网络安全问题离自己还很远，有 40%以上的企业级用户没有安装防火墙。事实证明，大多数的黑客入侵事件都是由于未能正确安装防火墙引起的。

5.1.1　相关概念

1. 防火墙的概念

古代的人们在房屋之间修建一道墙，这道墙可以防止火灾发生的时候蔓延到别的房屋，因此被称为"防火墙"。网络术语中所说的防火墙（Firewall）是指隔离在内部网络与外部网络之间的一道防御系统，它能挡住来自外部网络的攻击和入侵，保障内部网络的安全。防火墙如图 5-1 所示。

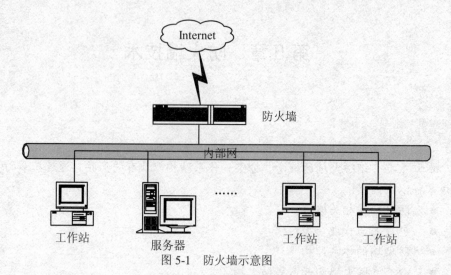

图 5-1　防火墙示意图

　　防火墙至少都会说两个词：Yes 或者 No，直接说就是接受或者拒绝。防火墙在用户的计算机和 Internet 之间建立起一道屏障，把用户同外部网络隔离。用户通过设定规则来决定哪些情况下防火墙应该隔断计算机与 Internet 的数据传输，哪些情况下允许两者之间进行数据传输。

　　从实现方式上来看，防火墙可以分为硬件防火墙和软件防火墙两类。硬件防火墙是通过硬件和软件的结合来达到隔离内、外部网络的目的；软件防火墙是通过纯软件的方式来实现。

　　2．其他概念

　　以下是几个常用概念：

- 外部网络（外网）：是指防火墙之外的网络，一般为 Internet，默认为风险区域。
- 内部网络（内网）：是指防火墙之内的网络，一般为局域网，默认为安全区域。
- 非军事化区（DMZ）：为了配置管理方便，内网中需要向外网提供服务的服务器（如WWW、FTP、SMTP、DNS 等）往往放在 Internet 与内部网络之间一个单独的网段，这个网段便是非军事化区。
- 包过滤：也被称为数据包过滤，是指在网络层中对数据包实施有选择的通过，依据系统事先设定好的过滤规则，检查数据流中的每个数据包，根据数据包的源地址、目标地址以及端口等信息来确定是否允许数据包通过。
- 代理服务器：是指代表内部网络用户向外部网络中的服务器进行连接请求的程序。
- 状态检测技术：第三代网络安全技术。状态检测模块在不影响网络正常工作的前提下，采用抽取相关数据的方法对网络通信的各个层次实行检测，并作为安全决策的依据。
- 虚拟专用网（VPN）：是一种在公用网络中配置的专用网络。
- 漏洞：是系统中的安全缺陷，漏洞可以导致入侵者获取信息并导致不正确的访问。
- 数据驱动攻击：入侵者把一些具有破坏性的数据藏匿在普通数据中传送到因特网主机上，当这些数据被激活时就会发生数据驱动攻击。例如修改主机中与安全有关的文件，留下下次更容易进入该系统的后门等。
- IP 地址欺骗：突破防火墙系统最常用的方法是 IP 地址欺骗，它同时也是其他一系列攻击方法的基础。入侵者利用伪造的 IP 发送地址产生虚假的数据包，乔装成来自内部网的数据，这种类型的攻击是非常危险的。

3. 防火墙安全策略

防火墙安全策略是指要明确地定义允许使用或禁止使用的网络服务，以及这些服务的使用规定。每一条规定都应该在实际应用时得到实现。总的来说，一个防火墙应该使用以下两种基本策略中的一种。

（1）除非明确允许，否则就禁止。这种方法堵塞两个网络之间的所有数据传输，除了那些被明确允许的服务和应用程序。因此，应该逐个定义每一个允许的服务和应用程序，而任何一个可能成为防火墙漏洞的服务和应用程序都不能允许使用。这是一个最安全的方法，但从用户的角度来看，这样可能会有很多限制，不是很方便。一般在防火墙配置中都会使用这种策略。

（2）除非明确禁止，否则就允许。这种方法允许两个网络之间的所有数据传输，除非那些被明确禁止的服务和应用程序。因此，每一个不信任或有潜在危害的服务和应用程序都应该逐个拒绝。虽然这对用户是一个灵活和方便的方法，但它可能存在严重的安全隐患。

在安装防火墙之前，一定要仔细考虑安全策略，否则会导致防火墙不能达到预期要求。

5.1.2　防火墙的作用

防火墙是一种非常有效的网络安全模型，通过它可以隔离风险区域与安全区域，同时不会妨碍人们对风险区域的访问。防火墙的作用是监控进出网络的信息，仅让安全的、符合规则的信息进入内部网络，为用户提供一个安全的网络环境。

防火墙是加强网络安全非常流行的方法。在 Internet 上超过三分之一的 Web 网站都使用某种形式的防火墙加以保护，这是对黑客防范最严、安全性最强的一种方式。任何关键性的服务器，都应该放在防火墙之后。

1. 防火墙的基本功能

从总体上看，防火墙应具有以下基本功能：

（1）可以限制未授权用户进入内部网络，过滤掉不安全服务和非法用户。

（2）防止入侵者接近内部网络的防御设施，对网络攻击进行检测和告警。

（3）限制内部用户访问特殊站点。

（4）记录通过防火墙的信息内容和活动，为监视 Internet 安全提供方便。

2. 防火墙的特性

一个好的防火墙系统应具有以下特性：

● 所有在内部网络和外部网络之间传输的数据都必须通过防火墙。

● 只有被授权的合法数据，即防火墙安全策略允许的数据，才可以通过防火墙。

● 防火墙本身具有预防入侵的功能，不受各种攻击的影响。

● 人机界面良好，用户配置使用方便，易于管理。系统管理员可以方便地对防火墙进行设置，对 Internet 的访问者、被访问者、访问协议以及访问方式进行控制。

3. 防火墙与病毒防火墙的区别

"病毒防火墙"是与网络防火墙不同范畴的软件，但由于有着"防火墙"的名字，容易引起混淆。实际上，这两种产品之间存在本质区别。

所谓的"病毒防火墙"，其实应该称为"病毒实时检测和清除系统"，是反病毒软件的一种工作模式。当它运行的时候，会把病毒监控程序驻留在内存中，随时检查系统中是否有病毒的迹象；一旦发现有携带病毒的文件，就会马上激活杀毒模块。

可以看出，病毒防火墙不是对进出网络的病毒进行监控，它是对所有的系统应用程序进行监控，由此来保障用户系统的"无毒"环境。

网络防火墙并不监控全部的系统应用程序，它只是对存在网络访问的那部分应用程序进行监控。利用网络防火墙，可以有效地管理用户系统的网络应用，同时保护用户的系统不被各种非法的网络攻击所伤害。

可以看出，网络防火墙的主要功能是预防黑客入侵，防止木马盗取机密信息。病毒防火墙是一种反病毒软件，主要功能是查杀本地病毒、木马。两者具有不同的功能，在安装反病毒软件的同时应该安装网络防火墙。

5.1.3 防火墙的优、缺点

1. 优点

防火墙是加强网络安全的一种有效手段，它有以下优点：

（1）防火墙能强化安全策略。Internet 上每天都有上百万人在浏览信息，不可避免地会有一些恶意用户试图攻击别人，防火墙充当了防止攻击现象发生的"警察"，它执行系统规定的安全策略，仅允许符合规则的信息通过。

（2）防火墙能有效地记录 Internet 上的活动。因为所有进出内部网络的信息都必须通过防火墙，所以防火墙能记录被保护的内部网络和不安全的外部网络之间发生的各种事件。

（3）防火墙是一个安全策略的检查站。所有进出内部网络的信息都必须通过防火墙，防火墙便成为一个安全检查站，把可疑的访问拒之门外。

2. 缺点

有人认为只要安装了防火墙，所有的安全问题就会迎刃而解。但事实上，防火墙并不是万能的，安装了防火墙的系统仍然存在安全隐患。以下是防火墙的一些缺点：

（1）不能防范恶意的内部用户。防火墙可以禁止内部用户经过网络发送机密信息，但用户可以将数据复制到磁盘上带出去。如果入侵者已经在防火墙内部，防火墙也是无能为力的。内部用户可以不经过防火墙窃取数据、破坏硬件和软件，这类攻击占全部攻击的一半以上。

（2）不能防范不通过防火墙的连接。防火墙能够有效地防范通过它传输的信息，却不能防范不通过它传输的信息。例如，如果站点允许对防火墙后面的内部系统进行拨号访问，那么防火墙绝对没有办法阻止入侵者进行拨号入侵。

（3）不能防范全部的威胁。防火墙被用来防范已知的威胁，一个很好的防火墙设计方案可以防范某些新的威胁，但没有一个防火墙能自动防御所有新的威胁。

（4）防火墙不能防范病毒。防火墙不能防范从网络上传染来的病毒，也不能消除计算机已存在的病毒。无论防火墙多么安全，用户都需要一套防毒软件来防范病毒。

5.2 防火墙技术分类

随着防火墙技术的不断发展，防火墙的分类也在不断细化，但总的来说，可以分为以下两大类：

（1）包过滤防火墙。又称网络层防火墙，它对进出内部网络的所有信息进行分析，并按照一定的信息过滤规则对信息进行限制，允许授权信息通过，拒绝非授权信息通过。

（2）代理服务器。这种防火墙是目前最通用的一种，其基本工作过程将在 5.2.2 节中具体介绍。

下面将对这两类防火墙使用的技术作进一步的介绍。

5.2.1　包过滤技术

1. 包过滤技术简介

包过滤（Packet Filtering）技术在网络层中对数据包实施有选择的通过，依据系统事先设定好的过滤规则，检查数据流中的每个包，根据包头信息来确定是否允许数据包通过，拒绝发送可疑的包。

使用包过滤技术的防火墙称为包过滤防火墙（Packet Filtering Firewall），因为它工作在网络层，又称为网络层防火墙（Network Level Firewall）。

包过滤技术的依据是分包传输技术。网络上的数据都是以包为单位进行传输的，数据被分割成为一定大小的包，分为包头和数据部分，包头中含有源地址和目的地址等信息。路由器从包头中读取目的地址并选择一条物理线路发送出去，包可能以不同的路线抵达目的地，当所有的包抵达后会在目的地重新组装还原。

包过滤防火墙一般由屏蔽路由器（Screening Router，也称为过滤路由器）来实现，这种路由器是在普通路由器的基础上加入 IP 过滤功能实现的，这是防火墙最基本的构件。

包过滤防火墙读取包头信息，与信息过滤规则比较，顺序检查规则表中每一条规则，直至发现包中的信息与某条规则相符。如果有一条规则不允许发送某个包，路由器就将它丢弃；如果有一条规则允许发送某个包，路由器就将它发送；如果没有任何一条规则能符合，路由器就会使用默认规则，一般情况下，默认规则就是禁止该包通过。

屏蔽路由器是一种价格较高的硬件设备。如果网络不很大，可以由一台 PC 机装上相应的软件（如 KarlBridge、DrawBridge）来实现包过滤功能。

2. 包过滤防火墙的优点

包过滤防火墙具有明显的优点：

（1）一个屏蔽路由器能保护整个网络。一个恰当配置的屏蔽路由器连接内部网络与外部网络，进行数据包过滤，就可以取得较好的网络安全效果。

（2）包过滤对用户透明。不像在后面描述的代理（Proxy），包过滤不要求任何客户机配置。当屏蔽路由器决定让数据包通过时，它与普通路由器没什么区别，用户感觉不到它的存在。较强的透明度是包过滤的一大优势。

（3）屏蔽路由器速度快、效率高。屏蔽路由器只检查包头信息，一般不查看数据部分，而且某些核心部分是由专用硬件实现的，故其转发速度快、效率较高，通常作为网络安全的第一道防线。

3. 包过滤防火墙的缺点

屏蔽路由器的缺点也是很明显的，通常它没有用户的使用记录，这样就不能从访问记录中发现黑客的攻击记录。

配置烦琐也是包过滤防火墙的一个缺点。没有一定的经验，是不可能将过滤规则配置得完美的。有的时候，因为配置错误，防火墙根本就不起作用。

包过滤的另一个关键的弱点就是不能在用户级别上进行过滤，只能认为内部用户是可信任的、外部用户是可疑的。

此外，单纯由屏蔽路由器构成的防火墙并不十分安全，危险地带包括路由器本身及路由器允许访问的主机，一旦屏蔽路由器被攻陷就会对整个网络产生威胁。

4. 包过滤防火墙的发展阶段

（1）第一代：静态包过滤防火墙。第一代包过滤防火墙与路由器同时出现，实现了根据数据包头信息的静态包过滤，这是防火墙的初级产品。静态包过滤防火墙对所接收的每个数据包审查包头信息以便确定其是否与某一条包过滤规则匹配，然后做出允许或者拒绝通过的决定。

（2）第二代：动态包过滤（Dynamic Packet Filtering）防火墙。这种类型的防火墙采用动态设置包过滤规则的方法，避免了静态包过滤所具有的问题。动态包过滤只有在用户的请求下才打开端口，并且在服务完毕之后关闭端口，这样可以降低受到与开放端口相关的攻击的可能性。防火墙可以动态地决定哪些数据包可以通过内部网络的链路和应用程序层服务。可以配置相应的访问策略，只有在允许范围之内才自动打开端口，当通信结束时关闭端口。

这种方法在两个方向上都将暴露端口的数量减少到最小，给网络提供更高的安全性。对于许多应用程序协议而言，例如媒体流，动态 IP 包过滤提供了处理动态分配端口最安全的方法。

（3）第三代：全状态检测（Stateful Inspection）防火墙。第三代包过滤类防火墙是采用状态检测技术的防火墙。状态检测防火墙在包过滤的同时，检查数据包之间的关联性，检查数据包中动态变化的状态码。它有一个监测引擎，采用抽取有关数据的方法对网络通信的各层实施监测，抽取状态信息，并动态地保存起来作为以后执行安全策略的参考。当用户访问请求到达网关的操作系统前，状态监视器要抽取有关数据进行分析，结合网络配置和安全规定作出接纳、拒绝、身份认证、报警或给该通信加密等处理动作。

状态检测防火墙保留状态连接表，并将进出网络的数据当成一个个会话，利用状态表跟踪每一个会话状态。状态监测对每一个包的检查不仅根据规则表，更要考虑数据包是否符合会话所处的状态，因此提供了完整的对传输层的控制能力。

状态检测技术在大大提高安全防范能力的同时也改进了流量处理速度，使防火墙性能大幅度提升，能应用在各类网络环境中，尤其是在一些规则复杂的大型网络上。目前市场上的主流防火墙，一般都是状态检测防火墙。

（4）第四代：深度包检测（Deep Packet Inspection）防火墙。状态检测防火墙的安全性得到一定程度的提高，但是在对付 DDoS（分布式拒绝服务）攻击、实现应用层内容过滤、病毒过滤方面的表现还不尽人意。面对新形势下的蠕虫病毒、DDoS 攻击、垃圾邮件泛滥等严重威胁，最新一代包过滤类防火墙采用深度包检测技术。深度包检测技术融合入侵检测和攻击防范的功能，它能深入检查信息包，查出恶意行为，可以根据特征检测和内容过滤，来寻找已知的攻击，理解什么是"正常的"通信，同时阻止异常的访问。深度包检测引擎以基于指纹匹配、启发式技术、异常检测以及统计学分析等技术来决定如何处理数据包。深度包检测防火墙能阻止 DDoS 攻击、病毒传播问题和高级应用入侵问题。

5.2.2　代理技术

1. 代理服务器（Proxy Server）简介

所谓代理服务器，是指代表内网用户向外网服务器进行连接请求的服务程序。代理服务器运行在两个网络之间，它对于客户机来说像是一台真的服务器，而对于外网的服务器来说，它又是一台客户机。

代理服务器的基本工作过程是：当客户机需要使用外网服务器上的数据时，首先将请求发给代理服务器，代理服务器再根据这一请求向服务器索取数据，然后再由代理服务器将数据传输给客户机。同样的道理，代理服务器在外部网络向内部网络申请服务时也发挥了中间转接的作用。

内网只接收代理服务器提出的服务请求，拒绝外网的直接请求。当外网向内网的某个结点申请某种服务（如 FTP、Telnet、WWW 等）时，先由代理服务器接收，然后代理服务器根据其服务类型、服务内容、被服务的对象等因素，决定是否接受此项服务。如果接受，就由代理服务器向内网转发这项请求，并把结果反馈给申请者。

可以看出，由于外部网络与内部网络之间没有直接的数据通道，外部的恶意入侵也就很难伤害到内网。

代理服务器通常拥有高速缓存，缓存中存有用户经常访问的站点的内容，当用户再次请求访问同样的站点时，服务器就用不着重复地读取同样的内容，既节约了时间也节约了网络资源。

2．代理的优点

（1）代理易于配置。因为代理是一个软件，所以它比过滤路由器容易配置，配置界面十分友好。如果代理实现得好，对配置协议要求较低，从而避免配置错误。

（2）代理能生成各项记录。因代理在应用层检查各项数据，所以可以按一定准则，让代理生成各项日志、记录。这些日志、记录对于流量分析、安全检验是十分重要和宝贵的。

（3）代理能灵活、完全地控制进出信息。通过采取一定的措施，按照一定的规则，通过借助代理可以实现一整套的安全策略，控制进出的信息。

（4）代理能过滤数据内容。可以把一些过滤规则应用于代理，让它在应用层实现过滤功能。

3．代理的缺点

（1）代理速度比路由器慢。路由器只是简单察看包头信息，不作详细分析、记录。而代理工作于应用层，要检查数据包的内容，按特定的应用协议对数据包内容进行审查、扫描，并进行代理（转发请求或响应），故其速度比路由器慢。

（2）代理对用户不透明。许多代理要求客户端作相应改动或定制，这给用户增加了不透明度。为内部网络的每一台主机安装和配置特定的客户端软件既耗费时间，又容易出错。

（3）对于每项服务，代理可能要求不同的服务器。可能需要为每项协议设置一个不同的代理服务器，挑选、安装和配置所有这些不同的服务器的工作量很大。

（4）代理服务通常要求对客户或过程进行限制。除了一些为代理而设的服务，代理服务器要求对客户或过程进行限制，每一种限制都有不足之处，人们无法按他们自己的步骤工作。由于这些限制，代理应用就不能像非代理应用运行得那样好，相比之下要缺少一些灵活性。

（5）代理服务受协议弱点的限制。每个应用层协议，都或多或少存在一些安全问题，对于一个代理服务器来说，要彻底避免这些安全隐患几乎是不可能的，除非关掉这些服务。

（6）代理不能改进底层协议的安全性。因为代理工作于应用层，所以它不能改善底层通信协议的安全性。

4．代理防火墙的发展阶段

（1）应用层代理（Application Level Proxy）。应用层代理也称为应用层网关（Application

Level Gateway），这种防火墙的工作方式同包过滤防火墙的工作方式具有本质区别。

代理服务是运行在防火墙主机上专门的应用程序或者服务器程序。应用层代理为某个特定应用服务提供代理，它对应用协议进行解析并解释应用协议的命令。根据其处理协议的功能可分为 FTP 网关型防火墙、Telnet 网关型防火墙、WWW 网关型防火墙等。

应用层代理的优点是能解释应用协议，支持用户认证，从而能对应用层的数据进行更细粒度的控制。缺点是效率低，不能支持大规模的并发连接，只适用于单一协议。

（2）电路层代理（Circuit Level Proxy）。这种类型的代理技术称为电路层网关（Circuit Level Gateway），也称为电路级代理服务器。在电路层网关中，包被提交到用户应用层处理。电路层网关用于在两个通信的终点之间转换包。

在电路层网关中，可能要安装特殊的客户机软件，用户需要一个可变用户接口来相互作用或改变他们的工作习惯。

它适用于多个协议，但无法解释应用协议，需要通过其他方式来获得信息。所以，电路级代理服务器通常要求修改用户程序。其中，套接字服务器（Sockets Server）就是电路级代理服务器。套接字（Sockets）是一种网络应用层的国际标准。当内网客户机需要与外网交互信息时，在防火墙上的套接字服务器检查客户的 UserID、IP 源地址和 IP 目的地址，经过确认后，套接字服务器才与外部的服务器建立连接。对用户来说，内网与外网的信息交换是透明的，感觉不到防火墙的存在，那是因为因特网络用户不需要登录到防火墙上。但是客户端的应用软件必须支持 Socketsifide API，内部网络用户访问外部网络使用的 IP 地址也都是防火墙的 IP 地址。

（3）自适应代理（Adaptive Proxy）。应用层代理的主要问题是速度慢，支持的并发连接数有限。因此，NAI 公司在 1998 年又推出具有"自适应代理"特性的防火墙。自适应代理不仅能维护系统安全，还能够动态"适应"传送中的分组流量。自适应代理防火墙允许用户根据具体需求，定义防火墙策略，而不会牺牲速度或安全性。如果对安全要求较高，那么最初的安全检查仍在应用层进行，保证实现传统代理防火墙的最大安全性。而一旦代理明确了会话的所有细节，其后的数据包就可以直接经过速度更快的网络层。

自适应代理可以和安全脆弱性扫描器、病毒安全扫描器和入侵检测系统之间实现更加灵活的集成。作为自适应安全计划的一部分，自适应代理将允许经过正确验证的设备在安全传感器和扫描器发现重要的网络威胁时，根据防火墙管理员事先确定的安全策略，自动"适应"防火墙级别。

5.2.3　防火墙技术的发展趋势

代理服务器对应用层数据过滤方面的能力优于包过滤防火墙，但是在性能方面的表现就会大大逊色。总体来说，传统的防火墙已经无法满足人们的安全需求，其功能不足以应付众多的安全威胁。

从防火墙技术的演变历程可以看出，防火墙总是在适应不断变化的安全需求。防火墙技术不是静止不变的，它在不断适应新形势的变化。

1. 功能融合

防火墙的发展趋势是融合越来越多的安全技术，使得防火墙在向 IPS（入侵防御系统）的产品转化，其融合的主要安全技术包括：

（1）与 VPN 技术融合。防火墙融合 VPN 技术，实现过滤和加密的紧密配合，可以使网络配置比较简单。

（2）与入侵检测技术和攻击防御技术的融合。很多防火墙能识别越来越多的入侵行为，并能抵抗部分攻击行为。但是目前的防火墙的入侵检测只是识别一些已知的攻击行为，将来的防火墙应能具备更多的智能，主动识别和防御未知的攻击行为和入侵。

（3）提供对应用层攻击行为的检测和对应用层内容的过滤功能。要防火墙能防止各种应用层攻击行为，势必带来性能的下降，突破应用层安全与效率之间的矛盾，是防火墙面临的最大挑战。在实现对应用层的内容智能过滤与检测方面，防火墙还有很长的路要走。

（4）提供防病毒的功能。已经有多种防火墙集成了防病毒功能。但是，病毒作为应用层的内容，其变化非常快，差异也较大。最有效的病毒查杀还是应该在桌面进行。据了解，目前提供防病毒功能的防火墙，其性能下降都非常快。一般吞吐率只能在 20Mb/s 之内。这样的性能只能满足中小型企业网的需要。在高端防火墙上提供防病毒功能是不太现实的，集成了防病毒功能的防火墙将多是低端防火墙。

2. 集成化管理

防火墙的另一个发展趋势是与多个安全产品实现集成化管理。单靠一个安全产品是不能解决所有安全问题的，防火墙不可能是万能的，必须将多个安全产品配合起来使用，才能达到立体的防御效果。

3. 分布式体系结构

在防火墙体系结构方面，对分布式防火墙将会有一定的需求。传统的防火墙通常都设置在网络的边界位置，这种结构下，防火墙主要用来防外，而不是用来防内。但实际上，恶意攻击不仅来自于外网，内网同样存在大量攻击行为。对于这种问题，边界式防火墙处理起来是比较困难的，所以现在越来越多的防火墙产品也开始体现出一种分布式结构。

综上所述，为了满足日益增长的安全需求，防火墙将朝着更高速、多功能、更安全的方向发展，为网络安全保护起更大的作用。

5.3　防火墙体系结构

如前所述，最简单的防火墙就是一台屏蔽路由器（Screening Router），单纯由屏蔽路由器构成的防火墙并不十分安全，一旦屏蔽路由器被攻陷就会对整个网络产生威胁，所以一般不会使用这种结构。目前使用的防火墙大都采用以下几种体系结构：

- 双重宿主主机结构。
- 屏蔽主机结构。
- 屏蔽子网结构。

5.3.1　双重宿主主机结构

双重宿主主机结构是围绕双宿主机来构筑的。

双宿主机（Dual-Homed Host），又称堡垒主机（Bastion Host），是一台至少配有两个网络接口的主机，它可以充当与这些接口相连的网络之间的路由器，在网络之间发送数据包。一般情况下双宿主机的路由功能是被禁止的，这样可以隔离内部网络与外部网络之间的直接通信，从而达到保护内部网络的作用。

双重宿主主机结构如图 5-2 所示，一般是用一台装有两块网卡的堡垒主机做防火墙。两块网卡各自与内部网络和外部网络相连。堡垒主机上运行着防火墙软件，可以转发应用程序、提供服务等。

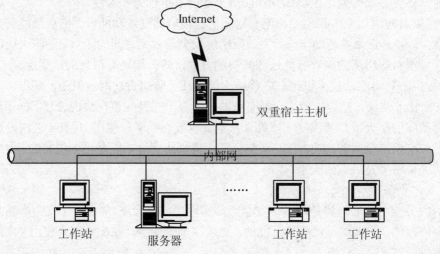

图 5-2　双重宿主主机结构

双宿主机防火墙优于屏蔽路由器的地方是：堡垒主机的系统软件可用于维护系统日志，这对于日后的安全检查很有用。

双宿主机防火墙的一个致命弱点是：一旦入侵者侵入堡垒主机并使其具有路由功能，则任何外网用户均可以随便访问内网。

堡垒主机是用户的网络上最容易受侵袭的机器，要采取各种措施来保护它。设计时有两条基本原则：第一，堡垒主机要尽可能简单，保留最少的服务，关闭路由功能；第二，随时作好准备，修复受损害的堡垒主机。

5.3.2　屏蔽主机结构

屏蔽主机结构（Screened Host Structure），又称主机过滤结构。

屏蔽主机结构需要配备一台堡垒主机和一个有过滤功能的屏蔽路由器，如图 5-3 所示。屏蔽路由器连接外部网络，堡垒主机安装在内部网络上。通常在路由器上设立过滤规则，并使堡垒主机成为从外部网络唯一可直接到达的主机。入侵者要想入侵内部网络，必须通过屏蔽路由器和堡垒主机两道屏障，所以屏蔽主机结构比双重宿主主机结构具有更好的安全性和可用性。

在屏蔽路由器上的数据包过滤是按这样一种方法设置的：堡垒主机是外网主机连接到内部网络的桥梁，并且仅有某些确定类型的连接被允许（例如，传送进来的电子邮件）。任何外部网络如果试图访问内部网络，必须连接到这台堡垒主机上。因此，堡垒主机需要拥有高等级的安全。

在屏蔽路由器中数据包过滤可以按下列之一配置：

（1）允许其他的内部主机为了某些服务（如 Telnet）与外网主机连接。

（2）不允许来自内部主机的所有连接（强迫那些主机必须经过堡垒主机使用代理服务）。

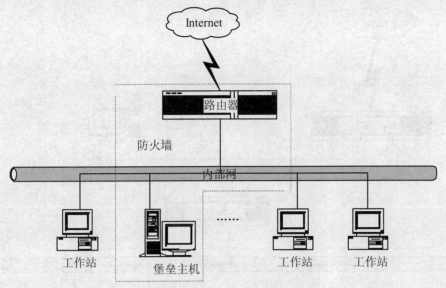

图 5-3 屏蔽主机结构

用户可以针对不同的服务混合使用这些手段，某些服务可以被允许直接经由数据包过滤，而其他服务可以被允许仅间接地经过代理。这完全取决于用户实行的安全策略。

屏蔽主机结构的主要缺点是：如果入侵者有办法侵入堡垒主机，而且在堡垒主机和其他内部主机之间没有任何安全保护措施的情况下，整个网络对入侵者是开放的。

5.3.3 屏蔽子网结构

堡垒主机是内部网络上最容易受侵袭的机器，即使用户采取各种措施来保护它，它仍有可能被入侵。在屏蔽主机结构中，如果有人能够侵入堡垒主机，那他就可以毫无阻挡地进入内部网络。因为该结构中在屏蔽主机与其他内部机器之间没有特殊的防御手段，内部网络对堡垒主机不做任何防备。

屏蔽子网结构（Screened Subnet Structure）可以改进这种状况，它在屏蔽主机结构的基础上添加额外的安全层，即通过添加周边网络（即屏蔽子网）更进一步地把内部网络与外部网络隔离开。

一般情况下，屏蔽子网结构包含外部和内部两个路由器。两个屏蔽路由器放在子网的两端，在子网内构成一个"非军事区"DMZ。有的屏蔽子网中还设有一台堡垒主机作为唯一可访问点，支持终端交互或作为应用网关代理。这种配置的危险地带仅包括堡垒主机、子网主机及所有连接内网、外网和屏蔽子网的路由器。

屏蔽子网结构的最常见的形式如图 5-4 所示，两个屏蔽路由器都连接到周边网络，内部路由器位于周边网络与内部网络之间，外部路由器位于周边网络与外部网络（通常为 Internet）之间。

通过在周边网络上用两个屏蔽路由器隔离堡垒主机，能减少堡垒主机被侵入的危害程度。外部路由器保护周边网络和内部网络免受来自 Internet 的侵犯，内部路由器保护内部网络免受来自 Internet 和周边网络的侵犯。为了侵入使用这种防火墙的内部网络，入侵者必须要通过两个屏蔽路由器。即使入侵者能够侵入堡垒主机，内部路由器也将会阻止他入侵内部网络。

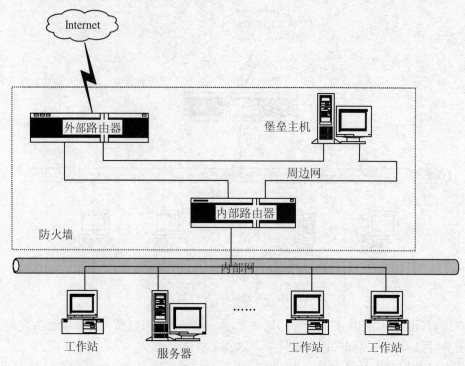

图 5-4　屏蔽子网结构

5.3.4　防火墙的组合结构

建造防火墙时，一般很少采用单一的结构，通常是多种结构的组合。这种组合主要取决于网管中心向用户提供什么样的服务，以及网管中心能接受什么等级的风险。采用哪种技术还取决于经费、投资的大小或技术人员的技术、时间等因素。一般有以下几种形式：

（1）使用多堡垒主机。

（2）合并内部路由器与外部路由器。

（3）合并堡垒主机与外部路由器。

（4）合并堡垒主机与内部路由器。

（5）使用多台内部路由器。

（6）使用多台外部路由器。

（7）使用多个周边网络。

（8）使用双重宿主主机与屏蔽子网。

5.4　内部防火墙

传统的防火墙设置在网络边界，在内部网络和外部网络之间构成一道屏障，保护内部网络免受外部网络的侵扰，所以称为边界防火墙（Perimeter Firewall）。

实际上，各种不同类型的边界防火墙都是基于一个共同的假设，那就是防火墙把内部网络一端的用户看成是可信任的，而外部网络一端的用户则都被作为潜在的攻击者来对待。边界防火墙并不能确保内部用户之间的安全访问。内部网络中每一个用户的安全要求是不一样的，一些机密信息（如财务、人事档案等）就要求较高的安全等级，否则一旦遭到攻击就会造成巨大损失。这种攻击可能来自外网，也可能来自内网，据统计，80%的攻击来自内部。对于来自内部的攻击，边界防火墙是无能为力的。

为了机密信息的安全，还需要对内网的部分主机再加以保护，使之免受内部用户的侵袭。可以将内部网络的一部分与其余部分隔离，在内部网络的两个部分之间再建立防火墙，称之为内部防火墙。

建立内部防火墙，可以使用分布式防火墙、嵌入式防火墙等新的产品。

5.4.1　分布式防火墙（Distributed Firewall）

1. 分布式防火墙简介

分布式防火墙是一种全新的防火墙概念，是比较完善的一种防火墙技术，它是在边界防火墙的基础上开发的，目前主要以软件形式出现。

分布式防火墙是一种主机驻留式的安全系统，用以保护内部网络免受非法入侵的破坏。分布式防火墙把 Internet 和内部网络均视为"不友好的"，对所有的信息流进行过滤与限制，无论是来自 Internet，还是来自内部网络。它们对个人计算机进行保护的方式如同边界防火墙对整个网络进行保护一样。

分布式防火墙克服了操作系统具有的安全漏洞，如 DoS（拒绝服务），从而使操作系统得到强化。分布式防火墙对每个主机都能进行专门的保护。

2. 分布式防火墙的体系结构

分布式防火墙包含以下三个部分：

（1）网络防火墙（Network Firewall）：这一部分有的公司采用的是纯软件方式，有的公司可以提供相应的硬件支持。它用于内部网与外部网之间，以及内部网络各子网之间。与边界防火墙相比，它多了一种用于内部子网之间的安全防护层，这样整个网络的安全防护体系就显得更加全面，更加可靠。其功能与传统的边界式防火墙类似。

（2）主机防火墙（Host Firewall）：同样也有纯软件和硬件两种产品，用于对网络中的服务器和工作站进行防护。这是边界防火墙所不具有的功能，是对边界防火墙在安全体系方面的一个完善。它作用在同一内部子网之间的各工作站与服务器之间，以确保内部网络的安全。

（3）中心管理（Central Management）：这是一种服务器软件，负责总体安全策略的策划、管理、分发及日志的汇总。这样防火墙就可以进行智能管理，提高了防火墙的安全防护灵活性，具备可管理性。

3. 分布式防火墙的主要特点

综合起来这种新的防火墙技术具有以下几个主要特点：

（1）主机驻留。分布式防火墙最主要的特点就是采用主机驻留方式，所以称之为"主机防火墙"。它驻留在被保护的主机上，该主机以外的网络不管是处在网络内部还是网络外部都认为是不可信任的，因此可以针对该主机设定针对性很强的安全策略。主机防火墙使安全策略不仅停留在内网与外网之间，而是把安全策略延伸到网络中的每台主机。

（2）嵌入操作系统内核。这主要是针对目前的纯软件式分布式防火墙来说的，操作系统自身存在许多安全漏洞是众所周知的，运行在其上的应用软件无一不受到威胁。分布式主机防火墙也运行在该主机上，所以其运行机制是主机防火墙的关键技术之一。为了自身的安全和彻底堵住操作系统的漏洞，主机防火墙的安全监测核心引擎要以嵌入操作系统内核的形态运行，直接接管网卡，在把所有数据包进行检查后再提交给操作系统。

（3）类似于个人防火墙。个人防火墙是一种软件防火墙产品，是在分布式防火墙之前已经出现的一类防火墙产品，用来保护单一主机系统。针对桌面应用的主机防火墙与个人防火墙有相似之处，如它们都对应个人系统，但其差别又是本质性的。首先它们的管理方式不同，个人防火墙的安全策略由系统使用者自己设置，目标是防外部攻击，而针对桌面应用的主机防火墙的安全策略由整个系统的管理员统一安排和设置，除了对该桌面机起到保护作用外，也可以对该桌面机的对外访问加以控制，并且这种安全机制是桌面机的使用者不可见和不可改动的。其次，不同于个人防火墙面向个人用户，针对桌面应用的主机防火墙是面向企业级客户的，它与分布式防火墙其他产品共同构成一个企业级应用方案，形成一个安全策略中心统一管理、安全检查机制分散布置的分布式防火墙体系结构。

（4）适用于服务器托管。因特网和电子商务的发展促进了因特网数据中心的迅速崛起，其主要业务之一就是服务器托管服务。对服务器托管用户而言，该服务器逻辑上是其企业网的一部分，只不过物理上不在企业内部。对于纯软件式的分布式防火墙，用户只需在该服务器上安装主机防火墙软件，并根据该服务器的应用设置安全策略即可，并可以利用中心管理软件对该服务器进行远程监控。对于硬件式的分布式防火墙，因为通常做成 PCI 卡式，所以可以直接插在服务器机箱里面，对企业来说更加实惠。

4. 分布式防火墙的优势

分布式防火墙代表新一代防火墙技术的潮流，它可以在网络的任何交界和结点处设置屏障，从而形成一个多层次、多协议、内外皆防的全方位安全体系。其主要优势如下：

（1）增强的系统安全性。分布式防火墙增加了针对主机的入侵检测和防护功能，加强对来自内部攻击的防范，可以实施全方位的安全策略。

分布式防火墙将防火墙功能分布到网络的各个子网、桌面系统、笔记本电脑以及服务器上，使用户可以方便地访问信息，而不会将网络的其他部分暴露在非法入侵者面前。分布式防火墙还可以避免由于某一台主机受到入侵而导致入侵向整个网络蔓延情况的发生。

（2）提高系统性能。分布式防火墙从根本上去除单一的接入点，消除结构性瓶颈问题，提高系统性能。另一方面分布式防火墙可以针对各个服务器及终端计算机的不同需要，对防火墙进行最佳配置，配置时能够充分考虑到这些主机上运行的应用，在保障网络安全的前提下大大提高网络运转效率。

（3）系统的扩展性。分布式防火墙为系统扩充提供安全防护无限扩充的能力。因为分布式防火墙分布在整个企业的网络中，所以它具有无限制的扩展能力。随着网络的增长，它们的处理负荷也在网络中进一步分布，因此它们可以持续保持高性能，而不会像边界式防火墙一样随着网络规模的增大而不堪重负。

（4）应用更为广泛，支持 VPN 通信。分布式防火墙最重要的优势在于，它能够保护物理上不属于内部网络、但位于逻辑上的"内部"网络的那些主机，这种需求随着 VPN 的发展越来越多。对这个问题的传统处理方法是将远程"内部"主机和外部主机的通信依然通过防火墙隔离来控制接入，而远程"内部"主机和防火墙之间采用"隧道"技术保证安全性，这种方法使原本可以直接通信的双方必须绕经防火墙，不仅效率低而且增加了防火墙过滤规则设置的难度。与之相反，对分布式防火墙而言，远程"内部"主机与物理上的内部主机没有任何区别，它从根本上防止了这种情况的发生。

5.4.2 嵌入式防火墙（Embedded Firewall）

目前分布式防火墙主要是以软件形式出现的，也有一些网络设备开发商（如 3Com、Cisco 等）开发生产了硬件分布式防火墙，做成 PCI 卡或 PCMCIA 卡的形式，将分布式防火墙技术集成在硬件上（一般可以兼有网卡的功能），通常称之为嵌入式防火墙。

对于那些安全性要求较高的单位（如政府机构、金融机构、保险服务机构）来说，嵌入式防火墙是他们的最佳选择。同时，嵌入式防火墙也能够为那些需要在家里访问公司局域网的远程办公用户提供保护。

由于大部分住户的因特网服务都运行在开放的链路上，并且没有高级安全手段加以保护，家庭计算机非常容易受到黑客的攻击。如果这些家庭办公人员使用宽带接入方式，他们所面临的网络安全风险将更大。这些永远在线的宽带链路比拨号调制解调器更容易受到攻击，因为它们使计算机 24 小时都与因特网保持互联。电话拨号服务通常在用户每次接入因特网的时候为用户分配一个新的 IP 地址，但宽带服务提供商通常为每一个用户分配一个永久固定的 IP 地址，从而使黑客非常容易锁定他们的计算机，然后控制这些"僵尸"计算机去进行分布式拒绝服务攻击。

嵌入式防火墙能将网络安全延伸到边界防火墙的范围之外，并分布到网络的每个结点。安全性措施在 PC 系统上执行，但是却由嵌入式防火墙的硬件系统来实施，整个过程独立于主机系统之外。这一策略使企业网络几乎不受任何恶意代码或黑客攻击的威胁。即使攻击者完全通过防火墙的防护并取得运行防火墙主机的控制权，他们也将寸步难行，因为他们不能关闭嵌入式防火墙。

嵌入式防火墙的代表产品是 3Com 公司的 3Com 10/100 安全服务器网卡（3Com 10/100 Secure Server NIC）、3Com 10/100 安全网卡（3Com 10/100 Secure NIC）以及 3Com 公司嵌入式防火墙策略服务器（3Com Embedded Firewall Policy Server）。

5.4.3 个人防火墙

几年前，个人用户的计算机系统只要安装了具有实时监控功能的防病毒软件，似乎就能高枕无忧。但现在情况发生了很大的变化，宽带接入方式的大量采用，把越来越多的家庭与 Internet 连在一起。个人用户除了浏览网站、查询信息之外，还常常用信用卡进行网上支付、买卖股票或者通过在线银行进行转账等。在这种情况下，个人计算机除了受病毒的威胁外，还面临着无处不在的黑客攻击。一旦黑客们侵入个人用户的计算机，他们就可能窃取用户的银行账号、信用卡号码，给用户造成极大的损失。

前面讲的防火墙都是为局域网用户提供安全保障的，价格都很高，个人用户不可能购买。对个人用户来说，个人防火墙是比较好的选择。

个人防火墙是安装在个人计算机里的一段程序，把个人计算机和 Internet 分隔开。它检查进出防火墙的所有数据包，决定该拦截某个包还是将其放行。在不妨碍正常上网浏览的同时，阻止 Internet 上的其他用户对个人计算机进行的非法访问。

在个人计算机上安装个人防火墙带来的好处是显而易见的。例如，如果个人计算机被植入了黑客程序，一旦该程序启动，个人防火墙就会及时报警并禁止该程序与外界的数据传送。

该领域在国外发展得比较快，知名品牌比较多，如 LOCKDOWN、NORTON 等。国内也涌现了天网个人版防火墙等优秀品牌，而且在实用性能上并不比国外知名品牌逊色，读者可以到相关网站上去下载试用。

5.5　防火墙产品介绍

防火墙是一种综合性的技术，涉及计算机网络技术、密码技术、安全技术、软件技术、安全协议等多方面。在国外，近几年防火墙发展迅速，产品众多，更新换代快，并不断有新的信息安全技术和软件技术应用在防火墙的开发上，这些技术包括包过滤、代理服务器、VPN、状态监测、加密技术、身份认证等。

从 1991 年 6 月 ANS 公司的第一个防火墙产品 ANS Interlock Service 防火墙上市以来，到目前为止，世界上至少有几十家公司和研究所在从事防火墙技术的研究和产品开发。包过滤防火墙的代表产品是以色列 Check Point 公司的 FireWall-1 防火墙和美国 Cisco 公司的 PIX 防火墙，应用层网关防火墙的代表产品是美国 NAI 公司的 Gauntlet 防火墙。

国内也已经开始了这方面的研究，北京邮电大学信息安全中心的 PC 防火墙、北京天融信公司的"网络卫士"防火墙、广州众达天网技术有限公司的天网防火墙、北京大学青鸟的内部网保密网关防火墙、东北大学软件中心的 NetEye 防火墙等先后开发成功。

5.5.1　FireWall-1

Check Point 公司的系列防火墙产品可用于各种平台上，其中 FireWall-1 是最为流行、市场占有率最高的一种。据 IDC 的最近统计，FireWall-1 防火墙在市场的占有率已超过 32%，《财富》排名前 100 的大企业里近 80%选用了 FireWall-1 防火墙。

1. FireWall-1 产品组成

FireWall-1 产品包括以下模块：

（1）基本模块。

- 状态检测模块（Inspection Module）：用于提供访问控制、客户机认证、会话认证、地址翻译和审计功能。
- 防火墙模块（FireWall Module）：包含一个状态检测模块，另外提供用户认证、内容安全和多防火墙同步功能。
- 管理模块（Management Module）：对一个或多个安全策略执行点（安装了 FireWall-1 的某个模块，如状态检测模块、防火墙模块或路由器安全管理模块等的系统）提供集中的、图形化的安全管理功能。

（2）可选模块。

- 连接控制模块（Connection Control Module）：为提供相同服务的多个应用服务器提供负载平衡功能。
- 路由器安全管理模块（Router Security Management Module）：提供通过防火墙管理工作站配置、维护 3Com、Cisco、Bay 等公司的路由器的安全规则。

（3）其他模块，如加密模块等。

2．企业级防火墙安全管理

FireWall-1 允许企业定义并执行统一的防火墙中央管理安全策略。

企业的防火墙安全策略都存放在防火墙管理模块的一个规则库里。规则库里存放的是一些有序的规则，每条规则分别指定了源地址、目的地址、服务类型（HTTP、FTP、Telnet 等）、针对该连接的安全措施（放行、拒绝、丢弃或者是需要通过认证等）、需要采取的行动（日志记录、报警等）以及安全策略执行点（是在防火墙网关还是在路由器或者其他保护对象上实施该规则）。

FireWall-1 管理员通过一个防火墙管理工作站管理该规则库，建立、维护安全策略，加载安全规则到装载了防火墙或状态检测模块的系统上。这些系统和管理工作站之间的通信必须先经过认证，然后通过加密信道传输。

FireWall-1 的管理模块提供了以下直观的图形用户界面（GUI），为集中管理、执行企业安全策略提供了强有力的工具：

- 安全策略编辑器：维护被保护对象，维护规则库，添加、编辑、删除规则，加载规则到安装了状态检测模块的系统上。
- 日志管理器：提供可视化的对所有通过防火墙网关的连接的跟踪、监视和统计信息，提供实时报警和入侵检测阻断功能。
- 系统状态查看器：提供实时的系统状态查看、审计和报警功能。

3．FireWall-1 的功能特点

（1）对应用程序的广泛支持。FireWall-1 支持的应用程序、服务和协议多达 120 多种，比其他同类产品都多。FireWall-1 既支持 Internet 的主要服务（如 HTTP、E-mail、FTP、Telnet 等）和基于 TCP 协议的应用程序，又支持基于 PRC 和 UDP 非连接协议的应用程序，而且支持刚出现的如 Oracle SQL Net 数据库访问这样的商务应用程序以及 Real Audio 和 Internet Phone 这样的多媒体应用程序。

FireWall-1 的开放式结构设计为扩充新的应用程序提供了便利。新服务可以在弹出式窗口中直接加入，也可以使用 INSECT（Check Point 功能强大的编程语言）来加入。FireWall-1 的这种扩充功能可以有效地适应时常变化的网络安全要求。

（2）集中管理下的分布式客户机/服务器结构。FireWall-1 采用的是集中控制下的分布式客户机/服务器结构，性能好，配置灵活。公司内部网络可以设置多个 FireWall-1 模块，由一个工作站负责监控。对于受安全保护的信息，客户只有在获得授权后才能访问它。灵活的配置和可靠的监控使得 FireWall-1 成为 Internet 单网关或整个企业网安全保障的首选产品。

（3）网络安全的新模式——Stateful Inspection 技术。Stateful Inspection 采用了一个检测模块。检测模块在不影响网络正常工作的前提下，采用抽取相关数据的方法对网络通信的各层实施监测，抽取部分数据（状态信息）并动态地保存起来作为以后制定安全决策的参考。检测模块支持多种协议和应用程序，并可以很容易地实现应用和服务的扩充。FireWall-1 的"状态监视技术"的工作性能超过传统的防火墙达两倍以上。FireWall-1 在通信网络层截取数据包，然后在所有的通信层上抽取有关的状态信息，据此分析该通信是否符合安全政策。与其他安全方案不同，当用户访问到达网关的操作系统前，Stateful Inspection 要抽取有关数据进行分析，结合网络配置和安全规定作出接纳、拒绝、鉴定等决定。一旦某个访问违反安全规定，安全报警就会拒绝该访问，并作记录向系统管理器报告网络状态。

（4）远程网络访问的安全保障（FireWall-1 SecuRemote）。远程网络访问的安全保障系统采用透明客户加密技术，通过拨号方式与 Internet 连接，实现世界范围内可靠的加密通信。当前，衡量一个企业网点的工作性能首先要看它是否能够为远程工作站、移动用户提供安全的访问服务。FireWall-1 严格的鉴定过程和加密服务恰好能满足这一要求。FireWall-1 面向用户的图形界面可以很容易修改安全策略，它的 Log Viewer 可以监视网上的通信情况。

（5）附加安全措施。

- 防电子欺骗术：FireWall-1 的防电子欺骗术功能保证数据包的 IP 地址与网关接口相符，防止通过修改 IP 地址的方法进行非授权访问。FireWall-1 还会对可疑信息进行鉴别，并向网络管理员报警。
- 网络地址转换：FireWall-1 的地址转换是指对 Internet 隐藏内部地址，防止内部地址公开。这一功能克服了 IP 寻址方式的诸多控制，完善了内部寻址模式。把未注册的 IP 地址映射成合法地址，就可对 Internet 进行访问。
- 路由器安全管理程序：FireWall-1 的路由器安全管理器是一个供选择的模块，它为 Bay 和 Cisco 的路由器提供集中管理和访问列表控制。FireWall-1 的图形界面和功能强大的工具软件使得制定安全政策、管理、审查和报表等工作都很简单直观。

（6）实时报警。网上一旦有可疑情况，FireWall-1 就会向系统管理员报警。功能强大的系统浏览器在一个窗口中显示分布于企业网各处安全网关的活动情况。图标表示各网关的状态，统计计数器则记录检测、拒绝、登录的数据包的数目。Log Viewer 图形化显示各个安全网关的连接请求，并具备集中跟踪、审查和用户报表功能。

（7）内容安全。FireWall-1 的内容安全服务保护网络免遭各种威胁，包括病毒、Java 和 ActiveX 代码攻击等。内容安全服务可以通过定义特定的资源对象，制定与其他安全策略类似的规则来完成。内容安全与 FireWall-1 的其他安全特性集成在一起，通过图形用户界面集中管理。OPSEC 提供应用开发接口（API）以集成第三方内容过滤系统。

FireWall-1 的内容安全服务包括：

- 利用第三方的防病毒服务器，通过防火墙规则配置，扫描通过防火墙的文件，清除计算机病毒。
- 根据安全策略，在访问 Web 资源时，从 HTTP 页面剥离 Java Applet、ActiveX 等小程序及 JavaScript 等代码。
- 用户定义过滤条件，过滤 URL。
- 控制 FTP 的操作，过滤 FTP 传输的文件内容。
- SMTP 的内容安全（隐藏内部地址、剥离特定类型的附件等）。
- 可以设置在发现异常时进行记录或报警。
- 通过控制台集中管理、配置、维护。

综上所述，FireWall-1 为企业提供了全面的安全解决方案，成为企业网络安全的首选产品。

5.5.2　天网防火墙

广州众达天网技术有限公司开发的天网防火墙系列产品功能全面，具有较高的性能。该系列产品提供强大的访问控制、身份认证、网络地址转换（NAT）、数据过滤、虚拟专用网（VPN）、流量控制、虚拟网桥等功能。2000 年天网率先在国内推出首个国产个人防火墙——"天网防火墙个人版",通过中国公安部、中国国家保密局及中国国家信息安全测评认证中心信息安全产品检验标准认证。"天网在线检测系统"提供在线全面的网络计算机安全检测,问世以来已经为互联网用户提供超过 3000 万次网络在线检测,大大推动中国网络安全建设的步伐。但由于企业倒闭,该软件于 2010 年 4 月停止更新。与国内外的防火墙产品相比较,天网防火墙有以下突出的技术优势和特点:

(1)特有的 DoS、DDoS 攻击防御网关(专利技术),可以有效地抵御各种 DoS、DDoS 攻击。

天网防火墙采用经过优化的 TCP 连接监控方式来保护防火墙内的脆弱机器。这种算法的特点是在处理 TCP 连接请求时,在确定连接请求是否合法以前,用户端与服务端是隔断的。这就使 DoS 攻击者在发动攻击时并不能直接连接到防火墙内部的机器,所以攻击者所发出的所有 DoS 攻击包只能到达防火墙,从而保护了防火墙内部的机器不会受到 DoS 攻击。而且,天网防火墙通过高效的算法提供超过 30 万以上的同时连接数的容量,为数据传输的高效和可靠提供了强有力的保障。

(2)完全支持高保密的 VPN 功能。天网防火墙采用符合 IPSEC 标准的高保密性虚拟专用系统,系统支持多种加密算法,使系统具有完善的安全特征,保证了数据的真实性、完整性和机密性。

(3)先进的负载分担能力。负载分担系统主要是将集中在一台服务器上的用户服务请求分发到多台服务器。天网防火墙采用分布式方案,可以根据服务器的负载情况,自动选择负载最小的服务器,将用户的服务请求发送到该机器上。可以自动检测服务器的可用性,当某一台服务器出现故障时,分布式系统会自动绕开发生故障的机器,不会将用户的服务请求发送到该机器上,保证了系统的正常运作。天网防火墙负载分担模块在设计时采用了高性能的专用散列算法,保证系统即使在处理大量的用户(每秒同时连接数大于 30000 用户)时,网络效率仍然可以达到 80%以上。

(4)特有的 TCP 标志位检测功能。天网防火墙系统通过在安全规则上的设置对数据包的 SYN/ACK 等标志位进行合法性检测和判断。防止不法攻击者利用常用服务的低端口与内部主机的高端口的连接,攻击内部主机。

(5)强大的 URL 级拦截与内容过滤技术。天网防火墙系统中采用分布式并行处理结构的计算机辅助监管、URL 级拦截系统。它具有自动的信息地址监管功能,并且可以对 URL 访问进行记录统计,即使对想用外部代理的方式绕过安全检查的办法,它也能轻而易举地识破。

(6)独立开发的高效率系统内核。天网防火墙采用专用设计、自主开发的独立操作系统核心 SNOS,使得它有着最贴近系统底层的高效率。

另外,天网防火墙还实现了方便的地址转换(NAT)、透明代理、透明网桥、网络黑洞、双机热备份等技术。天网防火墙全中文的基于 Web 的网络管理界面,使用起来简单方便。

5.5.3 WinRoute 防火墙

WinRoute 是由 Kerio Technologies 公司提供的一款防火墙产品,可以在其公司网站 www.kerio.com 上下载防火墙软件的试用版。从 Kerio WinRoute Firewall 7 开始,该产品正式更名为 Kerio Control 7。WinRoute 是一个能够实现公司多台计算机共享一个单一的 Internet 连接上网的代理服务器(Proxy Server)的防火墙,同时也是一个获得 ICSA 认证的企业级的防火墙，它的防火墙能力使其成为其他硬件和软件防火墙的有力竞争者。WinRoute 6 不仅是一个防火墙软件，它还支持使用 SSL VPN 从远程安全地连接到内网。该软件还具有病毒扫描功能，可以帮助用户监控 E-mail、HTTP 和 FTP 传输的数据中是否含有病毒。其基本特性包括：

（1）对互联网的访问是透明的。

利用 NAT 技术，本地私有网络可以通过一个单独的公共 IP 地址连接到互联网。与代理服务器不同，NAT 技术使任意局域网内部的主机能够访问所有的互联网服务和运行标准的网络应用，就像主机直接连接到互联网一样。

（2）安全性。

不管是使用 WinRoute 的 NAT 功能或是被用作中立路由器，集成的防火墙能保护所有本地网络中的主机，WinRoute 提供了与许多昂贵的硬件防火墙相同的保护标准。

（3）中继控制标记。

WinRoute 中所有的安全设置都是通过所谓的流量策略规则来管理的。这些规则既可以防止外部的入侵又可以保证轻松地访问所有运行在受保护的本地网络中的服务。流量策略中的通信规则还可以限制本地用户访问互联网上的某些服务。

（4）带宽限制器。

当用户试图下载一个非常大的数据文件时互联网连接容易出现问题，由于这个连接占用了大量的带宽资源，会大大影响其他用户的服务速度。WinRoute 内嵌的带宽限制器模块可以设置带宽与传输的数据量大小成反比，这样可用的剩余带宽能够保持不变，以保证其他服务的稳定。

（5）协议检查器。

对于不支持标准通信或使用不兼容通信协议的情况，WinRoute 使用一个称为协议检查器的模块来解决这个问题。协议检查器能够识别适当的应用协议并动态地修改防火墙的行为，如由服务器临时要求开放某个端口，允许临时访问该端口等。这样的例子包括 FTP 主动模式、PPTP 和 Real Audio 等。

（6）网络配置。

WinRoute 具有内嵌的 DHCP 服务器，它可以从一个单独的中心点为局域网中每个工作站设置 TCP/IP 参数。这样做可以减少设置网络所需要的时间，同时减少产生错误的风险。DNS 转发模块提供了简易的 DNS 配置及快速的 DNS 请求响应。它是一种简单类型的名字服务器缓存，负责将请求中继传递到另一个 DNS 服务器。响应存储在缓存中可以极大地提高对常用请求的响应速度。与 DHCP 服务器和系统主机文件相配合，DNS 转发模块还可以用作本地域的动态 DNS 服务器。

（7）远程管理。

一个独立的 Kerio 管理控制台用来管理所有的 Kerio 服务器产品，所有的设置都在管理控制台中完成。管理控制台可以运行在安装 WinRoute 的工作站上或另一个在本地网络或互联网中的主机上。WinRoute 和管理控制台之间的通信是加密的，以防止被窃听或滥用。

（8）支持本地网络中的不同操作系统。

WinRoute 在标准的 TCP/IP 协议下工作，对于局域网工作站来说，它是一个标准的路由器，无需在工作站上安装任何特殊的客户端应用，因此局域网中的工作站可以运行任何使用 TCP/IP 的操作系统，如 Windows、UNIX/Linux、Mac OS 等。需要注意的一点是，WinRoute

不支持 TCP/IP 之外的协议集，如 IPX/SPX、NetBEUI、AppleTalk 等。

　　另外，WinRoute 6 还提供了一些附加的性质，如 HTTP 和 FTP 过滤、病毒控制、对 Active Directory 的透明支持、邮件报警、P2P 网络阻断、用户限额、统计报告、完整的 Kerio VPN 等。

习题 5

一、思考题

1. 解释下列概念：

　　防火墙　　外部网络　　内部网络　　包过滤　　代理服务器　　非军事区

　　状态检测技术　　边界防火墙　　分布式防火墙　　嵌入式防火墙　　个人防火墙

2. 防火墙基本安全策略是指哪两种？

3. 简述防火墙的功能。

4. 一个好的防火墙系统应具有哪些特性？

5. 病毒防火墙与传统意义上的防火墙有哪些不同？

6. 防火墙有哪些优点和缺点？举例说明什么样的攻击是防火墙无法防范的。

7. 简述包过滤防火墙的工作原理。

8. 包过滤防火墙有哪些优点和缺点？

9. 包过滤防火墙的发展经历了哪几代技术？

10. 举例说明动态包过滤技术有什么优势。

11. 举例说明状态检测技术的防火墙具有哪些控制能力。

12. 举例说明深度包检测防火墙的优势。

13. 简述代理服务器的基本工作过程。

14. 代理服务器有哪些优缺点？

15. 自适应代理技术有哪些优点？

16. 防火墙的体系结构一般有哪几种？各有什么特点？

17. 简述分布式防火墙的主要特点。

18. 列举几种当前比较流行的防火墙产品，并了解其功能及特点。

二、实践题

1. 以一个企业或校园网络为例，根据其安全需求为该网络设计和配置合适的防火墙系统。

2. 下载 WinRoute 防火墙软件试用版及使用手册，练习 WinRoute 防火墙及代理服务器的配置方法。

3. 查找资料，结合当前防火墙产品的功能、所采用的技术、安全市场需求及所占市场份额等信息，分析防火墙技术的发展现状和趋势。

第 6 章　网络攻击和防范

　　孙子云："知己知彼，百战不殆。"本章介绍黑客和网络攻击的一些基础知识，同时对一些常用的攻击手段和攻击技术做进一步的讨论，并给出相应的防范措施。通过本章的学习，应达到以下目标：
- 了解黑客与网络攻击的基础知识
- 掌握口令攻击、端口扫描、缓冲区溢出、网络监听、特洛伊木马等攻击方式的原理、方法及危害
- 能够识别和防范各类攻击
- 了解入侵检测系统的原理及应用

6.1　网络攻击概述

6.1.1　关于黑客

　　黑客（hacker），源于英语动词 hack，意为"劈，砍"，引申为"干了一件非常漂亮的工作"。原指那些熟悉操作系统知识、具有较高的编程水平、热衷于发现系统漏洞并将漏洞公开与他人共享的一类人。黑客们通过自己的知识体系和编程能力去探索和分析系统的安全性及完整性，一般没有窃取和破坏数据的企图。目前许多软件存在的安全漏洞都是黑客发现的，这些漏洞被公布后，软件开发者就会对软件进行改进或发行补丁程序。因而黑客的工作在某种意义上是有创造性和有积极意义的。

　　一般认为，黑客起源于 20 世纪 50 年代麻省理工学院的实验室，他们精力充沛，热衷于解决难题。二十世纪六七十年代，"黑客"一词极富褒义，用于指代那些独立思考、奉公守法的计算机迷，他们智力超群，对电脑全身心投入，从事黑客活动意味着对计算机的最大潜力进行智力上的自由探索，为电脑技术的发展做出巨大贡献。正是这些黑客，倡导了一场个人计算机革命，倡导了现行的计算机开放式体系结构，并打破以往计算机技术只掌握在少数人手里的局面，开创了个人计算机的先河，提出"计算机为人民所用"的观点，他们是电脑发展史上的英雄。现在"黑客"使用的侵入计算机系统的基本技巧，例如破解口令（password cracking）、开天窗（trapdoor）、走后门（backdoor）、安放特洛伊木马（Trojan Horse）等，都是在这一时期发明的。从事黑客活动的经历，成为后来许多计算机业巨子简历上不可或缺的一部分。苹果公司创始人之一乔布斯就是一个典型的例子。

　　在 20 世纪 60 年代，计算机还远未普及，还没有多少存储重要信息的数据库，也谈不上黑客对数据的非法拷贝等问题。到了二十世纪八九十年代，计算机越来越重要，大型数据库

也越来越多，同时，信息越来越集中在少数人的手里。这样一场新时期的"圈地运动"引起黑客们的极大反感。黑客认为，信息应共享而不应被少数人所垄断，于是他们将注意力转移到涉及各种机密的信息数据库上。而这时，电脑化空间已私有化，成为个人拥有的财产，社会不能再对黑客行为放任不管，而必须采取行动，利用法律等手段来进行控制。黑客活动受到空前的打击。

但是，在当今社会，政府和公司的管理者越来越多地要求黑客传授他们有关电脑安全的知识。许多公司和政府机构已经邀请黑客为他们检验系统的安全性，甚至还请他们设计新的保安规程。在两名黑客连续发现网景公司设计的信用卡购物程序的缺陷并向商界发出公告之后，网景修正了缺陷并宣布举办名为"网景缺陷大奖赛"的竞赛，那些发现和找到该公司产品中安全漏洞的黑客可获得 1000 美元的奖金。无疑黑客正在对电脑防护技术的发展作出贡献。

那些怀不良企图，非法侵入他人系统进行偷窥、破坏活动的人为 cracker、intruder，我们称之为"入侵者"或"骇客"。他们也具备广泛的电脑知识，但与黑客不同的是他们以破坏为目的，据统计全球每 20 秒就有一起系统入侵事件发生，仅美国一年所造成的经济损失就超过100 亿美元。当然还有一种人介于黑客与入侵者之间。但在大多数人眼里，黑客就是指入侵者，因而在本书中出现的"黑客"一词，也作为与"入侵者"、"攻击者"同一含义的名词来理解。

6.1.2　黑客攻击的步骤

1. 收集信息

收集要攻击的目标系统的信息，包括目标系统的位置、路由、目标系统的结构及技术细节等。可以用以下的工具或协议来完成信息收集。

Ping 程序：用于测试一个主机是否处于活动状态及主机响应所需要的时间等。

Tracert 程序：可以用该程序来获取到达某一主机经过的网络及路由器的列表。

Finger 协议：用于取得某一主机上所有用户的详细信息。

DNS 服务器：该服务器提供系统中可以访问的主机的 IP 地址和主机名列表。

SNMP 协议：可以查阅网络系统路由器的路由表，从而了解目标主机所在网络的拓扑结构及其他内部细节。

Whois 协议：该协议的服务信息能提供所有有关的 DNS 域和相关的管理参数。

2. 探测系统的安全弱点

入侵者根据收集到的目标网络的有关信息，对目标网络上的主机进行探测，以发现系统的弱点和安全漏洞。发现系统弱点和漏洞的主要方法有：

（1）利用"补丁"找到突破口。对于已发现存在安全漏洞的产品或系统，开发商一般会发行"补丁"程序，以弥补这些安全缺陷。但许多用户没有及时地使用"补丁"程序，这就给攻击者以可趁之机。攻击者通过分析"补丁"程序的接口，自己编写程序通过该接口入侵目标系统。

（2）利用扫描器发现安全漏洞。扫描器是一种常用的网络分析工具。这类工具可以对整个网络或子网进行扫描，寻找安全漏洞。扫描器的使用价值具有两面性，系统管理员使用扫描器可以及时发现系统存在的安全隐患，从而完善系统的安全防御体系；而攻击者使用此类工具，用于发现系统漏洞，则会给系统带来巨大的安全隐患。目前比较流行的扫描器有因特网安全扫描程序 ISS（Internet Security Scanner）、安全管理员网络分析工具 SATAN（Security Administrator Tool for Analyzing Networks）等。

3. 实施攻击

攻击者通过上述方法找到系统的弱点后，就可以对系统实施攻击。攻击者的攻击行为一般可以分为以下 3 种表现形式：

（1）掩盖行迹，预留后门。攻击者潜入系统后，会尽量销毁可能留下的痕迹，并在受损害系统中找到新的漏洞或留下后门，以备下次光顾时使用。

（2）安装探测程序。攻击者可能在系统中安装探测软件，即使攻击者退出去以后，探测软件仍可以窥探所在系统的活动，收集攻击者感兴趣的信息，如用户名、账号、口令等，并源源不断地把这些秘密传给幕后的攻击者。

（3）取得特权，扩大攻击范围。攻击者可能进一步发现受损害系统在网络中的信任等级，然后利用该信任等级所具有的权限，对整个系统展开攻击。如果攻击者获得根用户或管理员的权限，后果将不堪设想。

6.1.3　网络入侵的对象

了解和分析网络入侵的对象是入侵检测和防范的第一步。网络入侵的对象主要包括以下几种：

（1）固有的安全漏洞。任何软件系统，包括系统软件和应用软件都无法避免地存在安全漏洞。这些漏洞主要来源于程序设计等方面的错误和疏忽，如协议的安全漏洞、弱口令、缓冲区溢出等。这些漏洞给入侵者提供了可乘之机。

（2）系统维护措施不完善的系统。当发现漏洞时，管理人员需要仔细分析危险程序，并采取补救措施。有时虽然对系统进行了维护，对软件进行了更新或升级，但由于路由器及防火墙的过滤规则复杂等问题，系统可能又会出现新的漏洞。

（3）缺乏良好安全体系的系统。一些系统不重视信息的安全，在设计时没有建立有效的、多层次的防御体系，这样的系统不能防御复杂的攻击。缺乏足够的检测能力也是很严重的问题。很多企业依赖于审计跟踪和其他的独立工具来检测攻击，日新月异的攻击技术使这些传统的检测技术显得苍白无力。

6.1.4　主要的攻击方法

1. 获取口令

获取口令一般有 3 种方法：一是通过网络监听非法得到用户口令，这类方法有一定的局限性，但危害性极大，监听者往往能够获得其所在网段的所有用户账号和口令，对局域网安全威胁巨大；二是在知道用户的账号后，利用一些专门软件强行破解用户口令，这种方法不受网段限制，但黑客要有足够的耐心和时间；三是在获得一个服务器上的用户口令文件（在 UNIX 中此文件称为 Shadow 文件）后，用暴力破解程序破解用户口令，该方法的使用前提是黑客获得口令的 Shadow 文件。第三种方法在所有方法中危害最大，因为它不需要像第二种方法那样一遍又一遍地尝试登录服务器，而是在本地将加密后的口令与 Shadow 文件中的口令相比较就能非常容易地破获用户密码，尤其对那些弱口令（如 123456、666666、hello、admin 等），在极短的时间内就能够破解。

2．放置特洛伊木马

特洛伊木马程序是一种远程控制工具，可以直接侵入用户的计算机并进行破坏，它常伪装成工具程序或者游戏，有时也捆绑在某个有用的程序上，诱使用户打开带有特洛伊木马程序的邮件附件或从网上直接下载，一旦用户打开这些邮件的附件或者执行这些程序，木马程序就会留在电脑中，并会在每次计算机启动时悄悄执行。当种有木马的计算机连接到因特网上时，这个木马程序就会通知黑客，泄露用户的 IP 地址以及预先设定的端口。黑客在收到这些信息后，再利用这个潜伏在其中的程序，就可以任意地修改用户计算机的参数设定、复制文件、窥视整个硬盘中的内容等，从而达到控制用户计算机的目的。

3．WWW 的欺骗技术

用户可以利用 IE 浏览器进行各种各样的 Web 站点的访问，如阅读新闻组、咨询产品价格、订阅报纸、电子商务等。然而一般的用户恐怕不会想到有这些问题存在：正在访问的网页已经被黑客篡改过，网页上的信息是虚假的。例如，攻击者将用户要浏览的网页的 URL 改写为指向攻击者自己的服务器，当用户浏览目标网页的时候，实际上是向攻击者的服务器发出请求，那么黑客就可以达到欺骗的目的。此时攻击者可以监控受攻击者的任何活动，包括账户和口令。攻击者也能以受攻击者的名义将错误或者易于误解的数据发送到真正的 Web 服务器，以及以任何 Web 服务器的名义发送数据给受攻击者。简而言之，攻击者观察和控制着受攻击者在 Web 上做的每一件事。

4．电子邮件攻击

电子邮件攻击主要表现为两种方式：一是通常所说的邮件炸弹，是指用伪造的 IP 地址和电子邮件地址向同一信箱发送数以千计、万计甚至无穷多次的内容相同的垃圾邮件，致使受害人的邮箱被"炸"，严重者可能会给电子邮件服务器操作系统带来危险，甚至使其瘫痪；二是电子邮件欺骗，攻击者佯称自己为系统管理员（邮件地址和系统管理员完全相同），给用户发送邮件，要求用户修改口令（口令可能为指定字符串）或在貌似正常的附件中加载病毒或其他木马程序，这类欺骗只要用户提高警惕，一般危害性不是太大。

5．网络监听

网络监听是指将网卡置于一种杂乱（promiscuous）的工作模式，在这种模式下，主机可以接收到本网段同一条物理通道上传输的所有信息，而不管这些信息的发送方和接受方是谁。此时，如果两台主机进行通信的信息没有加密，只要使用某些网络监听工具（如 NetXray、Sniffer 等）就可以轻而易举地截获包括口令和账号在内的信息资料。

6．寻找系统漏洞

许多系统都有这样那样的安全漏洞（bugs），其中某些是操作系统或应用软件本身具有的，如 Sendmail 漏洞、Windows 98 中的共享目录密码验证漏洞和 IE5 漏洞等，这些漏洞在补丁未被开发出来之前一般很难防御黑客的破坏，除非将网线拔掉；还有一些漏洞是由于系统管理员配置错误引起的，如在网络文件系统中，将目录和文件以可写的方式调出，将未加 Shadow 的用户密码文件以明码方式存放在某一目录下，这都会给攻击者带来可乘之机，应及时加以修正。

在以后的几节中，将陆续介绍几种主要的攻击技术。

6.1.5 攻击的新趋势

从 1988 年开始，位于美国卡内基梅隆大学的 CERT/CC（计算机紧急事件响应小组协调中心）就开始调查入侵者的活动。CERT/CC 给出了一些关于最新入侵者攻击方式的趋势。

1. 攻击过程的自动化与攻击工具的快速更新

攻击工具的自动化程度继续不断增强。自动化攻击涉及的四个阶段都发生了变化。

（1）扫描潜在的受害者。从 1997 年起开始出现大量的扫描活动。目前，新的扫描工具利用更先进的扫描技术，变得更加有威力，并且提高了速度。

（2）入侵具有漏洞的系统。以前，对具有漏洞的系统的攻击发生在大范围的扫描之后。现在，攻击工具已经将对漏洞的入侵设计成为扫描活动的一部分，大大加快入侵的速度。

（3）攻击扩散。2000 年之前，攻击工具需要一个人来发起其余的攻击过程。现在，攻击工具能够自动发起新的攻击过程，例如红色代码和 Nimda 病毒利用这些工具在 18 个小时之内传遍了全球。

（4）攻击工具的协同管理。从 1999 年起，随着分布式攻击工具的产生，攻击者能够利用大量分布在 Internet 上的攻击工具发起攻击。现在，攻击者能够方便地利用大量大众化的协议如 IRC（Internet Relay Chat）、IM（Instant Messager）等的协同功能，更加有效地发起一个分布式拒绝服务攻击。

2. 攻击工具复杂化

攻击工具的编写者采用比以前更加先进的技术。攻击工具的特征码越来越难以通过分析来发现，并且越来越难以通过基于特征码的检测系统（如防病毒软件和入侵检测系统）检测发现。当今攻击工具的 3 个重要特点是反检测功能、动态行为特点以及攻击工具的模块化。

（1）反检测。攻击者采用能够隐藏攻击工具的技术，使得安全专家想要通过各种分析方法来判断新的攻击的过程变得更加困难。

（2）动态行为。以前的攻击工具按照预定的单一步骤发起进攻。现在的自动攻击工具能够按照不同的方法更改它们的特征，如通过随机选择预定的决策路径或者通过入侵者直接的控制来进行攻击。

（3）攻击工具的模块化和标准化。和以前攻击工具仅实现一种攻击相比，新的攻击工具能够通过升级或者对部分模块的替换完成快速更改。而且，攻击工具能够在越来越多的平台上运行。例如，许多攻击工具采用标准的协议如 IRC 和 HTTP 进行数据和命令的传输，这样，想要从正常的网络流量中分析出攻击特征就更加困难了。

3. 漏洞发现得更快

每一年报告给 CERT/CC 的漏洞数量都成倍增长。CERT/CC 公布的漏洞数据 2000 年为 1090 个，2001 年为 2437 个，2002 年已经增加至 4129 个，就是说每天都有十几个新的漏洞被发现。可以想象，对于管理员来说，想要跟上补丁的步伐是很困难的。而且，入侵者往往能够在软件厂商修补这些漏洞之前首先发现这些漏洞。随着发现漏洞的工具的自动化，留给用户打补丁的时间越来越短。尤其是缓冲区溢出类型的漏洞，其危害性非常大而又无处不在，是计算机安全的最大威胁。在 CERT 和其他国际性网络安全机构的调查中，这种类型的漏洞对服务器造成的后果最为严重。

4. 渗透防火墙

用户常常依赖防火墙提供一个安全的主要边界保护。但是目前已经存在一些绕过典型防火墙配置的技术，如 IPP（the Internet Printing Protocol）和 WebDAV（Web-based Distributed Authoring and Versioning）；特定特征的"移动代码"（如 ActiveX 控件、Java 和 JavaScript）使得保护存在漏洞的系统以及发现恶意的软件更加困难。另外，随着 Internet 上计算机的不断增多，计算机之间存在很强的依存性。一旦某些计算机遭到入侵，它就有可能成为入侵者的栖息地和跳板，作为进一步攻击的工具。对网络基础架构（如 DNS 系统、路由器）的攻击也越来越成为严重的安全威胁。

6.2　口令攻击

口令攻击是指通过猜测或其他手段获取某些合法用户的账号和口令，然后使用这些账号和口令登录到目的主机，进而实施攻击活动。这种方法的前提是必须先得到该主机上的某个合法用户的账号，然后再进行口令的破译。获得普通用户账号的方法很多，如利用目标主机的 Finger 功能和目标主机的 X.500 服务。有些用户的电子邮件地址常会透露其在目标主机上的账号；很多系统会使用一些习惯性的账号，造成账号的泄露。

6.2.1　获取口令的一些方法

1. 通过网络监听非法得到用户口令

目前的很多协议根本就没有采用任何加密或身份认证技术，如在 Telnet、FTP、HTTP、SMTP 等传输协议中，用户账号和口令信息都是以明文格式传输的，攻击者利用数据包截取工具便可以很容易收集到用户的账号和口令。还有一种中途截击攻击方法，它可以在用户同服务器端完成"三次握手"建立连接之后，假冒服务器身份欺骗用户获取账号和口令，再假冒用户向服务器发出恶意请求。另外，攻击者有时还会利用软件和硬件工具时刻监视系统主机的工作，记录用户登录信息，从而取得用户密码；或者编制有缓冲区溢出错误的 SUID 程序来获得超级用户权限。

2. 口令的穷举攻击

在知道用户的账号后，可以利用一些专门软件强行破解用户口令，这种方法不受网段限制，但攻击者要有足够的耐心和时间。如采用字典穷举法来破解用户的密码。攻击者可以通过一些工具程序，自动地从口令字典中取出一个单词，作为用户的口令，再输入给远端的主机，申请进入系统。若口令错误，就按序取出下一个单词，进行下一个尝试，并一直循环下去，直到找到正确的口令或字典的单词试完为止。由于这个破译过程由计算机程序来自动完成，因而用几个小时就可以把有数十万条记录的字典里的所有单词都试一遍。如图 6-1 所示为一个软件猜测出用户名和口令的界面。许多类似的软件都带有口令字典，对于弱口令，这样的软件可以在极短的时间内就完成破解。

3. 利用系统管理员的失误

在现代的 UNIX 操作系统中，用户的基本信息存放在 passwd 文件中，而所有的口令则经过 DES 加密方法加密后存放在一个叫影子（shadow）的文件中。获取口令文件后，就可以用专门的破解 DES 加密法的程序来解密而获得所有用户口令。

图 6-1   猜测用户名和口令

6.2.2   设置安全的口令

在一个安全的口令里应该包含大小写字母、数字、标点、空格、控制符等，另外口令越长，攻击的难度越大。假设每秒钟测试一百万次，那么仅用小写字母组成的 4 字符口令，穷举攻击需要的最大次数为 26^4，穷举搜索仅需要 0.5 秒；对于由所有可输入字符构成的 4 字符口令，则需要 95^4 次穷举，穷举搜索需要的时间为 1.4 分钟，而这样的 8 字符口令，则要 95^8 次穷举，穷举搜索需要的时间为 210 年。随着硬件速度的不断提高以及互联网强大的分布计算能力，口令很难真正抵抗住穷举攻击的威胁。

许多人设置口令时喜欢使用生日、名字、电话号码、身份证号码、地名、常用单词等，这样的口令固然便于记忆，但安全性却极差。字典攻击对于这样的弱口令很奏效。

对于口令的安全可以参看以下几点建议：

（1）口令的选择：使用字母、数字及标点的组合，如 Ha、Pp@y!和 w/（X,y）*等。使用一句话的开头字母做口令，如由 A fox jumps over a lazy dog!产生口令：AfJoAld!。

（2）口令的保存：不要将口令写下来，即使写下来，也要放到安全的地方，加密最好。

（3）口令的使用：输入口令不要让别人看到；不要在不同的系统上使用同一口令；定期改变口令，至少做到 6 个月就要改变一次。

6.2.3   一次性口令

即使采用上面介绍的措施使用常规的口令，安全仍不能得到保证，更好的方法是使用特殊的口令机制，如一次性口令（One-Time Password，OTP）。

所谓一次性口令就是一个口令仅使用一次，它能有效地抵制重放攻击，这样窃取系统的口令文件、窃听网络通信获取口令及穷举攻击猜测口令等攻击方式都不能生效。OTP 的主要思路是：在登录过程中加入不确定因素，使每次登录过程中生成的口令不相同，如 OTP=MD5（用户名+随机数/口令/时间戳），系统接收到登录口令后，以同样的算法进行计算以验证用户的合法性。

使用一次性口令的系统中，用户可以得到一个口令列表，每次登录使用完一个口令后就将它从列表中删除；用户也可以使用 IC 卡或其他的硬件卡来存储用户的秘密信息，这些信息再与随机数、系统时间等参数一起通过散列得到一个一次性口令。一次性口令系统比传统方式的口令系统能提供更好的安全性，但对系统的要求比较高，需要增加一些硬件和相应的软件处理过程，目前应用不是很普遍。但对于一些安全性要求比较高的系统，应该考虑使用一次性口令系统。

6.3　扫描器

6.3.1　端口与服务

许多的 TCP/IP 程序都可以通过网络启动的客户/服务器结构。服务器上运行着一个守护进程，当客户有请求到达服务器时，服务器就启动一个服务进程与其进行通信。为简化这一过程，每个应用服务程序（如 WWW、FTP、Telnet 等）被赋予一个唯一的地址，这个地址称为端口。端口号由 16 位的二进制数据表示，范围为 0～65535。守护进程在一个端口上监听，等待客户请求。常用的 Internet 应用所使用的端口如下：HTTP：80，FTP：21，Telnet：23，SMTP：25，DNS：53，SNMP：169。这类服务也可以绑定到其他端口，但一般都使用指定端口，它们被称为周知端口或公认端口。

端口可分为 3 大类：

（1）公认端口（Well Known Ports）：从 0 到 1023，它们紧密绑定于一些服务。通常这些端口的通信明确表明了某种服务的协议。例如：80 端口实际上总是 HTTP 通信。

（2）注册端口（Registered Ports）：从 1024 到 49151。它们松散地绑定于一些服务。也就是说有许多服务绑定于这些端口，这些端口同样用于许多其他目的。例如，许多系统处理动态端口从 1024 左右开始。许多程序并不在乎用哪个端口连接网络，它们请求操作系统为它们分配"下一个闲置端口"。基于这一点，分配从端口 1024 开始。这意味着第一个向系统请求分配动态端口的程序将被分配端口 1024。

（3）动态和/或私有端口（Dynamic and/or Private Ports）：从 49152 到 65535。理论上，不应为服务分配这些端口。

6.3.2　端口扫描

端口扫描是获取主机信息的一种常用方法。一个端口就是一个潜在的通信通道，也就是一个入侵通道。对目标计算机进行端口扫描，能得到许多有用的信息。进行扫描的方法很多，可以手工进行扫描，也可以用端口扫描软件进行。简单的端口扫描程序很容易编写，掌握了初步的 Socket 编程知识，便可以轻而易举地编写出能够在 UNIX 及 Windows 下运行的端口扫描程序。利用端口扫描程序可以了解远程服务器提供的各种服务及其 TCP 端口分配，了解服务器的操作系统及目标网络结构等信息。作为系统管理员使用扫描工具，可以及时检查和发现自己系统存在的安全弱点和安全漏洞，是很常用的网络管理工具，许多安全软件都提供扫描功能。比如：当系统管理员扫描到 Finger 服务所在的端口是打开的时，应当考虑这项服务是否应关闭才更安全；如果原来该项服务是关闭的，现在被扫描到是打开的，则说明系统已遭到入侵，并有人非法取得了管理员权限，改变了系统的设置。

与此同时，端口扫描也广泛被入侵者用来寻找攻击线索和攻击入口。例如：在 Windows NT 和 Windows 98 中，只有非常有限的几个端口开放提供服务。除了在 21（FTP）、80（WWW）端口监听外，Windows NT 还监听 135、139 等端口，而 Windows 98 只监听 139 端口。这样，通过扫描到的端口数和端口号，就能大体上判断出目标所运行的操作系统。通过这种方法，还可以搜集到很多关于目标主机的各种有用的信息，如是否能用匿名登录，是否有可写的 FTP 目录，是否能用 Telnet 等。端口扫描程序在网上很容易找到，因而许多人认为扫描工具是入侵工具中最危险的一类。

扫描器是检测远程或本地系统安全脆弱性的软件。通过与目标主机 TCP/IP 端口建立连接并请求某些服务（如 Telnet、FTP 等），记录目标主机的应答，搜集目标主机相关信息（如匿名用户是否可以登录等），从而发现目标主机某些内在的安全弱点。扫描器的重要性在于把极为烦琐的安全检测，通过程序自动完成，这不仅减轻了管理者的工作，而且缩短了检测时间，可以更快地发现问题。当然，也可以认为扫描器是一种网络安全性评估软件。一般而言，扫描器可以快速、深入地对网络或目标主机进行评估。

一般把扫描器分为三类：数据库安全扫描器、操作系统安全扫描器和网络安全扫描器，分别针对于网络服务、应用程序、网络设备、网络协议等。扫描器通过对扫描对象的脆弱性进行深入了解，能较好地运用程序来自动检测其是否存在已知的漏洞；能给扫描时发现的问题提供一个良好的解决方案；可以在系统实现时提供相应的补救措施，提供系统的实现和运行效率。扫描器在进行扫描时会造成大量数据的传送，也会加重服务器的负担，甚至会给某些服务带来危害。所以，不要轻易使用扫描工具随意扫描主机，更不要违背国家法律法规使用扫描工具做危害网络安全的事。

常见的扫描器有 NSS（网络安全扫描器）、SATAN（安全管理员网络分析工具）、ISS、Nessus、Jakal、Stobe、IdentTCPscan 等。

6.3.3　常用的扫描技术

1.　TCP connect()扫描

TCP connect()是最基本的 TCP 扫描方法。通过系统提供的 connect()调用，可以用来与任何一个感兴趣的目标计算机的端口进行连接。如果目标端口开放，则会响应扫描主机的 SYN/ACK 连接请求并建立连接，如果目标端口处于关闭状态，则目标主机会向扫描主机发送 RST 的响应。这种技术的一个最大的优点是用户不需要任何权限，系统中的任何用户都有权力使用这个调用；另一个好处是用户可以通过同时打开多个套接字来加速扫描。

2.　TCP SYN 扫描

这种技术通常被认为是"半连接"扫描。所谓的"半连接"扫描是指在扫描主机和目标主机的指定端口建立连接时只完成了前两次握手，在第三步时，扫描主机中断了本次连接，使连接没有完全建立起来。扫描程序发送的是一个 SYN 数据包，好像准备打开一个实际的连接并等待反应一样。返回 SYN/ACK 信息表示端口处于侦听状态；返回 RST，表示端口没有处于侦听状态。如果收到一个 SYN/ACK，则扫描程序必须再发送一个 RST 信号，来关闭这个连接过程。SYN 扫描的优点在于：即使日志中对扫描有所记录，但是尝试进行连接的记录也要比全扫描少得多；缺点是：在大部分操作系统下，发送主机需要构造适用于这种扫描的 IP 包，通常情况下，构造 SYN 数据包需要超级用户或者授权用户访问专门的系统调用。

3. TCP FIN 扫描

有的防火墙和包过滤器会对一些指定的端口进行监视，有的程序能检测到 SYN 扫描。此时，使用 FIN 数据包可能会没有任何麻烦地通过检测。这种扫描方法的思想是：关闭的端口会用适当的 RST 来回复 FIN 数据包，而打开的端口会忽略对 FIN 数据包的回复。这种方法和系统的实现有一定的关系。有的系统不管端口是否打开，都回复 RST，此时，这种扫描方法就不适用了。

4. IP 段扫描

IP 段扫描技术不是直接发送 TCP 探测数据包，而是将数据包分成两个较小的 IP 段。这样就将一个 TCP 头分成好几个数据包，使过滤器很难探测到。

5. TCP 反向 ident 扫描

Ident 协议允许看到通过 TCP 连接的任何进程的拥有者的用户名，即使这个连接不是由这个进程开始的。比如，用户可以连接到 HTTP 端口，然后用 identd 来发现服务器是否正在以 root 权限运行。这种方法只能在和目标端口建立一个完整的 TCP 连接后才能实现。

6. FTP 返回攻击

FTP 协议的一个有趣的特点是它支持代理（proxy）FTP 连接，即入侵者可以从自己的计算机 myself.com 和目标主机 target.com 的 FTP server-PI（协议解释器）连接，建立一个控制通信连接。然后，请求这个 server-PI 激活一个有效的 server-DTP（数据传输进程）来给 Internet 上的任意地方发送文件。这个协议的这个特点可能造成的问题包括：能用来发送不能跟踪的邮件和新闻、给许多服务器造成打击、用尽磁盘、企图越过防火墙等。

可以利用这个特点，从一个代理的 FTP 服务器来扫描 TCP 端口。这样，就能在一个防火墙后面连接到一个 FTP 服务器，然后进行端口扫描。如果 FTP 服务器允许从一个目录读写数据，就能发送任意的数据到发现的打开端口。这种方法的优点是难以跟踪，能穿过防火墙；主要缺点是速度很慢。

7. UDP ICMP 端口不能到达扫描

这种方法与上面几种方法的不同之处在于使用的是 UDP 协议。由于这个协议很简单，所以扫描变得相对比较困难，这是因为对于扫描探测，已打开的端口并不发送一个确认，而关闭的端口也不需要发送一个错误数据包。但幸运的是，许多主机在用户向一个未打开的 UDP 端口发送一个数据包时，会返回一个 ICMP_PORT_UNREACH 错误，通过这个就能判断哪个端口是关闭的。由于 UDP 和 ICMP 错误都不保证能到达，因此这种扫描器必须具备在一个包看上去丢失的情况下能重新传输的功能。由于 RFC 对 ICMP 错误消息的产生速率做了规定，所以这种扫描方法很慢。同样，这种扫描方法需要具有 root 权限。

8. ICMP echo 扫描

这并不是真正意义上的扫描。但有时通过 ping 命令可以判断在一个网络上主机是否开机。

6.3.4　一个简单的扫描程序分析

1. Socket 介绍

在分析扫描器程序前，首先需要介绍一下 Socket，它是网络编程的基础。Socket 被称为套接字，Socket 字面上的意思是"插座、孔"，在网络编程中是指运行在网络上的两个程序间双向通信连接的末端，它提供客户端和服务器端的连接通道。Socket 绑定于特定端口，这样 TCP

层就知道将数据提供给哪个应用程序。

从连接的建立到连接的结束，每个 Socket 应用都大致包含以下几个基本步骤：

（1）服务器端 Socket 绑定于特定端口，服务器侦听 Socket 等待连接请求。

（2）客户端向服务器和特定端口提交连接请求。

（3）服务器接受连接，产生一个新的 Socket，绑定到另一端口，由此 Socket 来处理和客户端的交互，服务器继续侦听原 Socket 来接受其他客户端的连接请求。

（4）连接成功后客户端也产生一 Socket，并通过它来与服务器端通信（注意：客户端 Socket 并不与特定端口绑定）。

（5）接下来，服务器端和客户端就通过读取和写入各自的 Socket 来进行通信。

下面介绍一些基本的 Socket API 函数的用法。

（1）WSAStartup 函数。

int WSAStartup(WORD wVersionRequested, LPWSADATA lpWSAData);

在使用 Socket 程序之前必须调用 WSAStartup 函数。该函数的第一个参数指明程序请求使用的 Socket 版本，其中高位字节指明副版本、低位字节指明主版本；操作系统利用第二个参数返回请求的 Socket 的版本信息。当一个应用程序调用 WSAStartup 函数时，操作系统根据请求的 Socket 版本来搜索相应的 Socket 库，然后绑定找到的 Socket 库到该应用程序中。以后应用程序就可以调用所请求的 Socket 库中的其他 Socket 函数。该函数执行成功后返回 0。

例：假设一个程序要使用 2.1 版本的 Socket，那么程序代码如下：

```
wVersionRequested = MAKEWORD(2,1);
err = WSAStartup(wVersionRequested, &wsaData);
```

（2）WSACleanup 函数。

int WSACleanup(void);

应用程序在完成对请求的 Socket 库的使用后，要调用 WSACleanup 函数来解除与 Socket 库的绑定并且释放 Socket 库所占用的系统资源。

（3）socket 函数。

SOCKET socket(int af,int type,int protocol);

应用程序调用 socket 函数来创建一个能够进行网络通信的套接字。第一个参数指定应用程序使用的通信协议的协议族，对于 TCP/IP 协议族，该参数置为 PF_INET；第二个参数指定要创建的套接字类型，流套接字类型为 SOCK_STREAM，数据报套接字类型为 SOCK_DGRAM；第三个参数指定应用程序使用的通信协议。该函数如果调用成功就返回新创建的套接字的描述符，如果失败就返回 INVALID_SOCKET。套接字描述符是一个整数类型的值。每个进程的进程空间里都有一个套接字描述符表，该表中存放着套接字描述符和套接字数据结构的对应关系。该表中有一个字段存放新创建的套接字的描述符，另一个字段存放套接字数据结构的地址，因此根据套接字描述符就可以找到其对应的套接字数据结构，套接字数据结构都在操作系统的内核缓冲里。下面是一个创建流套接字的例子：

```
struct protoent *ppe;
ppe=getprotobyname("tcp");
SOCKET ListenSocket=socket(PF_INET,SOCK_STREAM,ppe->p_proto);
```

（4）closesocket 函数。

int closesocket(SOCKET s);

closesocket 函数用来关闭一个描述符为 s 的套接字。由于每个进程中都有一个套接字描述符表，表中的每个套接字描述符都对应一个位于操作系统缓冲区中的套接字数据结构，因此有可能有几个套接字描述符指向同一个套接字数据结构。套接字数据结构中专门有一个字段存放该结构被引用的次数，即有多少个套接字描述符指向该结构。当调用 closesocket 函数时，操作系统先检查套接字数据结构中该字段的值，如果为 1，就表明只有一个套接字描述符指向它，因此操作系统就先把 s 在套接字描述符表中对应的那条表项清除，并且释放 s 对应的套接字数据结构；如果该字段大于 1，那么操作系统仅清除 s 在套接字描述符表中的对应表项，并且把 s 对应的套接字数据结构的引用次数减 1。closesocket 函数如果执行成功就返回 0，否则返回 SOCKET_ERROR。

（5）send 函数。

int send(SOCKET s,const char FAR *buf,int len,int flags);

不论是客户还是服务器，应用程序都用 send 函数来向 TCP 连接的另一端发送数据。客户程序一般用 send 函数向服务器发送请求，而服务器则通常用 send 函数来向客户程序发送应答。该函数的第一个参数指定发送端套接字描述符；第二个参数指明一个存放应用程序要发送数据的缓冲区；第三个参数指明实际要发送的数据的字节数；第四个参数一般置 0。如果没有错误发生，send 函数返回已发送的数据的数量（字节数），这个数字可以比第三个参数 len 小。如果函数调用产生错误，没有正常完成，就会返回一个错误。

（6）recv 函数。

int recv(SOCKET s,char FAR *buf,int len,int flags);

不论是客户还是服务器，应用程序都用 recv 函数从 TCP 连接的另一端接收数据。该函数的第一个参数指定接收端套接字描述符；第二个参数指明一个缓冲区，该缓冲区用来存放 recv 函数接收到的数据；第三个参数指明 buf 的长度；第四个参数一般置 0。

（7）bind 函数。

int bind(SOCKET s,const struct sockaddr FAR *name,int namelen);

当创建一个 Socket 以后，套接字数据结构中有一个默认的 IP 地址和默认的端口号。一个服务程序必须调用 bind 函数来给其绑定一个 IP 地址和一个特定的端口号。客户程序一般不必调用 bind 函数来为其 Socket 绑定 IP 地址和端口号。该函数的第一个参数指定待绑定的 Socket 描述符；第二个参数指定一个 sockaddr 结构，该结构是这样定义的：

```
struct  sockaddr {
u_short  sa_family;
char  sa_data[14];
};
```

sa_family 指定地址族，对于 TCP/IP 协议族的套接字，将其置为 AF_INET。当对 TCP/IP 协议族的套接字进行绑定时，通常使用另一个地址结构：

```
struct  sockaddr_in {
short  sin_family;
u_short  sin_port;
struct  in_addr  sin_addr;
char  sin_zero[8];
};
```

其中 sin_family 置 AF_INET；sin_port 指明端口号；sin_addr 结构体中只有一个唯一的字段 s_addr，表示 IP 地址，该字段是一个整数，一般用函数 inet_addr() 把字符串形式的 IP 地址转换成 unsigned long 型的整数值后再置给 s_addr。有的服务器是多宿主机，至少有两个网卡，运行在这样的服务器上的服务程序在为其 Socket 绑定 IP 地址时可以把 htonl（INADDR_ANY）置给 s_addr，这样做的好处是不论哪个网段上的客户程序都能与该服务程序通信；如果只给运行在多宿主机上的服务程序的 Socket 绑定一个固定的 IP 地址，那么就只有与该 IP 地址处于同一个网段上的客户程序才能与该服务程序通信。用 0 来填充 sin_zero 数组，目的是让 sockaddr_in 结构的大小与 sockaddr 结构的大小一致。下面是一个 bind 函数调用的例子：

```
struct sockaddr_in saddr;
saddr.sin_family = AF_INET;
saddr.sin_port = htons(8888);
saddr.sin_addr.s_addr = htonl(INADDR_ANY);
bind(ListenSocket,(struct sockaddr *)&saddr,sizeof(saddr));
```

（8）listen 函数。

int listen(SOCKET s, int backlog);

服务程序可以调用 listen 函数使其流套接字 s 处于监听状态。处于监听状态的流套接字 s 将维护一个客户连接请求队列，该队列最多容纳 backlog 个客户连接请求。假如该函数执行成功，返回 0；如果执行失败，则返回 SOCKET_ERROR。

（9）accept 函数。

SOCKET accept(SOCKET s,struct sockaddr FAR *addr, int FAR *addrlen);

服务程序调用 accept 函数从处于监听状态的流套接字 s 的客户连接请求队列中取出排在最前面的一个客户请求，并且创建一个新的套接字来与客户套接字创建连接通道，如果连接成功，就返回新创建的套接字的描述符，以后与客户套接字交换数据的是新创建的套接字；如果失败就返回 INVALID_SOCKET。该函数的第一个参数指定处于监听状态的流套接字；操作系统利用第二个参数返回新创建的套接字的地址结构；操作系统利用第三个参数返回新创建的套接字的地址结构的长度。下面是一个调用 accept 函数的例子：

```
struct sockaddr_in ServerSocketAddr;
int addrlen;
addrlen=sizeof(ServerSocketAddr);
ServerSocket=accept(ListenSocket,(struct sockaddr *)&ServerSocketAddr, &addrlen);
```

（10）connect 函数。

int connect(SOCKET s,const struct sockaddr FAR *name,int namelen);

客户程序调用 connect 函数来使客户 Socket s 与监听于 name 所指定的计算机的特定端口上的服务 Socket 进行连接。如果连接成功，connect 返回 0；如果失败则返回 SOCKET_ERROR。下面是一个例子：

```
struct sockaddr_in daddr;
memset((void *)&daddr,0,sizeof(daddr));
daddr.sin_family=AF_INET;
daddr.sin_port=htons(8888);
daddr.sin_addr.s_addr=inet_addr("133.197.22.4");
connect(ClientSocket,(struct sockaddr *)&daddr,sizeof(daddr));
```

关于 Socket 的内容只简单地介绍这些,有兴趣的同学可以参考 MSDN 进行更深入的学习。

2．代码分析

下面是一个利用 TCP connect()的单线程扫描器程序,程序中不涉及数据读写操作,只是简单地测试与对方主机的某个端口是否能够连接成功,如果连接成功,就说明该端口已打开,否则说明端口未打开。主要使用的 Socket 函数有 WSAStartup、socket、connect、closesocket,通过该程序可对扫描器的实现有一个初步的了解。

```cpp
#include <string.h>
#include <winsock.h>
#include <windows.h>
#include <iostream.h>
#pragma comment(lib,"ws2_32.lib")
int main(int argc, char *argv[])
{
    int iportFrom=1,iportTo=65535;//默认的扫描起始、终止端口
    int testsocket;
    int iopenedport=0;                //记录目标主机打开的端口的数量
    struct sockaddr_in target_addr; //目标主机的地址
    WSADATA wsaData;
    WORD wVersionRequested=MAKEWORD(1,1);//设置最低版本号
    if(argc<2) //命令用法：程序名 目标主机 IP [起始端口号] [终止端口号]
    {
        cout<<"usage:"<<argv[0]<<" host startport endport\n"<<endl;
        exit(1);
    }
    if (iportFrom>iportTo)
    {
        cout<<"错误!开始端口号必须小于结束端口号"<<endl;
        exit(1);
    }
    else
    {
        if (WSAStartup(wVersionRequested, &wsaData))
        {
            cout<<"连接 socket 库失败,请检查版本号是否为 1.1\n"<<endl;
            exit(1);
        }
        iportFrom=atoi(argv[2]);
        iportTo=atoi(argv[3]);
        for(int i=iportFrom; i<iportTo; i++)
        {
            cout<<"正在建立 socket........................."<<endl;
        if((testsocket=socket(AF_INET,SOCK_STREAM,0))==INVALID_SOCKET)
        {
            cout<<"Socket 建立失败"<<endl;
            exit(0);
```

```
    }
    target_addr.sin_family = AF_INET;
    target_addr.sin_port = htons(i);
    target_addr.sin_addr.s_addr = inet_addr(argv[1]);
    cout<<"正在扫描端口:"<<i<<endl;
    if(connect(testsocket, (struct sockaddr *)&target_addr, sizeof(struct
sockaddr))==SOCKET_ERROR)
        cout<<"端口"<<i<<"关闭!"<<endl;
    else
    {
        iopenedport++;
        cout<<"端口"<<i<<"开放\n"<<endl;
    }
    }
    cout<<"目标主机"<<argv[1]<<"从"<<iportFrom<<"--"<<iportTo<<"共有"<<
iopenedport <<"个端口开放"<<endl;
    closesocket(testsocket);
    WSACleanup();
    }
return 0;
}
```

程序调试后生成一个可执行文件 cpp1.exe，在命令行方式下键入 cpp1 10.17.7.36 80 85，这条命令的功能是扫描主机 10.17.7.36 的 80～85 端口，结果如图 6-2 所示。

图 6-2　端口扫描结果

6.4　网络监听

网络监听技术本来是提供给网络安全管理人员进行管理的工具，可以用来监视网络的状态、数据流动情况以及网络上传输的信息等。当信息以明文的形式在网络上传输时，使用监听技术进行攻击并不是一件难事，只要将网络接口设置成监听模式，便可以源源不断地将网上传输的信息截获。网络监听可以在网上的任意一个位置实施，如局域网中的一台主机、网关上或远程网的调制解调器之间等。

6.4.1　网络监听的原理

对于目前很流行的以太网协议，其工作方式是：将要发送的数据包发往连接在一起的所有主机，包中包含着应该接收数据包的主机的正确地址，只有与数据包中目标地址一致的那台主机才能接收。但是，当主机工作在监听模式下，无论数据包中的目标地址是什么，主机都将接收（当然只能监听经过自己网络接口的那些包）。

在因特网上有很多使用以太网协议的局域网，许多主机通过电缆、集线器连在一起。当同一网络中的两台主机通信时，源主机将写有目的主机地址的数据包直接发向目的主机。但这种数据包不能在 IP 层直接发送，必须从 TCP/IP 协议的 IP 层交给网络接口，也就是数据链路层，而网络接口是不会识别 IP 地址的，因此在网络接口数据包又增加了一部分以太帧头的信息。在帧头中有两个域，分别为只有网络接口才能识别的源主机和目的主机的物理地址，这是一个与 IP 地址相对应的 48 位的地址。

传输数据时，包含物理地址的帧从网络接口（网卡）发送到物理的线路上，如果局域网是由一条粗缆或细缆连接而成，则数字信号在电缆上传输，能够到达线路上的每一台主机。当使用集线器时，由集线器再发向连接在集线器上的每一条线路，数字信号也能到达连接在集线器上的每一台主机。当数字信号到达一台主机的网络接口时，正常情况下，网络接口读入数据帧，进行检查，如果数据帧中携带的物理地址是自己的或者是广播地址，则将数据帧交给上层协议软件，也就是 IP 层软件，否则就将这个帧丢弃。对于每一个到达网络接口的数据帧，都要进行这个过程。

然而，当主机工作在监听模式下，所有的数据帧都将被交给上层协议软件处理。而且，当连接在同一条电缆或集线器上的主机被逻辑地分为几个子网时，如果一台主机处于监听模式下，它还能接收到发向与自己不在同一子网（使用不同的掩码、IP 地址和网关）的主机的数据包。也就是说，在同一条物理信道上传输的所有信息都可以被接收到。

6.4.2　网络监听工具及其作用

常用的网络监听工具有 NetXray、X-Scan、Sniffer、tcpdump、winpcap、wireshark 等，这类程序常统称为 Sniffer 或嗅探器。上述工具的原理、功能和使用方法大同小异，具体的使用方法不再介绍，请参阅第 2.6 节"网络协议分析工具——Wireshark"。网络监听工具利用计算机的网络接口截获发向其他计算机的数据报文。这种监听程序是通过把网络适配卡（如以太网卡）置为一种称为 promiscuous（杂乱）模式的状态，使网卡能接收传输在网络上的每一个信息包。监听程序工作在网络环境中的底层，它会拦截所有正在网络上传送的数据，并且通过相应的软件处理，可以实时分析这些数据的内容，进而分析所处的网络状态和整体布局。监听程序实施的是一种消极的安全攻击，它们极其安静地躲在某个主机上偷听别人的通信，具有极好的隐蔽性。

由于 Internet 中使用的大部分协议都是很早设计的，许多协议的实现都建立在一种非常友好的、通信的双方充分信任的基础之上。在通常的网络环境下，用户的所有信息都以明文的方式在网上传输。因此，一个攻击者使用监听工具对网络进行监听，获得用户的各种信息并不是一件很困难的事。只要具有初步的网络和 TCP/IP 协议知识，便能轻易地从监听到的信息中提取出感兴趣的部分。

网络监听对系统管理员是很重要的，系统管理员通过监听可以诊断出大量的不可见问题，这些问题有些涉及两台或多台计算机之间的异常通信，有些牵涉到各种协议的漏洞和缺陷。借助于网络监听工具，系统管理员可以方便地确定出多少的通信量属于哪个网络协议、占主要通信协议的主机是哪一台、大多数通信的目的地是哪台主机、报文发送占用多少时间或者相互主机的报文传送间隔时间是多少等，这些信息为管理员判断网络问题、管理网络区域提供了非常宝贵的信息。另外，正确地使用网络监听技术也可以发现入侵并对入侵者进行追踪定位，在对网络犯罪进行侦查取证时获取有关犯罪行为的重要信息，成为打击网络犯罪的有力手段。

6.4.3 如何发现和防范 Sniffer

1. 发现 Sniffer

通过下面的方法可以分析出网络上是否存在 Sniffer。

（1）网络通信掉包率特别高。通过一些网络软件或命令（如 ping 命令），可以看到信息包传送的情况。如果网络中有人在监听，由于 Sniffer 拦截了每一个包，信息包将无法每次都顺畅地流到目的地。

（2）网络带宽将出现异常。通过某些带宽控制器，可以实时看到目前网络带宽的分布情况。如果某台机器长时间地占用较大的带宽，这台机器就有可能正在运行 Sniffer。

（3）对于怀疑运行监听程序的主机，用正确的 IP 地址和错误的物理地址去 ping，正常的机器不接收错误的物理地址，而处于监听状态的机器则能接收，这种方法依赖系统的 IP Stack，对有些系统可能行不通。

（4）往网上发大量包含着不存在的物理地址的包，由于监听程序将处理这些包，会导致性能下降，通过比较前后该机器性能（ICMP Echo Delay 等方法）加以判断。这种方法难度较大。

（5）另外，目前也有许多探测 Sniffer 的应用程序可以用来帮助探测 Sniffer，如 ISS 的 anti-Sniffer、Sentinel、Lopht 的 Antisniff 等。

2. 对网络监听的防范措施

（1）从逻辑或物理上对网络分段。网络分段通常被认为是控制网络广播风暴的一种基本手段，但其实也是保证网络安全的一项措施。其目的是将非法用户与敏感的网络资源相互隔离，从而防止可能的非法监听。

（2）以交换式集线器代替共享式集线器。对局域网的中心交换机进行网络分段后，局域网监听的危险仍然存在。这是因为网络最终用户的接入往往是通过分支集线器而不是中心交换机，而使用最广泛的分支集线器通常是共享式集线器。这样，当用户与主机进行数据通信时，两台机器之间的数据包（称为单播包 Unicast Packet）还是会被同一台集线器上的其他用户所监听。

因此，应该以交换式集线器代替共享式集线器，使单播包仅在两个结点之间传送，从而防止非法监听。当然，交换式集线器只能控制单播包而无法控制广播包（Broadcast Packet）和多播包（Multicast Packet）。但广播包和多播包内的关键信息，要远远少于单播包。

（3）使用加密技术。数据经过加密后，通过监听仍然可以得到传送的信息，但显示的是乱码。使用加密技术的缺点是影响数据传输速度，而使用一个弱加密技术比较容易被攻破。系统管理员和用户需要在网络速度和安全性上进行折中。

（4）划分 VLAN。运用 VLAN（虚拟局域网）技术，将以太网通信变为点到点通信，可以防止大部分基于网络监听的入侵。

6.5　IP 欺骗

为了讲解 IP 欺骗（IP Spoof），假设有 3 台主机 A、B、Z，其中 A 和 B 处于一个信任域，即 A 和 B 是互相信任的，可以通过远程登录命令互相访问。Z 冒充 B 实现与 A 的连接的过程，就是 IP Spoof。早在 1985 年，贝尔实验室的一名工程师 Robbert Morris 在他的一篇文章 A Weakness in the 4.2BSD Unix TCP/IP Software 中提出 IP Spoof 的概念，但真正实现 IP 欺骗并不容易。

6.5.1　IP 欺骗的工作原理

IP 欺骗由若干步骤组成：首先，选定攻击的目标主机；其次，找出目标主机的信任模式，并找到一个被目标主机信任的主机。为了进行 IP 欺骗，需要进行以下工作：使得被信任的主机丧失工作能力；同时采样目标主机发出的 TCP 序列号，猜测出它的数据序列号；然后，伪装成被信任的主机，建立起与目标主机基于 IP 地址验证的应用连接。下面详细介绍 IP 欺骗的实现过程。

1. 使被信任主机丧失工作能力

找到被攻击目标信任的主机后，需要使其丧失工作能力以便伪装成它。由于攻击者将要代替真正的被信任主机，他必须确保真正被信任的主机不能接收到任何有效的网络数据，否则将会被揭穿。有许多方法可以做到这些，这里介绍"TCP SYN 淹没"（TCP SYN-Flood）方法。

建立 TCP 连接要经过"三次握手"过程。第一步：客户端向服务器发送 SYN 请求。第二步：服务器将向客户端发送 SYN/ACK 应答信号。第三步：客户端随后向服务器发送 ACK。"三次握手"成功后连接建立起来，可以进行数据传输了。

TCP 模块有一个处理并行 SYN 请求的上限，如果请求队列里的连接数达到了队列的最上限（其中，连接数目包括那些三步握手还没有最终完成的连接，也包括那些已成功完成握手，但还没有被应用程序所调用的连接），TCP 将拒绝后来的所有连接请求，直至处理了部分连接链路。这样入侵者就可以通过使用虚假的 IP 地址向被目标信任的主机发送大量 SYN 请求的方式，使被信任主机丧失工作能力。过程如下所示（其中 Z 表示入侵者的主机，B 表示被入侵者攻击的目标信任的主机，X 表示某一不可达主机）：

```
t1:  Z（X）————SYN————→B
     Z（X）————SYN————→B
     Z（X）————SYN————→B
     ......................................
t2:  X←————SYN/ACK————B
     X←————SYN/ACK————B
     ......................................
t3:  X←————RST————B
```

在时刻 t1 时，攻击主机 Z 冒用主机 X 把大批 SYN 请求发送给 B 使其 TCP 队列充满。在时刻 t2 时，受攻击目标 B 向主机 X 作出 SYN/ACK 应答。由于 X 为一不可达主机，所以 B 不会收到应答，此时 B 将继续发送 SYN/ACK，直到达到系统设置的上限回复次数或时间，如 Windows NT 4.0 中默认的可重复发送 SYN/ACK 的次数为 5。然后在 t3 时刻，B 向 X 发送 RST 来表示出现错误的连接。在这一期间，大量的这种连接会使主机 B 的 TCP 资源迅速枯竭，失去处理新连接的能力，会对所有新的请求予以忽略，此时 Z 就可以伪装成 B 进行攻击。

2. 序列号猜测

前面已经提到，要对目标主机进行攻击，必须知道目标主机使用的数据包序列号。序列号的猜测方法如下：攻击者先与被攻击主机的一个端口（SMTP 是一个很好的选择）建立起正常的连接。通常，这个过程被重复若干次，并将目标主机最后所发送的 ISN（初始序列号）存储起来。攻击者还需要估计他的主机与被信任主机之间的 RTT 时间（往返时间），这个 RTT 时间是通过多次统计平均求出的。RTT 对于估计下一个 ISN 是非常重要的。一般每秒钟 ISN 增加 128000，每次连接增加 64000。现在就不难估计出 ISN 的大小了，它是 128000 乘以 RTT 的一半，如果此时目标主机刚刚建立过一个连接，那么再加上一个 64000。在估计出 ISN 大小后，就立即开始进行攻击。

当黑客的虚假 TCP 数据包进入目标主机时，根据估计的准确度不同，会发生不同的情况：

如果估计的序列号是准确的，进入的数据将被放置在接收缓冲器中以供使用。

如果估计的序列号小于期待的数字，那么将被放弃。

如果估计的序列号大于期待的数字，并且在滑动窗口（一种缓冲机制）之内，那么，该数据被认为是一个未来的数据，TCP 模块将等待其他缺少的数据。

如果估计的序列号大于期待的数字，并且不在滑动窗口（前面讲的缓冲）之内，那么，TCP 将会放弃该数据并返回一个期望获得的数据序列号。但黑客的主机并不能收到返回的数据序列号。

3. 实施欺骗

Z 伪装成 A 信任的主机 B 攻击目标 A 的过程如下：

t1:　Z（B）————SYN————→A

t2:　B ←————SYN/ACK————A

t3:　Z（B）————ACK————→A

t4:　Z（B）————PSH————→A

此时，B 主机仍然处在丧失处理能力的停顿状态，Z 使用 B 的 IP 地址向目标主机 A 发送连接请求，如时刻 t1 所示。在时刻 t2，目标主机对连接请求作出反应，发送 SYN/ACK 数据包给被信任主机 B，由于 B 处于停顿状态，该数据包被抛弃。然后在时刻 t3，由攻击者向目标主机发送 ACK 数据包，该 ACK 使用前面估计的序列号加 1。如果攻击者估计的序列号正确，目标主机将会接收该 ACK。在时刻 t4，攻击者与目标主机完成 TCP 的连接，将开始数据传输。

6.5.2　IP 欺骗的防止

1. 抛弃基于地址的信任策略

IP 欺骗之所以能成功，是因为信任服务建立在网络地址之上，而 IP 地址是容易伪造的。因而阻止这类攻击的一种非常容易的办法就是放弃以地址为基础的验证。

2. 进行包过滤

如果网络是通过路由器接入 Internet 的，那么可以利用路由器来进行包过滤。确信只有内部 LAN 可以使用信任关系，而内部 LAN 上的主机对于 LAN 以外的主机要慎重处理。路由器可以帮助过滤掉所有来自于外部、希望与内部建立连接的请求。

3. 使用加密方法

阻止 IP 欺骗的另一种有效的方法就是在通信时要求加密传输和验证。

4. 使用随机化的初始序列号

黑客攻击得以成功实现的一个很重要的因素是：序列号不是随机选择的或者随机增加的。Bellovin 描述了一种弥补 TCP 不足的方法，就是分割序列号空间。每一个连接将有自己独立的序列号空间。序列号将仍然按照以前的方式增加，但是在这些序列号空间中没有明显的关系。

总之，由于 IP 欺骗的技术比较复杂，必须深入地了解 TCP/IP 协议的原理，知道攻击目标所在网络的信任关系，而且要猜测序列号，尤其是猜测序列号很不容易做到，因而 IP 欺骗这种攻击方法使用得并不多。

6.6 拒绝服务

6.6.1 什么是拒绝服务

DoS 是 Denial of Service 的简称，即拒绝服务。造成 DoS 的攻击行为被称为 DoS 攻击，拒绝服务攻击是指一个用户占据了大量的共享资源，使系统没有剩余的资源给其他用户提供服务的一种攻击方式。拒绝服务攻击的结果可以降低系统资源的可用性，这些资源可以是网络带宽、CPU 时间、磁盘空间、打印机，甚至是系统管理员的时间。拒绝服务攻击可以出现在任何一个平台之上，UNIX 系统面临的一些拒绝服务的攻击方式，也完全可能以相同的方式出现在 Windows NT 和其他系统中，它们的攻击方式和原理都大同小异。最常见的 DoS 攻击有计算机网络带宽攻击和连通性攻击。带宽攻击是指以极大的通信量冲击网络，使得所有可用网络资源都被消耗殆尽，最后导致合法的用户请求无法通过。连通性攻击是指用大量的连接请求冲击计算机，使得所有可用的操作系统资源都被消耗殆尽，最终计算机无法再处理合法用户的请求。

DoS 攻击的基本过程如图 6-3 所示：首先攻击者向服务器发送众多的带有虚假地址的请求，服务器发送回复信息后等待回传信息，由于地址是伪造的，所以服务器一直等不到回传的消息，分配给这次请求的资源就始终没有被释放。当服务器等待一定的时间后，连接会因超时而被切断，攻击者会再度传送一批新的请求，在这种反复发送伪地址请求的情况下，服务器资源最终会被耗尽。

单一的 DoS 攻击一般是采用一对一的方式，当攻击目标的 CPU 速度、内存或者网络带宽等各项性能指标不高时，它的效果是明显的。随着计算机与网络技术的发展，计算机的处理能力迅速增长，内存大大增加，同时也出现了千兆级别的网络，这使得 DoS 攻击的困难程度加大——目标对恶意攻击包的"消化能力"加强不少。例如，攻击软件每秒钟可以发送 3000 个攻击包，但用户的主机与网络带宽每秒钟可以处理 10000 个攻击包，这样一来攻击就不会产生什么效果。这时候分布式的拒绝服务攻击手段（DDoS）就应运而生了。DDoS 攻击手段是在传统的 DoS 攻击基础之上产生的一类攻击方式。如果理解了 DoS 攻击，DDoS 的原理就很简单，它是利用分布式网络环境，对单一 DoS 攻击实施的一种有效放大。如果说计算机与网络的处理能力加大了 10 倍，用一台攻击机来攻击不再能起作用的话，攻击者使用 10 台攻击机同时攻击呢？用 100 台呢？DDoS 就是利用更多的傀儡机来发起进攻，以比从前更大的规模来进攻受害者。

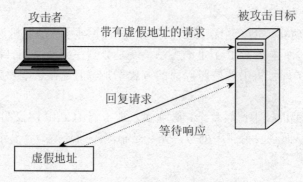

图 6-3　DoS 攻击的基本过程

6.6.2　分布式拒绝服务

DDoS（分布式拒绝服务），它的英文全称为 Distributed Denial of Service，它是一种基于 DoS 的特殊形式的拒绝服务攻击，是一种分布、协作的大规模攻击方式，主要瞄准比较大的站点，像商业公司、搜索引擎和政府部门的站点。

一个比较完善的 DDoS 攻击体系通常分成三层，如图 6-4 所示。

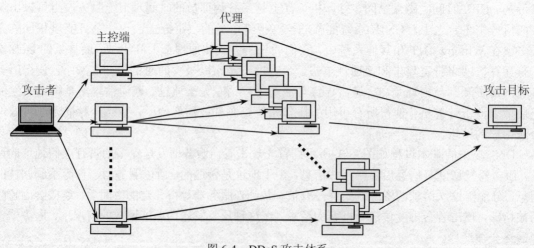

图 6-4　DDoS 攻击体系

（1）攻击者：攻击者所用的计算机是攻击主控台，它可以是网络上的任何一台主机，甚至可以是一个活动的便携机。攻击者操纵整个攻击过程，它向主控端发送攻击命令。

（2）主控端：主控端是攻击者非法侵入并控制的一些主机，这些主机还分别控制大量的代理主机。主控端主机上安装了特定的程序，因此它们可以接受攻击者发来的特殊指令，并且可以把这些命令发送到代理主机上。

（3）代理端：代理端同样也是攻击者侵入并控制的一批主机，它们运行攻击器程序，接收和运行主控端发来的命令。代理端主机是攻击的执行者，由它向受害者主机实际发起攻击。

攻击者发起 DDoS 攻击的第一步，就是寻找在 Internet 上有漏洞的主机，进入系统后在其上面安装后门程序，攻击者入侵的主机越多，他的攻击队伍就越壮大。第二步在入侵主机上安装攻击程序，其中一部分主机充当攻击的主控端，一部分主机充当攻击的代理端。最后各部分主机各司其职，在攻击者的调遣下对攻击对象发起攻击。由于攻击者在幕后操纵，所以在攻击时不会受到监控系统的跟踪，身份不容易被发现。

也许有人会问："为什么黑客不直接去控制代理端，而要从主控端上转一下呢？"这样做可以增加追查 DDoS 攻击者的难度。从攻击者的角度来说，肯定不愿意被捉到。攻击者使用的代理端越多，就会留下越多的蛛丝马迹，即使攻击者对占领的代理端进行清理以掩盖踪迹，但是由于代理机往往数量巨大，清理日志实在是一项庞大的工程，这就导致了有些代理端清理得不是很干净，通过它上面的线索便可以找到控制它的上一级计算机，这上级的计算机如果是攻击者的机器，那么攻击者就会直接面临处罚。但如果这一级是主控端，攻击者自身还是安全的。主控端的数目相对很少，清理主控端计算机的日志相对就轻松多了，这样从控制机再找到黑客的可能性也大大降低。

被 DDoS 攻击通常的表现为：

● 被攻击主机上有大量等待的 TCP 连接。

● 网络中充斥着大量无用的数据包，源地址为假。

● 制造高流量无用数据，造成网络拥塞，使受害主机无法正常和外界通信。

● 利用受害主机提供的服务或传输协议上的缺陷，反复高速的发出特定的服务请求，使受害主机无法及时处理所有正常请求。

● 严重时会造成系统死机。

6.6.3　DDoS 的主要攻击方式及防范策略

1．Smurf 攻击

Smurf 是一种简单但有效的 DDoS 攻击技术，它利用了 ICMP（Internet 控制信息协议）。ICMP 在 Internet 上用于错误处理和传递控制信息。它的功能之一是与主机联系，通过发送一个"回音请求"（Echo Request）信息包查看主机是否"活着"，最普通的 ping 程序就使用了这个功能。Smurf 攻击过程如图 6-5 所示，攻击者用一个伪造的源地址连续向一个或多个计算机网络的广播地址发送 ICMP echo 包，这就导致这些网络的所有计算机对接收到的 echo 包进行响应，但由于接收到的包的源地址是伪造的，这个伪造的源地址实际上就是攻击的目标地址，所以响应包全都回应到攻击目标上去，攻击目标将被极大数量的响应信息量所淹没。对这个伪造信息包做出响应的计算机网络就成为攻击的不知情的同谋。

Smurf DDoS 攻击的基本特性以及建议采用的抵御策略是：

（1）Smurf 的攻击平台：Smurf 为了能工作，必须要找到攻击平台，这个平台就是其路由器上启动了 IP 广播功能的网络。这个功能允许 Smurf 发送一个伪造的 ping 信息包，然后将它传播到整个计算机网络中。为防止系统成为 Smurf 攻击的平台，要将所有路由器上的 IP 广播功能都禁止。一般来讲，IP 广播功能并不需要。

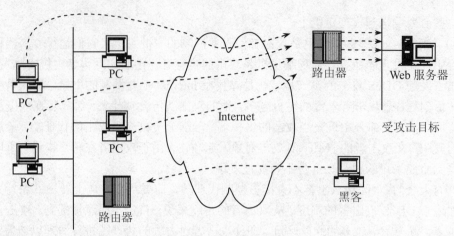

图 6-5　Smurf 攻击过程

（2）攻击者也有可能从 LAN 内部发动一个 Smurf 攻击，在这种情况下，禁止路由器上的 IP 广播功能就没有用了。为了避免这样一个攻击，许多操作系统都提供了相应设置，防止计算机对 IP 广播请求做出响应。

（3）如果攻击者要成功地利用一个网络作为攻击平台，该网络的路由器必须要允许信息包以不是该网络中的源地址离开网络。配置路由器，让它将不是由该网络中生成的信息包过滤出去。这就是所谓的网络出口过滤器功能。

（4）ISP 应使用网络入口过滤器，以丢掉那些不是来自一个已知范围内 IP 地址的信息包。

（5）挫败 Smurf 攻击最简单的方法是对边界路由器的回音应答（Echo Reply）信息包进行过滤，然后丢弃它们。对于使用 Cisco 路由器的系统，另一个选择是由 Cisco 开发的 CAR（Committed Access Rate，承诺访问速率）技术，它能够规定各种信息包类型使用的带宽的最大值。例如，使用 CAR，就可以精确地规定回音应答信息包所使用的带宽的最大值。丢弃所有的回音应答信息包能使网络避免被淹没，但是它不能防止来自上游供应者通道的交通堵塞。如果成为了攻击的目标，就要请求 ISP 对回音应答信息包进行过滤并丢弃。如果不想完全禁止回音应答，就可以有选择地丢弃那些指向 Web 服务器的回音应答信息包。

2．trinoo 攻击

trinoo 是复杂的 DDoS 攻击程序，它使用"主控"程序对实际实施攻击的任何数量的"代理"程序实现自动控制。攻击者连接到安装了 master 程序的计算机，启动 master 程序，然后根据一个 IP 地址的列表，由 master 程序负责启动所有的代理程序。接着，代理程序用 UDP 信息包攻击网络，从而攻击目标。在攻击之前，侵入者为了安装软件，已经控制了装有 master 程序的计算机和所有装有代理程序的计算机。

下面是 trinoo DDoS 攻击的基本特性以及建议采用的抵御策略：

（1）在 master 程序与代理程序的所有通信中，trinoo 都使用了 UDP 协议。入侵检测软件能够寻找使用 UDP 协议的数据流（类型 17）。

（2）trinoo master 程序的监听端口是 27655，攻击者一般借助 telnet 通过 TCP 连接到 master 程序所在的计算机。入侵检测软件能够搜索到使用 TCP（类型 6）并连接到端口 27655 的数据流。

（3）所有从 master 程序到代理程序的通信都包含字符串"l44"，并且被引导至代理的 UDP 端口 27444。入侵检测软件检查到 UDP 端口 27444 的连接，如果有包含字符串"l44"的信息包被发送过去，那么接受这个信息包的计算机可能就是 DDoS 代理。

（4）master 和代理之间的通信受到口令的保护，但是口令不是以加密格式发送的，因此它可以被"嗅探"到并被检测出来。使用这个口令以及来自 Dave Dittrich 的 trinot 脚本，要准确地验证出 trinoo 代理的存在是很有可能的。一旦一个代理被准确地识别出来，trinoo 网络就可以按照如下步骤被拆除：

- 在代理 daemon 上使用 strings 命令，将 master 的 IP 地址暴露出来。
- 与所有作为 trinoo master 的机器管理者联系，通知它们这一事件。
- 在 master 计算机上，识别含有代理 IP 地址列表的文件，得到这些计算机的 IP 地址列表。
- 向代理发送一个伪造"trinoo"命令来禁止代理。通过 crontab 文件（在 UNIX 系统中）的一个条目，代理可以有规律地重新启动，因此，代理计算机需要一遍一遍地被关闭，直到代理系统的管理者修复了 crontab 文件为止。
- 检查 master 程序的活动 TCP 连接，这能显示攻击者与 trinoo master 程序之间存在的实时连接。
- 如果网络正在遭受 trinoo 攻击，那么系统就会被 UDP 信息包所淹没。trinoo 从同一源地址向目标主机上的任意端口发送信息包。探测 trinoo 就是要找到多个 UDP 信息包，它们使用同一来源 IP 地址、同一目的 IP 地址、同一源端口，但是不同的目的端口。
- 在 http://www.fbi.gov/nipc/trinoo.htm 上有一个检测和根除 trinoo 的自动程序。

3．TFN 和 TFN2K 攻击

TFN（Tribe Flood Network）与 trinoo 一样，使用一个 master 程序与位于多个网络上的攻击代理进行通信。TFN 可以并行发动数不胜数的 DoS 攻击，类型多种多样，而且还可建立带有伪装源 IP 地址的信息包。可以由 TFN 发动的攻击包括：UDP 攻击、TCP SYN 攻击、ICMP 回音请求攻击以及 ICMP 广播。

以下是 TFN DDoS 攻击的基本特性以及建议的抵御策略：

（1）发动 TFN 时，攻击者要访问 master 程序并向它发送一个或多个目标 IP 地址，然后 master 程序继续与所有代理程序通信，指示它们发动攻击。TFN master 程序与代理程序之间的通信使用 ICMP 回音应答信息包，实际要执行的指示以二进制形式包含在 16 位 ID 域中。ICMP（Internet 控制信息协议）使信息包协议过滤成为可能。通过配置路由器或入侵检测系统，不允许所有的 ICMP 回音或回音应答信息包进入网络，就可以达到挫败 TFN 代理的目的。但是这样会影响所有使用这些功能的 Internet 程序，比如 ping。TFN master 程序读取一个 IP 地址列表，其中包含代理程序的位置。这个列表可能使用 Blowfish 等加密程序进行了加密。如果没有加密，就可以从这个列表方便地识别出代理信息。

（2）用于发现系统上 TFN 代理程序的程序是 TD，发现系统上 master 程序的程序是 TFN。TFN 代理并不查看 ICMP 回音应答信息包来自哪里，因此使用伪装 ICMP 信息包冲刷掉这些过程是可能的。

TFN2K 是 TFN 的一个更高级的版本，它"修复"了 TFN 的某些缺点，使之攻击力更强：

（1）在 TFN2K 下，master 与代理之间的通信可以使用许多协议，例如 TCP、UDP 或 ICMP，这使得协议过滤不可能实现。

（2）TFN2K 能够发送破坏信息包，从而导致系统瘫痪或不稳定。

（3）TFN2K 能够伪造 IP 源地址，让信息包看起来好像是从 LAN 上的一个临近机器发来的，这样就可以挫败出口过滤和入口过滤。

（4）由于 TFN2K 是最近刚刚被识破的，因此还没有一项研究能够发现它的明显弱点。对 TFN2K 进行更完全的分析之前，最好的抵御方法是：

● 加固系统和网络，以防系统被当做 DDoS 主机。

● 在边界路由器上设置出口过滤，这样做的原因是或许不是所有的 TFN2K 源地址都用内部网络地址进行伪装。

● 请求上游供应商配置入口过滤。

4. Stacheldraht 攻击

Stacheldraht 也是基于 TFN 和 trinoo 一样的客户机/服务器模式，其中 master 程序与潜在的成千个代理程序进行通信。在发动攻击时，侵入者与 master 程序进行连接。Stacheldraht 增加了以下新功能：攻击者与 master 程序之间的通信是加密的，以及使用 RCP（Remote Copy，远程复制）技术对代理程序进行更新。

Stacheldraht 同 TFN 一样，可以并行发动数不胜数的 DoS 攻击，类型多种多样，而且还可以建立带有伪装源 IP 地址的信息包。Stacheldraht 所发动的攻击包括 UDP 攻击、TCP SYN 攻击、ICMP 回音应答攻击以及 ICMP 播放。

以下是 Stacheldraht DDoS 攻击的基本特征以及建议采取的防御措施：

（1）在发动 Stacheldraht 攻击时，攻击者访问 master 程序，向它发送一个或多个攻击目标的 IP 地址。master 程序再继续与所有代理程序进行通信，指示它们发动攻击。

Stacheldraht master 程序与代理程序之间的通信主要是由 ICMP 回音和回音应答信息包来完成的。配置路由器或入侵检测系统，不允许一切 ICMP 回音和回音应答信息包进入网络，这样可以挫败 Stacheldraht 代理，但会影响所有要使用这些功能的 Internet 程序，例如 ping。

（2）代理程序要读取一个包含有效 master 程序的 IP 地址列表。这个地址列表使用 Blowfish 加密程序进行加密。代理会试图与列表上所有的 master 程序进行联系。如果联系成功，代理程序就会进行一个测试，以确定它被安装到的系统是否会允许它改变"伪造"信息包的源地址。通过配置入侵检测系统或使用嗅探器来搜寻它们的签名信息，可以探测出这两个行为。

代理会向每个 master 发送一个 ICMP 回音应答信息包，其中有一个 ID 域包含值 666，一个数据域包含字符串 skillz。如果 master 收到了这个信息包，它会以一个包含值 667 的 ID 域和一个包含字符串 ficken 的数据域来应答。代理和 master 通过交换这些信息包来实现周期性的基本接触。通过对这些信息包的监控，可以探测出 Stacheldraht。

一旦代理找到一个有效 master 程序，它会向 master 发送一个 ICMP 信息包，其中有一个伪造的源地址，这是在执行一个伪造测试。这个假地址是"3.3.3.3"。如果 master 收到了这个伪造地址，在它的应答中，用 ICMP 信息包数据域中的 spoofworks 字符串来确认伪造的源地址是奏效的。通过监控这些值，也可以将 Stacheldraht 检测出来。

（3）Stacheldraht 代理并不检查 ICMP 回音应答信息包来自哪里，因此就有可能伪造 ICMP 信息包将其排除。

（4）Stacheldraht 代理程序与 TFN、trinoo 一样，都可以用一个 C 程序来探测，该 C 程序的下载地址是 http://staff.washington.edu/dittrich/misc/ddos_scan.tar。

6.7　缓冲区溢出

缓冲区溢出是目前最为常见的安全漏洞，也是黑客利用最多的漏洞。因而了解缓冲区溢出方面的知识对网络管理人员和程序开发人员都是必要的。

6.7.1　缓冲区溢出原理

缓冲区是内存中存放数据的地方。在程序试图将数据放到机器内存中的某一个位置时，如果没有足够的空间，就会发生缓冲区溢出。比如：C 语言中没有对数组上界的检查，可以对数组进行越界操作而不会产生编译错误。如果攻击者写一个超过缓冲区长度的字符串，然后写入到缓冲区，可能会出现两个结果，一是过长的字符串覆盖了相邻的存储单元，引起程序运行失败，甚至可能导致系统崩溃；另一个结果就是利用这种漏洞可以执行任意指令，甚至可以取得系统根用户的权限。大多造成缓冲区溢出的原因是程序中没有仔细检查用户输入参数。

例如下面一段简单的 C 程序：

```
void SayHello(char* name)
  {
char  tmpName[80];
strcpy(tmpName,name);
printf("Hello %s\n",tmpName);
  }

  int main(int argc, char**argv)
  {
if (argc != 2)
{
  printf("Usage: hello<name>.\n");
  return 1;
}
SayHello(argv[1]);
return 0;
  }
```

上面的例子中，如果输入的字符串长度超过 80，则会造成 name 超出分配内存区，发生错误。在 C 语言中类似的函数还有 sprintf()、gets()、scanf()等。一般的缓冲区溢出只会出现 Segmentation fault 错误，导致某个程序或系统的异常中止，还不能达到攻击的目的。黑客要利用缓冲区溢出这个漏洞攻击系统，通常要完成两个任务，一是在程序的地址空间里安排适当的代码，二是通过适当的初始化寄存器和存储器，让程序跳转到安排好的地址空间执行。

为了说明这个问题，首先要清楚程序在内存中的存储情况。进程在内存的空间分成三个区。①代码区：存储程序的可执行代码和只读数据。②数据区：又分为未初始化数据区（BSS），用来存储静态分配的变量；初始化数据区：存储程序的初始化数据。③堆栈区：其中堆用于存储程序运行过程中动态分配的数据块；栈用于存储函数调用所传递的参数、函数的返回地址、函数的局部变量等。进程的内存布局如图 6-6 所示。

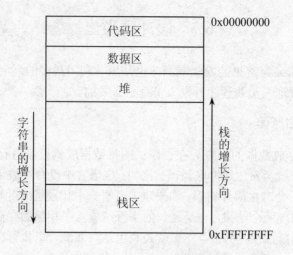

图 6-6　进程在内存中的布局

　　每一次过程或函数调用，在堆栈中必须保存称作栈帧的数据结构，里面包含传递给函数的参数、函数返回后下一条指令的地址、函数中分配的局部变量、恢复前一个栈帧需要的数据（基地址寄存器的值）。

　　每一个函数都有自己的栈帧，栈帧的引用通过以下几个寄存器：

- SP（ESP）：栈顶指针。
- BP（EBP）：基地址指针，可以使用 BP 引用参数及局部变量。
- IP（EIP）：指令寄存器，函数返回调用后下一执行语句的地址。

　　main 函数在内存中的情况如图 6-7（a）所示，SayHello 函数在内存中的情况如图 6-7（b）所示。程序执行后，如果输入长度不超过 80 的字符串，内存情况如图 6-8（a）所示，如果输入的字符串长度超过 80，由于 C 语言不检查字符串越界，字符串溢出给它分配的缓冲区，写到相邻的单元中去，把原来函数的返回地址改写了，致使函数无法正确返回，如图 6-8（b）所示。

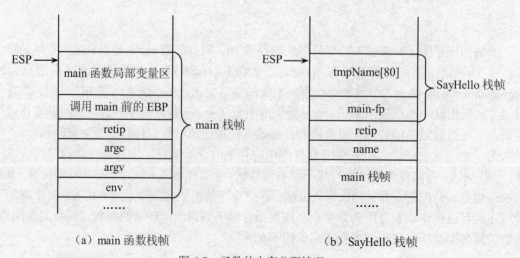

（a）main 函数栈帧　　　　　　　（b）SayHello 栈帧

图 6-7　函数的内存分配情况

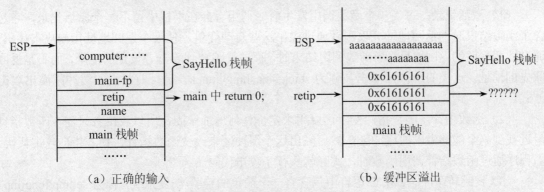

（a）正确的输入 　　　　　　　　　（b）缓冲区溢出

图 6-8　程序执行后的内存情况

从上面的分析可以看出，通过缓冲区溢出，可以改写函数的返回地址，让函数返回时跳转到攻击者事先植入代码的地址中去，如图 6-9 所示。

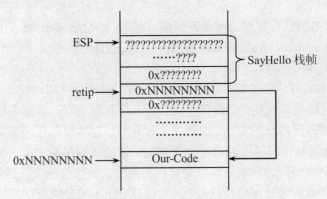

图 6-9　函数返回到一个预先植入的代码上去

6.7.2　对缓冲区溢出漏洞攻击的分析

下面分析一下攻击者是如何实现将攻击代码放置到受攻击程序的地址空间，以及如何使一个程序的缓冲区溢出，并且将执行转移到攻击代码。

1. 代码放置的方法

有两种在被攻击程序地址空间放置代码的方法：植入法和利用已存在的代码。

（1）植入法：攻击者向被攻击的程序输入一个字符串，程序会把这个字符串放到缓冲区里。攻击者在这个字符串中包含进可以在这个被攻击的硬件平台上运行的指令序列。

（2）利用已存在代码：有时攻击者想要的代码已经在被攻击的程序中，攻击者所要做的只是对代码传递一些参数，然后使用程序跳转到选定的目标。例如，攻击代码要求执行exec(/bin/sh)，而在 libc 库中的代码执行 exec(arg)，其中 arg 是一个指向字符串的指针变量，那么攻击者要做的就是将字符串"/bin/sh"做为参数传给 arg，然后调用 libc 库中相应的指令序列。

2. 控制程序转移的方法

最基本的方法就是溢出一个没有边界检查或者有其他弱点的缓冲区，这样就扰乱了程序的正常执行顺序。许多的缓冲区溢出是用暴力的方法改写程序的指针，这类方法按照其程序空间的突破和内存的定位的不同，可以分成以下几类：

（1）激活记录：每当一个函数调用发生时，调用者会在堆栈中留下一个激活记录，它包含了函数结束时的返回地址。攻击者通过溢出这些自动变量，使这个返回地址指向攻击代码。通过改变程序的返回地址，当函数调用结束时，程序就跳转到攻击者设定的地址，而不是返回原先的地址。这类的缓冲区溢出被称为 stack smashing attack，是目前常用的缓冲区溢出攻击方式。

（2）函数指针：函数指针变量可以用来定位任何地址空间，所以攻击者只需在函数指针附近找到一个能够溢出的缓冲区，然后溢出这个缓冲区来改变函数指针，使之指向攻击代码。当程序通过函数指针调用函数时，实际就执行了攻击代码。

（3）长跳转缓冲区：在 C 语言中包含有一个简单的检验/恢复系统，称为 setjmp/longjmp。可以用 setjmp（buffer）来设定检验点，而用 longjmp（buffer）来恢复到检验点。如果攻击者能够进入缓冲区空间，那么 longjmp 实际上是跳转到攻击者的代码上面。

6.7.3　缓冲区溢出的保护

近年来，许多著名的软件频频出现缓冲区溢出漏洞，如 Microsoft IIS 5.0、Windows、Winzip、Oracle、Foxmail、Sendmail、Apache Web Server、FreeBSD 等，在这不一一列举。缓冲区溢出漏洞已成为一种黑客主要的攻击目标。

目前有四种基本的方法保护缓冲区免受缓冲区溢出的攻击和影响。一是强制编写正确代码的方法。二是通过操作系统使得缓冲区不可执行，从而阻止攻击者植入攻击代码。这种方法有效地阻止了很多缓冲区溢出的攻击，但是攻击者并不一定靠植入代码来实施攻击，这是这种方法存在的弱点。三是利用编译器的边界检查来实现缓冲区的保护。这个方法是通过使缓冲区溢出不可能出现，从而消除这种威胁，但是这种实施方式的代价较大。四是一种间接的方法，该方法在程序指针失效前进行完整性检查。虽然这种方法不能使所有的缓冲区溢出失效，但它可以阻止绝大多数的缓冲区溢出攻击。

除了在开发阶段要注意编写正确的代码之外，对于用户而言，还应注意以下几个方面：①关闭不必要的端口或服务，管理员应该知道自己的系统上安装了什么，并且哪些服务正在运行；②一般软件的漏洞一公布，大的厂商就会及时提供补丁，用户应及时下载安装软件厂商的补丁；③在防火墙上过滤特殊的流量等。

6.8　特洛伊木马

6.8.1　特洛伊木马简介

特洛伊木马（以下简称木马），英文叫做 Trojan Horse，其名称取自希腊神话的特洛伊木马记，传说希腊人围攻特洛伊城，久久不能得手。后来想出了一个木马计，让士兵藏匿于巨大的木马中。大部队假装撤退而将木马摈弃于特洛伊城外，让敌人将其作为战利品拖入城内。木马内的士兵则乘夜晚敌人庆祝胜利、放松警惕的时候从木马中爬出来，与城外的部队里应外合攻下了特洛伊城。

木马是一种基于远程控制的黑客工具，一般的木马都有控制端和服务端两个执行程序，其中控制端用于攻击者远程控制被植入木马的机器。服务端程序即是木马程序。攻击者要通过木马攻击用户的系统,要做的第一件事就是把木马的服务端程序通过某种方式植入到用户的计算机中。

木马具有隐蔽性和非授权性的特点。所谓隐蔽性是指木马的设计者为了防止木马被发现,会采用多种手段隐藏木马;所谓非授权性是指一旦控制端与服务端连接后,控制端将享有服务端的大部分操作权限,包括修改文件、修改注册表、控制鼠标、键盘等,而这些权力并不是服务端赋予的,而是通过木马程序窃取的。

从木马的发展来看,基本上可以分为两个阶段,最初网络还处于以 UNIX 平台为主的时期,木马就产生了,当时的木马程序的功能相对简单,往往是将一段程序嵌入到系统文件中,用跳转指令来执行一些木马的功能,在这个时期,木马的设计者和使用者大都是些技术人员,必须具备相当的网络和编程知识。而后随着 Windows 平台的日益普及,一些基于图形操作的木马程序出现了,用户界面的改善,使许多人不用懂太多的专业知识就可以熟练地操作木马,相对的木马入侵事件也频繁出现,而且由于这个时期木马的功能已日趋完善,因此对服务端的破坏也更大,一旦被木马控制,用户计算机将毫无秘密可言。

6.8.2　木马的工作原理

一个完整的木马系统由硬件部分、软件部分和具体连接部分组成。

(1) 硬件部分:是建立木马连接所必须的硬件实体。包括:①控制端:对服务端进行远程控制的一方;②服务端:被远程控制的一方;③Internet:控制端对服务端进行远程控制、数据传输的网络载体。

(2) 软件部分:是实现远程控制所必须的软件程序。包括:①控制端程序:控制端用以远程控制服务端的程序;②木马程序:潜入服务端内部,获取其操作权限的程序;③木马配置程序:设置木马程序的端口号、触发条件、木马名称等,使其在服务端藏得更隐蔽的程序。

(3) 连接的建立:是通过 Internet 在服务端和控制端之间建立一条木马通道所必须的元素。①控制端 IP/服务端 IP:即控制端/服务端的网络地址,也是木马进行数据传输的源地址和目的地址;②控制端端口/木马端口:即控制端/服务端的数据入口,通过这个入口,数据可直达控制端程序或木马程序。

用木马这种黑客工具进行网络入侵,从过程上看大致可分为六步,下面就按这六步来详细阐述木马的攻击原理。

1. 配置木马

一般来说一个设计成熟的木马都有木马配置程序,从具体的配置内容看,主要是为了实现以下两方面功能:

(1) 木马伪装:木马配置程序为了在服务端尽可能地隐藏木马,会采用多种伪装手段,如修改图标、捆绑文件、定制端口和自我销毁等。

(2) 信息反馈:木马配置程序将对信息反馈的方式或地址进行设置,如设置信息反馈的邮件地址、IRC 号、ICO 号等。

2. 传播木马

(1) 传播方式。木马的传播方式主要有两种:一种是通过 E-mail,攻击者将木马程序以附件的形式夹在邮件中发送出去,收信人只要打开附件系统就会感染木马;另一种是软件下载,一些非正规的网站以提供软件下载为名义,将木马捆绑在软件安装程序上,下载后,只要一运行这些程序，木马就会自动安装。另外，也可以用木马种植程序，在局域网里利用 IPC$共享管道把木马种植到对方的机器中。如图 6-10 所示，就是一个利用 IPC 种植木马的软件。

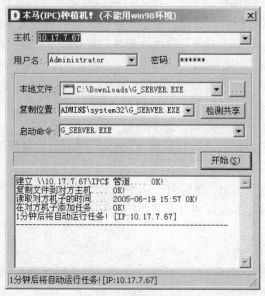

图 6-10　木马种植机

（2）伪装方式。鉴于木马的危害性，很多人对木马知识还是有一定了解的，这对木马的传播起到一定的抑制作用，这是木马设计者所不愿见到的，因此他们开发了多种功能来伪装木马，以达到降低用户警觉，欺骗用户的目的。

1）修改图标。

比如可以把一个木马程序的图标修改成一个文本文件的图标，将它作为邮件的附件发给用户。一般人都会毫不犹豫地打开附件，这时就会中招。现在已经有木马可以将木马服务端程序的图标改成 HTML、TXT、ZIP 等各种文件的图标，具有相当大的迷惑性。

2）捆绑文件。

这种伪装手段是将木马捆绑到一个安装程序上，当安装程序运行时，木马在用户毫无察觉的情况下，偷偷地进入系统。被捆绑的文件一般是可执行文件（即 EXE、COM 类的文件）。

3）出错显示。

有一定木马知识的人都知道，如果打开一个文件，没有任何反应，这很可能就是个木马程序，木马的设计者也意识到这个缺陷，所以已经有木马提供一个称为出错显示的功能。当服务端用户打开木马程序时，会弹出一个错误提示框（这当然是假的），错误内容可自由定义，大多会定制成一些诸如"文件已破坏，无法打开！"之类的信息，当服务端用户信以为真时，木马却悄悄侵入了系统。

4）定制端口。

很多老式的木马端口都是固定的，这给判断是否感染木马带来了方便，只要查一下特定的端口就知道感染了什么木马，所以现在很多新式的木马都加入了定制端口的功能，控制端用户可以在 1024～65535 之间任选一个端口作为木马端口（一般不选 1024 以下的端口），这样就给判断所感染的木马类型带来麻烦。

5）自我销毁。

自我销毁功能是为了弥补木马的一个缺陷。一般情况下，当用户打开含有木马的文件后，木马会将自己拷贝到 Windows 的系统文件夹中（C:\WINDOWS 或 C:\WINDOWS\SYSTEM 目录下），一般来说原木马文件和系统文件夹中的木马文件的大小是一样的（捆绑文件的木马除外），那么中了木马的用户只要在近来收到的信件和下载的软件中找到原木马文件，然后根据原木马的大小去系统文件夹找相同大小的文件，判断一下哪个是木马就行了。而木马的自我销毁功能是指安装完木马后，原木马文件将自动销毁，这样服务端用户就很难找到木马的来源，在没有查杀木马工具进行帮助的情况下，就很难删除木马。

6）木马更名。

安装到系统文件夹中的木马的文件名一般是固定的，那么只要根据一些查杀木马的文章，在系统文件夹查找特定的文件，就可以断定中了什么木马。所以现在有很多木马都允许控制端用户自由定制安装后的木马文件名，这样就很难判断所感染的木马类型。

3. 运行木马

服务端用户运行木马或捆绑木马的程序后，木马就会自动进行安装。首先将自身拷贝到 Windows 的系统文件夹中，然后在注册表、启动组、非启动组中设置好木马的触发条件，这样木马的安装就完成了。安装后即可以启动木马。

（1）由触发条件激活木马。

触发条件是指启动木马的条件，大致出现在下面八个地方：

1）注册表：打开 HKEY_LOCAL_MACHINE\Software\Microsoft\Windows\Current Version\下的五个 Run 和 RunServices 主键，在其中寻找可能是启动木马的键值。

2）win.ini：C:\WINDOWS 目录下有一个配置文件 win.ini，用文本方式打开，在[WINDOWS]字段中有启动命令 load=和 run=，在一般情况下是空白的，如果有可执行程序，就可能是木马。

3）system.ini：C:\WINDOWS 目录下有个配置文件 system.ini，用文本方式打开，在[386Enh]、[mic]、[drivers32]中有命令行，在其中寻找木马的启动命令。

4）Autoexec.bat 和 Config.sys：在 C 盘根目录下的这两个文件也可以启动木马。但这种加载方式一般都需要控制端用户与服务端建立连接后，将已添加木马启动命令的同名文件上传到服务端覆盖这两个文件才行。

5）*.INI：即应用程序的启动配置文件，控制端利用这些文件能启动程序的特点，将制作好的带有木马启动命令的同名文件上传到服务端覆盖这些同名文件，这样就可以达到启动木马的目的。

6）注册表：打开 HKEY_CLASSES_ROOT\文件类型\shell\open\command 主键，查看其键值。举个例子,国产木马"冰河"就是修改 HKEY_CLASSES_ROOT\txtfile\shell\open\command 下的键值，将 C:\WINDOWS\NOTEPAD.EXE %1 改为 C:\WINDOWS\SYSTEM\SYSEXPLR.EXE %1，这时双击一个 TXT 文件后，原本应用 NOTEPAD 打开该文件，现在却变成启动木马程序。还要说明的是不光是 TXT 文件，通过修改 HTML、EXE、ZIP 等文件的启动命令的键值都可以启动木马，不同之处只在于"文件类型"这个主键的差别，TXT 是 txtfile，ZIP 是 WINZIP。

7）捆绑文件：实现这种触发条件首先要控制端和服务端已通过木马建立连接，然后控制端用户用工具软件将木马文件和某一应用程序捆绑在一起，然后上传到服务端覆盖原文件，这样即使木马被删除，只要运行捆绑了木马的应用程序，木马又会被安装上去。

8）启动菜单：在"开始"→"程序"→"启动"选项下也可能有木马的触发条件。

（2）木马运行过程。木马被激活后，进入内存，并开启事先定义的木马端口，准备与控制端建立连接。这时服务端用户可以在 MS-DOS 方式下，键入命令行：netstat -an 来查看端口状态。一般 PC 在脱机状态下是不会有端口开放的，如果有端口开放，就要注意是否感染了木马。

在上网过程中要下载软件、发送信件、网上聊天必然会打开一些端口，下面是一些常用的端口：

- 1~1024 之间的端口：这些端口称为保留端口，是专给一些对外通信的程序用的，如 FTP 使用 21，SMTP 使用 25，POP3 使用 110 等。只有很少木马会用保留端口作为木马端口。
- 1025 以上的连续端口：在上网浏览网站时，浏览器会打开多个连续的端口下载文字、图片到本地硬盘上，这些端口都是 1025 以上的连续端口。
- 4000 端口：这是 OICQ 的通信端口。
- 6667 端口：这是 IRC 的通信端口。

除上述端口外，如发现还有其他端口打开，尤其是数值比较大的端口，那就要怀疑是否感染了木马，当然如果木马有定制端口的功能，那任何端口都有可能是木马端口。

4. 信息泄露

一般来说，设计成熟的木马都有一个信息反馈机制。所谓信息反馈机制是指木马成功安装后会收集一些服务端的软、硬件信息，并通过 E-mail、IRC 或 ICO 的方式告知控制端用户。

5. 建立连接

一个木马连接的建立首先必须满足两个条件：一是服务端已安装木马程序；二是控制端、服务端都要在线。在此基础上控制端可以通过木马端口与服务端建立连接。

假设 A 机为控制端，B 机为服务端，对于 A 机来说要与 B 机建立连接必须知道 B 机的木马端口和 IP 地址，由于木马端口是 A 机事先设定的，为已知项，所以最重要的是如何获得 B 机的 IP 地址。获得 B 机 IP 地址的方法主要有两种：信息反馈和 IP 扫描。这里重点介绍 IP 扫描。因为 B 机装有木马程序，所以它的木马端口是处于开放状态的（以木马"冰河"为例，其监听端口为 7626）。现在 A 机只要扫描 IP 地址段中 7626 端口开放的主机即可，当 A 机扫描到某个 IP 时发现它的 7626 端口是开放的，那么这个 IP 就会被添加到列表中。图 6-11 所示为"冰河"控制端的搜索结果，从图中可以看出，IP 地址是 10.17.7.67（称它为主机 B）的主机的 7626 端口是打开的，说明该主机上已被种上"冰河"服务端。这时 A 机就可以通过木马的控制端程序向 B 机发出连接信号，开启一个随机端口与 B 机的木马端口 7626 建立连接。

6. 远程控制

木马连接建立后，控制端端口和木马端口之间将会出现一条通道。控制端上的控制端程序可以通过这条通道与服务端上的木马程序取得联系，并通过木马程序对服务端进行远程控制。下面介绍控制端具体能享有哪些控制权限。

（1）窃取密码：一切以明文的形式、*形式或缓存在 Cache 中的密码都能被木马侦测到，此外很多木马还提供击键记录功能，它将会记录服务端每次敲击键盘的动作，所以一旦有木马入侵，密码将很容易被窃取。

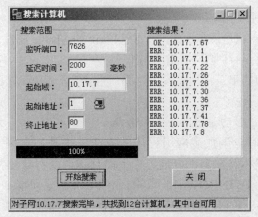

图 6-11　搜索种有木马的主机

（2）文件操作：控制端由远程控制对服务端上的文件进行删除、新建、修改、上传、下载、运行、更改属性等一系列操作，基本涵盖了 Windows 平台上所有的文件操作功能。如图 6-12 所示为在控制端上看到的远程主机硬盘上的内容。可以和操作自己主机上的文件一样操作远程服务端上的文件。

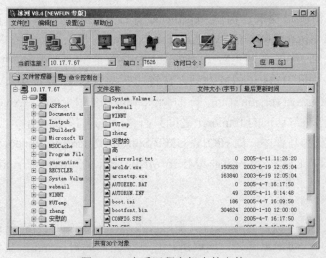

图 6-12　查看远程主机上的文件

（3）修改注册表：控制端可任意修改服务端注册表，包括删除、新建或修改主键、子键、键值。有了这项功能，控制端就可以进行禁止服务端软驱、光驱的使用，锁住服务端的注册表，将服务端上木马的触发条件设置得更隐蔽等一系列高级操作。

（4）系统操作：这项内容包括重启或关闭服务端操作系统，断开服务端网络连接，控制服务端的鼠标、键盘，监视服务端桌面操作，查看服务端进程等，控制端甚至可以随时给服务端发送信息。

6.8.3　木马的一般清除方法

现在市面上有很多新版杀毒软件都可以自动清除木马，但它们并不能防范新出现的木马程序。因此最关键的还是要知道木马的工作原理，这样就会很容易发现并查杀木马。

1. 木马程序隐藏的主要途径

● 在任务栏中隐藏。这是最基本的，只要把 Form 的 Visible 属性设为 False、ShowInTaskBar 设为 False，程序运行时就不会出现在任务栏中。

● 在任务管理器中隐形：将程序设为"系统服务"，就可以很轻松地伪装自己，使用户以为是系统进程。

2. 木马会在每次用户启动时自动装载服务端

Windows 系统启动时自动加载应用程序的方法，木马都会用上，如启动组、win.ini、system.ini、注册表等都是木马藏身的好地方。下面具体谈谈木马是怎样自动加载的。

在 win.ini 文件中，在[WINDOWS]下面的 run=和 load=是可能加载木马程序的途径，必须仔细留心它们。一般情况下，它们的等号后面什么都没有，如果发现后面跟有路径且文件名不是熟悉的启动文件，计算机就可能已经被种上木马。有些木马的隐蔽性较强，如 AOL Trojan 木马，它把自身伪装成 command.exe 文件，如果不仔细查看文件路径，可能不会发现它不是真正的系统文件。

在 system.ini 文件中，在[BOOT]下面有个"shell=文件名"。正确的文件名应该是 explorer.exe，如果不是 explorer.exe，而是"shell=explorer.exe 程序名"，那么后面跟着的那个程序就是木马程序。

在注册表中的情况最复杂，通过 regedit 命令打开注册表编辑器，在 HKEY_LOCAL_MACHINE\Software\Microsoft\Windows\CurrentVersion\Run 目录下，查看键值中有没有自己不熟悉的自动启动文件，扩展名为 EXE。有的木马程序生成的文件很像系统自身文件，想通过伪装蒙混过关，如 Acid Battery v1.0 木马，它将注册表 HKEY_LOCAL_MACHINE\Software\Microsoft\Windows\CurrentVersion\Run 下的 Explorer 键值改为 Explorer=C:\WINDOWS\expiorer.exe，木马程序与真正的 Explorer 之间只有"i"与"1"的差别。当然在注册表中还有很多地方都可以隐藏木马程序，如 HKEY_USER\Software\Microsoft\Windows\CurrentVersion\Run 和 HKEY_CURRENT_USERS \Software\Microsoft\Windows\CurrentVersion\Run 的目录下都有可能。

3. 查杀木马

知道了木马的工作原理，查杀木马就变得很容易。如果发现有木马存在，首先就是马上将计算机与网络断开，防止黑客通过网络进行攻击。然后编辑 win.ini 文件，将[WINDOWS]下面的"run=木马程序"、"load=木马程序"分别更改为 run=和 load=；编辑 system.ini 文件，将[BOOT]下面的"shell=木马文件"更改为 shell=explorer.exe；在注册表中，先在 HKEY_LOCAL_MACHINE\Software\Microsoft\Windows\CurrentVersion\Run 下找到木马程序的文件名，再在整个注册表中搜索并替换掉木马程序。还需注意的是：有的木马程序并不是直接将 HKEY_LOCAL_MACHINE\Software\Microsoft\Windows\CurrentVersion\Run 下的木马键值删除就行了，因为有的木马（如 BladeRunner 木马），如果用户删除它，木马会立即自动加上，这时需要记下木马的名字与目录，然后退回到 MS-DOS 下，找到此木马文件并删除掉。之后重新启动计算机，然后再到注册表中将所有木马文件的键值删除。

本章讲述了一些常用的网络攻击技术，目的是使读者理解产生这些攻击的原因、攻击的原理，了解攻击的危害，做到知己知彼，以便更有效地保护自己的网络和主机。提醒读者不要使用这些方法和工具攻击别人的主机或网络。

阅读材料

2011 年度中国互联网安全特征和重大安全事件

1. 2011 年度互联网安全威胁四大特征

（1）钓鱼网站取代病毒木马成为首要安全威胁。

金山毒霸云安全中心数据显示：2011 年钓鱼网站增速明显，下半年进入集中爆发期，2011 全年新增钓鱼网站数量达到 45 万个，2011 年 12 月当月新增钓鱼网站是 2011 年 1 月份的两倍以上。2011 年 11 月，金山毒霸拦截钓鱼网站次数达到 11 亿次（而 2010 年最高峰也仅有 1000 万次），受影响网民约占总数的 10%，网民平均每浏览 14 个网页就会有一次遇到钓鱼网站。

2011 年金山毒霸拦截新增病毒达到 1230 万个，较 2010 年呈现下降趋势，日平均拦截次数约 500 万次。2011 年，钓鱼网站的拦截次数是病毒木马的 5 倍之多，钓鱼网站已经成为中国互联网安全的首要威胁。

钓鱼网站的制造手法也呈现多样性和技术性，从直接复制伪造知名网站的页面，到利用 XSS 的漏洞攻击、制造多次跳转来达成钓鱼的目的。

（2）网购木马呈现增长趋势，网购攻击日益严重。

2011 年，网购木马呈现增长趋势，表现十分活跃。网购木马经营者大多使用 QQ、淘宝旺旺等聊天工具实施一对一的诈骗，隐藏性很强，成功率很高，危害性极大。

金山毒霸云安全中心数据显示：2011 年，金山毒霸网购保镖日平均保护 2000 万次网购操作，日均覆盖 500 万网民。由于网购涉案金额具有金额小、取证难等问题，一旦受害维权难度极大。为此，金山毒霸推出了敢赔模式，用户在开启敢赔功能的情况下，由于钓鱼或者木马导致网购被骗，金山公司将进行赔付。

除了进行一对一的诈骗以外，部分网购木马还主要针对浏览器进行重点突破。2011 年，金山毒霸经常截获网购木马主动推荐浏览器的情况，用户使用该浏览器进行购物，被害风险极大。金山毒霸提示用户，网购时请谨慎选择浏览器，如果浏览器阻止第三方安全软件在用户网购时进行保护，请及时切换浏览器。

（3）电脑病毒制造者向手机安卓平台转移。

高性能智能手机和平板电脑市场份额的快速增长，以及手机购物、手机游戏等应用的风靡，引发了手机安全威胁的爆发，计算机病毒制造者将主要诈骗阵地从 PC 转移到手机。

金山手机卫士云安全中心数据显示：2011 年安卓平台的恶意软件增长速度迅猛，据样本数统计，年末日均新增病毒数量比年初增长十倍。全年安卓平台新增病毒数量 23681 个，受害用户 1037 万人，其中 660 万手机用户是在手机论坛或手机安卓市场下载软件时中毒。

而智能手机的恶意软件类型也呈现多样化，从最开始的暗扣话费、订购服务、浪费流量、消耗电力，发展到窃取隐私和云端控制手机。2011 年底，数以千万计的智能手机被曝植入 CIQ 手机间谍，一时引发全球瞩目。

软件漏洞也是黑客攻击的另一个重要通道，2011 年，数个智能手机管理软件的安全漏洞曝光，安卓平台手机接入无线局域网后，攻击者可以轻易获得手机中存放的个人隐私数据。

（4）社会化媒体成为诈骗传播新宠。

2011 年，恶意传播者利用人们社会心理而非技术手段实施欺诈的案例增长十分明显，这种趋势未来会愈演愈烈。防范这种社会工程欺诈和假冒社交熟人欺诈，仅靠安全软件不行，最关键的还在于网民要提高自己的安全意识。

恶意软件传播者往往通过盗取网民登录信息，利用热门的社会化媒体微博、SNS 社区等发送中奖、送礼或广告等钓鱼网站实施进一步的欺诈攻击。由于社交媒体多属于熟人网络，用户极易放松警惕导致最终受骗。

2. 2011 年度十个重大安全事件

（1）个人隐私非法泄露。

2011 年末，中国公众经历了一次大规模个人信息泄露事件的洗礼，几乎人人自危。CSDN、天涯等众多互联网公司的信息被公开下载，截至 2011 年 12 月 29 日，CNCERT 通过公开渠道获得疑似泄露的数据库有 26 个，涉及账号、密码 2.78 亿条。这些信息均为黑客攻击商业网站后窃取并泄露到公众面前，而黑客手中掌握的公众信息到底有多少，对公众还是个未知数。

公众熟悉的杀毒软件重点在保护用户端的计算机安全，客户端安全软件对于存储在运营商服务器上的数据安全鞭长莫及。此案预示着未来会有更多的攻击针对服务器展开。

（2）网购木马抢劫案。

2011 年 3 月，知名互联网交互设计专家"一叶千鸟"网购被骗 5 万余元。互联网行业老兵网上购物尚且被骗，普通网民在线购物面对猖獗的网购木马、钓鱼网站，已成待宰羔羊。

在大量同类案例中，许多受害者向警方报案时，却无法清晰描述受骗经过。大多数案件只骗几百元，甚至几十元。受害者投诉维权的成本太高，最后往往自认倒霉。到目前为止，众多网购木马制造者仍未落网，网购木马变种仍然层出不穷。

（3）商业银行动态口令升级群发短信诈骗。

2011 年 2 月农历春节前后，多家全国性的商业银行和地方城市银行客户遭遇大批量短信诈骗。骗子在短信中声称银行动态口令升级，请储户访问指定网站更新。许多储户信以为真，上网登录了这些网站。将自己的银行卡、手机号等信息提交，并随后按网站提示的方法，把银行返回的验证码也一并交给骗子。结果导致大量储户资金被盗，损失数千元至数百万元不等。

（4）首个 QQ 群蠕虫被截获。

QQ 号称有 5 亿以上的用户群，QQ 号已经成为事实上的网络通行证，QQ 群功能更是深受用户喜爱。2011 年 9 月，首个自动通过 QQ 群功能传播的蠕虫病毒被截获。该病毒伪装成电视棒破解程序欺骗网民下载，盗取魔兽、邮箱及社交网络账号。

中毒后病毒会自动访问 QQ 群共享空间，将病毒程序提交到群共享空间快速传播，病毒的最终目的是下载更多盗号木马，窃取虚拟财产。

该病毒独特的传播方式令安全研究人员吃惊，金山毒霸安全中心连夜和 QQ 安全中心协作，避免了大规模的蠕虫病毒传播。

（5）新浪微博遭遇 XSS 蠕虫攻击。

2011 年 6 月 28 日晚 8 点，新浪微博突然遭遇蠕虫式的"病毒"攻击，众多加 V 认证的名人微博自动发布带攻击链接的私信或微博。后查明，这是攻击者利用新浪微博的 XSS（跨站）漏洞进行的攻击，用户单击某个微博短址链接后，会自动加好友，自动发微博并同时传播攻击链接。结果在短短半小时左右，数万人受波及。幸运的是，攻击者事实上并无恶意，只是一次恶作剧，但 XSS 蠕虫攻击的威力已被公众领教。

（6）"我的照片" QQ 病毒传播广泛。

病毒传播者利用 QQ 聊天工具传送伪装成"我的照片"的病毒，接收方在打开美女照片的同时，后门程序运行。该木马主要用来盗取 QQ 号，和其他盗号木马不同，这些窃贼只是趁 QQ 号主人不在线时试图向 QQ 好友借钱购买虚拟点卡或代付购物，该病毒集团以骗取钱财为最终目的。

（7）Android 手机恶意软件迅猛增长。

随着 Android 手机以越来越快的速度被用户接受，寄生于 Android 操作系统的手机后门程序渐渐高发。2011 年，金山毒霸手机安全中心就先后捕获了伪装成打地鼠游戏、老虎机游戏、美女拼图游戏的手机病毒，这些病毒的主要目的是偷偷定制扣费服务，盗打电话，窃取手机隐私信息，截取手机短信内容，监听手机通话录音和获取位置信息。手机恶意程序对智能手机用户的信息安全构成严重威胁。

（8）两高院通过办理计算机信息安全刑事案件司法解释。

《最高人民法院、最高人民检察院关于办理危害计算机信息系统安全刑事案件应用法律若干问题的解释》于 2011 年 6 月 20 日通过。司法解释进一步明确非法获取计算机信息系统数据，非法控制计算机信息系统相关的条款。新司法解释的出台，对保护计算机系统安全，限制非法入侵行为，阻止病毒产业链的蔓延具有重要意义。

（9）"淘宝客欺骗者"病毒干扰淘宝店经营。

"淘宝客欺骗者"病毒专门劫持淘宝网搜索结果。当用户在淘宝网搜索商品时，会自动跳转到淘宝客搜索推广站点。此后，任意交易卖家就要付出佣金，增加了网店经营成本，淘宝也会因此多支付佣金，而淘宝买家也因浏览器被强行劫持，只搜索到病毒想推广的商品而丧失自由选择的权利。

（10）社交网站风生水起，安全威胁与之伴行。

微博成为 2011 年最火的网络应用，微博传播消息迅速快捷，成为钓鱼网站传播者的天堂。特别在 2011 年底，大量网民个人信息被泄露之后，微博成为事件的重灾区，每天有数千乃至上万人的 ID 被盗，盗号者利用偷来的微博账号发布大量商业广告或钓鱼网站链接。好在公众对中奖之类的"钓鱼"已经习以为常，微博账号被盗后，再被骗钱的案例较少。

—— 节选自金山网络发布的《2011～2012 中国互联网安全研究报告》

习题6

一、思考题

1．网络攻击一般有哪几个步骤？

2．收集要攻击的目标系统信息的工具有哪些？用它们可以得到哪些信息？

3．网络入侵的对象主要包括哪几类？

4．主要的网络攻击方式有哪些？

5．攻击工具的复杂化主要表现在哪几个方面？

6. 及时安装补丁程序有什么意义？

7. 口令攻击的方法有哪些？

8. 怎样选择安全的口令？

9. 扫描器的作用是什么？主要有哪些种类的扫描器？试举两例并说明其功能。

10. 简述网络监听的基本原理。

11. 从正反两个方面说明网络监听的作用。

12. 如何有效地防范网络监听？

13. 简述 IP 欺骗的实现过程。

14. 如何有效地防止 IP 欺骗攻击的发生？

15. 简述 DDoS 攻击的原理。

16. 简述 Smurf 攻击的过程及防范方法。

17. 简述 trinoo DDoS 攻击的基本特性及抵御策略。

18. 受到拒绝服务攻击的网络其主要表现有哪些？

19. 举例说明如何利用缓冲区溢出实现攻击。

20. 如何保护缓冲区免受缓冲区溢出的攻击？

21. 什么是特洛伊木马？其主要特性是什么？

22. 木马都有哪些常见的伪装形式？

二、实践题

1. 在实验室环境中，试用穷举攻击的方法破解对方系统的口令。

2. 在实验室环境中，试用字典攻击的方法破解对方系统的口令。

3. 在实验室环境中，试用网络监听的方法获取对方的口令。

4. 利用 TCP connect() 或 TCP SYN 方法，编写一个扫描器程序，并进行功能测试。

5. 在实验室环境中，对某个目标网络进行扫描并分析其存在的安全隐患。

6. 在实验室环境中，运行一个木马程序并分析其特征及功能，然后对其进行手工清除。

7. 搜集资料，了解当前较活跃的木马程序有哪些，并对其行为特征及危害性进行分析。

第 7 章　入侵检测技术

本章主要讲解系统入侵检测的基本原理、主要方法以及如何实现入侵检测，进行主动防御。通过本章的学习，应该掌握以下内容：

- 入侵检测的概念
- 入侵检测技术
- 入侵检测系统的组成及原理
- 入侵检测工具的使用

7.1　入侵检测概述

7.1.1　概念

入侵检测（Intrusion Detection），顾名思义，即是对入侵行为的发觉。它在计算机网络或计算机系统中的若干关键点收集信息，通过对这些信息的分析来发现网络或系统中是否有违反安全策略的行为和被攻击的迹象。进行入侵检测的软件与硬件的组合便是入侵检测系统（Intrusion Detection System，IDS）。与其他安全产品不同的是，入侵检测系统需要更多的智能，它必须能将得到的数据进行分析，并得出有用的结果。一个合格的入侵检测系统能大大简化管理员的工作，保证网络安全的运行。它是网络安全技术中不可或缺的一部分，也是对其他安全技术的一个补充。

入侵检测技术自 20 世纪 80 年代提出以来得到了极大的发展，国外一些研究机构已经开发出应用于不同操作系统的几种典型的入侵检测系统（IDS）。典型的 IDS 通常采用静态异常模型和规则误用模型来检测入侵，这些 IDS 的检测基本是基于服务器或网络的。早期的 IDS 模型设计用来监控单一服务器，是基于主机的入侵检测系统；近期的更多模型则集中用于监控通过网络互联的多个服务器。

早期的基于主机的入侵检测系统一般利用操作系统的审计作为输入的主要来源。典型的系统有 ComputerWatch、Discovery、HAYSTACK、IDES（入侵检测专家系统）、ISOA（信息安全管理员助手）、MIDAS（多种入侵检测及警报系统）和 Los Alamos 国家实验室开发的异常检测系统 W&S 等。现在的攻击检测系统更多的是对许多互联在网络上的主机的监视。典型的系统有 Los Alamos 国家实验室的网络异常检测和侵入报告系统 NADIR，这是一个自动专家系统；加利福尼亚大学的 NSM 系统，它通过广播 LAN 上的信息流量来检测入侵行为；还有分布式入侵检测系统 DIDS 等。

7.1.2 IDS 的任务和作用

入侵检测系统（IDS）是主动保护自己免受攻击的一种网络安全技术。IDS 对网络或系统上的可疑行为做出策略反应，及时切断入侵源，并通过各种途径通知网络管理员，最大限度地保障系统安全。入侵检测是防火墙的合理补充，有效地帮助系统对抗网络攻击，扩展系统管理员的安全管理能力（包括安全审计、监视、进攻识别和响应），提高信息安全基础结构的完整性。入侵检测被认为是防火墙之后的第二道安全闸门，在不影响网络性能的情况下能对网络进行监测，从而提供对内部攻击、外部攻击和误操作的实时保护。这些功能是通过执行以下任务来实现的：

- 监视、分析用户及系统活动。
- 对系统构造和弱点的审计。
- 识别和反应已知进攻的活动模式并向相关人士报警。
- 异常行为模式的统计分析。
- 评估重要系统和数据文件的完整性。
- 操作系统的审计跟踪管理，识别用户违反安全策略的行为。

对一个成功的入侵检测系统来讲，它不但可以使系统管理员时刻了解网络系统（包括程序、文件和硬件设备等）的任何变更，还能给网络安全策略的制定提供指南。而且，入侵检测的规模和策略还应根据网络威胁、系统构造和安全需求的改变而动态地修正和改变。入侵检测系统在发现入侵后，会及时作出响应，包括切断网络连接、记录事件和报警等。

7.1.3 入侵检测过程

1. 信息收集

入侵检测的第一步是信息收集，收集的内容包括系统、网络、数据及用户活动的状态和行为。而且，需要在计算机网络系统中的若干不同关键点（不同网段和不同主机）收集信息。入侵检测在很大程度上依赖于收集信息的可靠性和正确性，因此，必须使用精确的软件来报告这些信息。黑客经常替换软件以搞混和移走这些信息，例如替换被程序调用的子程序、库和其他工具。黑客对系统的修改可能使系统功能失常，但表面看起来却跟正常的一样。例如，UNIX 系统的 ps 指令可以被替换为一个不显示侵入过程的指令，或者是编辑器被替换成一个读取不同于指定文件的文件。因而用来检测网络系统的软件的完整性必须得到保证，特别是入侵检测系统软件本身应具有相当强的坚固性，以防止被篡改而收集到错误的信息。入侵检测利用的信息一般来自以下四个方面：

（1）系统和网络日志文件。入侵者经常在系统日志文件中留下踪迹，因此，充分利用系统和网络日志文件的信息是检测入侵的必要条件。日志文件中记录了各种行为类型，每种类型又包含不同的信息，例如记录"用户活动"类型的日志，包含登录、用户 ID 改变、用户对文件的访问、授权和认证信息等内容。很显然地，对用户活动来讲，不正常的或不期望的行为就是重复登录失败、登录到不期望的位置以及非授权的用户企图访问重要文件等。通过查看日志文件，能够发现成功的入侵或入侵企图，并很快地启动相应的应急响应程序。

（2）目录和文件中的不期望的改变。网络环境中的文件系统包含很多软件和数据文件，包含重要信息的文件和私有数据文件经常是入侵者修改或破坏的目标。目录和文件中的不期望的改变（包括修改、创建和删除），特别是那些正常情况下限制访问的，很可能就是入侵发生的指示和信号。因为黑客经常替换、修改和破坏他们获得访问权的系统上的文件，同时为了在系统中隐藏他们出现及活动的痕迹，会尽力去替换系统程序或修改系统日志文件。

（3）程序执行中的不期望行为。网络系统上的执行程序一般包括操作系统、网络服务、用户启动的应用程序（如数据库服务器）。每个在系统上执行的程序由一个或多个进程来实现。每个进程执行在具有不同权限的环境中，这种环境控制着进程可访问的系统资源、程序和数据文件等。一个进程的执行行为由它运行时执行的操作来表现，操作执行的方式不同，利用的系统资源也就不同。操作包括计算、文件传输、调用设备和其他进程以及与网络间其他进程的通信。如果一个程序在执行过程中出现了不期望的行为，如越权访问、非法读写等，表明该程序可能已被修改或破坏。

（4）物理形式的入侵信息。这包括两个方面的内容，一是未授权的对网络硬件的连接；二是对物理资源的未授权访问。入侵者会想方设法去突破网络的周边防卫，如果他们能够在物理上访问内部网，就能安装他们自己的设备和软件。

2. 信号分析

对上述收集到的有关系统、网络、数据及用户活动的状态和行为等信息，一般通过 3 种技术手段进行分析，分别为：模式匹配、统计分析和完整性分析。其中前两种方法用于实时的入侵检测，而完整性分析则用于事后分析。

（1）模式匹配的方法。模式匹配就是将收集到的信息与已知的网络入侵和系统误用模式数据库进行比较，从而发现违背安全策略的行为。这种分析方法也称为误用检测。该过程可以很简单（如通过字符串匹配以寻找一个简单的条目或指令），也可以很复杂（如利用正规的数学表达式来表示安全状态的变化）。一般来讲，一种进攻模式可以用一个过程（如执行一条指令）或一个输出（如获得权限）来表示。该方法的一大优点是只需收集相关的数据集合，显著减少系统负担，且技术已相当成熟。它与病毒防火墙采用的方法一样，检测准确率和效率都相当高。但是，该方法存在的弱点是需要不断的升级模式库以对付不断出现的黑客攻击手法，不能检测到从未出现过的黑客攻击手段。

（2）统计分析的方法。统计分析方法首先给系统对象（如用户、文件、目录和设备等）创建一个统计描述，统计正常使用时的一些测量属性（如访问次数、操作失败次数和延时等）。测量属性的平均值将被用来与网络、系统的行为进行比较，任何观察值在正常值范围之外时，就认为有入侵发生。这种分析方法也称为异常检测。例如，统计分析时发现一个在晚八点至早六点从不登录的账户却在凌晨两点突然试图登录，系统则认为该行为是异常行为。统计分析的优点是可检测到未知的入侵和更为复杂的入侵，缺点是误报、漏报率高，且不适应用户正常行为的突然改变。具体的统计分析方法有：基于专家系统的、基于模型推理的和基于神经网络的分析方法。

（3）完整性分析的方法。完整性分析主要关注某个文件或对象是否被更改，通常包括文件和目录的内容及属性的变化。完整性分析在发现被更改的、被特洛伊化的应用程序方面特别有效。完整性分析利用强有力的加密机制（如消息摘要函数），能识别哪怕是微小的变化。其优点是不管模式匹配方法和统计分析方法能否发现入侵，只要是成功的攻击导致文件或其他对象的任何改变，它都能够发现。缺点是一般以批处理方式实现，不用于实时响应。尽管如此，完整性检测方法还是网络安全产品的重要组成部分。可以在每一天的某个特定时间开启完整性分析模块，对网络系统进行全面地扫描检查。

入侵检测系统的典型代表是 ISS 公司（国际互联网安全系统公司）的 RealSecure。它是计算机网络上自动实时的入侵检测和响应系统。它可以无妨碍地监控网络传输并自动检测和响应可疑的行为，在系统受到危害之前截取和响应安全漏洞和内部误用，从而最大程度地为企业网络提供安全。

入侵检测作为一种积极主动的安全防护技术，提供对内部攻击、外部攻击和误操作的实时保护，在网络系统受到危害之前拦截和响应入侵。从网络安全立体纵深、多层次防御的角度出发，入侵检测理应受到人们的高度重视，这从国外入侵检测产品市场的蓬勃发展就可以看出。在国内，随着上网的关键部门、关键业务越来越多，迫切需要具有自主版权的入侵检测产品。近年来，国内也涌现出一批优秀的入侵检测系统，如中科网威的"天眼"、东软的 NetEye、瑞星的 IDS-100、绿盟科技的"冰之眼"等。

7.2 入侵检测系统

7.2.1 入侵检测系统的分类

1. 按照入侵检测系统的数据来源划分

按照入侵检测系统的数据来源，将其划分为：

（1）基于主机的入侵检测系统。基于主机的入侵检测系统一般主要使用操作系统的审计跟踪日志作为输入，某些也会主动与主机系统进行交互以获得不存在于系统日志中的信息。其所收集的信息集中在系统调用和应用层审计上，试图从日志判断滥用和入侵事件的线索。

（2）基于网络的入侵检测系统。基于网络的入侵检测系统通过在计算机网络中的某些点被动地监听网络上传输的原始流量，对获取的网络数据进行处理，从中提取有用的信息，再通过与已知攻击特征相匹配或与正常网络行为原型相比较来识别攻击事件。

（3）采用上述两种数据来源的分布式入侵检测系统。这种入侵检测系统能够同时分析来自主机系统的审计日志和来自网络的数据流。系统一般为分布式结构，由多个部件组成。

2. 按照入侵检测系统采用的检测方法来分类

按照入侵检测系统采用的检测方法，将其划分为：

（1）基于行为的入侵检测系统。基于行为的检测也称为异常检测，是指根据使用者的行为或资源使用状况来判断是否入侵，而不依赖于具体行为是否出现来检测。这种入侵检测基于统计方法，使用系统或用户的活动轮廓来检测入侵活动。审计系统实时地检测用户对系统的使用情况，根据系统内部保存的用户行为概率统计模型进行检测，当发现有可疑的用户行为发生时，保持跟踪并监测、记录该用户的行为。系统要根据每个用户以前的历史行为，生成每个用户的历史行为记录库，当用户改变他们的行为习惯时，这种异常就会被检测出来。

（2）基于模型推理的入侵检测系统。基于模型推理的入侵检测根据入侵者在进行入侵时所执行的某些行为程序的特征，建立一种入侵行为模型，根据这种行为模型所代表的入侵意图的行为特征来判断用户执行的操作是否是属于入侵行为，是一种误用检测。当然这种方法也是建立在当前已知的入侵行为的基础之上的，对未知的入侵方法所执行的行为程序的模型识别需要进一步的学习和扩展。

（3）采用两者混合检测的入侵检测系统。以上两种方法每一种都不能保证能准确地检测出变化无穷的入侵行为。一种融合以上两种技术的检测方法应运而生，这种入侵检测技术不仅可以利用模型推理的方法针对用户的行为进行判断而且同时运用统计方法建立用户行为的统计模型，监控用户的异常行为。

　　3. 按照入侵检测的时间的分类

　　按照入侵检测的时间，将其划分为：

　　（1）实时入侵检测系统。实时入侵检测在网络连接过程中进行，系统根据用户的历史行为模型、存储在计算机中的专家知识以及神经网络模型对用户当前的操作进行判断，一旦发现入侵迹象立即断开入侵者与主机的连接，并收集证据和实施数据恢复。这个检测过程是自动的、不断循环进行的。

　　（2）事后入侵检测系统。事后入侵检测由网络管理人员进行，他们具有网络安全的专业知识，根据计算机系统对用户操作所做的历史审计记录判断用户是否具有入侵行为，如果有就断开连接，并记录入侵证据和进行数据恢复。事后入侵检测是管理员定期或不定期进行的，不具有实时性，因此防御入侵的能力不如实时入侵检测系统。

　　其中，按照入侵检测系统的数据来源进行分类的方法是使用最普遍的分类方法，下面就按这种分类法详细讨论不同种类的入侵检测系统的结构及特点。

7.2.2　基于主机的入侵检测系统

　　基于主机的入侵检测系统一般主要使用操作系统的审计跟踪日志作为输入，某些也会主动与主机系统进行交互以获得不存在于系统日志中的信息。其所收集的信息集中在系统调用和应用层审计上，试图从日志判断滥用和入侵事件的线索。

　　基于主机的入侵检测系统是早期的入侵检测系统结构，其检测的目标主要是主机系统和系统本地用户。检测原理是根据主机的审计数据和系统日志发现可疑事件，检测系统可以运行在被检测的主机或单独的主机上，其系统结构如图 7-1 所示。这种类型的系统依赖于审计数据或系统日志的准确性、完整性以及安全事件的定义。若入侵者设法逃避审计或进行合作入侵，则基于主机的检测系统的弱点就暴露出来。特别是在现代的网络环境下，单独地依靠主机审计信息进行入侵检测难以适应网络安全的需求。这主要表现在以下四个方面：一是主机的审计信息的弱点，容易受攻击，入侵者可通过使用某些系统特权或调用比审计本身更低级的操作来逃避审计；二是不能通过分析主机审计记录来检测网络攻击；三是 IDS 的运行或多或少影响服务器性能；四是基于主机的 IDS 只能对服务器的特定用户、应用程序执行的动作、日志进行检测，所能检测到的攻击类型受到限制。但是如果入侵者已突破网络防线进入主机系统，那么这种基于主机的 IDS 对于监视重要的服务器的安全状态还是十分有价值的。

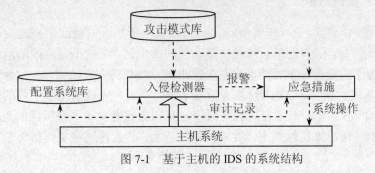

图 7-1　基于主机的 IDS 的系统结构

7.2.3　基于网络的入侵检测系统

基于网络的入侵检测系统通过在计算机网络中的某些点被动地监听网络上传输的原始流量，对获取的网络数据进行处理，从中提取有用的信息，再通过与已知攻击特征相匹配或与正常网络行为原型相比较来识别攻击事件。

随着计算机网络技术的发展，单独地依靠主机审计信息进行入侵检测难以适应网络安全的需求，人们提出了基于网络的入侵检测系统。这种系统根据网络流量及单台或多台主机的审计数据检测入侵，其结构如图 7-2 所示。探测器的功能是按一定的规则从网络上获取与安全事件相关的数据包，然后传递给分析引擎进行安全分析判断。分析引擎将从探测器上接收到的数据包结合网络安全数据库进行分析，把分析的结果传递给安全配置构造器。安全配置构造器按分析引擎的结果构造出探测器所需要的配置规则。

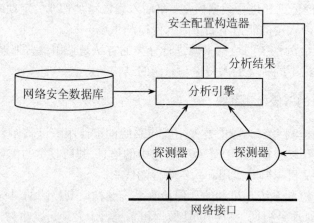

图 7-2　基于网络的 IDS 的系统结构

基于网络的 IDS 的优点是：

（1）操作系统独立：基于网络的 IDS 监视通信流量，不依赖主机的操作系统作为其检测资源，操作系统平台的变化和更新不会影响基于网络的 IDS。

（2）配置简单：基于网络的 IDS 环境只需要一个普通的网络访问接口，不需要任何特殊的审计和登录机制，不会影响其他数据源。

（3）检测多种攻击：基于网络的 IDS 探测器可以监视多种多样的攻击，包括协议攻击和特定环境的攻击，常用于识别与网络低层操作有关的攻击。

7.2.4　分布式入侵检测系统

典型的入侵检测系统是一个统一集中的代码块，它位于系统内核或内核之上，监控传送到内核的所有请求。但是，随着网络系统结构复杂化和大型化，系统的弱点或漏洞将趋于分布化。另外，入侵行为不再是单一的行为，而是表现出相互协作的入侵特点，在这种背景下，产生了基于分布式的入侵检测系统。美国普渡大学安全研究小组首先提出基于主体的分布式入侵检测系统结构，如图 7-3 所示。其主要思想是采用相互独立并独立于系统运行的进程组，这些进程组称为自治主体。通过训练这些主体并观察系统行为，然后将这些主体认为是异常的行为标记出来。

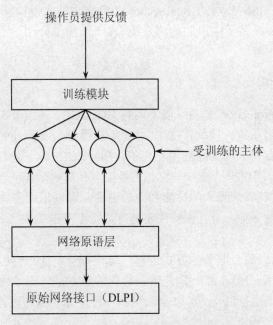

图 7-3　基于分布式系统的 IDS 结构

在基于主体的分布式入侵检测系统原型中，主体将监控系统的网络信息流。操作员将给出不同的网络信息流形式，如入侵状态下和一般状态下等情形来指导主体的学习。经过一段时间的训练，主体就可以在网络信息流中检测异常活动。

图 7-3 中的最底层为原始网络接口，通过该接口可以传输和接收数据链路层数据包。网络原语层在该层之上，可以使用原语从 DLPI 接口获得原始网络数据，并把它封装成主体可以处理的方式。主体接收到网络包中各个字段的数值和各种整体数据，如包的平均大小、包的到达时间和日期等。这些数据要么从包的数据得到，要么从外部资源得到。结构的最上层是训练模块，在主体用于监控系统之前，必须训练到可以正确地对入侵作出反应。训练要求主体减小误肯定数（假入侵报告）。训练通过一种反馈机制实现，由操作员输入主体的训练要求，再根据主体的实际行为是否接近于给定的流量模式所期望的行为，再给出训练数据，与神经网络的训练相似。

基于主体的原型中一个关键的思想是主体协作。每个主体监控整个网络信息流的一个小的方面，然后由多个主体协同工作。例如：一个主体监控 UDP 包，另一个主体监视这些包的目的端口，第三个主体检查包的来源。这些主体之间必须能够相互交流它们发现的可疑点。当一个主体认为可能有可疑的活动发生时，能提醒其他主体注意，后续的主体分析包数据时，也可以做可疑广播。最终，整个可疑级别若超过预先设定的阈值，系统就向操作员报告可能发生入侵。

7.3　入侵检测工具介绍

目前国内外的许多公司都开发入侵检测系统，有的作为独立的产品，有的作为防火墙的一部分，其结构和功能也不尽相同。如 Cisco 公司的 NetRanger、NAI 公司的 CyberCop 是基于网络的入侵检测系统，ISS 公司的 RealSecure 是分布式的入侵检测系统，Trusted Information System 公司的 Stalkers 是基于主机的检测系统等。下面简单介绍一下 ISS 公司的两款入侵检测产品。

7.3.1　ISS BlackICE

BlackICE Server Protection 软件（以下简称 BlackICE）是由 ISS 安全公司出品的一款著名的基于主机的入侵检测系统。该软件在 1999 年曾获得 PC Magazine 的技术卓越大奖。专家对它的评语是：对于没有防火墙的家庭用户来说，BlackICE 是一道不可缺少的防线；而对于企业网络，它又增加了一层保护措施——它并不是要取代防火墙，而是阻止企图穿过防火墙的入侵者。BlackICE 集成有非常强大的检测和分析引擎，可以识别多种入侵技巧，给予用户全面的网络检测以及系统的保护。而且该软件还具有灵敏度及准确率高、稳定性出色、系统资源占用率极少的特点。

BlackICE 安装后以后台服务的方式运行，前端有一个控制台可以进行各种报警和修改程序的配置，界面很简洁。BlackICE 软件最具特色的地方是内置了应用层的入侵检测功能，并且能够与自身的防火墙进行联动，可以自动阻断各种已知的网络攻击行为。下面就简单介绍一下 BlackICE 的配置和使用。

1. BlackICE 的主界面

BlackICE 具有强大的网络攻击检测能力，可以说大部分的非法入侵都会被它发现，并采取 Critical、Serious、Suspicious 和 Information 这 4 种级别报警（分别用红、橙黄、黄和绿 4 种颜色标识，危险程度依次降低）。如图 7-4 所示的主界面中，有 3 个选项卡，其中 Events 选项卡中列出了发生的入侵事件，包括报警标志、时间、事件名称、入侵源地址和数量。选中某个事件，然后单击右下角的 Event Info 超级链接，就会链接到 ISS 网站的一个关于该事件描述的页面。事件信息页面如图 7-5 所示。

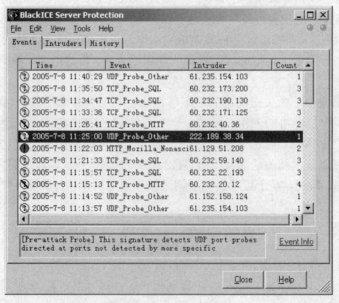

图 7-4　BlackICE 主界面

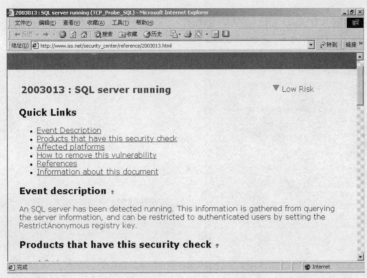

图 7-5　事件信息页面

Intruders 选项卡仅显示入侵源地址；History 选项卡显示一段时间内的入侵事件的发生频率以及该时间段内的网络流量，如图 7-6 所示。

2. 主要设置

从 BlackICE 主菜单中单击 Tools→Edit BlackICE Settings 选项，显示设置对话框如图 7-7 所示。

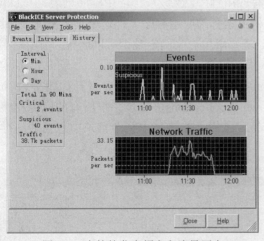

图 7-6　事件的发生频率和流量历史

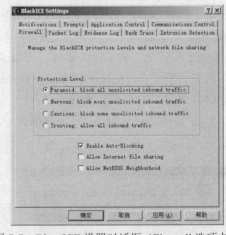

图 7-7　BlaceICE 设置对话框（Firewall 选项卡）

（1）在 Firewall 选项卡中，BlackICE 对外来访问设有 4 个安全级别，分别是 Trusting、Cautious、Nervous 和 Paranoid。Paranoid 是阻断所有的未授权信息；Nervous 是阻断大部分的未授权信息；Cautious 是阻断部分的未授权信息；而软件默认设置的是 Trusting 级别，即接受所有的信息。在该选项卡中，还可以设置是否自动阻断入侵、是否允许文件共享以及是否在"网上邻居"中隐身。

（2）在 Application Control 选项卡中，可以通过设置对运行在本机上的应用程序进行控制，如图 7-8 所示。例如，当一个未知的程序启动时，可以选择 Ask me what to do 或者是 Always terminate the application 单选按钮。一般选择第一个选项，选择第一个选项后，当有未知的程序启动时，就会出现如图 7-9 所示的提示信息。

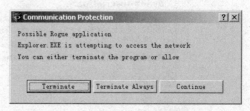

图 7-8　设置对应用程序的控制　　　　图 7-9　未知应用程序启动时的提示

3. 防火墙设置

从主菜单单击 Tools→Advanced Firewall Settings 选项，打开如图 7-10 所示的对话框，在此可以添加、修改或删除规则。

4. 应用程序保护设置

BlackICE 安装时，就搜索主机上安装的所有应用程序，生成一个应用程序列表，BlackICE 默认这个列表中的应用程序为授权可以在该主机上运行的应用程序。把这个列表称为"基准"（Baseline）。在此基准之外的应用程序运行时，就要由用户来确定是否可以运行。当用户在安装 BlackICE 后又安装了新的软件，可以重新来生成这个基准列表。

从主菜单单击 Tools→Advanced Application Protection Settings 选项，打开如图 7-11 所示的窗口，该窗口含有两个选项卡，一个为 Known Applications，显示系统所有的应用程序；另一个选项卡为 Baseline，分为两部分，左侧为目录树，右侧列出某个目录中包括的基准列表中的文件。

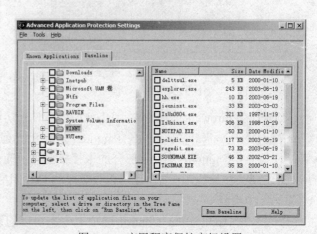

图 7-10　设置防火墙规则　　　　　图 7-11　应用程序保护高级设置

如果想生成新的 Baseline，可以在左侧的系统目录树中选择要包括到 Baseline 中的程序，然后单击右下角的 Run Baseline 按钮。BlackICE 就开始重新搜索系统生成新 Baseline，如图 7-12 所示。

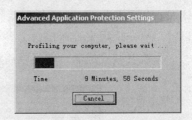

图 7-12　生成新的 Baseline

5．入侵检测服务的中止

BlackICE 以服务的方式在后台运行，因此，仅退出程序并不能中止 BlackICE 的入侵检测服务，要停止 BlackICE 的服务，有两种方法：一是打开系统服务窗口，找到 BlackICE 项，然后停止该服务；另一种方法是在 BlackICE 的 Tools 菜单中，单击 Stop BlackICE Engine 和 Stop BlackICE Application Protection 选项，来停止入侵检测引擎和应用程序保护服务。

7.3.2　ISS RealSecure

RealSecure 2.0 for Windows NT 是一种领导市场的攻击检测方案，它提供了分布式的安全体系结构。多个检测引擎可以监控不同的网络并向中央管理控制台报告。控制台与引擎之间的通信可以通过 128bit RSA 进行认证和加密。

RealSecure 可以在 Windows NT、Solaris、SunOS 和 Linux 上运行，并可以在混合的操作系统或匹配的操作系统环境下使用。对于一个小型的系统，可以将引擎和控制台放在同一台机器上运行。一个引擎可以向多个控制台报告，一个控制台也可以管理多个引擎。还可以对 Check Point Software 的 Firewall-1 重新进行配置。ISS 还计划使其能对 Cisco 的路由器进行重新配置。RealSecure 的优势在于其简洁性和低价格，引擎价格为 1 万美元，控制台是免费的。

1．RealSecure 的构成

ISS RealSecure 是一种实时监控软件，它由控制台、网络引擎和系统代理 3 个部分组成，属于分布式入侵检测系统。

网络引擎安装在一台单独使用的计算机上，通过捕捉网段上的数据包，分析包头和数据段内容，与模板中定义的事件进行匹配，发现攻击后采取相应的安全动作。

系统代理基于主机，安装在受保护的主机上，通过捕捉访问主机的数据包，分析包头和数据段内容，与模板中定义的事件进行匹配，发现攻击后采取相应的安全动作。

控制台是安全管理员的管理界面，它可同时与多个网络引擎和系统代理连接，实时获取安全信息。

RealSecure 的模板包括安全事件模板、连接事件模板和用户定义事件模板。

安全事件模板中的每一种事件代表着一种黑客攻击的手法，可根据实际应用中的网络服务灵活选择监控部分或全部的安全事件。

连接事件模板可以方便用户监控特殊的应用服务，例如用户可限制某些主机（IP 地址）允许或禁止访问某些服务（端口）。

用户定义事件模板可以方便用户限制对特殊文件和字段的访问控制。RealSecure 对相应监控事件的响应有多种，且及时有效。用户可设置的响应方式包括通知主控台、中断连接、记录日志、实时回放攻击操作、通知网管等。

2．安装使用 ISS RealSecure

（1）安装启动。ISS RealSecure 系统的安装过程比较简单，一般可以安装在一台基于微软 NT 内核或者 UNIX 主机的系统上。这台主机最好安有两块网卡：一块负责网络监听，无 IP 设置；另一块用来管理端口。

系统安装完成后，就可以启动管理端程序，如图 7-13 所示。

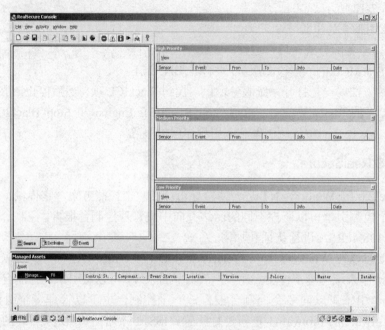

图 7-13　启动管理端程序

管理端程序启动后，接着要启动网络探测头，包括两个组件，先启动 event_collector_1，然后启动 network_sensor_1，如图 7-14 所示。

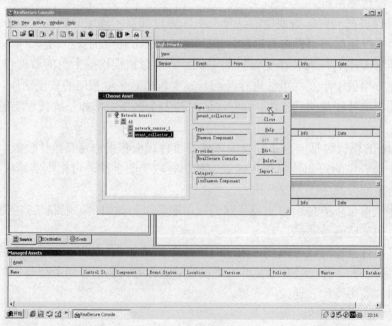

图 7-14　启动网络探测头——event_collector_1 和 network_sensor_1 两个组件

（2）主要配置。

1）Global Responses。打开管理端程序菜单 View 下的 Global Responses 对话框，如图 7-15 所示，在这里配置入侵检测系统的各种响应行为。通过 Global Responses 可以了解 ISS RealSecure 当检测到入侵行为时，可以采取哪些行动来进行主动响应，包括 BANNER 警告、阻断连接、邮件通知、利用 OPSEC 和防火墙进行联动工作、发送 SNMP 告警等。

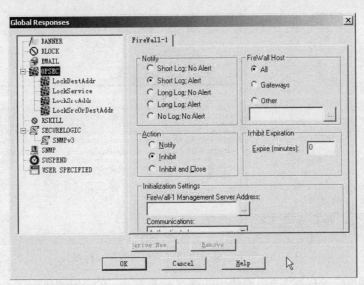

图 7-15　View 菜单下的 Global Responses 对话框

2）Policy Editor。View 菜单下另外一个比较重要的选项是设置入侵检测系统的检测配置文件，即告诉 IDS 需要对哪些攻击事件报警，对哪些事件不需要理会。比如在一个 UNIX 网络环境下，一般就不要求 IDS 系统对 Windows 下的攻击事件报警。在规则不断完善的过程中，系统往往会有误报和漏报的现象。

设置入侵检测系统的检测配置文件时，首先以一个检测规则为模板生成属于本系统的新规则，大多数入侵检测系统默认的几个检测规则都是不能编辑的，需要建立一个新的规则文件。选中这个新生成的规则文件单击 Customise 进行规则配置。

一个标准的检测规则配置是由 5 个部分组成的，如图 7-16 左下角的五个标签所示，它们分别是：

- Security Events：对系统默认安装后就内置在其中的攻击检测规则，用户可以对这些规则进行配置，主要对是否进行检测和如何响应的修改。
- Connection Events：连接事件检测设置，默认值是没有任何规则，为了说明问题，在这里填加一个检测所有目的端口为 3389 终端服务的连接行为，并对它进行记录显示，如图 7-16 所示。
- User Events：用户自定义检测事件，可以自由发挥，例如要求对所有通过 URL 传递的数据进行检测，发现有 cmd.exe 时就记录这个连接等。
- Filters：过滤规则设置，主要是设置一些可信任主机，要求 ISS RealSecure 不对这些主机的网络通信进行跟踪记录。
- X-Press Update：存放所有通过更新得到的攻击检测规则。

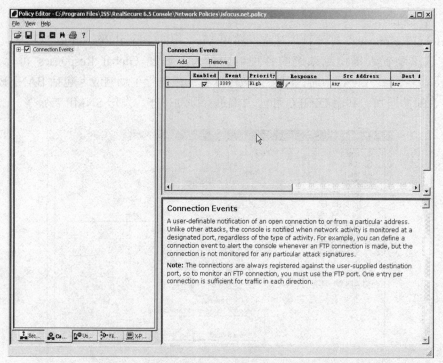

图 7-16 一个标准的检测规则配置的第二标签页

3）为网络探头配置规则。选中要使用的网络探头右击，在弹出的快捷菜单中选择 Policies，弹出的规则配置对话框如图 7-17 所示，然后把刚建立好的规则检测文件应用到 ISS RealSecure 的探测端，这样规则才能最终生效。

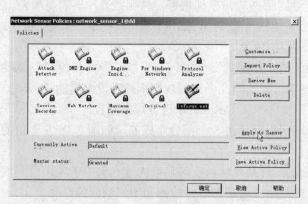

图 7-17 应用规则检测文件

（3）入侵检测结果。如图 7-18 所示是对一次 FTP 口令的猜测过程的记录。

（4）系统升级。IDS 类产品和扫描软件都属于漏洞检测类产品，对于这类产品来说，及时更新漏洞资料库文件非常重要。如果不能及时对最新的网络攻击手段做出响应，入侵检测就会失去意义。更新漏洞资料库文件可以选择"在线 Web SSL 加密保护方式"或"本地文件方式"。查看 ISS 站点提供的最新升级包，可以选择查看其中的更新技术的细节内容，然后开始自动下载和升级。系统还会询问是否安装最新版本的网络探测器，如果需要则单击"安装"，ISS RealSecure 就会自动完成更新。

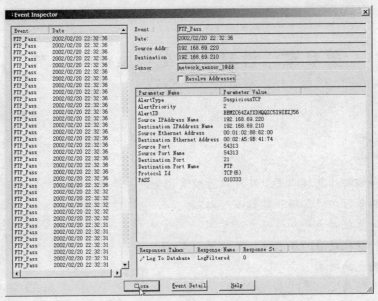

图 7-18　一次 FTP 口令的暴力猜测过程的记录

一、思考题

1. 什么是入侵检测？早期的入侵检测系统的特点是什么？有哪些典型的系统？
2. 入侵检测系统的原理是什么？
3. 入侵检测系统的主要功能有哪些？
4. 入侵检测系统通过完成哪些任务来实现其功能？
5. 简述入侵检测的一般过程。
6. 入侵检测利用的信息一般来源于哪几个方面？
7. 入侵检测系统主要使用哪些信号分析方法？
8. 比较模式匹配和统计分析这两种信号分析技术。
9. 入侵检测系统是如何分类的？每一类中有哪些方法？
10. 简述基于主机的入侵检测系统的构成及原理。
11. 简述基于网络的入侵检测系统的构成及原理。
12. 比较基于网络和基于主机的入侵检测系统的优缺点。
13. 简述基于主体的分布式入侵检测系统的基本思想及结构。

二、实践题

1. 查找资料了解当前入侵检测技术的发展。
2. 在实验室环境中，模拟一次完整的入侵及检测过程。
3. 利用入侵检测工具，搜集目标网络中的信息并分析是否存在异常或入侵行为。
4. 编程实现将收集到的信息与已知的入侵和系统误用模式数据库进行比较。

第 8 章　计算机病毒与反病毒技术

本章介绍与计算机病毒以及反病毒技术相关的一些背景知识、基本原理和方法。通过本章的学习，应掌握和理解以下内容：

- 计算机病毒的发展历史及危害
- 计算机病毒的基本特征及传播方式
- 病毒的结构
- 常用的反病毒技术
- 常用的病毒防范方法

8.1　计算机病毒

8.1.1　计算机病毒的历史

冯·诺伊曼最早提出有计算机病毒存在的可能性，但没有引起人们的注意。1977 年夏天，托马斯·捷·瑞安（Thomas.J.Ryan）的科幻小说《P-1 的春天》（《The Adolescence of P-1》）成为美国的畅销书，作者在书中描写了一种可以在计算机中互相传染的病毒，病毒最后控制了 7000 台计算机，造成一场灾难。

1983 年 11 月 3 日，弗雷德·科恩（Fred Cohen）博士研制出一种在运行过程中可以复制自身的破坏性程序，伦·艾德勒曼（Len Adleman）将它命名为计算机病毒（Computer Virus），并在每周一次的计算机安全讨论会上正式提出，8 小时后专家们在 VAX11/750 计算机系统上运行，第一个病毒实验成功，一周后又获准进行 5 个实验的演示，从而在实验上验证了计算机病毒的存在。

1986 年初，巴基斯坦的巴锡特（Basit）和阿姆杰德（Amjad）两兄弟编写了 Pakistan 病毒（即 Brain 病毒），该病毒在一年内流传到世界各地。

1988 年 3 月 2 日，一种苹果机的病毒发作，这天受感染的苹果机停止工作，只显示"向所有苹果电脑的使用者宣布和平的信息"，以庆祝苹果机生日。

1988 年 11 月 2 日，美国 6000 多台计算机被病毒感染，造成 Internet 不能正常运行。这是一次非常典型的计算机病毒入侵计算机网络的事件，迫使美国政府立即做出反应，国防部成立了计算机应急行动小组。这次事件中遭受攻击的包括 5 个计算机中心和 12 个地区结点，连接着政府、大学、研究所的 250000 台计算机，造成的直接经济损失达 9600 万美元。病毒设计者是罗伯特·莫里斯（Robert T.Morris），当年 23 岁，是康奈尔（Cornell）大学的研究生，他也因此被判 3 年缓刑，罚款 1 万美元。

1988 年底，我国的国家统计部门发现小球病毒。

1989 年，全世界计算机病毒攻击十分猖獗，我国也未幸免，其中米开朗基罗病毒给许多计算机用户造成极大损失。

1991 年，在"海湾战争"中，美军第一次将计算机病毒用于实战，在空袭巴格达的战斗中，利用病毒成功地破坏了对方的指挥系统，保证战斗的胜利。

1992 年，出现针对杀毒软件的幽灵病毒，如 One_Half，还出现实现机理与以往的文件型病毒有明显区别的 DIR2 病毒。

1994 年 5 月，南非第一次多种族全民大选的计票工作，因计算机病毒的破坏停止 30 多个小时，被迫推迟公布选举结果。

1996 年，出现针对微软公司 Office 的宏病毒。1997 年被公认为计算机反病毒界的"宏病毒年"，其后几年宏病毒大量泛滥。

1998 年，首例破坏计算机硬件的 CIH 病毒出现，引起人们的恐慌。

1999 年 3 月 26 日，出现一种通过因特网进行传播的美丽杀手（Melissa）病毒。

1999 年 4 月 26 日，CIH 病毒在我国大规模爆发，造成巨大损失。

随后的几年里，新病毒更是层出不穷，并通过网络以更快的速度传播，造成的危害和损失也更大。这部分内容在第 1 章已有介绍，请参考网络安全现状部分的内容。

2004 年初，病毒表演由蠕虫家族的新贵 Mydoom 拉开序幕。虽然病毒伎俩是那么老套——DDoS（分布式拒绝服务攻击），但却行之有效。短短 1 个月中，该"蠕虫"及其变种造成全球数百万台计算机陷于瘫痪。

2004 年 2 月，紧接着现身的贝革热（Bbeagle）和网络天空（Netsky）两大蠕虫病毒再度成为下两个月的主打明星，活跃在各大流行病毒的榜单之上。

2004 年 5 月，遭遇同样传播迅猛的震荡波（Sasser）病毒，其来势之凶猛较之 2003 年同期的"冲击波"竟是毫不逊色。

2004 年 10 月，出现另外一个让人印象深刻和破坏力强大的病毒 MSN 小尾巴。该木马仿照 QQ 小尾巴病毒的方法，先发送一条网站的广告消息，接着发一个病毒的副本，在用户不知情的情况下，运行发送来的病毒副本，导致中毒。病毒感染后会导致大量网站不可访问，非常恶毒。

据瑞星公司的不完全统计，2004 年国内共发现新病毒 26025 个，比 2003 年增加 20%。其中，木马 13132 个，后门程序 6351 个，蠕虫 3154 个，脚本病毒 481 个，宏病毒 258 个，其余类病毒 2649 个。由此可见，病毒的泛滥和危害已经到了十分危险的程度。

8.1.2　病毒的本质

1. 病毒的定义

计算机病毒实际上就是一种计算机程序，是一段可执行的指令代码。像生物病毒一样，计算机病毒有独特的复制能力，能够很快地蔓延，又非常难以根除。大多数病毒能把自身寄生在各种类型的文件中，当文件被复制或从一个用户传送到另一个用户时，计算机病毒就随同文件一起扩散传染。有些病毒并不寄生在一个感染程序中，如蠕虫病毒就是通过占据存储空间来降低计算机的性能。

专家们从不同角度给计算机病毒下了各种定义：

（1）计算机病毒是通过磁盘、磁带和网络等媒介传播扩散、能传染其他程序的程序。

（2）计算机病毒是能够实现自身复制且借助一定的载体存在的具有潜伏性、传染性和破坏性的程序。

（3）计算机病毒是一种人为制造的程序，它通过不同的途径潜伏或寄生在存储媒体（如磁盘、内存）或程序里。当某种条件或时机成熟时，它会自我复制并传播，使计算机资源受到不同程度的破坏。

（4）计算机病毒是能够通过某种途径潜伏在计算机存储介质（或程序）里，当达到某种条件时即被激活的具有对计算机资源进行破坏作用的一组程序或指令集合。

综合上述观点，在《中华人民共和国计算机信息系统安全保护条例》中对计算机病毒进行了明确定义：“计算机病毒是指编制或者在计算机程序中插入的破坏计算机功能或者破坏数据，影响计算机使用并且能够自我复制的一组计算机指令或者程序代码”。

在本书中，计算机病毒也经常简称为“病毒”。

2. 病毒的生命周期

病毒程序常常依赖于一些应用程序或系统程序才能起作用，将病毒寄生的程序称为宿主程序。病毒程序可以做其他程序可以做的任何事情。与普通程序相比，病毒程序的唯一不同之处在于：宿主程序执行时病毒程序会将自身附加到其他程序中，并秘密执行病毒程序自身的功能。一旦病毒执行，就可以实现病毒设计者所设计的任何功能。

病毒的生命周期包含以下几个阶段：

（1）隐藏阶段：处于这个阶段的病毒不进行操作，而是等待事件触发，触发事件包括时间、其他程序或文件的出现、磁盘容量超过某个限度等。但这个周期不是必要的，有的病毒没有隐藏期，而是无条件地传播和感染。

（2）传播阶段：在这一阶段的病毒会把自身的一个副本传播到未感染这种病毒的程序或磁盘的某个扇区中去。每个被感染的程序将包含一个该病毒的副本，并且这些副本也可以向其他未感染的程序继续传播病毒的副本。

（3）触发阶段：在这个阶段，病毒将被激活去执行病毒设计者预先设计好的功能。病毒进入这一阶段也需要一些系统事件的触发，如病毒本身进行复制的副本数达到某个数量。

（4）执行阶段：在这一阶段，病毒将执行预先设计的功能直至执行完毕。这些功能可能是无害的，如向屏幕发送一条消息；也可能是有害的，如删除程序或文件、强行关机等。

3. 病毒的一般结构

为了进一步了解病毒的传播和感染机制，将通过一个通用的病毒结构进行讲解。下面的一段代码是对病毒结构的一个非常通用的描述。病毒代码 V 被预先放置到想要感染的程序中，并作为被感染程序的入口，在调用受感染程序时，病毒体先得到执行。

```
Program  v:=
{
goto  main;
  1234567;
  subroutine  infect-executable:=
    {
    loop: file:=get-radom-executable-file;
        if (first-line-of-file = 1234567) then goto loop;
```

```
        else  prepend V to file;
    }

  subroutine  do-damage:=
    {whatever damage is to be done}

  subroutine  trigger-pulled:=
    {return true if some condition holds}

main: main-program:=
    {
    infect-executable;
    if trigger-pulled then do-damage;
    goto next;
    }
next:
}
```

受感染程序从病毒代码开始执行，执行过程如下：程序的第一行是向主病毒程序的跳转语句；第二行是一个特殊标记，病毒利用该标记来判断一个程序是否已被感染；当被感染程序执行时，控制逻辑直接转到主病毒程序，病毒程序首先寻找未被感染的文件并对其进行感染；当病毒体内定义的某些触发事件发生时，就会激活病毒，病毒开始执行对系统有害的功能；最后病毒程序将把控制逻辑交给宿主程序。

8.1.3　病毒的发展阶段及其特征

1. 病毒的发展阶段

在病毒的发展史上，其出现是有规律的。一般情况下，一种新的病毒出现后，病毒迅速发展，接着反病毒技术的发展会抑制其流传。操作系统进行升级时，病毒也会调整为新的方式，产生新的病毒技术。病毒的发展可以划分为以下几个阶段：

（1）DOS 引导阶段。1987 年，计算机病毒主要是引导型病毒，具有代表性的是小球和石头病毒。当时的计算机硬件较少，功能简单，一般需要通过软盘启动后使用。引导型病毒利用软盘的启动原理工作，它们修改系统引导扇区（Boot Sector），在计算机启动时首先取得控制权，减少系统内存，修改磁盘读写中断，影响系统工作效率，在系统存取磁盘时进行传播。1989 年，引导型病毒发展为可以感染硬盘，典型的代表有"石头 2"。

（2）DOS 可执行阶段。1989 年，可执行文件型病毒出现，它们利用 DOS 系统加载执行文件的机制工作，代表为耶路撒冷、星期天病毒，病毒代码在系统执行文件时取得控制权，修改 DOS 中断，在系统调用时进行传染，并将自己附加在可执行文件中，使文件长度增加。

（3）伴随型阶段。1992 年，伴随型病毒出现，它们利用 DOS 加载文件的优先顺序进行工作。具有代表性的是金蝉病毒，它感染 EXE 文件时，生成一个和 EXE 同名的扩展名为 COM 的伴随体；它感染 COM 文件时，修改原来的 COM 文件为同名的 EXE 文件，并产生一个原名的伴随体，文件扩展名为 COM。这样，在 DOS 加载文件时，同名的 EXE 和 COM 文件先执行 COM 病毒文件，病毒就取得控制权。这类病毒的特点是不改变原来的文件内容、日期及属性，解除病毒时只要将其伴随体删除即可。

（4）幽灵、多形阶段。1994 年，随着汇编语言的发展，实现同一功能可以用不同的方式完成，使一段看似随机的代码产生相同的运算结果。幽灵病毒就是利用这个特点，每感染一次就产生不同的代码。例如 One_Half 病毒就是能产生一段有上亿种可能的解码运算程序，病毒体被隐藏在解码前的数据中，查杀这类病毒就必须能对这段数据进行解码，加大了查毒的难度。多形型病毒是一种综合性病毒，它既能感染引导区又能感染程序，多数具有解码算法，一种病毒往往要两段以上的子程序方能解除。

（5）生成器、变体机阶段。1995 年，在汇编语言中，一些数据的运算放在不同的通用寄存器中，可运算出同样的结果，随机地插入一些空操作和无关指令，也不影响运算的结果，这样，一段解码算法就可以由生成器生成。当生成的是病毒时，这种复杂的病毒被称为病毒生成器（或变体机）。典型的代表是"病毒制造机"，它可以在瞬间制造出成千上万种不同的病毒，查杀时就不能使用传统的特征识别法，需要在宏观上分析指令，解码后查杀病毒。

（6）网络、蠕虫阶段。1995 年，随着网络的普及，病毒开始利用网络进行传播，它们只是以上几代病毒的改进。在非 DOS 操作系统中，"蠕虫"是典型的代表，它不占用除内存以外的任何资源，不修改磁盘文件，利用网络功能搜索网络地址，将自身向下一地址进行传播。

（7）Windows 阶段。1996 年，随着 Windows 的日益普及，利用 Windows 进行工作的病毒开始发展，典型的代表是 DS.3873，这类病毒的机制更为复杂，它们利用保护模式和 API 调用接口工作，解除方法也比较复杂。

（8）宏病毒阶段。1996 年，出现了使用 VB 脚本语言（VBScript）编制的宏病毒，这种病毒编写容易，用于感染 Word 文档。在 Excel 等 Office 文档中出现的相同工作机制的病毒也归为此类。

（9）因特网阶段。1997 年，随着因特网的发展，各种病毒也开始利用因特网进行传播，携带病毒的邮件越来越多，如果不小心打开了这些邮件，机器就有可能中毒。

（10）Java、邮件炸弹阶段。1997 年，随着因特网上 Java 的普及，利用 Java 语言进行传播和获取资料的病毒开始出现，典型的代表是 JavaSnake 病毒。还有一些利用邮件服务器进行传播和破坏的病毒，例如 Mail-Bomb 病毒，严重影响因特网的效率。

2. 病毒的特征

在病毒的发展历史上，出现过成千上万种病毒，虽然它们千奇百怪，但一般都具有以下特征：

（1）传染性。传染性是病毒的基本特征。病毒会通过各种渠道从已被感染的计算机扩散到未被感染的计算机，使计算机工作失常甚至瘫痪。病毒一旦进入计算机得以执行，它就会搜寻符合传染条件的程序或存储介质，确定目标后再将自身代码插入其中，达到自我繁殖的目的。只要一台计算机染毒，如不及时处理，那么病毒就会在这台机器上迅速扩散，其中的大量文件（一般是可执行文件）就会被感染。而被感染的文件又成了新的传染源，继续传染其他机器。

病毒可以通过各种可能的渠道（如软盘、网络）进行传染。当一台机器上发现病毒时，往往曾在这台计算机上用过的软盘也会感染病毒，并且与这台机器联网的其他计算机一般也会被感染上病毒。是否具有传染性是判别一个程序是否为计算机病毒的最重要条件。

病毒程序一般通过修改磁盘扇区信息或文件内容并把自身嵌入到其中的方法，来达到病毒传染和扩散的目的。

（2）破坏性。所有的计算机病毒都是一种可执行程序，而这一执行程序又必然要运行，所以对系统来讲，病毒都存在一个共同的危害，即占用系统资源，降低计算机系统的工作效率。

病毒的破坏性主要取决于病毒设计者的目的，如果其目的是彻底破坏系统的正常运行，那么这种病毒对于计算机系统进行攻击造成的后果是难以设想的，它可以毁掉系统的部分数据，也可以破坏全部数据并使之无法恢复。并非所有的病毒都有恶劣的破坏作用，有些病毒除了占用磁盘和内存外，没有别的危害。但有时几种没有多大破坏作用的病毒交叉感染，也会导致系统崩溃。

（3）潜伏性。一个编制精巧的计算机病毒程序，进入系统之后一般不会马上发作，可以在几周或者几个月内隐藏在合法文件中，对其他系统进行传染，而不被人发现。潜伏性越好，其在系统中的存在时间就会越长，病毒的传染范围就会越大，它的危害就越大。

潜伏性的第一种表现是指，病毒程序不用专用检测程序是检查不出来的，因此病毒可以静静地躲在磁盘里呆上很长时间，一旦时机成熟，得到运行机会，就四处繁殖、扩散。潜伏性的第二种表现是指，计算机病毒的内部往往有一种触发机制，不满足触发条件时，计算机病毒除了传染外不做什么破坏。触发条件一旦得到满足，有的在屏幕上显示信息、图形或特殊标识，有的则执行破坏系统的操作，如格式化磁盘、删除磁盘文件等。

（4）可执行性。计算机病毒与其他合法程序一样，是一段可执行程序，但常常不是一个完整的程序，而是寄生在其他可执行程序中的一段代码。只有当计算机病毒在计算机内运行时，它才具有传染性和破坏性，也就是说计算机 CPU 的控制权是关键问题。在病毒运行时，它与合法程序争夺系统的控制权。若计算机在正常程序控制下运行，而不运行带病毒的程序，则这台计算机是安全的。相反，计算机病毒一旦在计算机上运行，在同一台计算机内病毒程序与正常系统程序，或某种病毒与其他病毒程序争夺系统控制权时往往会造成系统崩溃，导致计算机瘫痪。

（5）可触发性。因某个事件或数值的出现，诱使病毒实施感染或进行攻击的特性称为可触发性。为了隐蔽自己，病毒必须潜伏，少做动作。如果完全不动，一直潜伏的话，病毒既不能感染也不能进行破坏，便失去了杀伤力。病毒既要隐蔽又要维持杀伤力，它必须具有可触发性。病毒的触发机制用来控制感染和破坏动作的频率。病毒具有预定的触发条件，这些条件可能是时间、日期、文件类型或某些特定的数据等。病毒运行时，触发机制检查预定条件是否满足，如果满足，启动感染或破坏动作；如果不满足，病毒继续潜伏。例如 CIH 病毒 v1.2 版本的发作日是每年 4 月 26 日，当系统日期到了这一天，病毒就会发作。

（6）隐蔽性。病毒一般是具有很高编程技巧、短小精悍的程序。如果不经过代码分析，感染了病毒的程序与正常程序是不容易区别的。一般在没有防护措施的情况下，计算机病毒程序取得系统控制权后，可以在很短的时间里传染大量程序。病毒的隐蔽性表现在两个方面：

一是传染的隐蔽性，大多数病毒在传染时速度是极快的，不易被人发现。病毒一般只有几百 KB 甚至 1KB 字节，而 PC 机对文件的存取速度可达每秒几百 KB 以上，所以病毒瞬间便可将这短短的几百字节插入到正常程序之中，使人不易察觉。

二是病毒程序存在的隐蔽性，一般的病毒程序都隐藏在正常程序中或磁盘较隐蔽的地方，也有个别的以隐含文件形式出现，目的是不让用户发现它的存在。被病毒感染的计算机在多数情况下仍能维持其部分功能，不会由于一感染上病毒，整台计算机就不能启动。正常程序被病毒感染后，其原有功能基本上不受影响，病毒代码寄生在其中而得以存活，不断地得到运行的机会，去传染更多的程序和计算机。这正是计算机病毒设计的精巧之处。

计算机病毒的这些特性，决定了病毒难以发现、难以清除、危害持久，需要广大用户认真对待。

8.1.4　病毒的分类

计算机病毒的分类方法有许多种，下面主要根据传染方式来对其分类。

1. 文件感染型

文件感染型病毒简称为文件型病毒，主要感染文件扩展名为 COM、EXE 等的可执行程序，寄生于宿主程序中，必须借助于宿主程序才能装入内存。已感染病毒的宿主程序执行速度会减慢，甚至完全无法执行。有些文件被感染后，一执行就会遭到删除。

大多数文件型病毒都会把它们的程序代码复制到其宿主程序的开头或结尾处，这会造成被感染文件的长度变长。有的病毒是直接改写被感染文件的程序码，因此感染病毒后文件的长度仍然维持不变，但宿主程序的功能会受到影响。

感染病毒的文件被执行后，病毒通常会趁机再对下一个文件进行感染。有的高明一点的病毒，会在每次进行感染时，针对其新宿主的状况而编写新的病毒码，然后才进行感染。

大多数文件型病毒都是常驻在内存中的。所谓"常驻内存"，是指应用程序把要执行的部分在内存中驻留一份。这样就不必在每次要执行它时都到硬盘中搜寻，以提高效率。

2. 引导扇区型

引导扇区型病毒简称为引导型病毒，主要影响软盘上的引导扇区和硬盘上的主引导扇区。

操作系统的引导模块放在某个固定的位置，并且控制权的转交方式是以物理地址为依据，而不是以操作系统引导区的内容为依据。引导型病毒利用操作系统的这一特性，占据该物理位置并获得系统控制权，将真正的引导区内容转移或替换，待病毒程序执行后，将控制权交给真正的引导区内容。这时，系统看似正常运转，实际上病毒已隐藏在系统中伺机传染、发作。

引导型病毒几乎都常驻在内存中，差别只在于内存中的位置。

3. 混合型

混合型病毒综合了引导型和文件型病毒的特性，它的危害也就比引导型和文件型病毒更为严重。此种病毒不仅感染引导区，也感染文件，通过这两种方式来感染，更增加了病毒的传染性以及存活率。不管以哪种方式传染，都会在开机或执行程序时感染其他磁盘或文件，这种病毒也是最难杀灭的。

4. 宏病毒

宏病毒是一种使用宏编程语言编写的病毒，主要寄生于 Word 文档或模板的宏中。一旦打开这样的文档，宏病毒就会被激活，进入计算机内存，并驻留在 Normal 模板上。此后，所有自动保存的文档都会感染上这种宏病毒，如果网上其他用户打开了这个感染病毒的文档，宏病毒就会传染到他的计算机上。

宏病毒通常使用 VB 脚本，影响微软的 Office 组件或类似的应用软件，大多通过邮件传播。最有名的例子是 1999 年的美丽杀手（Melissa）病毒，它通过 Outlook 把自己放在电子邮件的附件中自动寄给其他收件人。

5. 网络病毒

和传统病毒相比，下列类型的病毒不感染文件或引导区，而是通过网络来传播。

（1）特洛伊木马程序。简称为木马。严格来讲，木马不属于病毒，因为它没有病毒的传染性，其传播途径主要是聊天软件、电子邮件、文件下载等。黑客经常利用上述途径将木马植入用户的计算机，获取系统中的有用数据。因为它有很强的破坏性，所以一般也归类为病毒的一种。木马往往与黑客病毒成对出现，即木马病毒负责侵入用户的计算机，而黑客病毒则会通过该木马病毒来控制用户的计算机。现在这两种类型越来越趋向于整合。这部分内容前面已有论述，请参考 6.8 节"特洛伊木马"的相关内容。

（2）蠕虫病毒。蠕虫病毒通过网络来传播特定的信息，进而造成网络服务遭到拒绝。这种病毒常驻于一台或多台机器中，并有自动重新定位的能力，如果检测到网络中的某台机器未被占用，它就把自身的一个副本发送给那台机器。

（3）网页病毒。也称为网页恶意代码，是指在网页中用 Java Applet、JavaScript 或者 ActiveX 设计的非法恶意程序。当用户浏览该网页时，这些程序会利用 IE 的漏洞，修改用户的注册表、修改 IE 默认设置、获取用户的个人资料、删除硬盘文件、格式化硬盘等。这部分内容将在第 9 章详细论述，请参考"防范恶意网页"的相关内容。

据国家计算机病毒应急处理中心的检测，2004 年木马程序的数量呈大幅度上升的趋势，感染率为 60%，而且攻击目标也转向了金融证券、网上交易、网络游戏等，以获取经济利益。同时，蠕虫病毒的传播数量也有增无减，感染率为 33%，并且现在的蠕虫病毒大多融入了黑客、木马等功能，危害性更大，2004 年 10 大高危病毒大都是蠕虫病毒。

8.1.5　病毒的传播及危害

1. 病毒的传播途径

（1）移动存储设备传播。移动存储设备包括软盘、光盘、优盘、磁带等。在移动存储设备中，软盘曾是使用最广泛、移动最频繁的存储介质，因此也成为计算机病毒寄生的"温床"。以前，大多数计算机都是从这种途径感染病毒的。

（2）网络传播。目前网络应用（如电子邮件、文件下载、网页浏览、聊天软件）已经成为计算机病毒传播的主要方式。据统计，电子邮件已跃升为计算机病毒最主要的传播媒介，2004 年几个传播很广的病毒如"网络天空"、"爱情后门"、"贝革热"无一例外都选择电子邮件作为主要传播途径。

（3）无线传播。通过点对点通信系统和无线通道传播。目前，这种传播途径还不是十分广泛，但已经出现攻击手机本身、攻击 WAP 网关和攻击 WAP 服务器的手机病毒。预计在未来的信息时代，这种途径很可能与网络传播途径一起成为病毒扩散的两大"时尚"渠道。

2. 病毒的危害

最近几年病毒在全世界范围内造成了巨大的经济损失。有资料显示，病毒威胁所造成的损失占网络经济损失的 76%，仅"爱虫"造成的损失就达 96 亿美元。据统计，98% 的企业都曾有过病毒感染的问题，63% 都曾因为病毒感染而失去文件资料，平均每台计算机要花费 44 小时到 21.7 天才能完全修复。如果不能很好地控制病毒的传播，将会造成社会财富的巨大浪费，甚至会造成全人类的灾难。

计算机病毒的具体危害主要表现在以下几个方面：

（1）病毒发作对计算机数据信息的直接破坏。大部分病毒在发作时直接破坏计算机的重要信息数据，所利用的手段有格式化磁盘、改写文件分配表和目录区、删除重要文件或者用无意义的"垃圾"数据改写文件、破坏 CMOS 设置等。

（2）占用磁盘空间和对信息的破坏。寄生在磁盘上的病毒总要非法占用一部分磁盘空间。引导型病毒一般的侵占方式是由病毒本身占据磁盘引导扇区，而把原来的引导区转移到其他扇区，被覆盖的扇区数据永久性丢失，无法恢复。文件型病毒利用一些 DOS 功能进行传染，这些 DOS 功能可以检测出磁盘的未用空间，把病毒的传染部分写到磁盘的未用空间去，所以一般不破坏磁盘上的原有数据，只是非法侵占了磁盘空间。一些文件型病毒传染速度很快，在短时间内感染大量文件，每个文件都不同程度地加长了，造成磁盘空间的严重浪费。

（3）抢占系统资源。除极少数病毒外，大多数病毒在活动状态下都是常驻内存的，这就必然会抢占一部分系统资源。病毒所占用的内存长度大致与病毒本身长度相当。病毒抢占内存，导致内存减少，会使一部分较大的软件不能运行。此外，病毒还抢占中断。计算机操作系统的很多功能是通过中断调用技术来实现的，病毒为了传染发作，总是修改一些有关的中断地址，从而干扰了系统的正常运行。网络病毒会占用大量的网络资源，如计算机连接、带宽，使网络通信变得极为缓慢，甚至无法使用。

（4）影响计算机的运行速度。病毒进驻内存后不但干扰系统运行，还影响计算机速度，主要表现在：病毒为了判断传染发作条件，总要对计算机的工作状态进行监视，这对于计算机的正常运行既多余又有害。有些病毒为了保护自己，不但对磁盘上的静态病毒加密，而且进驻内存后的动态病毒也处在加密状态，CPU 每次寻址到病毒处时要运行一段解密程序，把加密的病毒解密成合法的 CPU 指令再执行；而病毒运行结束时再用一段程序对病毒重新加密，这样 CPU 要额外执行数千条甚至上万条指令。另外，病毒在进行传染时同样要插入非法的额外操作，特别是传染软盘时不但计算机速度明显变慢，而且软盘正常的读写顺序会被打乱，发出刺耳的噪声。

（5）计算机病毒错误与不可预见的危害。计算机病毒与其他计算机软件的区别是病毒的无责任性。编制一个完善的计算机软件需要耗费大量的人力、物力，经过长时间的调试测试。但病毒编制者不可能这样做。很多病毒都是个别人在一台计算机上匆匆编制调试后就向外抛出的。反病毒专家在分析大量病毒后发现绝大部分病毒都存在不同程度的错误。病毒的另一个主要来源是病毒变种。有些计算机初学者尚不具备独立编制软件的能力，出于好奇而修改别人的病毒，生成变种病毒，其中就隐含着很多错误。计算机病毒错误所产生的后果往往是不可预见的，有可能比病毒本身的危害还要大。

（6）计算机病毒给用户造成严重的心理压力。据有关计算机销售部门统计，用户怀疑"计算机有病毒"而提出咨询约占售后服务工作量的 60%以上。经检测确实存在病毒的约占 70%，另有 30%的情况只是用户怀疑有病毒。那么用户怀疑有病毒的理由是什么呢？多半是出现诸如计算机死机、软件运行异常等现象。这些现象确实很有可能是计算机病毒造成的，但又不全是。实际上在计算机工作异常的时候很难要求一位普通用户去准确判断是否是病毒所为。大多数用户对病毒采取宁可信其有的态度，这对于保护计算机安全无疑是十分必要的，然而往往要付出时间、金钱等方面的代价。另外，仅因为怀疑有病毒而格式化磁盘所带来的损失更是难以弥补。总之，计算机病毒像幽灵一样笼罩在广大计算机用户的心头，给人们造成巨大的心理压力，极大地影响了计算机的使用效率，由此带来的无形损失是难以估量的。

8.1.6　病毒的命名

反病毒公司为了方便标识和管理病毒，会按照病毒的特性将病毒进行分类命名。虽然每个反病毒公司的命名规则都不太一样，但大多数都采用的一种命名格式为：病毒前缀.病毒名.病毒后缀。

病毒前缀是指一个病毒的种类，不同种类的病毒，其前缀不相同。比如常见的木马的前缀是 Trojan，蠕虫的前缀是 Worm。

病毒名是指一个病毒的家族特征，是用来区别和标识病毒家族的，如著名的 CIH 病毒的家族名都是统一的 CIH，震荡波蠕虫病毒的家族名是 Sasser。

病毒后缀是指一个病毒的变种特征，是用来区别具体某个家族病毒的某个变种的。一般都采用英文中的 26 个字母来表示，如 Worm.Sasser.b 就是指震荡波蠕虫病毒的变种 b。如果病毒变种非常多，可以采用数字与字母混合来表示变种标识。

下面是一些常见的病毒前缀的解释。

1. 系统病毒

系统病毒的前缀为 Win32、PE、Win95、W32、W95 等。这些病毒的公有特性是可以感染 Windows 操作系统的 *.exe 和 *.dll 文件，并通过这些文件进行传播，如 CIH 病毒（Win95.CIH、Win32.CIH）。

2. 蠕虫病毒

蠕虫病毒的前缀是 Worm。这种病毒的公有特性是通过网络或者系统漏洞进行传播，很大部分的蠕虫病毒都有向外发送带毒邮件、阻塞网络的特性，如网络天空（Worm.Netsky.A）、贝革热（Worm.Bbeagle.A）、高波（Worm.Agobot.3）、震荡波（Worm.Sasser）等。

3. 木马病毒、黑客病毒

木马病毒的前缀是 Trojan，黑客病毒的前缀一般是 Hack。例如：Trojan.PSW.QQpass 是一种盗取 QQ 密码的木马病毒；Hack.Exploit.Swf.a 是 Windows 下的破坏性程序，利用.swf 文件格式的漏洞，下载病毒运行的风险程序。网银间谍（Trojan.Spy.Banker.fmc）是一种能在 Windows 9x/2000/XP 等系统上运行的木马病毒，主要通过恶意网站传播。它会在系统后台隐藏运行，自动检测用户是否登录各大银行的网上银行系统，然后记录用户的键盘输入的信息，并将这些信息通过电子邮件、网页提交等方式发送给黑客。从而窃取用户的银行卡账号、密码，给用户带来较大经济损失。

4. 脚本病毒

脚本病毒的前缀是 Script。脚本病毒的公有特性是使用脚本语言编写的病毒，如红色代码（Script.Redlof）。有的脚本病毒用 VBS、JS 作前缀，用来表明是用 VBScript 还是用 JavaScript 编写，如欢乐时光（VBS.Happytime）、十四日（JS.Fortnight.c.s）等。

5. 宏病毒

其实宏病毒是也是脚本病毒的一种，由于它的特殊性，因此在这里单独算成一类。宏病毒的前缀是 Macro。该类病毒的公有特性是能感染 Office 系列文档，然后通过 Office 通用模板进行传播，如美丽杀手（Macro.Melissa）。

6. 后门病毒

后门病毒的前缀是 Backdoor。该类病毒的公有特性是通过网络传播，给系统开后门，给用户计算机带来安全隐患，如瑞波（Backdoor.Rbot）、IRC 后门（Backdoor.IRCBot）。

以上是比较常见的病毒前缀，有时还会看到一些其他的病毒前缀，但比较少见，这里不再一一介绍。

8.2   几种典型病毒的分析

8.2.1   CIH 病毒

1. CIH 病毒简介

CIH 病毒是我国台湾省一位名叫陈盈豪（CIH 是其名字的缩写）的大学生编写的。目前传播的主要途径是 Internet 和电子邮件。

CIH 病毒属于文件型病毒，主要感染 Windows 9x 下的可执行文件。CIH 病毒使用面向 Windows 的 VxD 技术，使得这种病毒传播的实时性和隐蔽性都特别强。

CIH 病毒至少有 v1.0、v1.1、v1.2、v1.3、v1.4 五个版本。v1.0 版本是最初的 CIH 版本，不具破坏性。v1.1 版本能自动判断运行系统，如是 Windows NT，则自我隐藏，被感染的文件长度并不增加。v1.2 版本增加了破坏用户硬盘以及 BIOS 的代码，成为恶性病毒，发作日是每年 4 月 26 日。v1.3 版本发作日是每年 6 月 26 日。v1.4 版本发作日为每月 26 日。

2. CIH 病毒的破坏性

CIH 病毒感染 Windows 可执行文件，却不感染 Word 和 Excel 文档；感染 Windows 9x 系统，却不感染 Windows NT 系统。

CIH 病毒采取一种特殊的方式对可执行文件进行感染，感染后的文件大小根本没有变化，病毒代码的大小在 1KB 左右。当一个染毒的 EXE 文件被执行时，CIH 病毒驻留内存，在其他程序被访问时对它们进行感染。

CIH 最大的特点就是对计算机硬盘以及 BIOS 具有超强的破坏能力。在病毒发作时，病毒从硬盘主引导区开始依次往硬盘中写入垃圾数据，直到硬盘数据全被破坏为止。因此，当 CIH 被发现时，硬盘数据已经遭到破坏，当用户想到需要采取措施时，面对的可能已经是一台瘫痪的计算机了。

在该病毒发作时，还试图覆盖 BIOS 中的数据。一旦 BIOS 被覆盖掉，机器将不能启动，只有对 BIOS 进行重写。

3. 如何判断是否感染了 CIH 病毒

有两种简单的方法可以判断是否已经感染 CIH 病毒：

（1）一般来讲，CIH 病毒只感染 EXE 可执行文件，可以用 Ultra Edit 打开一个常用的 EXE 文件（如记事本 notepad.exe 或写字板 wordpad.exe），然后按下"切换十六进制模式"按钮，再查找"CIH v1."，如果发现 CIH v1.2、CIH v1.3 或 CIH v1.4 等字符串，则说明已经感染上了 CIH 病毒。

（2）感染了 CIH v1.2 版，则所有 WinZip 自解压文件均无法自动解开，同时会出现信息"WinZip 自解压首部中断。可能原因：磁盘或文件传输错误"。感染了 CIH v1.3 版，则部分

WinZip 自解压文件无法自动解开。如果遇到以上情况，有可能就是感染上了 CIH 病毒。

4. 如何防范 CIH 病毒

首先应了解 CIH 病毒的发作时间，如每年的 4 月 26 日、6 月 26 日及每月 26 日。在病毒爆发前夕，用户应提前进行查毒、杀毒，同时将系统时间改为其后的时间，如 27 日。

其次，提倡用户杜绝盗版软件，尽量使用正版杀毒软件，并在更新系统或安装新的软件前，对系统或新软件进行一次全面的病毒检查，做到防患于未然。

最后，用户一定要对重要文件经常进行备份，万一计算机被病毒破坏还可以及时恢复。

注意：这几条防范措施适用于所有的病毒。

5. 感染了 CIH 病毒如何处理

首先，注意保护主板的 BIOS。用户应了解自己计算机主板的 BIOS 类型，如果是不可升级的，用户不必惊慌，因为 CIH 病毒对这种 BIOS 的最大危害，就是使 BIOS 返回到出厂时的设置，用户只要将 BIOS 重新设置即可。如果 BIOS 是可升级的，用户就不要轻易地从 C 盘重新启动计算机（否则 BIOS 就会被破坏），而应及时地进入 BIOS 设置程序，将系统引导盘设置为 A 盘软驱，然后用 Windows 的系统引导软盘启动系统到 DOS7.0，这时用户就可以对硬盘进行一次全面查毒。

同时，用杀毒软件清除 CIH 病毒。由于 CIH 病毒主要感染可执行文件，不感染其他文件，因此用户在彻底清除硬盘所有的 CIH 病毒后，应该重新安装系统软件和应用软件。

最后，如果硬盘数据遭到破坏，可以直接使用瑞星等杀毒软件来恢复。用瑞星杀毒软件软盘来启动计算机，进入瑞星杀毒软件 DOS 版界面，选择"实用工具"菜单中的"修复硬盘数据"选项，根据提示操作，就可以对硬盘进行恢复，恢复完毕后，重启计算机，数据将会失而复得。用户也可以登录瑞星网站 http://www.rising.com.cn 下载硬盘修复专用工具完成数据的恢复。

8.2.2　宏病毒

1. 宏病毒的特点

宏病毒的特点有：

（1）感染数据文件。以往病毒只感染程序，不感染数据文件，而宏病毒专门感染数据文件，彻底改变了人们的"数据文件不会传播病毒"的认识。

（2）多平台交叉感染。宏病毒冲破了以往病毒在单一平台上传播的局限。当 Word、Excel 这类著名应用软件在不同平台（如 Windows、OS/2 和 MacinTosh）上运行时，会被宏病毒交叉感染。

（3）容易编写。以往病毒是以二进制的机器码形式出现的，而宏病毒则是以人们容易阅读的源代码形式出现，所以编写和修改宏病毒比编写和修改以往的病毒更容易。这也是前几年宏病毒的数量居高不下的原因。

（4）容易传播。用户只要一打开带有宏病毒的电子邮件，计算机就会被宏病毒感染。此后，打开或新建文件都可能染上宏病毒，这导致宏病毒的感染率非常高。

2. 宏病毒的预防

防治宏病毒的根本在于限制宏的执行。以下是一些行之有效的方法。

（1）禁止所有自动宏的执行。在打开 Word 文档时，按住 Shift 键，即可禁止自动宏，从而达到防治宏病毒的目的。

（2）检查是否存在可疑的宏。当怀疑系统带有宏病毒时，首先应检查是否存在可疑的宏，特别是一些奇怪名字的宏，肯定是病毒无疑，将它删除即可。即使删除错了，也不会对 Word 文档内容产生任何影响，仅是少了相应的"宏功能"而已。具体做法是：选择"工具"→"宏"→"删除"选项。

（3）按照自己的习惯设置。针对宏病毒感染 Normal.dot 模板的特点，可以在新安装了 Word 软件后，建立一个新文档，将 Word 的工作环境按照自己的使用习惯进行设置，并将需要使用的宏一次编制好，做完后保存新文档。这时生成的 Normal.dot 模板绝对没有宏病毒，可将其备份起来。在遇到有宏病毒感染时，用备份的 Normal.dot 模板覆盖当前的模板，可以起到消除宏病毒的作用。

（4）使用 Windows 自带的写字板。在使用可能有宏病毒的 Word 文档时，先用 Windows 自带的写字板打开文档，将其转换为写字板格式的文件保存后，再用 Word 调用。因为写字板不调用、不保存任何宏，文档经过这样的转换，所有附带的宏（包括宏病毒）都将丢失，这条经验特别有用。

（5）提示保存 Normal 模板。一般情况下，大部分 Word 用户使用的是普通的文字处理功能，很少使用宏编程，对 Normal.dot 模板很少去进行修改。因此，用户可以选择"工具"→"选项"→"保存"页面，选中"提示保存 Normal 模板"项。这样，一旦宏病毒感染了 Word 文档，用户从 Word 退出时，Word 就会出现"更改的内容会影响到公用模板 Normal，是否保存这些修改内容？"的提示信息，此时应选择"否"，退出后进行杀毒。

（6）使用.rtf 和.csv 格式代替.doc 和.xls。要想应付宏所产生的问题，可以使用.rtf 格式的文档来代替.doc 格式，用.csv 格式的电子表格来代替.xls 格式，因为这些格式不支持宏的应用。在与其他人交换文件时，使用.rtf 和.csv 格式的文件最安全。

3. 宏病毒的清除

宏病毒的清除方法有：

（1）手工清除（以 Word 为例）。选取"工具"菜单中的"宏"选项，在"宏"对话框中单击"管理器"按钮，选取"宏方案项"选项卡，在"宏方案项的有效范围"下拉列表框中单击要检查的文档。这时在上面的列表中就会出现该文档模板中所含的宏，将不明来源的宏删除。

退出 Word，然后先到 C 盘根目录下查看有没有 Autoexec.dot 文件，如果有这个文件，则删除它。

找到 Normal.dot 文件，然后删除它。Word 会自动重新生成一个干净的 Normal.dot 文件。

到目录 C:\Program Files\Microsoft Office\Office\Startup 下查看有没有模板文件，如果有而且不是用户自己建立的，则删除它。

重新启动 Word，这时 Word 已经恢复正常了。

（2）使用专业杀毒软件。目前的杀毒软件（如瑞星等）都具备清除宏病毒的能力。当然也只能对已知的宏病毒进行检查和清除，对于新出现的病毒或病毒的变种则可能不能正常地清除，或者将会破坏文件的完整性，此时还是手工清理为妙。

8.2.3　蠕虫病毒

1. 什么是蠕虫

蠕虫（Worm）是一种通过网络传播的恶性病毒，它通过分布式网络来扩散传播特定的信息或错误，进而造成网络服务遭到拒绝并发生死锁。

蠕虫符合第 8.1.2 节中的计算机病毒的定义，从这个意义上说，蠕虫也是一种广义的计算机病毒。但蠕虫又与传统的病毒有许多不同之处，如不利用文件寄生、对网络造成拒绝服务、与黑客技术相结合等。在产生的破坏性上，蠕虫病毒也不是普通病毒所能比拟的，它和普通病毒的主要区别如表 8-1 所示。

表 8-1　普通病毒与蠕虫病毒的比较

病毒类型	普通病毒	蠕虫病毒
存在形式	寄生于文件	独立程序
传染机制	宿主程序运行	主动攻击
传染目标	本地文件	网络计算机

自从 1988 年莫里斯从实验室放出第一个蠕虫病毒以来，计算机蠕虫病毒以其快速、多样化的传播方式不断给网络世界带来灾害。特别是 1999 年以来，高危蠕虫病毒的不断出现，使世界经济蒙受了轻则几十亿，重则几百亿美元的巨大损失，如表 8-2 所示。

表 8-2　蠕虫病毒造成的损失

病毒名称	爆发时间	造成损失
莫里斯蠕虫	1988 年	6000 多台计算机停机，经济损失达 9600 万美元
美丽杀手	1999 年	政府部门和一些大公司紧急关闭网络服务器，经济损失超过 12 亿美元
爱虫病毒	2000 年 5 月	众多用户计算机被感染，损失超过 96 亿美元
红色代码	2001 年 7 月	网络瘫痪，直接经济损失超过 26 亿美元
求职信	2001 年 12 月	大量病毒邮件堵塞服务器，损失达数百亿美元
蠕虫王	2003 年 1 月	网络大面积瘫痪，银行自动提款机运作中断，直接经济损失超过 26 亿美元
冲击波	2003 年 7 月	大量网络瘫痪，造成数十亿美元的损失
MyDoom	2004 年 1 月	大量的垃圾邮件攻击 SCO 和微软网站，给全球经济造成 300 多亿美元的损失

据调查，2004 年破坏性最大的十大病毒分别是：①网络天空（Worm.Netsky）；②爱情后门（Worm.Lovgate）；③SCO 炸弹（Worm.Novarg）；④小邮差（Worm.Mimail）；⑤垃圾桶（Worm.Lentin.m）；⑥恶鹰（Worm.BBeagle）；⑦求职信（Worm.Klez）⑧高波（Worm.Agobot.3）；⑨震荡波（Worm.Sasser）；⑩瑞波（Backdoor.Rbot）。从病毒名字就可以看出，几乎全部是蠕虫病毒，可见蠕虫病毒已经成为目前危害网络安全的最严重的问题。

2. 蠕虫病毒的基本结构和传播过程

（1）蠕虫的基本程序结构包括以下 3 个模块：

1）传播模块：负责蠕虫的传播，传播模块又可以分为 3 个基本模块，即扫描模块、攻击模块和复制模块。

2）隐藏模块：侵入主机后，用于隐藏蠕虫程序，防止被用户发现。

3）目的功能模块：实现对计算机的控制、监视或破坏等功能。

（2）蠕虫程序的一般传播过程为：

1）扫描：由蠕虫的扫描模块负责探测存在漏洞的主机。当程序向某个主机发送探测漏洞的信息并收到成功的反馈信息后，就得到一个可传播的对象。

2）攻击：攻击模块按漏洞攻击步骤自动攻击上一步骤中找到的对象，取得该主机的权限（一般为管理员权限），获得一个 shell。

3）复制：复制模块通过原主机和新主机的交互将蠕虫程序复制到新主机并启动。

可以看到，传播模块实现的实际上是自动入侵的功能，所以蠕虫的传播技术是蠕虫技术的核心。

3. 蠕虫病毒实例——爱情后门

爱情后门（Worm.Lovgate）是一种危害性很强的蠕虫病毒，其发作时间是随机的，主要通过网络和邮件进行传播，感染对象为硬盘文件夹。

当病毒运行时，将自己复制到 WINDOWS 目录下，文件名为 WinRpcsrv.exe 并注册成系统服务。然后把自己分别复制到 SYSTEM 目录下，文件名为 syshelp.exe、WinGate.exe，并在注册表 RUN 项中加入自身键值。病毒利用 ntdll 提供的 API 找到 LSASS 进程，并对其植入远程后门代码（该代码将响应用户 TCP 请求建立一个远程 shell 进程，Windows 9x 为 command.com，Windows NT/2000/XP 为 cmd.exe），之后病毒将自身复制到 WINDOWS 目录并尝试在 win.ini 中加入 run=rpcsrv.exe，并进入传播流程。

（1）爱情后门病毒的发作过程。

1）密码试探攻击：病毒利用 IPC 对 Guest 和 Administrator 账号进行简单密码试探，如果成功则将自己复制到对方的系统中，文件路径为 System32\stg.exe，并注册成服务，服务名为 Windows Remote Service。

2）放出后门程序：病毒从自身体内放出一个 dll 文件负责建立远程 shell 后门。

3）盗用密码：病毒放出一个名为 win32vxd.dll 的文件（hook 函数）用以盗取用户密码。

4）后门：病毒本身也将建立一个后门，等待用户连入。

5）局域网传播：病毒穷举网络资源，并将自己复制过去。随机地选取病毒体内的文件名，有以下几种可能：humor.exe、fun.exe、docs.exe、s3msong.exe、midsong.exe、billgt.exe、Card.EXE、SETUP.EXE、searchURL.exe、tamagotxi.exe、hamster.exe、news_doc.exe、PsPGame.exe、joke.exe、images.exe、pics.exe。

6）邮件地址搜索线程。病毒启动一个线程，通过注册表 Software\Microsoft\Windows\CurrentVersion\Explorer\Shell Folders 得到系统目录，并从中搜索*.ht*中的 E-mail 地址，用以进行邮件传播。

7）发邮件。病毒利用搜索到的 E-mail 地址，进行邮件传播。邮件标题随机地从病毒体内选出：

Cracks!

The patch

Last Update

Test this ROM! IT ROCKS!.

Adult content!!! Use with parental advi

Check our list and mail your requests!

I think all will work fine.

Send reply if you want to be official b

Test it 30 days for free.

...

（2）机器中病毒的特征。

机器中了爱情后门病毒以后，会出现下面的全部或部分症状：

- D、E、F、G 盘不能双击打开，硬盘驱动器根目录下存在 Autorun.inf。
- 在每个硬盘驱动器根目录下存在很多.zip 和.rar 压缩文件，文件名多为 pass、work、install、letter，大小约为 126KB。
- 在每个硬盘驱动器根目录下存在 COMMAND.EXE。
- hxdef.exe、IEXPLORE.EXE、NetManager.exe、NetMeeting.exe、WinHelp.exe 等进程占用了 CPU。
- 用命令 Netstat -an 查看网络连接，会发现有很多端口处于连接或监听状态。网络速度极其缓慢。
- 瑞星杀毒后出现 Windows 无法找到 COMMAND.EXE 文件，要求定位该文件。
- 在任务管理器上看到多个 cmd.exe 进程。

（3）病毒的清除。爱情后门病毒有很多个变种，每个变种的感染方式不尽相同，所以清除病毒的最好方法是使用专业的杀毒软件，如瑞星的爱情后门专杀工具。

具体的处理过程可以按以下步骤进行：

1）给系统账户设置足够复杂的登录密码，建议是字母+数字+特殊字符。

2）关闭共享文件夹。

3）给系统打补丁。

4）升级杀毒软件病毒库，断开网络的物理连接，关闭系统还原功能后，进入安全模式使用杀毒软件杀毒。

注意：这个处理过程适用于所有病毒。一般的杀毒过程都必须经过这几步，这样才能保证彻底地清除病毒。

4. 蠕虫病毒实例——震网病毒

2010 年 8 月伊朗某核电站启用后就发生连串故障，伊朗政府表面声称是天热所致，但真正原因却是该核电站遭病毒攻击。一种名为"震网"（Stuxnet）的蠕虫病毒，侵入该伊朗工厂企业甚至进入西门子为核电站设计的工业控制软件，并可夺取对一系列核心生产设备尤其是核电设备的关键控制权。2010 年 9 月，伊朗政府宣布，大约 3 万个网络终端感染"震网"，病毒攻击目标直指核设施。Stuxnet 利用微软操作系统中至少 4 个漏洞，其中有 3 个全新的零日漏洞；伪造驱动程序的数字签名；通过一套完整的入侵和传播流程，突破工业专用局域网的物理限制；利用 WinCC（SIMATIC WinCC 是第一个使用最新的 32 位技术的过程监视系统，具有良好的开放性和灵活性）系统的 2 个漏洞，对其开展破坏性攻击。据赛门铁克公司的统计，目前全球已有约 45000 个网络被该蠕虫感染，其中 60%的受害主机位于伊朗境内。Stuxnet 无需通过互联网便可传播，只要目标计算机使用微软系统，"震网"便会伪装 RealTek 与 JMicron 两大公司的数字签名，顺利绕过安全检测，自动找寻及攻击工业控制系统软件，以控制设施冷却系统或涡轮机运作，甚至让设备失控自毁，而工作人员却毫不知情。Stuxnet 成为第一个专门攻击物理基础设施的蠕虫病毒。可以说，"震网"也是有史以来最高端的蠕虫病毒，是首个超级网络武器。

Stuxnet蠕虫在 Windows NT操作系统中可以激活运行，主要攻击 SIMATIC WinCC 7.0 和 SIMATIC WinCC 6.2 软件。Stuxnet 样本首先判断当前操作系统类型，如果是 Windows 9x/ME，就直接退出。接下来加载一个主要的 DLL 模块，后续的行为都将在这个 DLL 中进行。为了躲避查杀，样本并不将 DLL 模块释放为磁盘文件然后加载，而是直接拷贝到内存中，然后模拟 DLL 的加载过程。随后，样本跳转到被加载的 DLL 中执行，并生成以下文件：

%System32%\drivers\mrxcls.sys

%System32%\drivers\mrxnet.sys

%Windir%\inf\oem7A.PNF

%Windir%\inf\mdmeric3.PNF

%Windir%\inf\mdmcpq3.PNF

%Windir%\inf\oem6C.PNF

其中有两个驱动程序 mrxcls.sys 和 mrxnet.sys 分别被注册成名为 MRXCLS 和 MRXNET 的系统服务，实现开机自启动。这两个驱动程序都使用了 Rootkit 技术，并有数字签名。mrxcls.sys 负责查找主机中安装的 WinCC 系统，并进行攻击；mrxnet.sys 通过修改一些内核调用来隐藏被拷贝到 U 盘的 lnk 文件和 DLL 文件。

Stuxnet 蠕虫的攻击目标是 SIMATIC WinCC 软件。后者主要用于工业控制系统的数据采集与监控，一般部署在专用的内部局域网中，并与外部互联网实行物理上的隔离。为了实现攻击，Stuxnet 蠕虫采取多种手段进行渗透和传播。整体的传播思路是：首先感染外部主机；然后感染 U 盘，利用快捷方式文件解析漏洞，传播到内部网络；在内网中，通过快捷方式解析漏洞、RPC 远程执行漏洞、打印机后台程序服务漏洞，实现联网主机之间的传播；最后抵达安装了 WinCC 软件的主机，展开攻击。

一旦发现 WinCC 系统，就利用其中的两个漏洞展开攻击：一是 WinCC 系统中存在一个硬编码漏洞，保存了访问数据库的默认账户名和密码，Stuxnet 利用这一漏洞尝试访问该系统的SQL 数据库；在 WinCC 需要使用的 Step7（Step7 是西门子用于 SIMATIC S7-300/400 站创建可编程逻辑控制程序的标准软件）工程中，在打开工程文件时，存在 DLL 加载策略上的缺陷，从而导致一种类似于"DLL 预加载攻击"的利用方式。最终，Stuxnet 通过替换 Step7 软件中的 s7otbxdx.dll，实现对一些查询、读取函数的 Hook。

针对民用/商用计算机和网络的攻击，目前多以获取经济利益为主要目标，但针对工业控制网络和现场总线的攻击，可能破坏企业重要装置和设备的正常测控，由此引起的后果可能是灾难性的。以化工行业为例，针对工业控制网络的攻击可能破坏反应器的正常温度/压力测控，导致反应器超温/超压，最终就会导致冲料、起火甚至爆炸等灾难性事故，还可能造成次生灾害和人道主义灾难。但传统工业网络的安全相对信息网络来说，一直是凭借内网隔离，而疏于防范，Stuxnet 蠕虫的出现为工业网络安全敲响了警钟。工业以太网和现场总线标准均为公开标准，熟悉工控系统的程序员开发针对性的恶意攻击代码并不存在很高的技术门槛。因此，对下列可能的工业网络安全薄弱点进行增强和防护是十分必要的：

（1）基于 Windows-Intel 平台的工控 PC 和工业以太网，可能遭到与攻击民用/商用 PC 和网络相同手段的攻击，例如通过 U 盘传播恶意代码和网络蠕虫。

（2）DCS 和现场总线控制系统中的组态软件（测控软件的核心）产品，特别是行业产品被少数公司垄断，例如电力行业常用的西门子 SIMATIC WinCC。针对组态软件的攻击会从根本上破坏测控体系，Stuxnet 病毒的攻击目标正是 WinCC 系统。

（3）基于 RS-485 总线以及光纤物理层的现场总线，例如 PROFIBUS 和 MODBUS（串行链路协议），其安全性相对较好；但短程无线网络，特别是不使用 Zigbee 等通用短程无线协议（有一定的安全性），而使用自定义专用协议的短程无线通信测控仪表，安全性较差。特别是国内一些小企业生产的"无线传感器"等测控仪表，其无线通信部分采用通用的 2.4GHz 短程无线通信芯片，连基本的加密通信都没有使用，极易遭到窃听和攻击。

8.2.4　病毒的发展趋势

通过对几个典型病毒的分析可以看出，随着 IT 技术的不断发展，病毒在感染性、危害性、潜伏性等几个方面也越来越强。现在的病毒主要有以下几个发展趋势。

1. 传播网络化

通过网络应用（主要是电子邮件）进行传播已经成为计算机病毒的主要传播方式。此类病毒发作和传播通常会造成系统运行速度的减慢。由于很多病毒运用了社会工程学，发信人的地址也许是熟识的，邮件的内容带有欺骗性、诱惑性，意识不强的用户往往会轻信，从而运行邮件的带毒附件并形成感染。部分蠕虫病毒邮件还能利用 IE 漏洞，在用户没有打开附件的情况下感染病毒。

2004 年此类病毒的典型代表就是网络天空（Netsky）、贝革热（Bbeagle）、Mydoom。这几个病毒从 2004 年年初出现，不断有变种相继推出，并且病毒之间相互竞争系统资源，形成了较大的影响和危害。

2. 利用操作系统和应用程序的漏洞

这类病毒往往会在爆发初期形成较为严重的危害，大量的攻击和网络探测会严重影响网络的运行速度甚至造成网络瘫痪。同时，被感染的计算机会出现反复重启、速度减慢、部分功能无法使用等现象。最著名的就是震荡波（Sasser）和冲击波（Blaster）病毒。

在 2004 年，利用率较高的漏洞主要有 SQL 漏洞、RPC 漏洞、LSASS 漏洞，其中 RPC 漏洞和 LSASS 漏洞最为严重。高波（Agobot）病毒是通过 RPC DCOM 缓冲溢出漏洞进行传播，这也就是"冲击波"所利用的漏洞。

3. 混合型威胁

通过对病毒传播和感染情况的分析不难看出，木马、蠕虫、黑客和后门程序占据病毒传播总数的九成以上，并且病毒呈现混合型态势，集蠕虫、木马、黑客的功能于一身，传播上也是利用漏洞、邮件、共享等多种途径，从病毒的种类上将更难划分。

同时，病毒的制作者更多地瞄准经济利益。随着网上交易和银行网上业务的拓展，更多的用户使用这些功能，更多的资金在网络中流动，也就更加吸引恶意用户的目光，从而使得网络上的金融犯罪与日俱增。他们通过各种手段，在网络中从事违法活动，无论是直接盗取他人资金，还是贩卖用户的资料和信息，都会给用户带来不同程度的损失。

有的病毒还在受害者机器上开了后门，对某些部门而言，开启后门会泄露机密，所造成的危害可能会更大。

4. 病毒制作技术新

与传统病毒不同的是，许多新病毒是利用当前最新的编程语言与编程技术实现的，易于修改从而产生新的变种，容易逃避反病毒软件的搜索。另外，新病毒利用 Java、ActiveX、VBScript 等技术，可以潜伏在 HTML 页面里，在用户上网浏览时触发。

5. 病毒家族化特征显著

2004 年春节期间出现的"网络天空"、"贝革热"等，在出现后的短短几个月中，每个病毒的变种数量就有四五十个之多，变种出现的速度也是前所未有的，时间间隔越来越短。在一段时间内，甚至达到一天出现一个变种。而且，变种通常还会在先前版本的基础上作一些改进，使其进一步完善，传播和破坏能力不断增强。

6. 病毒正在变得简单而又全能

瑞星对 2011 年 1 月至 5 月期间新增感染型病毒记录的病毒样本的感染行为进行分析可以看出，病毒的编译方式正在从传统的全部直接由低级汇编语言撰写逐渐转变为兼并使用低级和高级语言混合撰写的方式，病毒已经开始采用使用少量的汇编编写的引导部分去加载由高级语言编写的主体功能部分这种混合方式。通过对嵌入 C 语言程序的 Kuku 家族和加载动态链接库的 Loader 家族分析来看，这种新型的感染型病毒在结构和分工上较传统的单一语言编写的感染型病毒显得更为明朗和清晰。由高级语言编写的主体部分可以更加容易地实现更多的功能，简化后的汇编部分的功能则更为单一，但随着编写难度上大幅度降低，促成更多新型、功能更强病毒的诞生。预计用高级语言编写病毒会在未来形成主流，数目上可能会成为仅次于木马的第二大恶意软件，在功能上未来可能会揉合更多后门和木马功能的特征，如下载运行、广告程序、盗取隐私、远程控制等。可以说，感染型病毒正向着结构简单但功能多元化的方向发展。

8.3　反病毒技术

8.3.1　反病毒技术的发展阶段

理想的对付病毒的方法就是预防，即不让病毒进入系统。一般来说，这个目标是不可能达到的，但预防可以减少病毒攻击的成功率。一个合理的反病毒方法，应包括以下几个措施：

- 检测：是指能够确定一个系统是否已发生病毒感染，并能正确确定病毒的位置。
- 识别：检测到病毒后，能够辨别出病毒的种类。
- 清除：识别病毒之后，对感染病毒的程序进行检查，清除病毒并使程序还原到感染之前的状态，以保证病毒不会继续传播。如果检测到病毒感染，但无法识别或清除病毒，解决方法是删除被病毒感染的文件，重新安装未被感染的版本。

反病毒技术是和病毒制造技术一同前进的。早期的病毒相对比较简单，使用相对简单的反病毒软件就可以检测和清除。随着病毒制造技术的不断进步，反病毒技术和软件也变得越来越复杂。反病毒软件可以划分为四代：

第一代：简单的扫描器。

第二代：启发式扫描器。

第三代：行为陷阱。

第四代：全部特征保护。

1. 第一代：简单的扫描器

第一代扫描器需要一个病毒特征来识别一个病毒。这种针对特征的扫描器只能检测到已知的病毒。这就是通常所称的特征代码法，是早期反病毒软件的主要方法，也普遍为现在的大多数反病毒软件的静态扫描所采用。这种方法把分析出的病毒的特征代码集中存放于病毒代码库文件中，在扫描时将扫描对象与病毒代码库比较，如有吻合则认为染上病毒。特征代码法实现起来简单，对于查传统的文件型病毒特别有效，而且由于已知特征代码，清除病毒十分安全和彻底。但这种方法最大的局限性是过分依赖病毒代码库的升级，对未知病毒和变形病毒没有任何作用。病毒代码库随着病毒数量的增加而不断扩大，搜索庞大的病毒代码库会造成查毒速度下降。

还有一种第一代扫描器记录下所有的文件长度，通过寻找长度的变化来检测病毒感染。

客观地说，在各类病毒检查方法中，特征代码法是适用范围最宽、速度最快、最简单、最有效的方法。但由于其本身的缺陷，只适用于已知病毒。

2. 第二代：启发式扫描器

第二代扫描器不依赖于特定的特征，而是使用启发式规则来寻找可能的病毒感染。

一种方法是通过查找通常与病毒相关的代码段来发现病毒。比如，扫描器可以寻找用在变形病毒的加密循环，并发现加密密钥。一旦发现密钥，扫描器就能够对病毒解密并识别它。

另一种方法是完整性检查。为每个程序附加一个校验和，当一个病毒改变了程序但没有改变校验和，那么完整性认证就可以捕捉到这个变化。为了对付那些能够修改校验和的复杂的病毒，可以使用加密的 Hash 函数。加密密钥独立于程序存放，这样病毒就无法生成一个新的 Hash 值并加密它。通过使用 Hash 函数就可以防止病毒修改程序以获得与以前一样的 Hash 值。

还有一种方法就是通常所说的校验和法。病毒在感染程序时，大多都会使被感染的程序大小增加或者日期改变，校验和法就是根据病毒的这种行为来进行判断的。首先把硬盘文件的相关资料做一次汇总并记录下来，在以后检测过程中重复此动作，并与前次记录进行比较，用这种方法来判别文件是否被病毒感染。这种方法对文件的改变十分敏感，因而能查出未知病毒，但它不能识别病毒种类。而且，由于病毒感染并非文件改变的唯一原因，文件的改变常常是正常程序引起的，所以校验和法误报率较高。这就需要加入一些判断功能，把常见的正常操作（如版本更新、修改参数等）排除在外。

3. 第三代：行为陷阱

第三代反病毒程序是内存驻留型的，它通过病毒的行为识别病毒，而不是像上两代那样通过病毒的特征或病毒感染文件的特征来识别。这类程序的一个好处是不必为类型众多的病毒制定病毒特征库或启发式规则，而只需要定义一个很小的动作集合，其中每个动作都表示可能有感染操作，然后监视其他程序的操作行为，这就是通常所称的行为监视法。病毒感染文件时，常常有一些不同于正常程序的行为。行为监视法就是引入一些人工智能技术，通过分析检查对象的逻辑结构，将其分为多个模块，分别引入虚拟机中执行并监测，从而查出使用特定触发条件的病毒。这种方法专门针对未知病毒和变形病毒设计，并且将查找病毒和清除病毒合二为一，能查能杀，但由于采用人工智能技术，需要常驻内存，实现起来也有很大的技术难度。

4. 第四代：全部特征保护

第四代反病毒产品是综合运用很多种不同的反病毒技术的软件包，包括扫描和活动陷阱组件等。此外，这样的软件包还包含访问控制功能，这限制了病毒渗透系统的能力和更新文件、进行传播的感染能力。

8.3.2 高级反病毒技术

1. 通用解密

通用解密（Generic Decryption，GD）技术使反病毒软件能够在保证足够快的扫描速度的同时，很容易地检测到最为复杂的病毒变种。当一个包含加密病毒的文件执行时，病毒必须首先对自身解密后才能执行。为检测到病毒的这种结构，GD 必须监测可执行文件的运行情况。GD 扫描器包括以下几个部件：

（1）CPU 仿真器：一种基于软件的虚拟计算机。一个可执行文件中的指令由仿真器来解释，而不是由底层的处理器解释。仿真器包括所有的寄存器和其他处理器硬件的软件版本，由于程序由仿真器解释，就可以保持底层处理器不受感染。

（2）病毒特征扫描模块：是指在目标代码中寻找已知病毒特征的模块。

（3）仿真控制模块：用于控制目标代码的执行。

在每次仿真开始时，CPU 仿真器开始对目标代码的指令逐条进行解释，如果代码中有用于解密和释放病毒的解密过程，CPU 仿真器能够发现。仿真控制模块将定期地中断解释，以扫描目标代码中是否包含有已知病毒的特征。

在解释的过程中，目标代码（即使有些是病毒）不会对实际的个人计算机造成危害，这是因为代码是在仿真器中运行的，而仿真器是一个在系统完全控制下的安全环境。

虚拟机在反病毒软件中应用范围广，并成为目前反病毒软件的一个趋势。一个比较完整的虚拟机，不仅能够识别新的未知病毒，而且能够清除未知病毒。

2. 数字免疫系统

传统上，新病毒和新变种病毒传播比较慢，反病毒软件一般会在一个月左右完成升级功能，基本上可以满足控制病毒传播的需求。但近年来，互联网上有两种应用技术大大提高了病毒的传播速度，一种是邮件系统，另外一种是 Java 和 ActiveX 机制。

为了解决互联网上快速传播的病毒的威胁，IBM 开发了用于病毒防护的全面的方法——数字免疫系统原型。该系统以前面提到的仿真器思想为基础，并对其进行扩展，从而实现了更为通用的仿真器和病毒检测系统。这个系统的设计目标是提供快速的响应措施，以使病毒一进入系统就会得到有效控制。当新病毒进入某一组织的网络系统时，数字免疫系统就能够自动地对病毒进行捕获、分析、检测、屏蔽和清除操作，并能够向运行 IBM 反病毒软件的系统传递关于该病毒的信息，从而使病毒在广泛传播之前得到有效的遏制。

数字免疫系统操作的典型步骤如图 8-1 所示。

（1）每台 PC 机上运行一个监控程序，该程序包含了很多启发式规则，这些启发式规则根据系统行为、程序的可疑变化或病毒特征码等知识来推断是否有病毒出现。监控程序在判断某程序被感染之后会将该程序的一个副本发送到管理机上。

（2）管理机对收到的样本进行加密，并将其发送给中央病毒分析机。

（3）病毒分析机创建了一个可以让受感染程序受控运行并对其进行分析的环境，然后病毒分析机根据分析结果产生针对该病毒的策略描述。

（4）病毒分析机将策略描述回传给管理机。

（5）管理机向受感染客户机转发该策略描述。

（6）该策略描述同时也被转发给组织内的其他客户机。

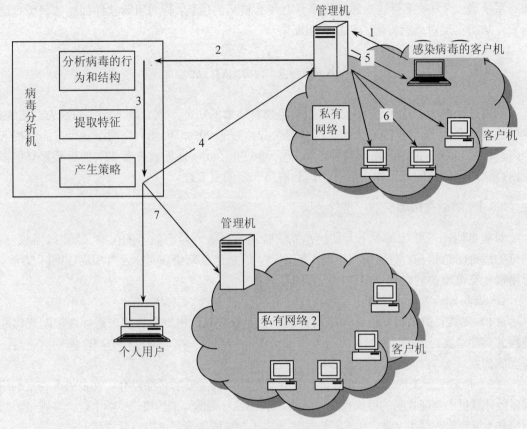

图 8-1　数字免疫系统

（7）各地的反病毒软件用户将会定期收到病毒库更新文件，以防止新病毒的攻击。

数字免疫系统的成功依赖于病毒分析机对新病毒的检测能力，通过不间断地分析和监测新病毒的出现，系统可以不断地对数字免疫软件进行更新以阻止新病毒的威胁。

3. 行为阻断软件

与启发式系统或基于特征码的扫描器不同，行为阻断软件和主机操作系统结合起来，实时监控恶意的程序行为。在监测到恶意的程序行为之后，行为阻断软件将在恶意行为对系统产生危害之前阻止这些行为。一般来讲，行为阻断软件要监控的行为包括：

（1）试图打开、浏览、删除、修改文件。

（2）试图格式化磁盘或者其他不可恢复的磁盘操作。

（3）试图修改可执行文件、脚本、宏。

（4）试图修改关键的系统设置，如启动设置。

（5）电子邮件脚本、及时消息客户发送的可执行内容。

（6）可疑的初始化网络连接。

如果行为阻断软件在某程序运行时检测到可能有恶意的行为，就可以实时地中止该程序，这一优势使得行为阻断软件相对于传统的反病毒软件而言具有更大的优势。病毒制造者有很多种方法对病毒进行模糊化处理或者重新安排代码的布局，这些措施使得传统的基于病毒特征码或启发式规则的检测技术失去作用，最终病毒代码以合适的形式向操作系统提出操作请求，从而对系统造成危害。不管这些恶意程序具有多么精巧的伪装，行为阻断软件都能截获所有这些请求，从而实现对恶意行为的识别和阻断。

8.4　病毒防范措施

病毒越来越多，危害越来越大，如果忽视对病毒的防范，就会带来巨大的损失。据统计，我国的中小企业已超过 1000 万家，占全国企业总数的 99%，但他们在网络安全方面的投入却少得可怜。2003 年中国的杀毒软件市场总量为 6.99 亿元，他们只占有 22%的份额，有很多企业没有认识到病毒的危害性，没有认识到网络安全的重要性。

8.4.1　防病毒措施

对病毒的防范要从每一个人做起，系统管理员要做好对服务器的保护，同时要制定整个单位的病毒防范措施；普通用户也要引起重视，尽量避免感染病毒，因为在局域网环境下，一台染毒计算机很快就会感染网络中所有的计算机。

1. 服务器的防病毒措施

（1）安装正版杀毒软件。局域网要安装企业版产品，根据自身要求进行合理配置，经常升级并启动"实时监控"系统，充分发挥安全产品的功效。在杀毒过程中要全网同时进行，确保彻底清除。

（2）拦截受感染的附件。电子邮件是计算机病毒最主要的传播媒介，许多病毒经常利用在大多数计算机中都能找到的可执行文件（如.exe、.vbs 和.shs）来传播。实际上，大多数电子邮件用户并不需要接收这类文件，因此当它们进入电子邮件服务器时可以将其拦截下来。

（3）合理设置权限。系统管理员要为其他用户合理设置权限，在可能的情况下，将用户的权限设置为最低。这样，即使某台计算机被病毒感染，对整个网络的影响也会相对降低。

（4）取消不必要的共享。取消局域网内一切不必要的共享，共享的部分要设置复杂的密码，最大程度地降低被黑客木马程序破译的可能性，同时也可以减少病毒传播的途径，提高系统的安全性。

（5）重要数据定期存档。每月应该至少进行一次数据存档，这样，就可以利用存档文件，成功地恢复受感染的文件。

2. 终端用户防病毒措施

（1）安装杀毒软件和个人防火墙。安装正版的杀毒软件，并注意及时升级病毒库，定期对计算机进行查毒杀毒，每次使用外来磁盘前也应对磁盘进行杀毒。正确设置防火墙规则，预防黑客入侵，防止木马盗取机密信息。

（2）禁用预览窗口功能。电子邮件客户端程序大都允许用户不打开邮件直接预览。由于预览窗口具有执行脚本的能力，某些病毒只需预览就能够发作，所以应该禁用预览窗口功能。

如果将 Word 当作电子邮件编辑器使用，就需要将 Normal.dot 设置成只读文件。许多病毒通过更改 Normal.dot 文件进行自我传播，采取上述措施至少可具有一定的阻止作用。

（3）删除可疑的电子邮件。通过电子邮件传播的病毒特征较为鲜明，信件内容为空或者有简短的英文，并附有带毒的附件。千万不要打开可疑电子邮件中的附件。

如果系统不采用基于服务器的电子邮件内容过滤方式，终端用户可以使用电子邮件收件箱规则自动删除可疑信息或将其移到专门的文件夹中。

（4）不要随便下载文件。不要随便登录不明网站，有些网站缺乏正规管理，很容易成为病毒传播的源头。下载软件应选择正规的网站，下载后应立即进行病毒检测。对收到的包含Word 文档的电子邮件，应立即用能清除宏病毒的软件进行检测，或者使用"取消宏"的方式打开文档。对于 QQ、MSN 等聊天软件发送过来的链接和文件，不要随便点击和下载，应该首先确认对方身份是否真实可靠。

（5）定期更改密码。用户一般都有好几个密码，如系统密码、邮箱密码、QQ 密码、网上银行密码等。密码不要一样，设置要尽可能复杂，大小写英文字母和数字综合使用，减少被破译的可能性。密码要定期更改，最好几个月更改一次。特别在遭受木马的入侵之后，用户密码很可能已经泄露，必须在清除木马后立即更改密码，以确保安全。网络诈骗（Phishing）邮件标题通常为"账户需要更新"，内容是一个仿冒网上银行的诈骗网站的链接，诱骗消费者提供密码、银行账户等信息，千万不要轻信。

8.4.2　常用杀毒软件

OPSWAT 成立于 2002 年，是世界计算机领域开发工具和数据服务的领导者，并提供终端应用软件的安全管理解决方案。OPSWAT 公司还成立了 OESISOK 认证中心，为世界顶尖的终端安全应用程序提供开放式的工业级兼容性和可靠性认证，只有获得 OESISOK 认证的杀毒软件，才支持网络准入控制（NAC）功能。据此，OPSWAT 基于 OESISOK 实际终端的安装就可以分析安全软件的市场份额，从而定期推出相对权威的安全软件市场份额报告。OPSWAT 于2012 年第 2 季度末公布的报告显示，各大杀毒软件厂商所占的市场份额如图 8-2 所示。其中第一列为厂商名称，第二列为市场份额，第三列为市场份额的损益。

AV Vendor	Market Share	Gain/Loss
Avast	17.4%	0.4%
Microsoft	13.2%	1.8%
ESET	11.1%	2.1%
Symantec	10.3%	-0.3%
AVG	10.1%	-1.8%
Avira	9.6%	-0.9%
Kaspersky	6.7%	0.0%
McAfee	4.9%	-0.4%
Panda	2.9%	0.0%
Trend Micro	2.8%	0.4%
other	11.1%	-1.2%

图 8-2　2012 年第 2 季度各大杀毒软件所占市场份额及损益

研究报告还指出，免费反病毒软件最受用户欢迎，avast!免费版是最受欢迎的免费反病毒软件，其次是 Avira AntiVir 个人版（小红伞），AVG 免费版和 Microsoft Security Essentials（微软免费杀毒软件）。据 OPSWAT 统计，免费反病毒软件控制着 42%的安全软件市场，免费反病毒软件厂商的产品市场份额甚至高达 48%。最终用户认为免费反病毒产品要比付费产品更值得信赖。赛门铁克（诺顿）和 McAfee 两大传统安全软件开发商正在逐渐流失市场份额。

国内杀毒软件市场主要的产品包括瑞星、江民、金山和 360 等。

1. 瑞星（http://www.rising.com.cn）

瑞星以研究、开发、生产及销售计算机反病毒产品、网络安全产品和反"黑客"防治产品为主，拥有全部自主知识产权和多项专利技术。2011 年 3 月 18 日，国内最大的信息安全厂商瑞星公司宣布，从即日起其个人安全软件产品全面、永久免费，这意味着价格将不再成为阻碍广大用户使用专业安全软件的障碍。瑞星杀毒软件是一款基于瑞星"云安全"系统设计的新一代杀毒软件。其"整体防御系统"可将所有互联网威胁拦截在用户计算机以外。深度应用"云安全"的全新木马引擎、木马行为分析和启发式扫描等技术保证将病毒彻底拦截和查杀。再结合"云安全"系统的自动分析处理病毒流程，能第一时间极速地将未知病毒的解决方案实时提供给用户。

2. 江民（http://www.jiangmin.com）

江民科技的全球反病毒监测网与数千家反病毒机构和组织合作监测病毒，国际反病毒专家 24 小时为用户提供病毒解决方案。国内上千家服务网点提供快捷、周到的售前售后服务，可向用户提供最新反病毒信息、病毒疫情、病毒库升级与解决方案和邮件技术支持等服务。江民的木马病毒库由国际最为严格的第三方安检机构 ICSA 每月做一次深度探测，使用第三代扫描引擎、云查杀、云众智、云加速、云鉴定、虚拟机、沙盒、慧眼识别、信任对比等技术，使得安全更有保障。

3. 金山毒霸（http://www.ijinshan.com/）

金山毒霸（Kingsoft Antivirus）是金山网络研发的云安全智扫反病毒软件。融合了启发式搜索、代码分析、虚拟机查毒等经业界证明成熟可靠的反病毒技术，使其在查杀病毒种类、查杀病毒速度、未知病毒防治等多方面达到先进水平，同时金山毒霸具有病毒防火墙实时监控、压缩文件查毒、查杀电子邮件病毒等多项先进的功能。

4. 360 杀毒（http://sd.360.cn/）

360 杀毒是 2009 年 10 月正式发布的免费杀毒软件，2011 年 11 月在国际权威反病毒测试机构 AV-C 最新发布的报告中脱颖而出，在新病毒、未知病毒查杀率评测中排名第一。360 杀毒软件整合了国际知名杀毒软件BitDefender病毒查杀引擎、国际权威杀毒引擎小红伞、360QVM 第二代人工智能引擎、360 系统修复引擎以及360 安全中心潜心研发的云查杀引擎，形成一个比较全面的防御体系。

8.4.3　在线杀毒

随着 Internet 的迅速发展，病毒的危害已达到空前的广度和深度。对于任何一个企业，建立一个行之有效的病毒防御网，都是一项花费庞大又耗时耗力的工程。针对企业防毒的需求，"在线杀毒"应运而生。

随着在线杀毒逐渐被重视，各个杀毒软件厂商都推出了自己的在线杀毒产品，可以预测，随着网络应用的普及以及网络病毒的日益猖獗,提供在线杀毒服务会像提供免费邮箱服务那样成为一个运营商的标准服务，在线杀毒软件的市场前景也越来越被看好。

在线杀毒利用浏览器支持 ActiveX 标准的特性，通过用户浏览网页并且下载杀毒引擎控件，直接对本地硬盘查杀病毒。杀毒引擎一般很小，只需在首次访问时下载一次，需要经常更新的病毒代码库则不必用户参与，在线杀毒会自动保持与最新版本完全同步。

网络在线杀毒的优点是：

- 使用方便。用户只需上网浏览并点击，就可使用。

- 在线查毒是免费的，对用户来讲非常实惠，但在线杀毒一般都是收费的。
- 网站提供最新的软件版本，用户无需升级。

在线杀毒的应用不仅局限在因特网，以后可能会延伸到无线网络，可能会针对一些移动的终端设备（如手机、PDA）研发出专门的在线杀毒软件。因为这种移动设备自身的特点（存储空间小）决定了不可能把杀毒软件下载到设备里面，最可行的方法就是在线杀毒，所以在线杀毒很有发展空间。

第一次进入在线杀毒网页时，系统会自动下载杀毒引擎和病毒代码库，并在"桌面"上建立快捷方式。用户只需选择要杀毒的路径和文件类型，单击"开始"，就可以开始杀毒。如图 8-3 所示是江民在线杀毒的网页。

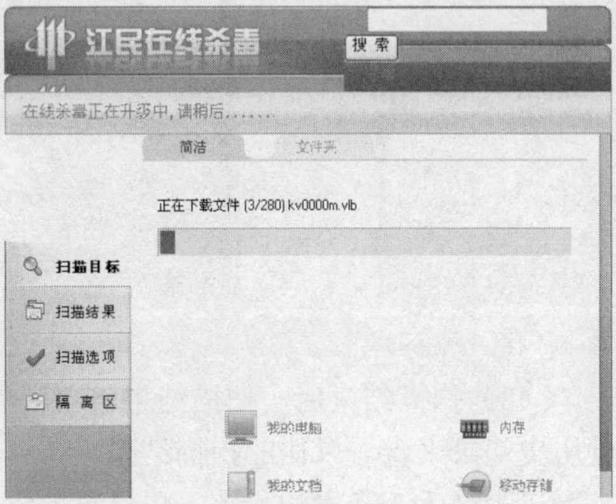

图 8-3　江民在线杀毒页面

8.4.4　杀毒软件实例

各种杀毒软件的功能及使用方法基本上大同小异。下面以瑞星为例演示如何使用。

1. 安装

可以用如下两种方式安装：

（1）从光盘安装：将瑞星杀毒软件光盘放入光驱，系统会自动显示安装界面，选择"安装瑞星杀毒软件"双击运行。

（2）下载版安装：当把下载版保存到用户计算机中的指定目录后，找到该目录，双击运行安装程序即可。

安装过程很简单，用户只要按照相应提示，就可以轻松进行安装。

安装成功后，建议用户立即智能升级至最新版本，并进行全盘查杀。

2. 启动

可通过以下几种方式启动瑞星杀毒软件：

（1）双击桌面上瑞星杀毒软件的快捷方式。

（2）双击任务栏中的瑞星计算机监控图标。

（3）单击快速启动栏中的瑞星杀毒软件图标。

（4）通过"开始"菜单启动。

瑞星杀毒软件的主界面如图 8-4 所示。

在主界面的右下方，有"查杀病毒"、"详细设置"和"在线升级" 3 个主要操作按钮。

3. 查杀病毒

（1）确定要扫描的文件夹或者其他目标，在"查杀目录"中显示打勾的目录即是当前选定的查杀目标。

（2）单击"查杀病毒"按钮，则开始扫描相应目标，发现病毒立即清除；扫描过程中可以随时单击"暂停杀毒"按钮来暂时停止扫描，单击"继续杀毒"按钮则继续扫描，或单击"停止杀毒"按钮来停止扫描。扫描中，带毒文件或系统的名称、所在文件夹、病毒名称将显示在查毒结果栏内，用户可以使用快捷菜单对染毒文件进行处理。

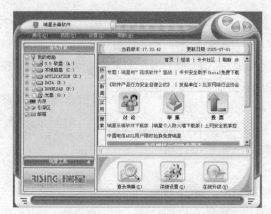

图 8-4　瑞星杀毒软件的主界面

（3）扫描结束后，扫描结果将自动保存到杀毒软件工作目录的指定文件中，用户可以通过历史记录来查看以往的扫描结果。

以上是手工查毒的步骤，瑞星也提供定时查毒的功能。在主界面中，选择"设置"→"详细设置"→"定制任务"→"定时扫描"选项，可以设置不同的查毒时间。例如，对上班族而言，可利用午餐时间对系统进行自动杀毒，将"扫描频率"设为"每天一次"，将"时间"设为 12:00。以后每天 12:00 时，瑞星杀毒软件即可自动查杀病毒。

4. 瑞星工具的使用

在主界面中，选择"视图"→"工具列表"选项，可以看到瑞星提供的各种实用工具，如图 8-5 所示，双击就可以使用它们完成相应的功能，用户也可以通过"开始"菜单来使用瑞星工具。

图 8-5　瑞星工具

（1）漏洞扫描。瑞星"漏洞扫描"工具，用于扫描操作系统的升级补丁状况和用户的安全设置，减少安全隐患。

双击图 8-5 中的"漏洞扫描"图标，在打开的窗口中单击"开始扫描"就可以进行扫描。

扫描结束时，显示被扫描计算机的名称、扫描时间、发现的安全漏洞数量、发现的不安全设置数量、已修复的安全漏洞数量、可自动修复的安全漏洞的数量等信息。选择"查看安全漏洞"可以查看详细的安全漏洞信息，其中详细地列出了每个漏洞信息的解释和漏洞的安全级别，五颗红星表示此漏洞的危害最高。对于每个漏洞信息，可以单击它前面的下载键，自动下载相关补丁文件。

（2）嵌入式杀毒工具。随着网络的日益普及，越来越多的用户通过网络进行实时通信和下载文件，而这也成为病毒传播的主要途径之一。瑞星"嵌入式杀毒工具"在用户使用实时通信软件（如 MSN Messenger）和下载工具（如 FlashGet）时，会自动对收到的文件进行查杀病毒，防止病毒通过外来文件传播到本地。

瑞星杀毒软件的嵌入式杀毒工具目前支持的软件有 MSN Messenger、Yahoo! Messenger、AOL Messenger、FlashGet、NetAnts、NetVampire、WellGet、WinZip、WinRAR。

双击图 8-5 中的"嵌入式杀毒工具"图标，在弹出的对话框中，列出了已经安装的软件，选中这些软件后，单击"应用"，以后每当这些软件收到文件时都会自动调用瑞星杀毒软件查毒。

（3）硬盘备份。如果硬盘数据被破坏或者硬盘被格式化，在大多数情况下，用户都可以通过"硬盘备份"工具将丢失的硬盘数据恢复回来。

- 备份：双击图 8-5 中的"硬盘备份"图标，在弹出的对话框中单击"开始备份"按钮。
- 恢复：用瑞星杀毒软件 DOS 盘启动，进入 DOS 杀毒状态。选择"实用工具"，再选择"硬盘数据恢复"，即可对最近一次所做的硬盘数据备份进行恢复。

瑞星还提供了许多其他很有用的工具，如"注册表修复工具"、"计算机监控"、"病毒隔离系统"等，限于篇幅，这里不一一进行介绍，另外，随着软件版本的升级，软件功能及界面会有所不同，用户可以查看"帮助"自己学习。

阅读材料

我国 2011 年计算机病毒疫情报告

1. 2011 年度十大病毒

2011 年，病毒木马变得更隐蔽，病毒行为正在灰色化。恶性病毒在减少，惹人烦的骚扰型病毒却在增加。以下是 2011 年度十大病毒。

（1）鬼影病毒。

"鬼影"是 2010 年出现的可以感染硬盘主引导记录的病毒，该病毒一出现，就因成功直接在 Windows 下改写硬盘分区表而闻名。2011 年鬼影病毒升级了数个版本，其基本特点为改写硬盘主引导记录（MBR），释放驱动程序替换系统文件，干扰或阻止杀毒软件运行，恶意修改主页，下载多种盗号木马。

在最新出现的版本中，它还会释放自己的驱动程序和杀毒软件对抗，阻止杀毒软件修复被改写的硬盘主引导记录。2011 年 9 月，鬼影 4 代病毒（其他杀毒厂商称为 BMW 病毒），除了上述特征还可感染计算机特定型号的主板 BIOS 芯片，使病毒的清除更加困难。

（2）QQ 群蠕虫病毒。

QQ 群蠕虫病毒是 2011 年突然爆发的一种传播性很强的病毒，中毒计算机的 QQ 会自动转发群消息，它是第一个可以利用 QQ 群共享来传播的蠕虫病毒。该病毒主要伪装成电视棒破解程序欺骗网民下载，盗取魔兽、邮箱及社交网络账号。

（3）变形金刚盗号木马。

变形金刚类病毒最初在一个伪装外挂的网站上被发现，病毒利用暴风影音加载 DLL 文件时不校验的漏洞使病毒文件得到运行机会。变形金刚病毒开创了利用正常软件间接加载病毒的先河，此后，这种手法被大量病毒作者复制。中毒计算机会随机不定时弹出网页广告，"变形金刚"感染了超过 16 万台计算机。

（4）输入法盗号木马。

2011 年输入法盗号木马病毒释放的 mgtxxx.ocx 文件拦截量曾经居高不下，病毒还推广较多的互联网软件赚取推广费，病毒的主要目的是盗取游戏账号。该病毒最大的特点是注入输入法程序，当用户按 Ctrl+Shift 键切换输入法时，会激活病毒程序。

（5）QQ 假面病毒。

QQ 假面病毒是由易语言编写，利用"我的自拍"、"美女图片"做诱饵盗取 QQ 账号。该病毒制造了一个透明的按钮贴在 QQ 登录按钮上。强迫中毒电脑 QQ 下线，逼迫用户手动输入 QQ 密码后单击登录。该病毒强大的迷惑性感染了数十万台计算机。

（6）空格幽灵病毒。

空格幽灵病毒是一个仿图片的病毒，它的实质是一个远程控制程序。用户一旦打开查看此"图片"，远控程序就会在计算机后台悄然运行，为黑客打开便利之门。黑客可以像控制自己计算机一样控制中毒计算机，这可能会导致用户隐私信息泄漏和虚拟财产被盗，甚至黑客可以利用其组建僵尸网络，对目标计算机进行攻击。这个病毒的特点是使用空格键为启动快捷键，每按一次空格，就激活病毒程序运行，"空格幽灵"由此得名。

（7）DNF（地下城与勇士）假面病毒。

DNF 假面类病毒也是通过伪游戏外挂网站传播的，其最主要目的是盗取网络游戏 DNF（地下城与勇士）的账号。病毒巧妙地修改了网络相关的系统组件，当用户开机拨号连网或运行任何有访问网络行为的程序时，比如访问"网上邻居"时，病毒就被触发。

（8）淘宝客劫持木马。

淘宝客劫持木马是指劫持浏览器访问淘宝网、淘宝商城到淘宝客页面的一类木马病毒。这类病毒是通过推广淘宝客导致商家成本上升佣金被吸走。淘宝客病毒在 2011 年严重感染，对淘宝的正常经营构成较严重影响，许多店主表示佣金花冤枉了，不得已只能放弃淘宝客这种推广方式。

（9）新型 QQ 大盗。

新型 QQ 大盗病毒通过成人网站的专用播放器传播，感染后，会在后台下载更多木马和流氓软件，窃取用户信息。该病毒窃取 QQ 号的方法比较独特，病毒的主要目标是 Q 币余额不为 0 的账号。对没有 Q 币的账号，虽然也可顺手偷走，但病毒作者并未将这些 QQ 号的登录信息发往远程服务器。

（10）网购木马。

网购木马在 2011 年全年都很活跃，从发现它的第一天到现在，版本一直在更新，手法一直在变换。有多个网购木马成功突破安全软件的防御，甚至有网购木马还会直接推荐安装某安全浏览器，因为只有在网民使用这种浏览器购物时，病毒才会偷窃成功。

网购木马伴随 2010 年网购爆发增长而激增，2011 年前 2 个月，平均每月增加新变种近 3000 个。

2. 流行病毒的破坏现象

在恶意软件的构成中，木马（troj）类（含木马下载器）占据绝对主流，蠕虫病毒、宏病毒、感染型病毒的数量在恶意软件总数中的占比持续减少。

2011 年，病毒感染之后破坏系统的情况进一步减少，病毒导致系统崩溃或者变卡、变慢的情况也在减少，部分原因是计算机硬件性能提升，多核 CPU 正在普及，病毒木马即使耗光一个核心的资源，剩余的系统资源也基本不影响正常功能的运行。

在这种情况下，木马得以有更多机会在中毒计算机中隐藏而不被发现。2011 年病毒比较典型的现象有：

（1）浏览器设置被强行篡改。如浏览器主页强行被设定为某个网址导航站，收藏夹中被加入若干网址，且手动修改无效。桌面生成商业网站的访问链接，无法轻易删除。浏览器弹出广告，经常访问钓鱼网站。

（2）莫名其妙被安装较多软件。

（3）在线购物时被骗钱，网银明明显示扣款成功，交易系统却显示未付款。

（4）QQ 或 MSN 被盗后出现异常登录，朋友声称自己的 QQ 号或 MSN 自动发出消息，或者被人冒充向好友借钱，或向聊天群组上传带毒附件。

（5）游戏账号或装备被盗。

（6）其他不易被网民主观察觉且更为严重的影响。如计算机被远程控制、个人资料被泄露。

3. 病毒传播渠道分析

2011 年，病毒木马的传播更加依赖互联网通道，利用浏览器及相关组件漏洞挂马攻击的情况虽仍然存在，但由于浏览器自身漏洞的修补越来越及时，网页防护工具越来越有效，挂马攻击的成功率变得很低。

杀毒软件还普遍加强对 U 盘病毒的防护和查杀，使得 U 盘传播病毒的情况也有所下降，病毒木马更多的使用网络下载和即时通信工具传播。

鉴于下载是病毒传播的主渠道，金山毒霸 2012 中特别强化了边界防御功能。在使用浏览器下载或聊天时接收带毒文件的比例在 6%～10%之间，这是一个相当庞大且危险的数据：意味着，每下载 10 个软件，就可能遇到一个带毒文件。

在杀毒软件不断针对下载渠道改进防御系统的情况下，下载传毒也变得不那么容易了。

观察发现从 2011 年年初到 2011 年年底，下载保护拦截到病毒的概率正在缓慢下降，如图 1 所示。

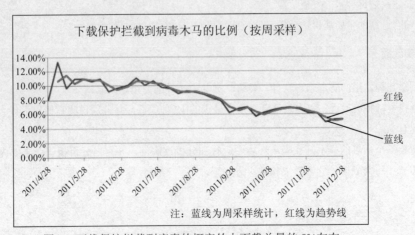

图 1　下载保护拦截到病毒的概率约占下载总量的 8%左右

盗版视频、成人视频网站在病毒传播中起着举足轻重的作用。杀毒软件的一般做法是拦截带毒播放器的运行，结果有大约 20%的网民选择关闭杀毒软件后，继续下载带毒播放器。金山毒霸 2012 采用安全看片功能，来隔离病毒运行，该功能推出后大大降低了看片中毒的概率。

统计结果：访问视频网站安装带毒播放器的平均超过 2 万次每天，按提示进入安全看片的超过 1.5 万次，有 4000 余次会选择关闭网页拒绝带毒播放器，坚持下载带毒播放器的下降到数百次。

——节选自金山网络发布的《2011～2012 中国互联网安全研究报告》

习题8

一、思考题

1. 什么是计算机病毒？简述计算机病毒的特征。

2. 结合你对病毒的理解，给病毒下个定义。

3. 病毒的发展历史分成哪些阶段，对每阶段的代表性病毒各举一例。

4. 简述一个病毒的生命周期。

5. 病毒有哪些特征？结合当前流行的某种病毒分析其特征。

6. 简述文件感染型和引导扇区型病毒的工作原理。

7. 简述蠕虫病毒的主要特征及传播方式。

8. 病毒都可以通过哪些途径传播？

9. 从病毒的结构解释病毒的传播和感染机制。

10. 从震网病毒分析工业控制网络的安全问题。

11. 对近五年流行的病毒进行分析，研究其传播机制。

12. 举出近期危害较大的一种病毒，研究其特征、针对目标及危害性。

13. 对近十年传播范围广、危害大的病毒进行搜集，分析病毒的演化趋势。

14. 简述反病毒技术的发展阶段。

15. 结合近期的主要病毒，分析目前反病毒机制应该在哪些方面加强。

二、实践题

1. 列举几种常用的防毒杀毒软件，熟练掌握其中一种的使用。

2. 查找资料找出最近一年内最活跃、危害最大的 10 种病毒，并分别说明它们属于什么类型的病毒，其主要危害是什么。

3. 搜集一个病毒的样本，在隔离环境中运行和分析该病毒，并写出分析报告，主要内容包括：感染对象、传播方式、行为表现、危害后果和解决方案等。

第 9 章　WWW 安全

　　Web 服务是网上用户使用最多的一种应用，但在 WWW 上也存在着安全隐患。本章主要介绍有关 WWW 的安全问题。通过本章的学习，应该掌握以下内容：
- Web 服务的安全威胁
- WWW 服务器的安全漏洞
- 如何对 Web 服务器进行安全配置
- WWW 客户安全性
- 如何增强 WWW 的安全性
- SSL 协议及使用
- SET

9.1　WWW 安全概述

9.1.1　WWW 服务

　　WWW 是 World Wide Web 的英文缩写，译为"万维网"，是 Internet 的一种最有活力的服务形式，也称为 Web 服务。WWW 提供的信息形象、丰富，支持多媒体信息服务，是组织机构、个人在网上发布信息的主要形式。用户使用基于图形界面的浏览器访问 WWW 服务，易学易用，只要点击鼠标，就能进入引人入胜的网上世界，获取丰富多彩的信息。

　　WWW 基于客户机/服务器模式，其中客户机就是 Web 浏览器，服务器指的是 Web 服务器。Web 浏览器将请求发送到 Web 服务器，服务器响应这种请求，将其所请求的页面或文档传送给 Web 浏览器。图 9-1 为 Web 浏览器从 Web 服务器获得 Web 文档过程的示意图。在 UNIX 和 Linux 平台下使用最广泛的免费 HTTP 服务器是 W3C、NCSA 和 Apache 服务器，而 Windows 平台 NT/2000/2003 使用的是 IIS Web 服务器。一些比较优秀的 Web 浏览器包括 Microsoft Internet Explorer、Mozilla Firefox、Netscape Navigator、Avant Browser、Deepnet Explorer。

图 9-1　HTTP 工作过程

　　HTTP 协议（Hypertext Transfer Protocol，超文本传输协议）是 Web 应用的核心协议，在 TCP/IP 协议栈中属于应用层，默认端口为 80。它定义了 Web 浏览器向 Web 服务器发送 Web

页面请求的格式，以及 Web 页面在 Internet 上的传输方式。

9.1.2　Web 服务面临的安全威胁

由于 HTTP 协议允许远程用户对服务器的通信请求，并且允许用户在远程执行命令，这会危及 Web 服务器和客户端的安全。如随意的远程请求验证；随意的 Web 服务器验证；滥用服务器功能和资源等。以下是常见的 Web 服务安全威胁。

1. 电子欺骗

电子欺骗是指以未经授权的方式模拟用户或进程。恶意用户还可能更改 Cookie 的内容，假装他是其他用户或 Cookie 来自其他服务器。

一般来说，用户可以通过使用严格的身份验证来防止电子欺骗。每当有人请求访问非公共信息时，都要确保他们的身份与所声称的一致。还可以通过对凭据信息采取安全措施来防止电子欺骗。例如，不将用户名（或至少不将密码）保存在 Cookie 中，因为恶意用户可以轻松地在其中找到或修改它。

2. 篡改

篡改是指在未经授权的情况下更改或删除资源。例如，恶意用户进入站点并更改文件，从而使 Web 页变得面目全非。进行篡改的间接方法是使用脚本。

防止篡改的主要方法是使用 Windows 安全性锁定文件、目录和其他 Windows 资源。应用程序还应该以尽可能少的特权运行。通过对来自用户（甚至是数据库）的任何信息都进行验证，用户可以防范脚本的使用。每当从不可信的信息源获得信息时，都要确保它不包含任何可执行代码，从而保证它没有危害。

3. 否认

否认威胁是指隐藏攻击的证据。在 Web 应用程序中，这可以是模拟无辜用户的凭据。同样，用户可以使用严格的身份验证来防止否认。另外，使用 Windows 的日志记录功能来保存服务器上任何活动的审计追踪。

4. 信息泄露

信息泄露仅指偷窃或泄露应该保密的信息。一个典型的示例是偷窃密码，但它可以涉及对服务器上的任何文件或资源的访问。

防止信息泄露的最佳方法是没有要泄露的信息。例如，如果不存储密码，恶意用户就无法窃取。如果确实要存储密码，请使用 Windows 安全性以确保其安全。应该使用身份验证来确保只有经过授权的用户才能够访问受限制的信息。还可以对信息进行加密来防止信息泄露。

5. 拒绝服务

拒绝服务攻击是指故意导致应用程序的可用性降低。典型的示例是：让 Web 应用程序负载过度，使其无法为普通用户服务。

IIS 允许限制服务请求的数量。用户还可以拒绝已知的恶意用户或 IP 地址的访问。防止出现故障的问题实际上是运行可靠代码的问题，应该尽可能彻底地测试应用程序并从错误状态完全恢复。

6. 特权升级

特权升级是指使用恶意手段获取比正常分配的权限更多的权限。例如，在一个得逞的特权升级攻击中，恶意用户设法获得 Web 服务器的管理特权，使他能够随意地进行破坏。

若要防止特权升级，应尽可能在最少特权的上下文中运行应用程序。例如，建议用户不要以 SYSTEM（管理）用户身份运行 ASP.NET 应用程序。

9.2　WWW 的安全问题

9.2.1　WWW 服务器的安全漏洞

在前面的章节中讨论了一些操作系统的安全漏洞。实际上，像 WWW 服务器这一类应用程序，同样也存在着安全漏洞，也应该引起系统管理员的重视。

1. IIS 服务器的安全问题

IIS 本身存在许多的先天不足和安全漏洞，虽然较新的 IIS 版本和补丁改进了已发现的问题，但随着时间的延续和新功能的开发，新漏洞再次出现，新的安全隐患也就随之产生。下面是几个 IIS 安全漏洞。

（1）ISAPI 缓冲溢出漏洞。攻击者可得到主机的本地访问权限，如果使用随机数据，可使 IIS 服务崩溃或主机自动重启，如果精心构造攻击数据，可使攻击者得到系统管理员的权限。红色代码（Red Code）病毒就成功地利用 IIS 组件 Index Server 的 ISAPI 缓冲溢出漏洞进行广泛的传播和攻击。

（2）HTTP 非标准数据问题。攻击者发送大量特殊、畸形的 HTTP 请求头数据包，可导致服务器消耗系统的所有内存，只有服务终止或主机重启，IIS 才能恢复正常。

（3）IIS 验证漏洞。IIS 验证漏洞可导致系统信息的泄露及账号被远程暴力破解。如果服务器支持基本认证，攻击者通过将 Host 头域置空，Web 服务器将会返回包含其内部地址的信息；如果服务器支持 NTLM 认证，攻击者可获取服务器的 NetBIOS 名称以及所属域的信息。

2. Apache 服务器的安全问题

到 1.1.1 版为止的 Apache 服务器含有两个安全漏洞，两个都是在 1997 年 1 月中旬发现的。

第一个漏洞影响用 mod_cookies 模块编译的服务器。用这个模块编译的服务器包含一个严重的漏洞，远程用户可以传送非常长的 cookie 给服务器，使得系统堆栈溢出，潜在允许执行任意的命令。

另一个漏洞关系到自动目录列表。通常，如果目录里包含一个欢迎页，如 index.html，那么远程用户就不能获得目录的列表。这个漏洞使得远程用户在有欢迎页的情况下还是能看到目录列表，不过这个漏洞没有第一个严重。

9.2.2　通用网关接口（CGI）的安全性

HTML 语言只适用于编写静态的 WWW 服务，而通用网关接口（Common Gateway Interface，CGI）提供动态服务，可以在用户和 Web 服务器之间交互式通信。

客户方 CGI 程序捕获用户的输入，并把它传到服务器方的应用程序，服务器方的 CGI 把这些信息传递给应用程序，并由它返回给客户系统更新的 Web 页面和其他信息。

根据不同的实际情况，CGI 程序可以用不同的语言编写，如 C/C++、Perl、VB 等。

1. CGI 程序的编写应注意的问题

黑客惯用的一个伎俩是更改 PATH 环境变量（执行 CGI 程序时的设置参数），使其指向他希望的脚本程序，而不是原先的那个程序。除了避免向外部程序传送未经检查的用户变量外，还必须用它们的完整的绝对路径名来调用程序，而不能依赖于 PATH 环境变量。就是说，不能用类似这样的 C 代码：

system("ls -l /local/web/f");

而应该用：

system("/bin/ls -l /local/web/f");

如果必须依赖于 PATH，那么用户自己必须在 CGI 脚本的开头设置：

putenv("PATH=/bin:/usr/bin:/usr/local/bin");

应注意不要把当前路径 "." 放到路径里。

2. CGI 脚本的激活方式

尽管可以限制特定的 IP 地址或使用用户名/口令结合的方式控制对某个脚本的访问，但是无法控制脚本的激活方式。脚本可以被任意地方的任意表格激活，或者可以完全避开表格接口而直接请求 URL 来激活脚本，如 http://www.server/cgi-bin/phf 便可以激活 phf 这个危险的 CGI。在编写 CGI 时一定要注意对输入参数进行检查，避免漏洞的出现。

3. 不要依赖于隐藏变量的值

隐藏变量在服务器送到浏览器的原始 HTML 中是可见的。要查看隐藏变量，用户只需在浏览器 "查看" 菜单里选中 "源文件"。同样道理，没有什么可以阻止用户设置隐藏变量为任意值并把它送回给脚本，因此，不要依赖隐藏变量来保证安全。

4. CGI 的权限问题

应当尽量限制 CGI 程序的权限，因为给 CGI 更多权限的同时，也增加了一个有缺陷的 CGI 程序的潜在破坏能力。所以千万不要给 CGI 程序 root 权限。

5. CGI Script 的安全性

CGI Script 是 WWW 安全漏洞的主要来源。每个 CGI Script 都存在被攻击的可能性，其安全漏洞在于两个方面：

（1）它们会有意无意地泄露主机系统的信息，这些信息可能被黑客利用。

（2）处理远程用户输入的 Script，可能被远程用户攻击。

9.2.3 ASP 与 Access 的安全性

继通用网关接口（CGI）之后，ASP（Active Server Pages）作为一种典型的服务器端网页设计技术，被广泛地应用在网上银行、电子商务、搜索引擎等各种互联网应用中。同时 Access 数据库作为微软推出的以标准 JET 为引擎的桌面型数据库系统，由于具有操作简单、界面友好等特点，具有较大的用户群体。因此 ASP+Access 成为许多中小型网上应用系统的首选方案。但 ASP+Access 解决方案在为用户带来便捷的同时，也带来不容忽视的安全问题。

ASP+Access 解决方案的主要安全隐患来自 Access 数据库的安全性，其次在于 ASP 网页设计过程中的安全漏洞。

1. Access 数据库的存储隐患

在 ASP+Access 应用系统中，如果获得或者猜到 Access 数据库的存储路径和数据库名，则该数据库就可以被下载到本地。例如：对于网上书店的 Access 数据库，一般命名为 book.mdb、store.mdb 等，而存储的路径一般为 URL/database 或干脆放在根目录（URL/）下。这样，只要在浏览器地址栏中输入 URL/database/store.mdb，就可以轻易地把 store.mdb 下载到本地机器中。

2．Access 数据库的解密隐患

由于 Access 数据库的加密机制非常简单，所以即使数据库设置了密码，解密也很容易。该数据库系统通过将用户输入的密码与某一固定密钥进行异或来形成一个加密串，并将其存储在*.mdb 文件中从地址"＆H42"开始的区域内。由于异或操作的特点是"经过两次异或就恢复原值"，因此，用这一密钥与*.mdb 文件中的加密串进行第二次异或操作，就可以轻松地得到 Access 数据库的密码。基于这种原理，可以很容易地编制出解密程序。

由此可见，无论是否设置了数据库密码，只要数据库被下载，其信息就没有任何安全性可言。

3．源代码的安全隐患

由于 ASP 程序采用的是非编译性语言，这大大降低了程序源代码的安全性。任何人只要进入站点，就可以获得源代码，从而造成 ASP 应用程序源代码的泄露。

4．程序设计中的安全隐患

ASP 代码利用表单（Form）实现与用户交互的功能，而相应的内容会反映在浏览器的地址栏中，如果不采用适当的安全措施，只要记下这些内容，就可以绕过验证直接进入某一页面。例如在浏览器中敲入"……page.asp?x=1"，即可不经过表单页面直接进入满足"x=1"条件的页面。因此，在设计验证或注册页面时，必须采取特殊措施来避免此类问题的发生。

9.2.4 Java 与 JavaScript 的安全性

Java 是 Sun 公司设计的一种编程语言，Java 程序有两种类型：一种是应用程序 Application，它可以单独运行，不必借助浏览器；一种是小应用程序 Applet，可以嵌入网页中，借助浏览器运行，实现 HTML 不具备的一些功能。

JavaScript 是 Netscape 公司设计的一系列 HTML 语言扩展，它增强了 HTML 语言的动态交互能力，并且可以把部分处理移到客户机。

1．JavaScript 的安全性问题

JavaScript 在历史上因为安全漏洞出过很多麻烦。尽管 Netscape 的开发人员试图去掉它们，但其中的几个漏洞还继续存在：

（1）JavaScript 可以欺骗用户，将用户本地硬盘上的文件上载到 Internet 上的任意主机。尽管用户必须按一下按钮才开始传输，但这个按钮可以很容易地被伪装成其他东西。而且在事件的前后也没有任何提示表明发生了文件传输。这对依赖口令文件来控制访问的系统来说是主要的安全风险，因为偷走的口令文件通常能被轻易破解。

（2）JavaScript 能获得用户本地硬盘上的目录列表，这既代表对隐私的侵犯又代表安全风险。

（3）JavaScript 能监视用户某段时间内访问的所有网页，捕捉 URL 并将它们传到 Internet 上的某台主机中。这个漏洞需要用户的交互来完成上载，但像第一个例子那样，这个交互可以被伪装成无害的方式。

（4）JavaScript 能够触发 Netscape Navigator 送出电子邮件信息而不需经过用户允许。这个技术可被用来获得用户的电子邮件地址。

（5）嵌入网页的 JavaScript 代码是公开的，缺乏安全保密功能。

2. Java Applet 的安全性问题

Java Applet 在浏览器端执行，而不是在服务器端执行，把安全风险直接从服务器转移到客户端。Java 有几个内置的安全机制使它不会损坏远程客户的机器。安全管理员通常不允许 Applet 执行任意的系统命令、调用系统库或打开系统设备驱动器，如磁盘驱动器。而且 Applet 一般被限制为只能读写一个用户指明的目录中的文件。Applet 能做的网络连接也是受限的，Applet 只允许同它被下载的服务器建立连接。最后一点，安全管理员允许 Java Applet 读写网络和本地磁盘，但不能同时对两者操作。这个限制是为了防止 Applet 偷看用户的私有文档并将其传回服务器。

事实上 Java Applet 还存在安全漏洞，但大部分严重的错误在目前的版本中都已经修复。下面是在 Netscape2.0 中发现过的安全漏洞：

（1）任意执行机器指令的能力，利用这个错误可以随便删除文件。

（2）与随意的主机建立连接的能力，黑客利用这个错误获取防火墙内部的文件。

9.2.5　Cookies 的安全性

Cookie 是 Netscape 公司开发的一种机制，用来改善 HTTP 协议的无状态性。通常，每次浏览器向 Web 服务器发出请求时，这个请求都被认为是一次全新的交互，这就使得 Web 服务器在一定时间内记住用户执行的操作变得很困难。Cookie 解决了这个问题。Cookie 是一段很小的信息，在浏览器第一次连接时由 HTTP 服务器送到浏览器。以后，浏览器每次连接都把这个 Cookie 的一个拷贝返回给服务器。一般地，服务器用这个 Cookie 来记住用户。

Cookie 不能用来窃取用户或用户计算机系统的信息。在某种程度上，它们只能用在存储用户提供的信息上。例如，如果用户填了一张表格，并且给出用户喜欢的颜色，服务器能把这个信息放在一个 Cookie 里并送到用户的浏览器。下次用户看这个网页时，用户的浏览器会返回这个 Cookie，使服务器调整其网页中的背景色来适合用户的需要。

然而 Cookie 能被用于更有争议的地方。用户的浏览器在 Web 结点上的每次访问都留下与用户有关的某些信息，在 Internet 上产生轻微的痕迹。在这个痕迹上的少量数据中，包含了计算机的名字和 IP 地址、浏览器的类型和前面访问的网页的 URL。没有 Cookie，任何人都几乎不可能跟踪这个痕迹来掌握用户的浏览习惯。他们将不得不从成百上千的服务器记录中整理出用户的路径。而有了 Cookie 后，情况就完全不同了，这就侵犯了用户的隐私。

目前版本的浏览器都提供一个选项，可以在服务器试图给浏览器一个 Cookie 时给出警告。如果打开这个警告，就可以选择拒绝 Cookie。也可以手工删除所收集的所有 Cookie。最简单的方式是完全删除 Cookies 文件。

9.3　Web 服务器的安全配置

Microsoft 的 Web 服务器产品为 Internet Information Server（IIS），IIS 是目前最流行的 Web 服务器产品之一，很多著名的网站都建立在 IIS 的平台上。IIS 提供了一个图形界面的管理工具，称为 Internet 服务管理器，可用于监视配置和控制 Internet 服务。

IIS 是一种 Web 服务组件，其中包括 Web 服务器、FTP 服务器、NNTP 服务器和 SMTP 服务器，分别用于网页浏览、文件传输、新闻服务和邮件发送等方面，它使得在网络上发布信息成为一件很容易的事。它提供 ISAPI（Intranet Server API）作为扩展 Web 服务器功能的编程接口；同时，它还提供一个 Internet 数据库连接器，可以实现对数据库的查询和更新。本节以 IIS 的 Web 服务器为例来介绍如何配置一个安全的 Web 服务器。

9.3.1　基本原则

1. IIS 的安装

要构建一个安全的 IIS 服务器，必须从安装时就充分考虑安全问题。以下是几条安装策略：

（1）不要将 IIS 安装在系统分区上，安装分区应该设为 NTFS。把 IIS 安装在系统分区上，会使系统文件与 IIS 同样面临非法访问，容易使非法用户侵入系统分区。将 IIS 所在的分区与操作系统文件所在的系统分区分开，可以提高安全性；另外，NTFS 比 FAT 分区多了安全控制功能，可以对不同的文件夹设置不同的访问权限，使得安全性增强。

（2）修改 IIS 的默认安装路径。IIS 的默认安装路径是\inetpub，Web 服务的页面路径是\inetpub\wwwroot，这是任何一个熟悉 IIS 的人都知道的，因此使用默认的安装路径就等于告诉入侵者系统重要资料的位置，所以需要更改默认安装路径。

（3）打上 Windows 和 IIS 的最新补丁。微软公布新的补丁程序，表示系统以前有重大漏洞，必须安装最新补丁，否则攻击者可能会利用低版本补丁的漏洞对系统造成威胁。

2. IIS 的安全配置

（1）删除不必要的虚拟目录。IIS 安装完成后在 wwwroot 下默认生成了一些目录，包括 IISHelp、IISAdmin、IISSamples、MSADC 等，这些目录都没有什么实际的作用，可直接删除。

（2）删除危险的 IIS 组件。默认安装的有些 IIS 组件可能会造成安全威胁，例如 Internet 服务管理器（HTML）、SMTP Service 和 NNTP Service、样本页面和脚本，可以根据自己的需要决定是否删除。

（3）为 IIS 中的文件分类设置权限。除了在操作系统里为 IIS 的文件设置必要的权限外，还要在 IIS 管理器中为它们设置权限。一个好的设置策略是：为 Web 站点上不同类型的文件都建立目录，然后给它们分配适当权限。例如：静态文件文件夹允许读、拒绝写，ASP 脚本文件夹允许执行、拒绝写和读取，EXE 等可执行程序允许执行、拒绝读写。

（4）删除不必要的应用程序映射。IIS 中默认存在很多种应用程序映射，除了 ASP 这个程序映射，其他文件在网站上都很少用到。

在"Internet 服务管理器"中，右击网站目录，选择"属性"选项，在网站目录属性对话框的"主目录"选项卡中，单击"配置"按钮，弹出"应用程序配置"对话框，在"应用程序映射"选项卡中，删除无用的程序映射。如果需要这一类文件时，必须安装最新的系统补丁，并且选中相应的程序映射，再单击"编辑"按钮，在"添加/编辑应用程序扩展名映射"对话框中勾选"检查文件是否存在"复选框。这样当客户请求这类文件时，IIS 会先检查文件是否存在，若文件存在，才会去调用程序映射中定义的动态链接库来解析。

（5）保护日志安全。日志是系统安全策略的一个重要环节，确保日志的安全能有效提高系统整体安全性。

1）修改 IIS 日志的存放路径。默认情况下，IIS 的日志存放在%WinDir%\System32\LogFiles，攻击者当然非常清楚，所以最好修改一下其存放路径。在"Internet 服务管理器"中，右击网站目录，选择"属性"选项，在网站目录属性对话框的"Web 站点"选项卡中，在选中"启用日志记录"的情况下，单击旁边的"属性"按钮，在"常规属性"对话框中，单击"浏览"

按钮或者直接在输入框中输入日志存放路径即可。

　　2）修改日志访问权限，设置只有管理员才能访问。

9.3.2　Web 服务器的安全配置方法

　　Web 服务器创建好之后，还需要进行适当的管理才能使用户的信息安全有效地被其他访问者访问。

　　1．启动内容失效

　　启动内容失效可以保证自己站点上的过期信息不被发布出去。当用户的 Web 站点上的信息有很强的时效性时，进行过期内容设置是非常必要的，这不但有利于净化用户的 Web 站点，而且有利于访问者进行信息查找。在启动内容失效时，用户可直接为整个站点设置，也可为某个目录设置。启动内容失效之后，Web 浏览器会在浏览时比较当前日期时间与设置的过期日期时间，以决定显示哪些信息。

　　打开 Internet 服务管理器，右击某个 Web 站点，在弹出的快捷菜单中选择"属性"选项，打开"默认 Web 站点属性"对话框，单击"HTTP 头"选项卡，如图 9-2 所示。在该选项卡中，勾选"启动内容失效"复选框，激活下列选项，用户可以利用这些选项设置内容的不同失效时间。

- 立即过期：则该站点现在的信息马上过期，别人无法访问。
- 在此时刻以后过期：可以设置多少时间单位（默认为天）后，访问者就不能再访问该站点现在的信息。
- 在此时刻过期：从其后的下拉列表框中选择日期，并调节其后的时间微调器的值，用户可直接为内容设置过期时间。

　　2．内容分级设置

　　如果用户站点的内容并不是针对所有的访问者，需要进行内容分级设置，以防止不具备分级要求的其他访问者查看站点内容。在预设的情况下，Windows 2000 启用的是 RSACi 分级服务，主要针对暴力、性、裸体和语言四个方面进行分级设置。分级内容设置过程如下：

　　在如图 9-2 所示的对话框中，单击"编辑分级"按钮，打开"内容分级"对话框，打开"分级"选项卡，并勾选"分级"选项卡中的"此资源启用分级"复选框，该选项卡如图 9-3 所示。

图 9-2　"HTTP 头"选项卡

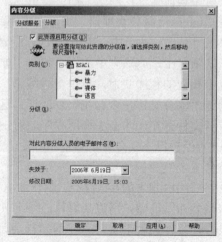

图 9-3　"分级"选项卡

在"类别"列表中，选择暴力、性、裸体和语言四个类别中的一种，分级滑块就会显示出来，调节该滑块，可改变所选类别的分级级别。

如果希望单独为分级服务设置失效时间，可单击"失效于"列表框下拉按钮，从弹出的电子日历中选择一个日期。

设置好之后，单击"确定"按钮返回到属性对话框，再单击"确定"按钮，保存设置。

3．安全与权限设置

安全与权限设置是 IIS 保证其站点安全的最重要的保护措施，可用来控制怎样验证用户的身份以及他们的访问权限。设置过程如下：

选择"所有任务"→"权限向导"命令，打开"权限向导"对话框。单击"下一步"按钮，打开"安全设置"对话框，如图 9-4 所示。

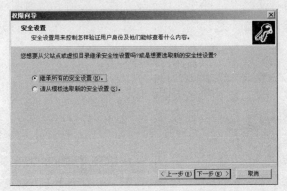

图 9-4　"安全设置"对话框

如果要从父站点或者虚拟目录继承安全性设置，应选择"继承所有的安全设置"单选按钮；如果需要选取新的安全性设置，应选择"请从模板选取新的安全设置"单选按钮。

单击"下一步"按钮，打开如图 9-5 所示的"安全摘要"对话框，在设置列表中选择要应用的设置，包括"验证方法"、"访问许可"、"IP 地址限制"和"文件 ACL 将不能被修改"等设置。

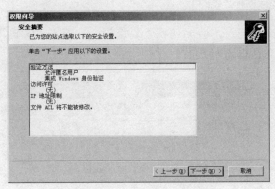

图 9-5　"安全摘要"对话框

单击"下一步"按钮，再单击"完成"按钮即可完成设置。

4．安全认证

在 Windows 2000 中，Web 服务提供了 3 种登录认证方式，它们分别是匿名方式、明文方式和询问/应答方式。用户采用哪种方式取决于用户建立 Internet 信息服务器的目的。

如果用户建立站点的目的是为了做广告，那么可以选择匿名方式。因为访问者中的大多数是第一次访问站点的用户，用户不可能也没有必要为他们建立账户。

如果希望通过自己的 Web 服务器为访问者提供电子邮件寄存或信息交付等网络服务，则需要选用明文方式。因为在这种方式下，访问者必须使用用户名和密码进行访问，可以有效地保护私人邮件或信息的安全性。

如果用户的 Web 服务器的访问者主要是企业内部的员工，并且希望服务器中的信息受到最安全的保护，可选择询问/应答方式。这种方式要求访问者在访问之前先进行访问请求，在得到许可后才可以进行访问。

许多 Web 服务器的访问都是匿名的，本节就以匿名访问为例介绍如何进行安全认证设置。

在如图 9-2 所示的对话框中，打开"目录安全性"选项卡，如图 9-6 所示。

在"匿名访问和验证控制"选项区域中，单击"编辑"按钮，打开"验证方法"对话框，如图 9-7 所示。

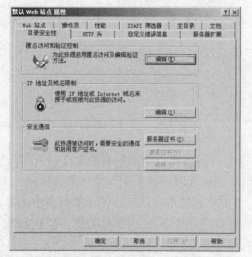

图 9-6 "目录安全性"选项卡

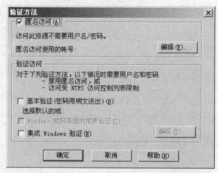

图 9-7 设置匿名访问和验证控制

要选择匿名认证方式，勾选"匿名访问"复选框，并单击"编辑"按钮，打开如图 9-8 所示的"匿名用户账号"对话框进行设置。

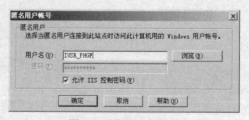

图 9-8 设置匿名账号

在安装 IIS 时，系统将自动创建一个匿名账号：IUSR_计算机名，如果计算机名为 PHGF，则匿名账号为 IUSR_PHGF。Web 客户使用这个账号可以登录到服务器上。管理员使用这个默认匿名账号，也可以更改用户匿名请求的用户账号，并可更改此账号的密码。

在如图 9-8 所示对话框中的"用户名"文本框中直接输入用户账号名，或者单击"浏览"按钮，打开"选择 Windows 用户账号"对话框选择一个要添加的用户账号。

在"匿名用户账号"对话框中，勾选"允许 IIS 控制密码"复选框，就可以在"密码"文本框中输入用户账号密码。

单击"确定"按钮完成匿名访问设置，同时返回到"验证方法"对话框，再单击"确定"按钮返回到如图 9-6 所示的"默认 Web 站点属性"对话框，然后单击"确定"按钮关闭对话框。

5．IP 地址及域名限制

通过 IP 地址及域名限制，用户可禁止某些特定的计算机对自己的 Web 服务器的访问。当有大量的攻击来自于某些地址或者某个子网时，使用这种限制机制是非常有用的。不过，用户首先必须查看 IIS 日志知道网络黑客的计算机使用哪些 IP 地址，否则无法进行限制。下面就以 Web 站点为例介绍 IP 地址及域名限制的设置过程。

在如图 9-6 所示的对话框中，在"IP 地址及域名限制"选项区域中单击"编辑"按钮，打开"IP 地址及域名限制"对话框，如图 9-9 所示。

如果选择"授权访问"单选按钮，除了"例外"列表框中的计算机外，其他所有的计算机都可以访问该 Web 站点上的内容。

如果选择"拒绝访问"单选按钮，除了"例外"列表框中的计算机外，其他所有的计算机都不能访问该 Web 站点上的内容。

这里选择"授权访问"单选按钮并添加没有访问权限的计算机。单击"添加"按钮，打开"拒绝以下访问"对话框，如图 9-10 所示。

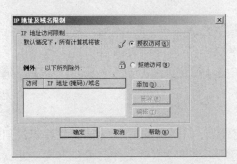
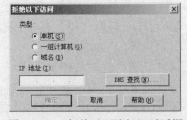

图 9-9　设置 IP 地址及域名限制　　　　图 9-10　"拒绝以下访问"对话框

如果要对单个计算机进行限制，选择"单机"单选按钮，并在"IP 地址"文本框中输入要拒绝的计算机的 IP 地址；或者单击"DNS 查找"按钮，打开"DNS 查找"对话框，选择某个 DNS 域中要拒绝的计算机。

如果要对一组计算机进行限制，选择"一组计算机"单选按钮，在"网络标识"文本框中输入要拒绝的一组计算机中的任意一个计算机的 IP 地址，并在"子网掩码"文本框中输入子网掩码。

如果要对某个域中的计算机进行限制，选择"域名"单选按钮，并在"域名"文本框中输入拒绝的域的域名。

单击"确定"按钮返回到"IP 地址及域名限制"对话框。如果还要进行访问授权，可继续单击"添加"按钮进行添加。这样，被添加的单个计算机、一组计算机或者一个域的客户不可访问服务器，而其他的客户可以访问。

单击"确定"按钮返回到如图 9-6 所示的"默认 Web 站点属性"对话框，再单击"确定"按钮保存设置。

9.4　WWW 客户的安全

WWW 上存在着安全隐患，用户一不小心，就会陷入恶意网页、网络诈骗的圈套，轻者泄露隐私、系统设置被更改，重者会带来严重的经济损失。

9.4.1　防范恶意网页

恶意网页是指嵌入了用 Java Applet、JavaScript 或者 ActiveX 设计的非法恶意程序的网页。当用户浏览该网页时，这些程序会利用 IE 的漏洞，进行修改用户的注册表、修改 IE 默认设置、获取用户的个人资料、删除硬盘文件、格式化硬盘等非法操作。

被恶意网页感染，系统可能会出现以下症状，如：

- 默认主页被更改，且在 IE 属性设置窗口中，"默认主页"一栏被屏蔽修改功能。
- 在桌面无故出现陌生网站的链接，无论进行何种方式删除，每次开机都依旧出现。
- 无法进入 DOS 模式。
- 桌面及图标被隐藏。
- 注册表编辑器被告知"已锁定"，从而无法修改注册表。
- 上网之前，系统一切正常，下网之后系统出现不正常，如系统盘丢失、硬盘遭到格式化等，查杀病毒后仍无济于事。
- 上陌生网站后，出现提示框"您已经被 XX 病毒攻击"，之后系统出现不正常。

可以用杀毒软件进行修复，或者到他们的网站上下载注册表修复工具，也可以手工修改注册表来对付网页恶意代码。在"开始"菜单中选择"运行"，输入 regedit，单击"确定"按钮，就可以打开注册表编辑工具。

1. 网页病毒的症状及修复方法

（1）注册表被禁用。这种症状危害程度比较高，用户用前面的方法无法编辑注册表。

用"记事本"（Notepad）建立一个以 REG 为后缀名的文件，文件名可自定义（如 live.reg），内容如下：

REGEDIT4

[HKEY_CURRENT_USER\Software\Microsoft\Windows\CurrentVersion\Policies\System]
"DisableRegistryTools"=dword:00000000

要注意的是，"REGEDIT"一定要大写（如果是 Windows 2000 或 Windows XP 用户，请将"REGEDIT4"改为"Windows Registry Editor Version 5.00"），后面要有一个空行，并且"REGEDIT4"中的"T"和"4"之间一定不能有空格。

存盘后，双击 live.reg 文件，就可以对注册表进行编辑。

（2）IE 主页不能修改。主页地址栏变灰色，主页设置被屏蔽，且设置选项不可更改。

展开注册表到 HKEY_USERS\DEFAULT\Software\Policies\Microsoft\Internet Explorer\Control Panel 下，将 homepage 的键值由原来的 1 修改为 0 即可，或干脆将 Control Panel 删除，按 F5

键刷新生效。

（3）IE 标题栏被修改。IE 标题栏被添加非法信息，一般是某个网站的广告信息。这是因为以下两处主键被修改了：

HKEY_LOCAL_MACHINE\Software\Microsoft\Internet Explorer\Main

和

HKEY_CURRENT_USER\Software\Microsoft\Internet Explorer\Main

在注册表中找到以上两个主键，将其下的 Window Title 主键的键值更改为 Microsoft Internet Explorer，按 F5 键刷新生效。

（4）IE 默认连接首页被修改。被更改的注册表项目为 HKEY_CURRENT_USER\Software\Microsoft\Internet Explorer\Main\Start Page，将键值修改为自己喜欢的网址，按 F5 键刷新生效。

（5）右击菜单被添加非法网站广告。将注册表展开到 HKEY_CURRENT_USER\Software\Microsoft\Internet Explorer\MenuExt，在 IE 中显示的附加右击菜单都在这里设置，常见的"网络蚂蚁"和"网际快车"右击下载的信息也存放在这里，将显示广告的主键条目删除，按 F5 键刷新生效。

（6）右击快捷菜单功能被禁用。将注册表展开到 HKEY_CURRENT_USER\Software\Policies\Microsoft\Internet Explorer\Restrictions，找到 NoBrowserContextMenu 键值名，将其键值设为"00000000"，按 F5 键刷新生效。

2. 网页恶意代码的预防

（1）管住自己。要避免惹上麻烦，关键是不要轻易去一些自己并不了解的站点，特别是那些看上去美丽诱人的网址更不要贸然前往，否则吃亏的往往是用户自己。

（2）禁用 ActiveX 插件、控件和 Java 脚本。由于该类网页大多是含有恶意代码的 ActiveX 网页文件，因此在 IE 设置中将 ActiveX 插件、控件和 Java 脚本等全部禁止就可以避免引火烧身。

具体方法是：在 IE 窗口中单击"工具"→"Internet 选项"，在弹出的对话框中打开"安全"选项卡，再单击"自定义级别"按钮，弹出"安全设置"对话框，把其中所有 ActiveX 插件和控件以及 Java 相关的内容，全部选择"禁用"即可。不过，这样设置后，在网页浏览过程中可能会造成一些正常使用 ActiveX 的网站无法浏览。

（3）装防病毒软件。建议安装 Norton AntiVirus 2002 v8.0 或以上版本的杀毒软件，此软件已经把通过 IE 修改注册表的代码定义为 Trojan.Offensive，增加了 Script Blocking 功能，它将对此类恶作剧进行监控，并予以拦截。

（4）注册表加锁。既然这类网页是通过修改注册表来破坏系统，那么可以事先把注册表加锁，禁止修改注册表，这样就可以达到预防的目的。

（5）对 Windows 2000 用户，禁用远程注册表操作服务。对 Windows 2000 用户，还可以通过在 Windows 2000 下把服务里面的远程注册表操作服务"Remote Registry Service"禁用，来对付该类网页。具体方法是：单击"管理工具"→"服务"→Remote Registry Service（允许远程注册表操作），将这一项禁用即可。

（6）避免重蹈覆辙。经过一番辛苦的修改，完全解除了某些网站上的恶意程序对系统的限制，可是如果不小心又访问了该网站，可能又要重蹈覆辙。解决方法是在 IE 中做一些设置以便永远不进入该站点。打开 IE，选择"工具"→"Internet 选项"→"内容"→"分级审查"，单击"启用"按钮，会调出"分级审查"对话框，然后打开"许可站点"选项卡，输入不想去的网站网址，单击"从不"按钮，再单击"确定"按钮即可。

9.4.2　隐私侵犯

广泛使用的因特网技术已经引起许多个人隐私方面的问题，它还会在将来发展的过程中对个人自由的许多方面带来意想不到的问题。例如：ISP 可以轻易破译通过其服务器上的电子邮件，可以复制网上传送的个人信息，如果网上管理人员认为这些信息违法，甚至可以将这些信息删除。美国在线曾经在两年多的时间里对自己的用户进行跟踪监视，大肆搜集、下载用户的私人资料并将这些材料提供给美国联邦调查局。美国联邦调查局也正是在美国在线的帮助下，在 1995 年 9 月，对涉嫌在网上传播儿童色情内容的十二名罪犯和 120 多个犯罪地点进行了搜查。

除国家安全部门和法律执行机关可以对网上的个人信息进行解密、追踪或用作其他用途外，还存在大量的政府机构和商业团体，它们同样可以利用计算机和网络技术对在因特网上传播的个人方面的信息进行搜集、下载和用作商业或其他的目的。犯罪分子有时也利用从网上获得的个人隐私方面的信息从事对个人权利进行侵犯的种种犯罪活动。

在因特网上，每一个用户的个人信息容易被他人窃取、存储和复制的情况下，如何保护每一个人的网上隐私就变得尤为重要。

1．网上数据搜集的方法

比较常见的得到想要数据或资料的方法有以下几种：

（1）通过用户的 IP 地址进行。每当用户连接 Internet 时，该用户就会被分配一个唯一的 IP 地址。IP 地址的意义在于网上信息可以发送到这一地址上，同时，每一个被访问的站点都会得到用户的 IP 地址。这些地址可被用来生成一份该用户的记录。

（2）通过 Cookies 获得用户的个人信息。Cookies 是一种由站点直接发送到用户计算机上的小文件。这些文件可以容纳用户在随后访问中的任何信息，包括访问过的页面和下载过的信息。Cookies 可以存储在用户的硬盘上，通常只能由站点阅读。Cookies 可以最终形成个人信息的积累，从而对用户的身份和喜好形成一个比较准确的概念。

（3）因特网服务提供商在搜集、下载、集中、整理和利用用户个人隐私材料方面具有得天独厚的有利条件。因为所有通过它所提供的网络服务的信息和内容完全可以置于它的管理员的眼皮之下，管理员可以解读用户通过因特网发送的电子邮件，可以在第一时间搜集、存储用户的个人隐私材料。一般的因特网服务提供商还在自己的服务条款里面保留了自己有权删除他们所认为的不适合在网上传送的内容。

（4）使用 WWW 的欺骗技术。用户可以利用 IE 浏览器进行各种各样的 Web 站点的访问，如阅读新闻组、咨询产品价格、订阅报纸、电子商务等。然而一般的用户恐怕不会想到有这些问题存在：正在访问的网页已经被黑客篡改过，网页上的信息是虚假的。例如，攻击者将用户要浏览的网页的 URL 改写为指向攻击者自己的服务器，当用户浏览目标网页的时候，实际上是向攻击者的服务器发出请求，那么黑客就可以达到欺骗的目的。此时攻击者可以监控受攻击者的任何活动，包括账户和口令。攻击者也能以受攻击者的名义将错误或者易于误解的数据发送到真正的 Web 服务器，以及以任何 Web 服务器的名义发送数据给受攻击者。

（5）网络诈骗邮件。诈骗者伪装成银行发出数以百万计的诱骗邮件，邮件标题通常为"账户需要更新"等，内容是一个仿冒网上银行的诈骗网站的链接，诱骗消费者提供密码、银行账户和其他敏感信息。

2．网上数据搜集对个人隐私可能造成的侵害

通常情况下，网上数据搜集行为的泛滥对隐私权造成的影响主要表现在以下几个方面：

（1）一般来说，网上数据搜集行为侵害了当事人应当享有的对隐私权的控制权。

（2）在现代社会中，信息在更多的情况下成为商品，对个人隐私材料的搜集也越来越变成一种有利可图的事情。这在无形中助长了对他人隐私材料的搜集和加工行为的泛滥。与自己无关的人和组织不仅使用这些数据和资料，而且极有可能在当事人不知道的情况下用来谋求商业上的利益，有的甚至还用作与当事人切身利益相背的方面。

（3）私人在网上的资料由于被公开而使当事人处于被动和尴尬的境地。

（4）目前越来越多的人通过互联网进行商业和个人消费行为。现在，有许多公司，其中也包括许多电子商店，通过网络销售各种各样的商品。其品种几乎涉及人们生活的各个领域和各个方面。这些交易大多通过信用卡进行支付。在这种情况下，用户要想获得交易的快捷，必须将自己的有关信息通过互联网告知商家，如信用卡号、身份证号等。而用户在一般情况下，都希望信用卡号不至于被别人盗用，自己其他经济方面的信息不至于被不怀好意的人用作有损本人的用途，特别是当这种交易是在一种跨越国界的情况下进行的时候。而事实上的情况是，有许多犯罪分子已经将自己的目光锁定在别人在网上的财务信息，一些黑客还利用自己高超的技术和从网上获取的信息，非法侵入银行或他人的账户，盗取他人钱财。

（5）存储在计算机中的个人资料或通过网上行为（如聊天、发送电子邮件、BBS 留言）而无意间泄露出来的个人情况在相当长的时间内，有可能处于一种相对静止的状态。也就是说，这些资料不可能随着当事人自身情况的改变而相应地做出修改，在这种情况下，他人对这些个人材料的搜集乃至利用完全有可能导致对当事人不利的后果。

（6）存储在计算机中的资料或通过网上行为泄露出来的个人信息在许多情况下都是片面的而不是系统或完整的，他人对其进行的搜集与加工整理，多数时候都要利用计算机软件对这些资料进行重新组合，而重新组合出来的结果可能与当事人本人的真实情况相差很远甚至与当事人的真实情况大相径庭。对这些资料的运用往往容易对当事人造成伤害。

9.5　SSL 技术

9.5.1　SSL 概述

1994 年，Netscape 公司为了保护 Web 通信协议 HTTP，开发了 SSL（Secure Socket Layer）协议。该协议的第一个成熟的版本是 SSL2.0 版，它被集成到 Netscape 公司的 Internet 产品中，包括 Navigator 浏览器和 Web 服务器产品等。SSL2.0 协议的出现，基本上解决了 Web 通信协议的安全问题，很快引起广泛的关注。1996 年，Netscape 公司发布 SSL3.0，该版本增加了对除 RSA 算法之外的其他算法的支持和一些安全特性，并且修改了前一个版本中一些小的问题，比 SSL2.0 更加成熟和稳定，因此很快成为事实上的工作标准。

SSL（Secure Socket Layer）协议提供的安全信道有以下 3 个特征：

（1）利用认证技术识别身份。在客户机向服务器发出要求建立连接的消息后，SSL 要求

服务器向客户端出示数字证书。客户的浏览器通过验证数字证书从而实现对服务器的验证。在对服务器端的验证通过以后，如果需要对客户机的身份进行验证，也可以通过验证其数字证书的方式来实现，但通常 SSL 协议只要求验证服务器端。

（2）利用加密技术保证通道的保密性。在客户机和服务器进行数据交换之前，交换 SSL 初始握手信息，在 SSL 握手过程中采用各种加密技术对其加密，以保证其机密性。这样就可以防止非法用户进行破译。在初始化握手协议对加密密钥进行握手之后，传输的消息均为加密的消息。

（3）利用数字签名技术保证信息传送的完整性。对相互传送的数据进行 Hash 计算并加载数字签名，从而保证信息的完整性。

9.5.2　SSL 体系结构

1. SSL 的结构

SSL 位于 TCP/IP 协议栈中的传输层和应用层之间，利用 TCP 协议提供可靠的端到端安全服务。SSL 不是一个单独的协议，它又分为两层，SSL 在协议栈中的位置如图 9-11 所示。

SSL 握手协议	SSL 改变加密规格协议	SSL 报警协议	HTTP
SSL 记录协议			
TCP			
IP			

图 9-11　SSL 在 TCP/IP 协议栈中的位置

SSL 的上层包括 3 种协议：握手协议、改变加密规格协议和报警协议。这几种协议主要用于 SSL 密钥的交换的管理。SSL 下层为记录协议，记录协议封装各种高层协议，具体实施压缩/解压缩、加密/解密、计算/校验 MAC 等与安全有关的操作。

SSL 中有两个重要的概念：SSL 会话和 SSL 连接。

（1）连接。一个连接是一个提供某种类型服务的传输载体。对 SSL 而言，连接是一种点对点的关系，同时，这种连接是暂时的，每一个连接和一个会话相关联。

连接状态可以用如下一些参数来定义：

- 服务器与客户随机数（Server and Client Random）：由服务器和客户选定的用于每一个连接的字节序列。
- 服务器写 MAC 密钥（Server write MAC Secret）：服务器在发送数据时，用于 MAC 运算的密钥。
- 客户写 MAC 密钥（Client write MAC Secret）：客户在发送数据时，用于 MAC 运算的密钥。
- 服务器写密钥（Server write Key）：用于服务器进行数据加密、客户进行数据解密的常规加密密钥。
- 客户写密钥（Client write Key）：用于客户进行数据加密、服务器进行数据解密的常规加密密钥。

- 初始化向量（Initialization Vector）：当数据块以 CBC 模式加密时，对每个密钥要维护一个 IV。
- 序号（Sequence Number）：实体在每一个连接中用于传输和接收消息而维护的一个单独的序号，当连接实体发送或接收改变密码的消息时，相应的序号置 0，序号最大不超过 $2^{64}-1$。

（2）会话。SSL 会话是客户和服务器之间的一种关联，会话是通过握手协议来创建的，会话定义了一个密码学意义的安全参数集合，这些参数可以在多个连接中共享，从而避免每建立一个连接都要进行的消耗系统资源的协商过程。

会话状态由如下一些参数确定：

- 会话标识（Session Identifier）：服务器选定的用于鉴别活动的（或可恢复的）会话状态的认证字节序列。
- 对等证书（Peer Certificate）：对等实体的 X.509 证书，这一参数可为空。
- 压缩方法（Compression Method）：用户在加密之前对数据进行压缩的算法。
- 加密规格（Cipher SPEC）：指定数据加密算法、计算 MAC 的 Hash 算法及一些密码属性，如 Hash 块大小等。
- 主密钥（Master Secret）：客户与服务器共用的 48 字节的会话密钥。
- 可恢复标志（Is Resumable）：此标志用于表明该会话是否可以用来初始化新的连接。

2. SSL 协议的记录层

记录层的功能是根据当前会话状态给出参数，对当前连接中要传输的高层数据实施压缩/解压缩、加/解密、计算/校验 MAC 等操作。

发送方记录层的工作过程如图 9-12 所示。

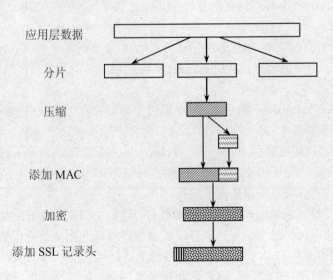

图 9-12　记录层的工作过程

（1）记录层从上层接收到任意大小的应用层数据块，把数据块分成不超过 2^{14} 字节的分片。

（2）记录层用当前会话状态中给出的压缩算法将分片压缩成一个压缩块，压缩操作是可选的。

（3）每个会话都有一个参数"加密规格"，它指定对称加密算法和 MAC 算法。记录层用"加密规格"指定的 MAC 算法对压缩块计算 MAC，用加密算法加密压缩块和 MAC，形成密文块。

（4）对密文块添加 SSL 记录头，然后送到传输层，传输层收到这个 SSL 记录层数据单元后，加上 TCP 报头，得到 TCP Packet。

接收方的工作过程与此相反。

3．握手协议

握手协议（Handshake Protocol）是 SSL 上层 3 个协议中最重要的一个，也是 SSL 最为复杂的一部分内容。握手协议的作用是产生会话的安全属性。当客户和服务器准备通信时，它们就要对以下选项进行协商并取得一致：身份验证（可选）、协议版本、密钥交换算法、压缩算法、加密算法，并且生成密钥和完成密钥交换。

客户和服务器的握手过程就是建立一个会话或恢复一个会话的过程。每次握手都生成新的密钥等参数，这些参数将作为当前连接状态中的元素。客户和服务器要建立一个连接就必须进行握手过程，每次握手都存在一个会话和一个连接，连接一定是新的，但会话可能是新的，也可能是已存在的。下面介绍建立一个新的会话和恢复一个已存在会话的握手过程。

（1）建立一个新的会话。客户发 client_hello 消息给服务器。服务器必须以 server_hello 消息作为回答，否则，发生致命错误，本次连接失败。client_hello 和 server_hello 用于协商安全参数，包括协议版本号、会话标识、加密套件（Cipher Suite）和压缩算法，还要交换两个随机数 client_hello.random 和 server_hello.random。如果要验证服务器，在 server_hello 消息之后服务器将发送 certificate 消息，该消息包含其证书。若不需要验证服务器，服务器发送包含其临时公钥的 server_key_exchange 消息。若服务器要求验证客户，则发消息 certificate_request。接下来服务器发送 server_hello_done 消息，指示双方握手过程中的 hello 消息阶段结束，服务器等待客户的响应。

根据是否验证对方的证书，SSL 的握手过程分为以下 3 种验证模式：客户和服务器都被验证；只验证服务器，不验证客户，这是 Internet 上应用最广泛的模式；客户和服务器都不验证，也称为完全匿名模式。

客户收到 server_hello_done 消息之后，根据服务器是否发送了证书请求来决定是否发送自己的证书，如果服务器要求客户端发送数字证书而客户端没有数字证书，则发送 no_certificate 告警。客户发送其密钥交换消息 client_key_exchange，然后发送一个 change_cipher_spec 消息，告诉服务器以下的通信将使用刚协商好的新的密码套件和压缩算法，客户方向服务器发送 finished 消息，表示完成与服务器的握手过程。

对应的，服务器发送 change_cipher_spec 消息，然后也用刚协商好的加密算法和密钥发送 finished 消息。至此，握手过程结束，客户端和服务器可以开始交换应用数据。建立一个新的会话时，握手过程如图 9-13 所示，其中带星号的消息是可选的，与采用哪种验证模式有关。

（2）恢复一个已存在的会话。客户端和服务器的第一次连接都要经过一个完整的握手过程才能得到双方秘密通信所需的信息。实际上，握手协议是一个非常耗时的过程，为了减少握手过程中的交互次数以及对网络带宽的占用，可以将双方经过完整握手过程建立起来的会话状态记录下来，在以后建立连接时，采用会话重用技术重用这些会话，从而避免会话参数的重新协商过程。

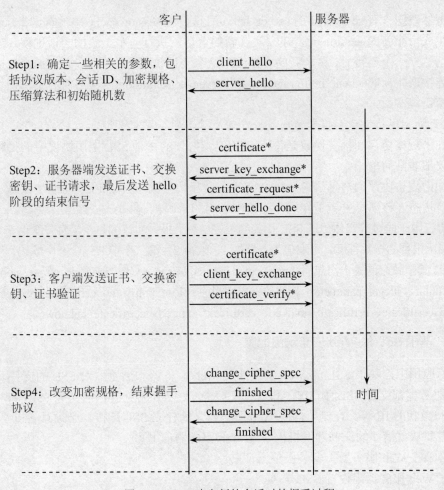

图 9-13　SSL 建立新的会话时的握手过程

恢复一个已存在的会话时,握手过程如图 9-14 所示。

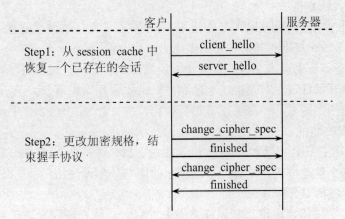

图 9-14　SSL 恢复一个已存在会话时的握手过程

客户发送 client_hello 消息,其中的 session id 字段是要恢复的会话的 session id,服务器在 session cache 中检查是否有这个 session id,若有,服务器将在相应的会话状态下建立一个新的连接，服务器发送含有 session id 的 server_hello 消息；若 session cache 中没有这个 session id，则服务器生成一个新的 session id，建立一个新的会话，执行一个全新的会话过程。当通过恢复一个会话建立一个连接时，这个新的连接继承这个会话状态下的压缩算法、加密规格和主密钥。但该连接产生新的 client_hello.random 和 server_hello.random，与当前的主密钥生成该连接使用的密钥等参数。

4. 改变加密规格协议和报警协议

改变加密规格协议和报警协议是使用 SSL 记录协议的 3 种 SSL 上层协议中的另外两种，这两个协议都非常简单。

改变加密规格协议的消息只包含一个字节，值为 1。这条消息的唯一功能是使得延迟状态改变为当前状态，该消息更新了在这一连接中应用的密码机制。

报警协议用于向对等实体传送 SSL 相关的报警信息。报警协议的每个消息包含两个字节。第一个字节表示报警的严重程度，可取值为：警告 1、致命 2；第二个字节包含一个编码，用于指明具体的警告。其中致命的警告消息有：unexpected_message、bad_record_mac、decompression_failure、handshake_failure、illegal_parameter；其他的报警消息有：close_notify、no_certificate、bad_certificate、unsupported_certificate、certificate_revoked、certificate_expired、certificate_unknown。

9.5.3　基于 SSL 的 Web 安全访问配置

在实际应用中，基于 SSL 的 Web 安全涉及 Web 服务器和浏览器对 SSL 的支持。目前大多数 Web 服务器都支持 SSL，如 IIS、Apache 等；大多数 Web 浏览器也都支持 SSL，如 Netscape Navigator 和微软的 IE 等。在浏览器与 Web 服务器之间建立 SSL 连接，必须具备以下条件：

- 需要从可信任的证书颁发机构获取 Web 服务器证书。
- 必须在 Web 服务器上安装服务器证书。
- 在 Web 服务器上设置 SSL 选项。
- 客户端必须同 Web 服务器信任同一证书颁发机构。

下面以 IIS 为例进行详细介绍。

1. 申请和安装服务器证书

Web 服务器证书的申请和安装的基本流程为：生成服务器证书请求文件→向 CA 提交文件→通过 Web 获得证书→安装证书。下面具体说明操作步骤。

（1）生成服务器证书请求文件。打开 IIS 管理器，展开目录树，右击相应的网站，选择"属性"选项，打开属性设置对话框，切换到"目录安全性"选项卡。

单击"安全通信"区域的"服务器证书"按钮，打开 Web 服务器证书向导欢迎界面，提示 Web 服务器没有安装证书。

单击"下一步"按钮，出现如图 9-15 所示的对话框，选择"创建一个新证书"单选按钮。

如果选择第 2 个单选按钮，则将一个已存在的证书分配到该站点。选择第 3 个单选按钮，直接从密钥管理器备份文件导入一个证书。

单击"下一步"按钮，出现"延迟或立即请求"对话框，选择发送证书申请的方法。注意服务器证书的联机请求只能用于企业证书服务。

单击"下一步"按钮，出现如图 9-16 所示的对话框，设置证书名称和安全选项（主要是密钥长度）。

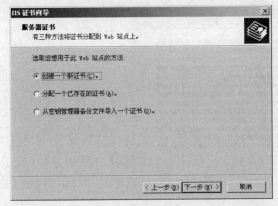 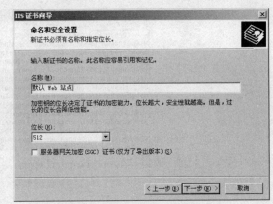

图 9-15　新建证书　　　　　　　图 9-16　设置证书名称和安全选项

单击"下一步"按钮，出现"单位信息"对话框，设置证书的组织单位信息。

单击"下一步"按钮，出现如图 9-17 所示的对话框，设置站点的公用名称。

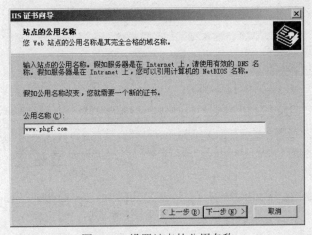

图 9-17　设置站点的公用名称

单击"下一步"按钮，出现"地理信息"对话框，设置 CA 的地理信息，默认继承根证书的有关设置值。

单击"下一步"按钮，出现"证书请求文件名"对话框，设置要产生的证书请求文件名及路径。

单击"下一步"按钮，显示证书请求文件的摘要信息。

单击"下一步"按钮，再单击"完成"按钮，结束证书请求文件的创建。

可以用文件编辑器打开生成的证书请求文件，进行查看，如图 9-18 所示。

（2）申请服务器证书。打开 IE 浏览器，在地址栏中输入证书颁发机构的 URL 地址，证书颁发机构的地址格式为 http://证书服务器名/certsrv，例中是 http://mycompany.com/certsrv，打开欢迎界面。

选择"申请证书"，单击"下一步"按钮。

单击"高级证书申请"，出现如图 9-19 所示的界面，选择高级证书申请方式，这里选择第 2 个选项，以文件形式提交申请。

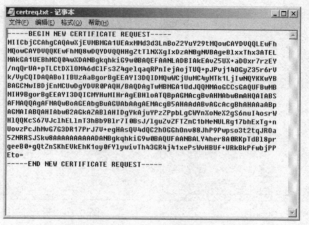

图 9-18　查看证书请求文件

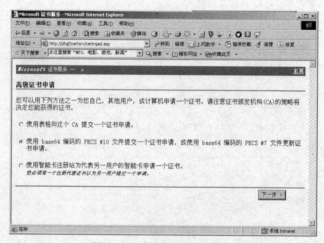

图 9-19　高级证书申请方式

单击"下一步"按钮，出现如图 9-20 所示的界面，填写申请表单。这里将已经生成的服务器证书请求文件（参见图 9-18）的全部内容复制到"保存的申请"表单中。

图 9-20　将证书请求复制到申请表单

单击"提交"按钮，出现如图 9-21 所示的界面，表示证书申请已经提交，需要等待管理员的批准。

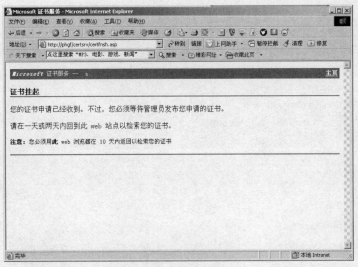

图 9-21　完成证书申请

由于独立 CA 没有设置为自动颁发证书，需要证书管理员在服务器端审查已经提交的申请。

（3）管理员在服务器端审查并颁发证书。打开"证书颁发机构"控制台，展开目录树。单击"挂起的申请"，右侧的列表中显示待审查的证书申请。

右击要审查的证书申请，选择"所有任务"→"颁发"，批准证书的申请。如果不予批准，应选择"拒绝"，这样该证书将转移到"失败的申请"。

（4）获取服务器证书。打开 IE 浏览器，在地址栏中输入证书颁发机构的 URL 地址。

单击"查看挂起的证书申请的状态"，出现如图 9-22 所示的页面，单击要检查的证书申请。

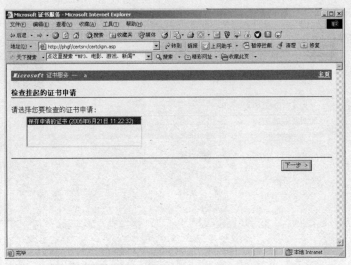

图 9-22　选择要检查的证书申请

单击"下一步"按钮，出现如图 9-23 所示的页面，表明申请的服务器证书被批准，单击

"下载 CA 证书"链接。根据提示，设置保存下载文件的路径，开始下载。（可以为该证书文件选定编码格式为"DER 编码"或"Base 64 编码"。）

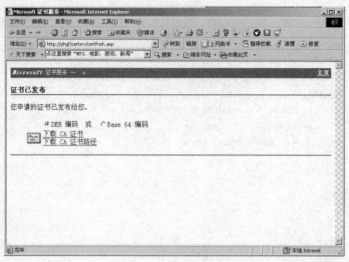

图 9-23　下载证书

　　证书下载完毕，就可安装服务器证书了。在 IIS 中，通过 Web 服务器证书向导可以非常方便地安装服务器证书。

　　（5）安装服务器证书。打开 IIS 管理器，选择相应的网站，打开属性设置对话框，切换到"目录安全性"选项卡。单击"安全通信"区域的"服务器证书"按钮，打开 Web 服务器证书向导的欢迎界面，由于从该服务器上下载证书，将提示用户已经有一个挂起的证书请求。

　　单击"下一步"按钮，输入证书文件的路径和文件名，可单击"浏览"按钮从磁盘上选择证书文件，该文件就是前面下载的服务器证书文件。

　　单击"下一步"按钮，出现"SSL 端口"对话框，设置 SSL 端口。

　　单击"下一步"按钮，显示该证书的摘要信息，如图 9-24 所示。

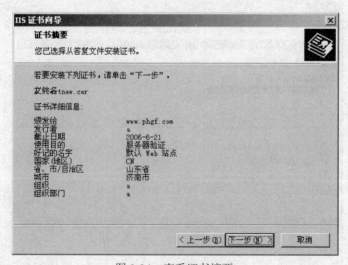

图 9-24　查看证书摘要

　　单击"下一步"按钮，弹出完成服务器证书安装的提示对话框，单击"完成"按钮，关闭服务器证书向导。

　　回到"目录安全性"选项卡，单击"查看证书"，可进一步查看 Web 服务器证书。为安全起见，要注意及时备份服务器证书。还应注意，每个 Web 站点只能有一个服务器证书。

　　2.　在 Web 服务器上启用 SSL

　　安装了服务器证书之后，还要设置服务器上的 SSL 选项，才能建立 SSL 安全连接。这里的 SSL 设置内容包括 SSL 端口和 SSL 安全通信。

　　在 IIS 管理器中，选择需使用 SSL 保护的 Web 站点，打开其属性设置对话框，在"Web 站点"选项卡中设置"SSL 端口"，默认的是 443，如图 9-25 所示。

　　这样，Web 网站就具备了 SSL 安全通信功能，可使用 HTTPS 协议访问。默认情况下，支持 HTTP 和 HTTPS 两种通信连接。如果使用 HTTP 协议访问将不建立 SSL 安全连接。如果要强制客户端使用 HTTPS 协议，用以 https:// 打头的 URL 与 Web 站点建立 SSL 连接，还需进一步设置 Web 服务器的 SSL 选项。在 IIS 管理器中切换到"目录安全性"选项卡，单击"安全通信"区域的"编辑"按钮，出现如图 9-26 所示的"安全通信"对话框。如果勾选"申请安全通道（SSL）"复选框，将强制浏览器与 Web 站点建立 SSL 加密通信连接。勾选"申请 128 位加密"复选框，将强制 SSL 连接使用 128 位加密。

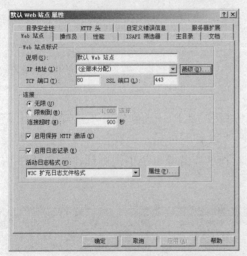
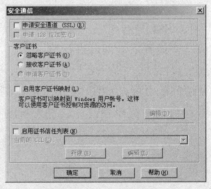

图 9-25　设置 SSL 端口　　　　　　　　图 9-26　设置安全通信选项

　　有关"客户证书"的选项，一般可选用默认选项"忽略客户证书"，允许没有客户证书的用户访问该 Web 资源，因为现实中的大部分 Web 访问都是匿名的。

　　3.　在 Web 浏览器上安装 CA 证书

　　仅有以上服务器端的设置还不能确保 SSL 连接的顺利建立。在浏览器与 Web 服务器之间进行 SSL 连接之前，客户端必须能够信任颁发服务器证书的 CA，只有服务器和浏览器两端都信任同一 CA，彼此之间才能握手建立 SSL 连接。大多数比较有名的 CA 都已经被加到 IE 浏览器的"受信任的根证书颁发机构"列表中。对于自建的 CA，浏览器一开始当然不会信任，还应在浏览器端将 CA 证书添加为其根证书。否则，使用以 https:// 打头的 URL 访问设置 SSL 功能的 Web 站点时，将出现如图 9-27 所示的"安全警报"对话框，提示客户端不信任为服务器颁发证书的 CA。解决这个问题并不难，只需在客户端的计算机的根证书存储区安装该证书颁发机构的 CA 证书，步骤如下：

（1）打开 IE 浏览器，在地址栏中输入证书颁发机构的 URL 地址。

（2）单击"安装此 CA 证书链"链接。

（3）出现界面，提示 CA 证书已安装，说明已将该 CA 证书添加到根证书存储区。

此时，在 IE 浏览器中选择"工具"菜单→"Internet 选项"，打开"Internet 选项"对话框，切换到"内容"选项卡，单击"证书"按钮，出现如图 9-28 所示的对话框，切换到"受信任的根证书颁发机构"选项卡，可以发现新增加的 CA 证书。

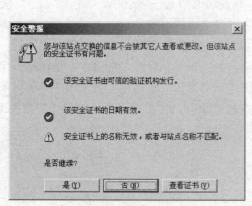

图 9-27　发出安全警告

图 9-28　查看客户端安装的根 CA 证书

4. 测试 SSL 连接

完成这些设置后，即可进行测试，以 https://打头的 URL 访问 SSL 安全站点将出现如图 9-29 所示的对话框，提示要启用全连接，可勾选"以后不再显示该警告"复选框。然后，将出现所要访问的页面，如图 9-30 所示，浏览器右下方将出现一个小锁图标，将光标移到该图标上，将看到 SSL 提示信息（含加密长度）。

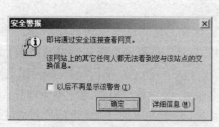

图 9-29　发出安全警告

图 9-30　通过 SSL 连接访问页面

9.6　安全电子交易——SET

电子商务是以商务活动为主体，以计算机网络为基础，以电子化方式为手段，在法律许可范围内所进行的商务活动过程。电子商务通过使用互联网等电子工具，使公司内部、供应商、客户和合作伙伴之间，利用电子业务共享信息，实现企业间业务流程的电子化，配合企业内部的电子化生产管理系统，提高企业的生产、库存、流通和资金等各个环节的效率。电子商务涵盖的范围很广，一般可分为企业对企业（Business-to-Business，B2B）、企业对消费者（Business-to-Consumer，B2C）、个人对消费者（Consumer-to-Consumer，C2C）、企业对政府（Business-to-Government）4 种模式。随着国内 Internet 使用人数的增加，利用 Internet 进行网络购物并以银行卡付款的消费方式已日渐流行，市场份额也在迅速增长，电子商务网站也层出不穷。

1998 年 3 月我国第一笔互联网网上交易成功开始，到 2006 年突破亿万元大关，中国电子商务交易额保持了 50%~60%的增长速度。2011 年中国电子商务市场交易规模达到 7 万亿，同比增加 46.4%。根据 CNNIC 发布的第 30 次互联网报告显示，截至 2012 年 6 月，中国的网民数已达 5.4 亿。特别是智能手机业务的快速发展，使手机网民的数目急剧增长，大约占到全体网民总数的 72%。庞大的人口基数、日益增长的网民规模、便捷的上网方式、不断成熟的电子商务技术为电子商务的发展奠定了良好的基础。

与发达国家相比，我国的电子商务尚处在成长阶段，在支付、物流、法规、信用、税收和价格等方面还存在许多问题。特别是网上支付和信用体制是制约电子商务发展的一大瓶颈。目前，我国的信用体制没有完全建立，客户对于网上支付普遍缺少安全感。相当一部分电子商务是非支付型电子商务，网上营销，网下支付。另外，恶意欺诈、缺乏足够的诚信体制，使用户在购买时依然是抱着战战兢兢的心理，也是电子商务健康发展的主要障碍。

电子商务最常见的安全机制有 SSL（安全套接层）协议及 SET（安全电子交易）协议两种。安全电子交易（Secure Electronic Transaction，SET）是为了保护用户使用信用卡在互联网上进行安全的交易支付而设计的加密与安全规范。SET 是一个很复杂的规范，该规范的定义和说明有 971 页，这里只简要地介绍它的基本功能，对此感兴趣的读者可以参阅参考文献[34]～[36]。

9.6.1　网上交易的安全需求

网上交易的安全需求有以下几点：

（1）保证网上支付和订购消息的保密性。要确保持卡人的账户和支付信息在网上安全传输，而且只能提供给相关的银行（商户不能知道）。SET 通常采用加密来保证交易电文的保密性。

（2）保证所有数据的完整性。持卡人发给商家的支付信息包括订购信息、个人数据和支付说明。必须保证这些消息的内容不被篡改。

（3）持卡人为信用卡账号合法用户的认证。商家验证持卡人是否是所使用的银行卡账号的合法用户。需要一种将持卡者和特定账号联系起来的机制，以避免欺诈行为的发生，同时也可以降低整个支付过程的成本。

（4）商户的身份验证。持卡人要能够验证商户接收其银行卡的合法性。

（5）能保护参与电子商务的所有合法实体。SET 规范是基于高度安全的加密算法和协议来实现这个目的的。

（6）创建一种不依赖也不阻碍安全传输机制的协议。SET 既不取决于安全传输机制，可在"原始"的 TCP/IP 栈上安全操作，也不妨碍其他安全机制（如 IPSec 和 SSL/TLS 等）的使用。

（7）鼓励和促进软件和硬件供应商之间的协作能力。SET 协议和格式独立于硬件平台、操作系统和 Web 软件，以推动和鼓励软件商和网络提供商协同工作。

9.6.2　SET 概述

SET 本身不是支付系统，而是一个安全协议和规范的集合，是使用户能够在网络上以一种安全的方式使用信用卡支付的基础设施。它主要可以提供三种服务：

- 在参与交易的各方之间提供安全的通信通道。
- 使用 X.509 V3 证书为用户提供一种信任机制。
- 保护隐私信息，这些信息只有在必要的时间和地点才可以由当事双方使用。

1. SET 的主要性质

为了满足上述网上支付的安全需求，SET 结合了以下几个性质：

（1）信息机密性。保证持卡人的账号和支付信息在网上传输的安全性。另外，SET 还保证用户的信用卡号信息只提供给发卡银行，而不被商家知道。SET 使用传统的加密算法 DES 来保证机密性。

（2）信息完整性。持卡人向商家提供的信息包括订购信息、个人数据和支付信息。SET 保证这些消息的内容在传输过程中不被篡改。使用 SHA-1 散列码和 RSA 数字签名来提供消息完整性的证明。一些消息也使用 SHA-1 的 HMAC 进行保护。

（3）持卡人账户认证。通过 SET 商家可以证明持卡人是否是一个有效的信用卡账号的合法用户。SET 使用 X.509 V3 证书和 RSA 签名来实现这个功能。

（4）商家认证。通过 SET 持卡人可以验证商家与某金融机构是否有允许商家接受支付卡的业务关系。

2. SET 的参与者

SET 的参与者包括：

（1）持卡人（顾客）。在电子商务环境下，个人或团体消费者通过互联网与商家进行联系。持卡人是某一发卡银行所发行的支付卡的授权用户。

（2）商家。商家是向持卡人出售商品或服务的个人或组织。一般这些商品或服务通过网站或电子邮件提供给用户浏览和选择。一个商家必须与一个代理商有业务关系才能接受支付卡。

（3）发卡机构。发卡机构是为持卡人提供支付卡的金融机构，如银行。一般用户可以通过邮件或亲自到银行去申请和开通账户。最终由发卡机构支付持卡人的欠款。

（4）代理商。代理商与商家建立一个账户，负责为商家处理支付卡的认证和支付。商家一般会接受多种信用卡，但他们并不希望与每个银行卡机构打交道。由代理负责为商家提供对一个特定账户的认证，确定是否该账户是可用的，并且购买额没用超过它的信用额度。代理商还会把支付电子转账到商家的账户上。继而再由发卡机构通过某种支付网络向代理商支付其转出的电子资金。

（5）支付网关。这个功能是由代理商或处理商家支付信息的指定第三方提供的。支付网关是在 SET 和现存的银行卡支付网络间实现认证和支付功能的接口。商家与支付网关之间通过互联网交换 SET 消息，而支付网关通过网络或直接与代理商的金融处理系统连接。

（6）证书权威（CA）。证书权威是向持卡人、商家和支付网关发行 X.509 V3 公钥证书的被信任的实体。SET 的成功依赖于 CA 基础设施的存在。

以上 SET 系统的参与者及它们之间的相互联系如图 9-31 所示。

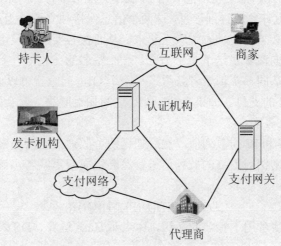

图 9-31　SET 的参与者及相互关系

3．交易流程

（1）消费者开通账户。消费者从一个支持电子支付和 SET 的银行获得一个信用卡账户。

（2）消费者要取得数字证书。消费者要申请一个由银行签字的数字证书。该证书能够证实消费者的 RSA 公钥和公钥的过期时间。它还在消费者的密钥对和他的信用卡之间建立关联。在支付交易时，在交换支付信息前，持卡人和商户双方的 SET 软件要相互核实对方的数字证书。

（3）商家取得自己的证书。接受某种信用卡的商家必须拥有两个证书，这两个证书对应两个公钥，一个公钥用于对消息进行签名，另一个用于密钥交换。商家还需要支付网关的公钥证书的副本。

（4）消费者下订单。消费者浏览商家的网站选择商品，然后用户把购买的商品的列表发给商家，商家会给消费者发一个订单，其中包括商品的名称、价格、总价及订单号。

（5）对商家的认证。商家除了给消费者发订单外，还会发自己的数字证书的副本给消费者，这样消费者就可以验证与自己交易的商家是否合法。

（6）发送订购和支付信息。消费者把订购和支付信息以及消费者的证书发送给商家。订购是对购买订单中所列出的商品的确认。支付信息包含信用卡的详细信息，它是通过一定的方式加密的，商家看不到这些信息的内容。商家通过消费者的数字证书实现对消费者的认证。

（7）商家请求对支付的认证。商家发送支付信息给支付网关，请求认证消费者的信用卡是可用的并且足够支付本次消费额。

（8）商家对订购进行确认。商家向消费者发送确认信息确认本次订购。

（9）商家提供商品或服务。商家向消费者发货或提供服务。

（10）商家请求支付。商家向支付网关发送支付请求，由支付网关处理所有的支付过程。

9.6.3　SET 的双重签名机制

双重签名是 SET 中引入的一个重要的创新，它可以巧妙地把发送给不同接收者的两条消息联系起来，而又很好地保护了消费者的隐私。在电子商务交易过程中，消费者想把定货信息（用 OI 来表示）发给商家，把支付信息（用 PI 表示）发给银行。商家不需要知道信用卡的详细信息，银行不需要知道订单的详细信息，这两个信息保持独立可以为消费者提供更好的隐私保护。但是这两个信息必须以某种方式联系起来，从而在必要的时候用来解决纠纷。

比如：一个消费者向商家发送了两个消费，一个签名的 OI 和一个签名的 PI，商家把 PI 发给银行。如果商家又从同一个消费者获得了另一个 OI，商家就可以说 PI 是对后面的 OI 的支付而不是对前一个 OI 的支付。如果在 OI 和 PI 之间加上联系，就会阻止这种情况的发生。

1. 消费者生成双重签名

消费者分别计算 OI 和 PI 的散列值，然后把这两个散列值连接起来，再计算一个散列值。最后，由消费者用签名密钥对最终的散列值进行签名生成双重签名，该过程如图 9-32 所示，并可以下面的式子描述：

$$DS=E_{PRc}[H(H(PI)\| H(OI))]$$

其中：PRc 表示消费者用于签名的私钥，H 表示 Hash 运算，DS 表示产生的双重签名。

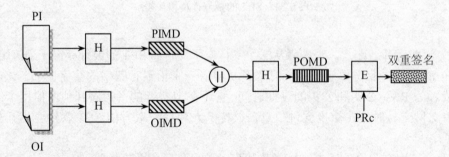

图 9-32　双重签名的生成

2. 商家验证双重签名

假设商家获得双重签名（DS）、OI 和 PI 的消息摘要（PIMD）。商家还可以从消费者的数字证书中获得消费者的公钥 PUc。那么，商家就可以计算下面的两个量：H(PIMD$\|$H(OI)) 和 D_{PUc}[DS]。

如果这两个量相等，就说明支付信息是对应该订单的。

3. 银行验证双重签名

与商家验证双重签名相似，假设银行拥有 DS、PI 和订购信息 OI 的消息摘要（OIMD），并且可以从消费者的数字证书中获得消费者的公钥。那么，银行就可以计算下面的两个量：H(OIMD$\|$H(PI)) 和 D_{PUc}[DS]。

如果这两个量相等，就说明支付信息是对应该订单的。

一、思考题

1. 常见的 Web 安全威胁有哪些？

2. 什么是 Cookies，使用 Cookies 有什么安全隐患？

3. 什么是 JavaScript，它存在哪些安全方面的问题？

4. SSL 提供的安全信道具有哪些特征？

5. SSL 包括哪几个协议？简述 SSL 记录层的工作过程。

6. 简述 SSL 建立一个新会话的握手过程。

7. 什么是 SSL 会话，什么是 SSL 连接，两者的联系和区别分别是什么？

8. 一个 SSL 报警协议消息包括几个字节，分别表示什么？

9. 如何在 Web 服务器上启动 SSL 服务？

10. https://打头的 URL 与 http://打头的 URL 有什么不同？

11. 结合实际应用说明网上交易有哪些安全需求。

12. 简述 SET 的参与者及交易过程。

13. 简述 SET 的双重签名的签名及验证过程。

14. 双重签名机制在电子商务交易中的作用是什么？

二、实践题

1. 练习 IIS 的安全配置。

2. 练习使用 SSL 加密 HTTP 通信。

3. 查找资料举例说明利用网络进行隐私侵犯的问题。

4. 试完成一次电子商务交易，熟悉和理解网上安全支付流程。

第 10 章　电子邮件安全

　　电子邮件是病毒的主要传播途径，为了系统的安全，必须重视电子邮件的安全。本章主要讲解电子邮件系统的安全问题。通过本章的学习，应掌握以下内容：
- 电子邮件系统存在哪些安全问题
- 发送安全电子邮件常用的安全协议
- 用 Outlook Express 发送安全电子邮件的方法

10.1　电子邮件系统的原理

　　随着 Internet 的发展，电子邮件作为一种方便、快捷的通信方式，已经从科学研究和教育行业逐渐普及到普通用户，电子邮件传递的信息也从普通文本信息发展到包含声音、图像在内的多媒体信息。随着用户的增多和使用范围的逐渐扩大，病毒、木马等恶意程序也经常伴随电子邮件而来，邮件的安全对系统安全性的影响越来越大。

10.1.1　电子邮件系统简介

1. 概念

　　电子邮件 E-mail（Electronic mail），是一种利用计算机网络交换电子媒体信件的通信方式，是 Internet 上应用最广、最受欢迎、最基本的服务。

　　只要能够连接到因特网，拥有一个 E-mail 账号，就可以通过电子邮件系统，用非常低廉的价格、非常快的速度，与世界上任意一个角落的网络用户联络。这些电子邮件可以是文字、图像、声音等各种方式。与传统的邮递信件相比，电子邮件具有使用简单、修改方便、投递迅速、内容丰富，不受时间、地域、天气等限制的特点。此外，通过订阅一些免费邮件还能够定期收到各类感兴趣的信息。电子邮件的广泛应用，使人们的交流方式得到极大的改变，因而有人说，E-mail 中的字母"E"不仅代表 Electronic（电子的），还代表 Efficient（高效的）和 Excellent（优秀的）。据统计，我国的上网用户中，有 95.07%的人在使用电子邮件。

　　每一个申请 Internet 账号的用户都会有一个电子邮件地址，电子邮件地址的典型格式是 abc@xyz，@之前是用户名，@之后是提供电子邮件服务的服务商名称，例如 user@sohu.com。

2. 电子邮件系统的组成

　　E-mail 服务是一种客户机/服务器模式的应用，一个电子邮件系统主要由以下两部分组成：

　　（1）客户端软件：用来处理邮件，如邮件的编写、阅读、发送、接收和管理（删除、排序等）。

　　（2）服务器软件：用来传递、保存邮件。

3. 电子邮件的工作原理

电子邮件不是一种"端到端"（End to End）的服务，而是被称为"存储转发"（Store and Forward）的服务，这也是在许多系统中采用的一种数据交换技术。一封电子邮件从发送端计算机发出，在网络传输的过程中，经过多台计算机的中转，最后到达目的计算机——收信人的电子邮件服务器，送到收信人的电子邮箱。收信人可以在方便的时候上网查看，或者利用客户端软件把邮件下载到自己的计算机上慢慢阅读。

电子邮件的这种传递过程有点像普通邮政系统中常规信件的传递过程。信件发送者可以随时随地发送邮件，不要求接收者同时在场，即使对方现在不在，仍可将邮件立刻送到对方的电子邮件服务器，存储在对方的电子邮箱中。接收者可以在方便的时候读取信件，不受时空限制。在这里，"发送"邮件意味着将邮件放到收件人的信箱中，而"接收"邮件则意味着从自己的信箱中读取信件。

10.1.2　邮件网关

1. 邮件网关简介

许多单位都有两个网：内联网（Intranet）和外联网（Extranet）。内联网主要用于办公自动化，还有各种应用管理系统。外联网主要用于收发电子邮件、企业网站、信息发布、信息收集、资料检索等。一般内联网办公有一套邮件系统，如 Lotus 或 Exchange，用于员工之间互发邮件；外联网也有一套邮件系统，挂在企业网站上，用于对外的沟通和交流。有些具有一定规模的企业还有自己的专用网，与分公司和各地办事处连接。这样，就造成一个企业多套邮件系统并存的现象。

邮件网关是指在两个不同邮件系统之间传递邮件的计算机。通常在局域网邮件系统和使用 SMTP 的 Internet 之间存在邮件网关，服务提供商也是使用邮件网关为用户存储邮件。

2. 邮件网关的主要功能

电子邮件已经成为企业、商业及人际交往最重要的交流工具，所以很多黑客也把电子邮件作为攻击目标。另外，电子邮件也是传播病毒最常用的途径之一，所以除了负责内部和外部邮件系统的沟通外，邮件网关还应该具有以下主要功能：

（1）预防功能。能够保护机密信息，防止邮件泄密造成公司的损失。用户可以利用邮件的接收者、发送者、标题、附件和正文来定制邮件的属性。例如：可以设置自动将标题为"财务报告"或正文、附件中有"财务"字样的任何邮件复本隐密转发给总经理。邮件可以通过接收者、发送者、标题、项目、附件等属性来保护公司的网络资源，防止机密和敏感的数据从公司流出。

（2）监控功能。快速识别和监控无规则的邮件，减少公司员工不恰当使用 E-mail，防止垃圾邮件阻塞邮件服务器。

（3）跟踪功能。软件可以跟踪公司的重要邮件，它可以按接收者、发送者、标题、附件和日期搜索。邮件服务器可以作为邮件数据库，可以打开邮件附件也可以存储到磁盘上。

（4）邮件备份。可以根据日期和文件做邮件备份，并且可以输出到便利的存储器上整理归档。如果邮件服务器出现问题，则邮件备份系统可以维持普通的邮件功能防止丢失邮件。

3. 邮件网关的应用

根据邮件网关的用途可将其分成普通邮件网关、邮件过滤网关和反垃圾邮件网关。

普通邮件网关即具有一般邮件网关的功能。例如，MailRouter 是企业级邮件服务器，提供企业内部邮件服务功能；同时，MailRouter 又是 Internet 邮件网关，可以将企业内部邮件和 Internet 邮件无缝集成，用户收发企业内部邮件和 Internet 邮件没有任何区别。

邮件过滤网关是一个集中检测带毒邮件的独立硬件系统，与用户的邮件系统类型无关，并支持 SMTP 认证。例如，KILL 邮件过滤网关，它的物理旁路性和冗余性，确保邮件系统的高性能、高可靠性和高兼容性，并可以自动进行病毒特征码升级。邮件过滤网关有效地防范了计算机病毒通过邮件进行传播，确保邮件系统的稳定性，而且查杀病毒的效率远远高于在邮件服务器上安装防病毒软件的方式。一旦安装和配置完成，无需值守，无需手工操作，可实现自动升级、自动发现、清除病毒、自动报警、自动生成报表，时时刻刻保护邮件系统。

反垃圾邮件网关是基于服务器的邮件过滤和传输系统，可以帮助企业有效管理邮件系统，防止未授权的邮件进入或发出，同时被用于阻挡垃圾邮件、禁止邮件转发和防止电子邮件炸弹。它通过消除不需要的邮件，有效降低网络资源的浪费。该类产品还有一项尤为重要的功能，即对广泛传播的带有病毒和木马的邮件进行过滤，并防止扩散，如玛赛公司的玛赛反垃圾邮件网关。

10.1.3　SMTP 与 POP3 协议

电子邮件在传递过程中需要遵循一些基本的协议，主要有 SMTP、POP3、MIME、IMAP 等，其中最常用的就是 SMTP、POP3 两种协议。

1. SMTP 协议

SMTP（Simple Mail Transfer Protocol）即简单邮件传输协议，是被普遍使用的最基本的 Internet 邮件服务协议。电子邮件的传送都是依靠 SMTP 进行的。它的最大特点就是简单，它只规定了电子邮件如何在 Internet 中通过发送方和接收方的 TCP 协议连接传送，而对其他操作均不涉及。

遵循 SMTP 协议的服务器称为 SMTP 服务器，用来发送或中转电子邮件。通过 SMTP 服务器，用户就可以把 E-mail 寄到收信人的服务器上，整个过程只要几分钟。

SMTP 设计基于以下通信模型：针对用户的邮件请求，在发送 SMTP 与接收 SMTP 之间建立一个双向传送通道。接收 SMTP 可以是最终接收者也可以是中间传送者。SMTP 命令由发送 SMTP 发出，由接收 SMTP 接收，而应答则反方向传送，如图 10-1 所示。

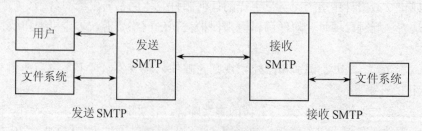

图 10-1　SMTP 使用模型

一旦传送通道建立，SMTP 发送者发送 MAIL 命令指明邮件发送者。如果 SMTP 接收者可以接收邮件则返回 OK 应答。SMTP 发送者再发出 RCPT 命令确认邮件是否接收到。如果 SMTP 接收者接收，则返回 OK 应答；如果不能接收到，则发出拒绝接收应答（但不中止整个邮件操作），双方将如此重复多次。当接收者收到全部邮件后会接收到特别的序列，如果接收者成功处理了邮件，则返回 OK 应答。

2. POP3 协议

POP 协议是邮局协议（Post Office Protocol）的缩写，是一种允许用户从邮件服务器收发邮件的协议。POP3 即邮局协议的第 3 个版本，它是规定怎样将个人计算机连接到 Internet 的邮件服务器和下载电子邮件的电子协议，是因特网电子邮件的第一个离线协议标准。POP3 允许用户从服务器上把邮件存储到本地主机，同时删除保存在邮件服务器上的邮件。而 POP3 服务器则是遵循 POP3 协议的接收邮件服务器，用来接收电子邮件。与 SMTP 协议相结合，POP3 是目前最常用的电子邮件服务协议。

POP3 协议只包含 12 个命令，每个 POP3 命令由一个命令和一些参数组成。所有命令以一个 CRLF 对结束。命令和参数由可打印的 ASCII 字符组成，它们之间由空格间隔。命令一般是三到四个字母，每个参数却可达 40 个字符长。

这些命令被客户端计算机用来发送给远程服务器。反过来，服务器返回给客户端计算机两个响应代码，由一个状态码和一个可能跟有附加信息的命令组成。所有响应也是由 CRLF 对结束。现在有两种状态码，分别为"确定"（+OK）和"失败"（-ERR）。

10.2　电子邮件系统的安全问题

电子邮件从一个网络传到另一个网络，从一台机器传输到另一台机器，在整个过程中它都是以明文的方式传输的，在电子邮件所经过物理线路上的任一系统管理员或黑客都有可能截获和更改该邮件，甚至伪造某人的电子邮件。一些敏感信息（如商务计划、合同、账单等）很容易被人看见。通过修改计算机中的某些配置可轻易地冒用别人的电子邮件地址发送电子邮件，冒充别人从事网上活动。把电子邮件误发给陌生人或不希望发的人，由于电子邮件是不加密的可读文件，收信人可以知道其中的内容，甚至可利用错发的信件做文章，这些情况已屡见不鲜。因此，电子邮件的安全保密问题已越来越引起人们的担忧。下面是电子邮件面临的一些安全问题。

10.2.1　匿名转发

一般情况下，一封完整的 E-mail 应该包含收件人和发件人的信息。不知读者在实际收发信件的过程中，有没有收到过一些没有任何发件人信息的电子邮件？其实这些没有发件人信息的邮件就是匿名邮件，邮件的发件人刻意隐瞒了自己的电子邮箱地址和其他信息，或者通过某些方法显示错误的发件人信息。

电子邮件的发送和接收工作并不是"端到端"的，而是通过邮件服务器来中转进行的。也就是说，用户在发送电子邮件时，首先把信件发送到自己预先指定的邮件服务器中，接着邮件服务器使用简单邮件传输协议 SMTP 来传送邮件，如果对方信箱所在的邮件服务器正常，那么所传送的信件将顺利存储到用户的信箱中，等到对方上网时，他就可以直接打开自己的信箱阅读邮件。虽然在使用电子邮件时有账号和密码，其实用户在使用 SMTP 发送邮件时，邮件服务器一般来说是没有安全检查的，即发送邮件是不需要密码验证的，只有接收邮件时邮件服务器需要用户提供密码信息。发送匿名邮件正是利用邮件服务器在发信时不需要进行身份验证这个特点来进行的，这也是产生电子邮件炸弹的根本原因。现在有些因特网服务商开始注意到这点，发信也需要进行密码检测。

实现匿名邮件的一种最简单的做法是：打开普通的邮件客户端程序或一般免费的 Web 信箱，然后在发件人一栏中简单地改变电子邮件发送者的名字，例如输入一个假的电子邮件地址，或者干脆让发件人一栏空着。但这是一种表面现象，因为通过信息表头中的其他信息，包括 IP 地址、代理服务器信息、端口信息等资料，对方只要稍微深究一下，就能够弄个"水落石出"。这种发送匿名邮件的方法并不是真正匿名的，真正的匿名邮件应该是除了发件人本身之外，无人知道发件人的信息，就连系统管理员也不例外。而让邮件地址完全不出现在邮件中的唯一方法是让其他人发送这个邮件，邮件中的发信地址就变成了转发者的地址。

现在 Internet 上有大量的匿名转发邮件系统，发送者首先将邮件发送给匿名转发系统，并告诉转发系统这个邮件希望发送给谁，匿名转发邮件系统将删去所有的返回地址信息，再把邮件转发给真正的收件者，并将自己的地址作为发信人地址显示在邮件的信息表头中。至于匿名邮件的具体收发步骤，其实与正常信件的收发没有多大区别。

有人认为，从安全的角度考虑，使用匿名转发的动机是可疑的，发送的信息可能是暴力色情的、对他人有威胁的。但实际上并不都是这样，匿名转发有一些重要的合法用途，例如用户在参加某种心理方面的讨论组，向专家们咨询一些难以启齿的问题时，有可能就会使用到匿名转发。

笔者要郑重提出的是：因为匿名发送邮件不会被人察觉，所以千万不能用其来做坏事，特别是发送网友们普遍痛恨的垃圾邮件！

10.2.2　电子邮件欺骗

电子邮件欺骗是在电子邮件中改变名字，使之看起来是从某地或某人发来的行为。例如，攻击者佯称自己为系统管理员（邮件地址和系统管理员完全相同），给用户发送邮件要求用户修改口令（口令可能为指定字符串）或在貌似正常的附件中加载病毒或其他木马程序（某些单位的网络管理员有定期给用户免费发送防火墙升级程序的义务，这为黑客成功地利用该方法提供可乘之机），这类欺骗只要用户提高警惕，一般危害性不是太大。

攻击者使用电子邮件欺骗有 3 个目的：第一，隐藏自己的身份；第二，冒充别人，使用这种方法，无论谁接收到这封邮件，都会认为它就是攻击者冒充的那个人发的；第三，电子邮件欺骗能被看作是社会工程的一种表现形式。例如，如果攻击者想让用户发给他一份敏感文件，攻击者伪装自己的邮件地址，使用户认为这是其老板的要求，用户可能会发给他这封邮件。

但是这种欺骗对于使用多于一个电子邮件账户的人来说，是合法且有用的工具。例如你有一个账户 yourname@email.net，但是希望所有的邮件都回复到 yourname@reply.com。这时可以做一点小小的"欺骗"使所有从 email.net 邮件账户发出的电子邮件看起来好像是从 reply.com 账户发出的。如果有人回复你的电子邮件，回信将被送到 yourname@reply.com。

要改变电子邮件身份，到电子邮件客户软件的邮件属性栏中，或者 Web 页邮件账户页面中寻找"身份"一栏，通常选择"回复地址"。回复地址的默认值正常来说，就是用户的电子邮件地址和用户名，但可以更改为任意期望的内容。

就目前来说，SMTP 协议极其缺乏验证能力，所以假冒某一个邮箱进行电子邮件欺骗并非一件困难的事情，因为邮件服务器不会对发信者的身份做任何检查。如果邮件服务器允许和它的 25 端口连接，那么任何一个人都可以连接到这个端口发一些假冒用户的邮件，这样邮件就会很难找到跟发信者有关的真实信息，唯一能做的就是查看系统的 log 文件，找到这个信件是从哪里发出的，但事实上很难找到伪造地址的人。

进行电子邮件欺骗有 3 种基本方法，每一种有不同难度级别，执行不同层次的隐蔽。

1. 相似的电子邮件地址

使用这种类型的攻击，攻击者找到一个公司的老板或者高级管理人员的名字。有了这个名字后，攻击者注册一个看上去像高级管理人员名字的邮件地址。他只需简单地进入 Hotmail 等提供免费邮件的网站，注册这样一个账号。然后在电子邮件的别名字段填入管理者的名字。众所周知，别名字段显示在用户的邮件客户的发件人字段中。因为邮件地址似乎是正确的，所以邮件接收人很可能会回复它，这样攻击者就会得到想要的信息。

当用户收到邮件时，注意到它没有完整的电子邮件地址。这是因为攻击者把邮件客户设成只显示名字或者别名字段。虽然通过观察邮件头，用户能看到真实的邮件地址是什么，但是很少有用户这么做。

2. 修改邮件客户

当用户发出一封电子邮件时，没有对发件人地址进行验证或者确认，如果攻击者有一个像 Outlook 的邮件客户程序，他能够指定出现在发件人地址栏中的地址。

攻击者能够指定他想要的任何返回地址。因此当用户回信时，答复回到真实的地址，而不是到被盗用了地址的人那里。

3. 远程联系，登录到端口 25

邮件欺骗的一个更复杂的方法是远程登录到邮件服务器的端口 25，邮件服务器使用它在互联网上发送邮件。当攻击者想发送给用户信息时，他先写一个信息，然后单击发送。接下来他的邮件服务器与用户的邮件服务器联系，在端口 25 发送信息，转移信息。然后用户的邮件服务器把这个信息发送给用户。

因为邮件服务器使用端口 25 发送信息，所以没有理由说明攻击者不会连接到 25，装作是一台邮件服务器，然后写一个信息。有时攻击者会使用端口扫描来判断哪个 25 端口是开放的，以此找到邮件服务器的 IP 地址。

越来越多的系统管理员意识到攻击者在使用他们的系统进行欺骗，所以更新版的邮件服务器不允许邮件转发，并且一个邮件服务器应该只发送或者接收一个指定域名或者公司的邮件。

10.2.3　E-mail 炸弹

电子邮件炸弹（E-mail Bomb）是一种让人厌烦的攻击，是黑客常用的攻击手段。传统的邮件炸弹大多只是简单地向邮箱内扔去大量的垃圾邮件，从而充满邮箱，大量占用系统的可用空间和资源，使机器暂时无法正常工作。过多的邮件垃圾往往会加剧网络的负载，消耗大量的空间资源，还将导致系统的 log 文件变得很大，甚至有可能溢出文件系统，这样会给 UNIX、Windows 等系统带来危险。除了系统有崩溃的可能之外，大量的垃圾信件还会占用大量的 CPU 时间和网络带宽，造成正常用户的访问速度变慢。例如，近百人同时向某国的大型军事站点发去大量的垃圾信件，那么很有可能会使这个站点的邮件服务器崩溃，甚至造成整个网络的中断。

　　常见的情况是，当某人或某公司的所作所为引起某位黑客的不满时，这位黑客就会通过这种手段来发动进攻，以泄私愤。相对于其他攻击手段来说，这种攻击方法简单、见效快。

　　目前，电子邮件采用的协议确实十分不妥，在技术上也没有任何办法防止攻击者发送大量的电子邮件炸弹。只要用户的邮箱允许别人发邮件，攻击者即可通过循环发送邮件程序把邮箱灌满。由于不能直接阻止电子邮件炸弹，所以在收到电子邮件炸弹攻击后，只能做一件事，即在不影响信箱内正常邮件的前提下，把这些大量的垃圾电子邮件迅速清除掉。

　　接下来介绍一些解救方法。

1. 向 ISP 求助

　　打电话向 ISP（Internet 服务提供商）求助，技术支持是 ISP 的服务之一，他们会帮用户清除电子邮件炸弹。

2. 用软件清除

　　用一些邮件工具软件（如 PoP-It 等）清除，这些软件可以登录邮件服务器，选择要删除哪些 E-mail，又要保留哪些。

3. 借用 Outlook 的阻止发件人功能

　　（1）如果已经设置了用 Outlook 接收信件，先选中要删除的垃圾邮件。

　　（2）单击"邮件"标签。

　　（3）在"邮件"标签下有一"阻止发件人"选项，单击该选项，程序会自动阻止并删除要拒收的邮件。

4. 自动转信

　　每个上网用户一般至少拥有两个信箱。一个是 ISP 付费的信箱，由于这类信箱只支持 POP3 方式收发信件，而不支持使用 Web 方式收发信件，因此当这样的信箱遭到邮件炸弹的攻击时，后果是相当严重的。这时只有自己将邮件全部下载删除或要求 ISP 删除。另一个是用户申请的免费信箱，如 abc@hotmail.com 等，对于这类信箱来说，由于既支持 POP3 方式，又支持 Web 方式，当信箱被炸时，可以使用浏览器将不需要的文件删除，还可以利用邮件过滤功能，将这些邮件拒之门外。

　　另外，用户还可以申请一个转信信箱，因为只有它是不怕炸的，根本不会影响到转信的目标信箱。其次，在使用的 E-mail 程序中设置限制邮件的大小和垃圾文件的项目，如果发现有很大的信件在服务器上，可用一些登录服务器的程序直接将其删除。

10.3　电子邮件安全协议

　　电子邮件在传输中使用的是 SMTP 协议，它不提供加密服务，攻击者可在邮件传输中截获数据。看起来好像是好友发来的邮件，可能是一封冒充的、带着病毒或其他欺骗性的邮件。另外，电子邮件误发给陌生人或不希望发给的人，由于电子邮件的不加密性会带来信息泄露。

　　安全电子邮件能解决邮件的加密传输问题、验证发送者的身份问题、错发用户的收件无效问题。保证电子邮件的安全常用到两种"端到端"的安全技术：PGP（Pretty Good Privacy）和 S/MIME（Secure/Multipurpose Internet Mail Extensions）。它们的主要功能就是身份的认证和传输数据的加密。

　　另外，MOSS、PEM 等都是电子邮件的安全传输标准，限于篇幅，本书只做简单的介绍。

10.3.1　PGP

1. PGP 简介

PGP 是一个基于公开密钥加密算法的应用程序，该程序的创造性在于把 RSA 公钥体系的方便和传统加密体系的高速度结合起来，并在数字签名和密钥认证管理机制上有巧妙的设计。在此之后，PGP 成为自由软件，经过许多人的修改和完善逐渐成熟。

PGP 相对于其他邮件安全系统有以下几个特点：

（1）加密速度快。

（2）可移植性出色，可以在 DOS、Mac-OS、OS/2 和 UNIX 等操作系统和 Inter80x86、VAX、MC68020 等多种硬件体系下成功运行。

（3）源代码是免费的，可以削减系统预算。

用户可以使用 PGP 在不安全的通信链路上创建安全的消息和通信。PGP 协议已经成为公钥加密技术和全球范围消息安全性的事实标准。因为所有人都能看到它的源代码，使系统安全故障和安全性漏洞更容易被发现和修正。

2. PGP 加密算法

PGP 加密算法是 Internet 上最广泛的一种基于公开密钥的混合加密算法，它的产生与其他加密算法是分不开的。以往的加密算法各有自己的长处，也存在一定的缺点。PGP 加密算法综合它们的长处，避免一些弊端，在安全和性能上都有了长足的进步。

PGP 加密算法包括四个方面：

（1）一个单钥加密算法（IDEA）。IDEA（International Data Encryption Algorithm，国际数据加密算法）是 PGP 加密文件时使用的算法。发送者需要传送消息时，使用该算法加密获得密文，而加密使用的密钥将由随机数产生器产生。

（2）一个公钥加密算法（RSA）。公钥加密算法用于生成用户的私人密钥和公开密钥，加密/签名文件。

（3）一个单向散列算法（MD5）。为了提高消息发送的机密性，在 PGP 中，MD5 用于单向变换用户口令和对信息签名，以保证信件内容无法被修改。

（4）一个随机数产生器。PGP 使用两个伪随机数发生器，一个是 ANSI X9.17 发生器，另一个是从用户击键的时间和序列中计算熵值从而引入随机性。主要用于产生对称加密算法中的密钥。

PGP 的出现与应用很好地解决了电子邮件的安全传输问题，它将传统的对称性加密与公开密钥加密方法结合起来，兼备了两者的优点，可以支持 1024 位的公开密钥与 128 位的传统加密，达到军事级别的标准，完全能够满足电子邮件对于安全性能的要求。

10.3.2　S/MIME 协议

1. S/MIME 简介

MIME（Multipurpose Internet Mail Extensions，多用途因特网邮件扩展）是一种因特网邮件标准化的格式，它允许以标准化的格式在电子邮件消息中包含增强文本、音频、图形、视频和类似的信息。然而，MIME 不提供任何安全性元素。

S/MIME（Secure/MIME，安全的多用途因特网邮件扩展）是由 RSA 公司于 1995 年提出的电子邮件安全协议，与较为传统的 PEM 不同，由于其内部采用了 MIME 的消息格式，因此不仅能发送文本，还可以携带各种附加文档，可以包含国际字符集、HTML、音频、语音邮件、图像、多媒体等不同类型的数据内容。目前大多数电子邮件产品都包含对 S/MIME 的内部支持。

S/MIME 和 PGP 这两个协议的目的基本上相同，都是为电子邮件提供安全功能，对电子邮件进行可信度验证、保护邮件的完整性及反抵赖（发件人不能否认曾发送过邮件）。但无论在技术上还是实际应用中，它们都是截然不同的。虽然这两个协议都使用了加密和签名技术，但在具体实现上有着本质的不同。S/MIME 是在早期的几种信息安全技术（包括早期的 PGP）基础上发展起来的，主要针对 Internet 或企业网。而 PGP 是由个人独立开发的，用户可以免费得到，它现在的版权归 Network Associates 所有。

由于是针对企业级用户设计的，S/MIME 现在已得到许多机构的支持，并且被认为是商业环境下首选的安全电子邮件协议。目前市场上已经有多种支持 S/MIME 协议的产品，如微软的 Outlook Express、Lotus Domino/Notes、Novell GroupWise 及 Netscape Communicator。

2. S/MIME 加密算法

S/MIME 同 PGP 一样，利用单向散列算法和公钥与单钥的加密体系。但是 S/MIME 也有两方面与 PGP 不同：一是 S/MIME 的认证机制依赖于层次结构的证书认证机构，所有下一级的组织和个人的证书由上一级的组织负责认证，而最上一级的组织（根证书）之间相互认证；二是 S/MIME 将信件内容加密签名后作为特殊的附件传送。S/MIME 的证书格式采用 X.509，与网上交易使用的 SSL 证书有一定差异。在国外，VeriSign 向个人提供 S/MIME 电子邮件证书；在国内则由北京天威诚信公司提供支持该标准的产品。在客户端，Netscape Messenger 和 Microsoft Outlook 都支持 S/MIME。

S/MIME 还提供了一种方法：在发送每条信息时指示用户有哪些算法是可用的。这样收发安全 E-mail 的双方就可以协调使用最强的算法。

现在许多软件厂商都使用 S/MIME 作为安全 E-mail 的标准。S/MIME 是在 PEM 的基础上建立起来的，但是它发展的方向与 PEM 不同，是选择使用 RSA 的 PKCS#7 标准同 MIME 一起来保密所有的 E-mail 信息。

10.3.3 MOSS 协议

MOSS（MIME 对象安全服务）将 PEM 和 MIME 两者的特性进行了结合。MOSS 对算法没有特别的要求，它可以使用许多不同的算法，没有推荐特定的算法。

MOSS 是专门设计用来保密一条信息的全部 MIME 结构的，并没有被广泛使用。

10.3.4 PEM 协议

PEM（Privacy Enhanced Mail，私密性增强邮件）是由 IRTF 安全研究小组设计的邮件保密与增强规范，它的实现基于 PKI 公钥基础结构并遵循 X.509 认证协议，PEM 提供数据加密、鉴别、消息完整性及密钥管理等功能，目前基于 PEM 的具体实现有 TIS/PEM、RIPEM、MSP 等多种软件模型。

PEM 是增强电子邮件隐秘性的标准草案，在电子邮件的标准格式上增加了加密、鉴别和密钥管理的功能，允许使用公开密钥和对称密钥的加密方式，并能够支持多种加密工具。对于每个电子邮件报文,可以在报文头中规定特定的加密算法、数字鉴别算法、散列功能等安全措施,但它是通过 Internet 传输安全邮件的非正式标准,有可能被 S/MIME 和 PEM-MIME 规范所取代。

在 RFC 1421 至 1424 中,IETF 规定 PEM 为基于 SMTP 的电子邮件系统提供安全服务。由于种种理由,Internet 业界采纳 PEM 的步伐还是太慢,一个主要的原因是 PEM 依赖于一个现成的、完全可操作的 PKI(公钥基础结构)。PEM PKI 是按层次组织的,由下述 3 个层次构成:

(1)顶层为 Internet 安全政策登记机构(IPRA)。

(2)次层为安全政策证书颁发机构(PCA)。

(3)底层为证书颁发机构(CA)。

PEM 标准确定了一个简单而又严格的全球认证分级。所有的 CA(不管是公共的、私人的、商业的还是其他的)都是这个分级中的一部分。这种做法会产生许多问题,由于根认证是由单一的机构进行的,但并不是所有的组织都信任这个认证机构。而且这个结构太严格,它试图在认证结构中分级而不是在认证本身中实施认证,因而缺乏足够的灵活性。

另外,MSP(Message Security Protocol,信息安全协议)也是较为常用的电子邮件安全协议。

10.4　通过 Outlook Express 发送安全电子邮件

目前,用于收发电子邮件的软件有很多,为大家所熟知的有微软公司的 Outlook Express、中国人自己编写的 FoxMail、Netscape 公司的 Mailbox、Qualcomm 公司的 Eudora Pro 等。这里要介绍的是功能强大的电子邮件软件 Outlook Express。只要安装了 Windows 98 或者更新版本的 Windows 操作系统,就会自动安装上 Outlook Express。下面以 Outlook Express 6 为例讲述如何通过 Outlook Express 发送安全电子邮件。

10.4.1　Outlook Express 中的安全措施

随着电子邮件和电子商务的逐渐普及,在 Internet 上传递的机密信息也在迅速增加。因此,对电子邮件的安全性和非公开性提出更高的要求。另外,随着 ActiveX 控件、脚本和 Java 小程序的广泛使用,收到的电子邮件中的 HTML 内容在未经许可的情况下访问或修改计算机中文件的可能性也在不断增强。

Outlook Express 包含一些工具,有助于防止欺骗行为,增强电子邮件的非公开性并防止对计算机进行未授权的访问。这些工具使用户能够更安全地发送和接收邮件,并控制可能携带有害内容的电子邮件。

1. 安全区域

安全区域为用户的计算机和隐私提供高级保护功能,Outlook Express 允许用户选择存放邮件的区域——Internet 区域或受限站点区域。选择哪个区域取决于用户更注重活动内容(例如 ActiveX 控件、脚本和 Java 小程序),还是更注重该内容在计算机上运行的自由度。另外,用户可以设置每个安全区域的安全级为高、中、低或自定义。

要更改 Outlook Express 的安全区域设置,请单击"工具"菜单中的"选项",然后单击"安全"选项卡。

注意：对 Internet 区域或受限站点区域设置的更改，也会更改 Internet Explorer 的设置。

2. 数字标识

数字标识（也叫证书）提供了一种在 Internet 上验证身份的方式，与司机驾照或日常生活中的其他身份证的方式相似。它允许给电子邮件签名，还允许发送加密邮件。

数字标识可从发证机构获得。发证机构是一个负责发布数字标识的组织，并不断地验证数字标识是否仍然有效。VeriSign 公司是第一个商业发证机构，是 Microsoft 首选的数字标识提供商。通过 VeriSign 的特殊指定，Microsoft Internet Explorer 用户可获得一个个人数字标识。当用户发送安全电子邮件时，个人数字标识可以对用户的身份进行有效证明。

数字标识可以通过以下几个步骤来获得和设置：

（1）在 Outlook Express 中，单击"工具"菜单中的"账号"选项，如图 10-2 所示。

（2）在弹出的"Internet 账号"对话框中，选取"邮件"选项卡中用于发送安全邮件的邮件账号，然后单击"属性"按钮，如图 10-3 所示。

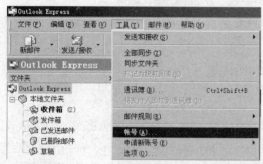
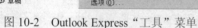

图 10-2　Outlook Express"工具"菜单　　　图 10-3　"邮件"选项卡

（3）在打开的对话框中单击"安全"选项卡，如图 10-4 所示。

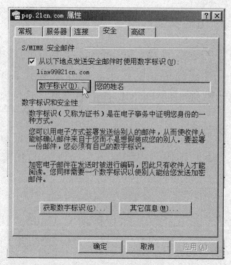

图 10-4　"安全"选项卡

若用户还没有数字标识，可以单击"获取数字标识"按钮进行申请。若用户已经有数字标识，勾选"从以下地点发送安全邮件时使用数字标识"复选框，然后单击"数字标识"按钮。

（4）选择与该账号有关的数字证书（计算机只显示与该账号相对应的电子邮箱的数字证书），如图 10-5 所示。如果想查看证书，请单击"查看证书"按钮，将会看到详细的证书信息，如图 10-6 所示。

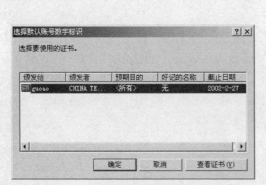

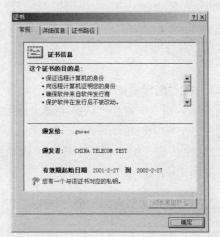

图 10-5　"选择默认账号数字标识"对话框　　　　图 10-6　"证书"对话框

（5）单击"确定"按钮，设置完毕。至此，用户就可以使用安全电子邮件功能了。

3. 数字签名

在发送签名邮件之前必须首先在 Outlook Express 中设置数字标识，使电子邮件账号对应相应的数字证书。

（1）单击"新邮件"按钮，撰写新邮件。

（2）选取"工具"菜单中的"数字签名"选项，如图 10-7 所示。在信的右上角将会出现一个签名的标记。

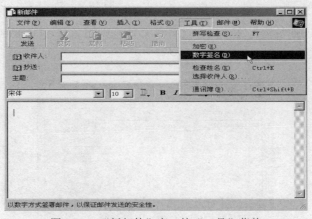

图 10-7　"新邮件"窗口的"工具"菜单

（3）编辑好邮件内容后单击"发送"按钮。发送数字签名邮件即告完成。

当收件人收到并打开有数字签名的邮件时，将看到"数字签名邮件"的提示信息，按"继续"按钮后，才可阅读到该邮件的内容。若邮件在传输过程中被他人篡改或发信人的数字证书有问题，页面将出现"安全警告"提示。

10.4.2 拒绝垃圾邮件

如果要处理垃圾邮件会浪费时间和精力，不处理这些邮件邮箱又会很乱。可以通过灵活运用 Outlook Express 的邮件规则拒绝垃圾邮件。

在 Outlook Express 中，单击"工具"菜单下的"邮件规则"选项，再选择"邮件"命令，打开"新建邮件规则"对话框，可以根据平时所收的垃圾邮件的情况，建立相应的邮件规则，步骤如下：

（1）在"选择规则条件"列表中勾选"若'主题'行中包含特定的词"复选框，在"选择规则操作"列表中勾选"从服务器上删除"复选框，然后在"规则说明"列表中单击带下划线的词句，如图 10-8 所示。

（2）在新打开的对话框中输入要删除邮件的主题。单击"添加"按钮，再单击"确定"按钮，如图 10-9 所示。

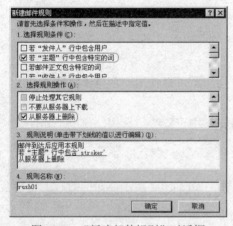

图 10-8　"新建邮件规则"对话框

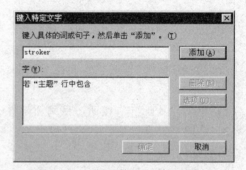

图 10-9　"键入特定文字"对话框

（3）可以在"规则名称"文本框中选择此邮件规则的名称，如 rush01，单击"确定"按钮，这条邮件规则就建好了，如图 10-10 所示。

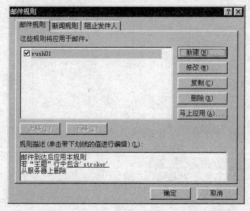

图 10-10　"邮件规则"对话框

对于经常收到的通过群发功能发送的垃圾邮件，也可以如此设定，只要收件人不是自己，就直接把邮件从服务器上删除。步骤如下：

1）依次选择菜单上的"工具"→"邮件规则"→"邮件"选项。

2）在出现如图 10-8 所示的"新建邮件规则"对话框中的"选择规则条件"列表中，单击"若'收件人'行中包含用户"复选框，这时"规则说明"栏中出现规则条件，单击"包含用户"链接。

3）在弹出的"选择用户"对话框的第一栏中输入用户自己的 E-mail 地址，单击"添加"按钮。然后按下旁边的"选项"键，把"邮件包含下列用户"换为"邮件不包含下列用户"，依次按"确定"回到"新建邮件规则"对话框，这时邮件规则变为"若'收件人'行中不包含用户的邮件地址"。

4）在"选择规则操作"列表中，选定"从服务器上删除"复选框。

5）在"规则名称"文本框中输入一个名称，如"删除不是我的信件"，单击"确定"按钮。这样设置以后，就再也收不到群发的垃圾邮件了。

同样，可以建立其他一些邮件规则，让收到的邮件按账号转移到不同的文件夹中，或是自动分类、自动转发等。

10.5　PGP

10.5.1　PGP 简介

1. PGP 产生的背景

20 世纪 70 年代，美国麻省理工学院（MIT）的三位年轻教授 Ron Rivest、Adi Shamir 和 Len Adleman 提出公开密钥加密的 RSA 算法，并申请了专利。在麻省理工学院的鼓励下，Rivest 成立了一个名为 RSA Data Security（RSADSI）的公司，努力使他们的 RSA 算法商业化。可惜生不逢时，由于当时的技术条件和有限的市场需求，他们的电子邮件加密软件 MailSafe 未能占有市场。

20 世纪 80 年代中期以后，加密技术商业化的时机逐渐成熟。首先是个人计算机的迅速发展和普及，使得应用软件加密成为轻而易举的事。其次，计算机网络，特别是国际互联网的普及和电子邮件的推广，为加密软件的发展带来前所未有的驱动力。

PGP 最初是由菲利浦·齐默尔曼（Philip.Zimmermann）开始编写的、用于保护电子通信隐私的加密软件。PGP 使用 RSA 公开密钥加密算法，它的第一版在 1991 年完成。随后 Zimmermann 把它送给了一位朋友。这位朋友把 PGP 在国际互联网上公布出来。短短的几天之内，PGP 系统就被世界各地的文件传输服务器相继拷贝，传播开去。

Zimmermann 的 PGP 系统采用 RSA 算法作为公开密钥加密算法，但是他本人并未申请 RSA 算法专利的使用权。因而在当时 PGP 系统是一个非法软件。由于这一点，RSADSI 威胁要指控齐默尔曼。许多组织机构不敢公开批准和承认使用 PGP 软件。在 RSA 算法专利人的要求下，CompuServe 和 American Online 不得不停止向用户提供该软件。各大学也被迫不得向学生提供 PGP。尽管如此，PGP 在美国仍然吸引了大量的地下用户。

在美国以外，用户对 PGP 的兴趣日益浓厚。尽管在未得到美国国防部批准的情况下出口加密技术是违反美国军火贩运法的，但是 PGP 系统还是在欧洲、日本和澳大利亚流行开来。

齐默尔曼本人为此受到联邦调查局的调查和指控。

1993 年底，一个拥有 RSA 算法专利使用权的公司 ViaCrypt 与齐默尔曼谈判，商定发行 PGP 的商业版本。这就成为后来的 PGP 2.4 和 2.7 版。与此同时，经过旷日持久的谈判，RSADSI 公司允许非商业性地使用它提供的 RSAREF 加密工具库。PGP 的第一个合法版本，即 2.6 版，于 1994 年 5 月在美国发行。

1996 年 1 月，美国联邦调查局撤销了对齐默尔曼的指控，历时近 5 年的调查宣告结束。这对齐默尔曼个人无疑是一个胜利。但是美国政府对加密技术出口和保护公民隐私的态度仍然依旧。目前许多有关组织，还在继续为在信息时代保护个人隐私权的自由而奋斗。

PGP 用 C 语言编写，又没有很多系统调用，因此具有良好的可移植性。在个人计算机上，PGP 有 DOS 版、Windows 版、OS/2 版和 Mac 版。在工作站上，PGP 几乎可以在任何平台上编译通过。此外，PGP 还是国际化的软件，它支持多种语言。

2．PGP 的功能

PGP（Pretty Good Privacy）是一个采用公开密钥加密技术、十分小巧却又强而有力的加密软件。由于 PGP 系统加密技术的先进性，目前在美国仍如对待先进的武器一样，禁止出口。在一些国际互联网用户及组织机构的共同努力下，免费的 PGP 软件用于民间个人，在知识产权合法化方面的障碍目前已不复存在，因而在国际互联网上日趋流行。它被广泛地用来加密重要文件和电子邮件，以保证它们在网络上的安全传输，或为文件作数字签名，以防止篡改和伪造。

PGP 软件有 3 个主要的功能：

（1）使用强大的 IDEA 加密算法对存储在计算机上的文件加密。经加密的文件只能由知道密钥的人解密阅读。

（2）使用公开密钥加密技术对电子邮件进行加密。经加密的电子邮件只有收件人本人才能解密阅读。

（3）使用公开密钥加密技术对文件或电子邮件作数字签名，鉴定人可以用起草人的公开密钥鉴别真伪。

为了方便使用，PGP 软件还可以：

（1）对文件或电子邮件既加密又签字，这是 PGP 提供的最安全的通信方式。发件人可以相信只有收件人才能阅读信件内容；而收件人也可以确信信件的确是出自发件人的。

（2）为用户配制公开和秘密钥匙对。用户随后可以用秘密钥匙加密或签字。在收到加密的邮件时，用户需要用公开钥匙解密。

（3）为用户管理钥匙。用户可以把通信人的公开钥匙串在自己的钥匙环（所谓的钥匙环是对 PGP 系统的公钥管理功能的形象描述）上，取用时提供通信人地址即可。

（4）允许用户把所知的公开钥匙签字并分发给朋友。

（5）在得知某密钥失效或泄密后，对该钥匙取消或停用。为了防止遗忘或意外，用户还可以对钥匙做备份。

（6）允许用户根据个人喜好和使用环境设置 PGP。

（7）允许用户与国际互联网的公开钥匙服务器打交道。公开密钥服务器相当于电话簿和电话查询台。用户可以把自己的公开密钥在服务器上公布出来，也可以根据电子邮件的地址从服务器上索取其他人的公开密钥。

10.5.2　PGP 的密钥管理

1. 密钥和密钥环

PGP 使用 4 种类型的密钥：一次性会话对称密钥、公钥、私钥和基于口令短语的对称密钥。基于这些密钥可以确定三种单独的需求：

- 需要一种方法来产生不可预测的会话密钥。
- 允许用户拥有多个公钥/私钥对。一个原因是用户可能希望时常改变他的密钥对，可能希望在给定时间内拥有多个密钥对以便与不同组的通信者进行交互，或者为了限制每个密钥能够加密的数据量来提高安全性。这样做的结果是：用户与他们的公钥之间不是一一对应的关系，因此，需要某种方法来识别特定的密钥。
- 每个 PGP 实体必须维护一份由自己的公钥/私钥对组成的文件，以及由相应的通信者的公钥组成的文件。

下面就依次谈一下 PGP 是如何解决这些问题的。

（1）产生会话密钥。每个会话密钥都与单个的消息关联，并且只用于加密和解密这条消息。PGP 使用对称加密算法加密和解密消息。使用的算法包括 CAST、IDEA、3DES。这里假定使用 CAST-128 算法。

使用 CAST-128 本身来产生随机的 128bit 数字。将 128bit 的密钥和两个作为明文的 64bit 块作为输入，CAST-128 用密码反馈模式加密这两个 64bit 块，并将密文块连接起来形成 128bit 的会话密钥。

两个作为明文输入到随机数发生器的 64bit 块来自于 128bit 的随机数据流。这个随机数据流的产生是以用户的击键为基础的，击键时间和键值用于产生随机数据流。因此，如果一个用户以他的正常速度敲击任意键，就会产生一个相当"随机"的输入。这个随机的输入也与前面由 CAST-128 产生的 128bit 会话密钥相结合，作为生成器的输入。如果 CAST-128 的混合有效，结果就会产生有效的、不可预测的会话密钥。

（2）密钥标识符。在 PGP 中，加密的消息与加密的会话密钥一起发送给消息的接收者。会话密钥是使用接收者的公钥加密的，因此，只有接收者才能够恢复会话密钥，从而解密消息。如果接收者只有一个公钥/私钥对，接收者就会自动知道用哪个密钥来解密会话密钥。但如上所述，一个用户可能拥有多个公钥/私钥对，在此情况下，接收者如何知道会话密钥是使用哪个公钥加密的呢？一个简单的办法是：消息的发送者将加密会话密钥的公钥与消息一起传过去，接收者验证收到的公钥确实是自己的以后，进行解密操作。但这样做会造成空间的浪费，因为 RSA 的密钥很大，可能由几百个十进制位组成。

PGP 采用的解决办法是为每个公钥分配一个密钥 ID，并且很有可能这个密钥 ID 在用户 ID 内是唯一的。与每个公钥关联的密钥 ID 包含公钥的低 64 位。也就是说，公钥 KUa 的密钥 ID 是 KUa mod 2^{64}。这个长度足以保证密钥发生重复的概率非常小。

PGP 数字签名也需要密钥 ID。因为发送者可能使用大量私钥中的一个来加密消息摘要，所以接收者必须知道需要使用哪个公钥。相应地，消息的数字签名部分包含所需公钥的 64 位密钥 ID。当接收者接收到消息时，他验证该密钥 ID 与他所知道的这个发送者的某个公钥是否相对应，然后继续验证签名。

下面分析一下 PGP 消息的格式，以对消息的加密、会话密钥及密钥标识的用途有一个全面的认识。

　　PGP 的消息由三个部分组成：消息、签名和会话密钥。PGP 消息的通用格式如图 10-11 所示。

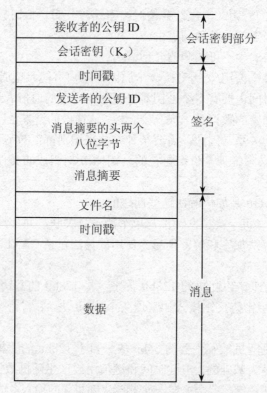

图 10-11　PGP 消息的通用格式

- 消息包含保存或传输的实际数据、文件名和用于指定创建时间的时间戳。
- 签名包括以下几个部分的内容：时间戳用于表明签名的创建时间；消息摘要为 160 位的 SHA-1 摘要，摘要是由签名时间戳及消息的数据部分生成的，并使用发送者的私钥签名，摘要中包含了签名时间戳是为了防止重放攻击；消息摘要的头两个八位字节的目的是使接收者将解密后的摘要的前两个字节与之进行比较，以确定所使用的公钥是否正确；发送者的公钥 ID 用于标识解密消息摘要的公钥。
- 会话密钥部分包含会话密钥和用来加密会话密钥的接收者的公钥的密钥 ID。

　　（3）密钥环。从上面的叙述可以看出，密钥 ID 对于 PGP 操作是非常重要的，而且在每个 PGP 消息中包含两个密钥 ID，用来提供机密性和认证服务。需要以系统的方式保存和组织这些密钥，以便所有的当事人都能够有效地使用。PGP 使用如下方案：在每个结点上提供一对数据结构，一个用于存储该结点所拥有的公钥/私钥对；一个用于存储所知道的另一个结点上的其他用户的公钥。分别称这两个数据结构为私钥环和公钥环。

　　私钥环的数据结构如图 10-12 所示。可以把它看成一个表，表中的每一行代表用户的一个公钥/私钥对。每行包括的信息有：时间戳、密钥 ID、公钥、加密私钥和用户 ID。时间戳表明该密钥对的创建时间；密钥 ID 为公钥的低 64 位；公钥是指密钥对的公钥部分；私钥部分被加密保存；用户 ID 一般是用户的 E-mail 地址。

时间戳	密钥 ID	公钥	加密后的私钥	用户 ID
· · ·	· · ·	· · ·	· · ·	· · ·
T_i	$KU_i \bmod 2^{64}$	KU_i	$E_{H(P_i)}[KR_i]$	$User_i$
· · ·	· · ·	· · ·	· · ·	· · ·

图 10-12　PGP 私钥环

虽然私钥环只在创建和拥有密钥对的机器上保存，而且只有该机器上的用户能够访问这些密钥对，但为了尽可能地保证私钥的安全性，PGP 不把私钥本身保存在密钥环里，而是保存使用 CAST-128 加密过的私钥。加密私钥的过程如下：当系统产生 RSA 的公钥/私钥对时，系统向用户请求口令短语（Passphrase），系统使用 SHA-1 从口令短语中产生 160 位的 Hash 码，然后丢弃口令短语；系统使用 128 位 Hash 代码作为密钥来加密私钥，然后丢弃 Hash 码；当用户访问私钥环检索私钥时，需要提供口令短语；系统由口令短语产生 Hash 码，并使用 CAST-128 和 Hash 码解密私钥。

公钥环用于保存该用户知道的其他用户的公钥，公钥环的结构如图 10-13 所示，其中忽略了有些字段的内容。

时间戳	密钥 ID	公钥	所有者信任	用户 ID	密钥合法性	签名	签名信任
T_i	$KU_i \bmod 2^{64}$	KU_i	$trust\_flag_i$	$User_i$	$trust\_flag_i$		

图 10-13　PGP 公钥环

2. 密钥环的使用

下面介绍使用 PGP 进行消息加密/解密及签名操作时，是如何使用这些密钥环的。

（1）签名消息。

①PGP 使用发送者的用户 ID 从私钥环中检索私钥；②PGP 向用户请求口令短语以恢复被加密的私钥；③用私钥进行签名。

（2）加密消息。

①PGP 产生会话密钥并加密消息；②PGP 使用接收者 ID 从公钥环中检索接收者的公钥；③创建消息的会话密钥部分。

（3）解密消息。

①接收者使用接收到的消息中的会话密钥部分中的密钥 ID 字段在私钥环中检索私钥；②PGP 提示接收者输入口令短语以恢复私钥；③PGP 用私钥来恢复会话密钥并解密消息。

（4）认证消息。

①PGP 在消息的签名部分中获得发送者的密钥 ID，并用该 ID 在公钥环中检索发送者的公钥；②PGP 恢复所传输的消息摘要；③PGP 对接收到的消息计算消息摘要，并与接收到的消

息摘要进行比较以实现认证。

上面的过程反映了公钥环和私钥环的使用原理，在下一小节里，通过对 PGP 系统的使用的介绍，可以进一步加深对 PGP 密钥用法的认识。

10.5.3　PGP 应用

下面以 PGP8.0 为例，介绍 PGP 的主要功能和使用方法。PGP8.0 基于 Windows 平台，在原来版本的基础上又增加了许多新的功能。它包括 3 个主要的组件：

- **PGPkeys**：创建用户的个人密钥对（公开密钥和私人密钥），获得和管理他人的公钥。
- **PGPmail**：加密发送给他人的邮件，解密他人发送的邮件。
- **PGPdisk**：可以加密硬盘的一部分，即使硬盘被偷走，文件也不会泄露。

开始使用 PGP 系统需要做以下工作：

（1）在计算机上安装 PGP。安装 PGP 的方法很简单，首先找到 PGP 的安装程序，运行该程序后，根据提示一步步地往下做即可。PGP8.0 对计算机系统的要求是：Pentium 166 以上机型、Windows 系列操作系统、32MB 物理内存、32MB 硬盘空间。

（2）创建个人密钥对。

（3）与别人交换公钥。

（4）验证从密钥服务器获得的他人的公钥。从密钥服务器获得他人的公钥后，需要对它的有效性进行验证，以保证它确实属于声称的拥有者，没有被人调换。

（5）开始使用 PGP 保证邮件和文件的安全。当已经产生密钥对并完成公钥的交换，就可以用 PGP 进行邮件和文件的加密、签名、解密和验证了。

下面详细介绍 PGP 系统主要组件的使用方法。

1.　创建密钥对及使用公钥

（1）打开 PGPkeys，其主界面如图 10-14 所示。打开 PGPkeys 的步骤是单击"开始"菜单→"所有程序"→PGP→PGPkeys 选项。

（2）创建密钥对。在 PGPkeys 窗口的菜单中选择 Keys 菜单项下的 New Key 选项，弹出"PGP 密钥生成向导"，该向导将提示用户输入姓名和 E-mail 地址，输入完成后，单击"下一步"按钮进入 Passphrase Assignment 界面。

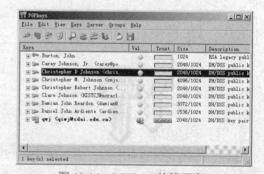

图 10-14　PGPkeys 的管理窗口

Passphrase 用于保护私人密钥，要记住自己输入的 Passphrase，出于安全性的考虑，Passphrase 的长度应不少于 8 个字符，且应包括非字母字符。输入完成后，单击"下一步"按钮，系统将为用户产生密钥对，再进入下一步，系统提示密钥对的创建已成功，单击"完成"按钮，退出密钥生成向导。回到 PGPkeys 窗口，可以看到刚生成的密钥的用户信息已存在列表中。

（3）上载公钥。把公钥放到密钥服务器上。密钥服务器维护着一个很大的密钥数据库，如果希望别人可以使用你的公钥给你发送加密邮件，把该公钥放到密钥服务器上是一个不错的选择，这样，用户就不必自己去分发公钥。选择 Server 菜单项下的 Send to 选项，选择要上载的服务器，系统将完成向选择的服务器传送公钥的任务。

（4）获取他人的公钥。在 Server 菜单项下选择 Search 选项，弹出 PGPkeys Search Window 对话框，如图 10-15 所示。在该对话框中选择要查询的服务器，并定义查询标准，如 User ID 中包含（contains）John 等。查询过程需要一段时间，状态条将显示查询状态。查询到的结果列在 PGPkeys Search Window 对话框的列表中。如果想导入一个密钥（即 10.5.1 节所说的将某人的公钥串到自己的钥匙环上），将该密钥从 PGPkeys Search Window 对话框拖到 PGPkeys 窗口即可。

2. 加密和签名邮件

最快也是最简单的加密邮件通信的方法是使用支持 PGP 插件（PGP plug-ins）的邮件应用程序。对于不支持 PGP 插件的邮件应用程序，可以使用 PGPtray 工具对邮件进行加密和签名。PGPtray 的弹出菜单如图 10-16 所示。使用其中的 Current Window 选项就可以轻松进行邮件加密。

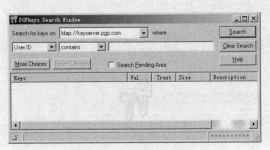

图 10-15　查询公钥窗口

图 10-16　PGPtray 工具的弹出菜单

具体步骤如下：

（1）像往常一样编辑邮件。

（2）选择 PGPtray 工具中 Current Window→Encrypt&Sign 选项，对编辑的邮件消息进行加密和签名。

（3）选择接收者的公钥加密邮件消息。邮件窗口将显示加密后的邮件内容，如图 10-17 所示，然后发送加密的邮件。

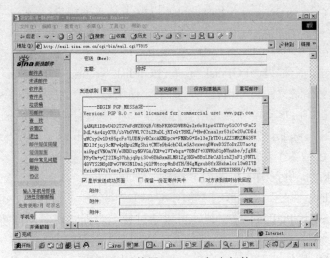

图 10-17　使用 PGPtray 加密邮件

（4）接收者选择 PGPtray 工具中 Current Window→Decrypt&Verify 选项解密邮件消息并进行签名的验证。

3．加密文件

可以使用 PGPtray 和 PGPmail 工具来加密文件。下面以 PGPmail 为例讲述文件的加密和解密过程。

（1）先运行 PGPmail，PGPmail 工具栏如图 10-18 所示。

（2）单击第二个按钮（Encrypt），系统将提示选择要加密的文件。选择文件后，弹出密钥选择对话框（Key Selection Dialog）。

（3）选择公钥进行文件的加密。加密后生成的文件名为在原文件名后加上后缀.pgp，例如：如果原文件名为 a.txt，则加密后的文件名为 a.txt.pgp。加密时，在密钥选择对话框中还有一些选择项，如 Wipe Original，选择该选项，则在加密后将原文件删除。其他选项不再一一介绍。

（4）解密和验证签名。单击 PGPmail 工具栏中的第五个按钮（Decrypt/Verify），弹出文件选择对话框，选择要解密的文件。

（5）弹出 PGPmail-Enter Passphrase 对话框，如图 10-19 所示。Passphrase 即前面生成密钥对时输入的用于保存私人密钥的口令。

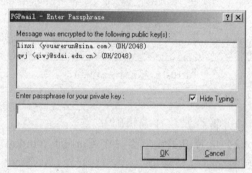

图 10-18　PGPmail 工具栏　　　　　图 10-19　使用口令释放私钥

（6）完成文件的解密。

（7）对文件签名时，要求输入 Passphrase 以取出私人密钥进行签名。

4．PGPdisk 工具

PGPdisk 是一个简单易用的加密程序，它使用户可以在硬盘上保留一块空间来存放敏感数据。该空间用于创建一个称为"PGPdisk 卷"（PGPdisk volume）的文件。该文件可以像一个硬盘一样工作，用于存储文件和应用程序。如果要使用该卷中的文件，需要安装（mount）该卷。一旦安装上该卷，用户就可以像使用其他磁盘一样使用它。如果卸下（unmount）该卷，则任何人无法使用它，除非他知道该用户的秘密口令（Passphrase）。可以通过 PGPtray 使用 PGPdisk。PGPdisk 包括 4 个功能选项：

● Mount disk：提供正确的口令后，将装上该 PGPdisk 卷。

● New PGPdisk：显示 PGPdisk 向导，引导用户创建一个新的 PGPdisk 卷。

● Edit disk：打开 PGPdisk 编辑器，可以通过该编辑器实现对已创建的 PGPdisk 卷的管理工作。

● Unmount All disk：卸下所有的 PGPdisk 卷并加密保存。

一、思考题

1. 电子邮件系统包括哪几部分？

2. 简述电子邮件系统是怎样工作的。

3. 邮件网关在收发电子邮件时有何作用，其主要功能是什么？

4. SMTP 与 POP3 是电子邮件系统中使用的两个重要协议，请简述两者的功能及特点。

5. 什么是匿名转发？

6. 什么样的行为称为电子邮件欺骗？

7. E-mail 炸弹会给用户带来什么样的危害？可以采取哪些有效的解救方法？

8. 常用的电子邮件安全协议有哪几种？各有何特点？

9. 什么是数字标识？数字标识有何作用？

10. PGP 能提供哪些安全服务？

11. PGP 密钥环的作用是什么？都存储了哪些信息？

12. 一个 PGP 消息中都包括哪些安全相关的字段，分别是什么作用？

13. 描述 PGP 进行邮件加密和签名的过程。

14. 描述 PGP 进行邮件解密和验证的过程。

15. PGP 使用了哪几种密钥？

16. PGP 的密钥如何标识？为什么要标识密钥？

17. PGP 的私钥是如何保管的？

二、实践题

1. 练习在 Outlook Express 中设定数字证书。

2. 练习在 Outlook Express 中使用数字签名发送安全电子邮件。

3. 在 Outlook Express 中，怎样通过设置"邮件规则"来拒绝垃圾邮件？

4. 使用 PGP 软件生成一对 4096 位的 RSA 公钥/私钥对，并上传到 PGP 密钥服务器。

5. 使用 PGP 给自己发送一封加密和签名的邮件，并对其进行解密和验证。

6. 使用 PGP 软件中的对称加密算法对文件进行加密操作。

7. 使用 PGP 软件给一个同伴发送一个加密和签名邮件，并由对方进行解密和验证。

第 11 章　无线网络安全

学习目标

　　本章首先介绍无线网络的基础知识，分析几种常用的无线网络中存在的安全问题及相应的安全机制。然后分别从三个比较常用的无线网络应用领域讨论其各自存在的安全问题及相应的安全机制。通过本章的学习，应掌握以下内容：
- 无线网络安全问题的特殊性
- 无线局域网的安全问题及安全机制
- 移动通信网络的安全威胁及安全机制
- 无线传感器网络的安全威胁及安全机制

11.1　无线网络及安全问题

11.1.1　无线网络概述

　　无线网络是指无需任何线缆连接形成的计算机等终端设备网络，既包括允许用户建立远距离无线连接的全球语音和数据网络，也包括实现近距离无线连接的红外线技术及射频技术。无线网络与有线网络的用途十分类似，最大的不同在于传输媒介的不同。利用无线电技术代替网线，可以有效地节约布线成本，在复杂的、难于布置线缆的空间环境实现通信，同时也可以与有线网络实现互相备份。目前，有一些被业界普遍接受的不同种类的无线技术，每一种无线技术由一个标准来定义，这些标准描述了不同技术在 OSI 模型的物理层和数据链路层应实现的功能，定义了不同技术在信息发射方式、地理范围、频段使用等方面的不同。这些技术有的更适合家庭网络，而另一些更适合大机构的网络互联。

　　根据覆盖范围和使用技术的不同，无线网络可分为无线个域网、无线局域网、无线城域网、无线广域网、移动电话网等。

　　无线个域网（Wireless Personal Area Network，WPAN）连接相对较小区域内的设备，通常位于一个人可达的范围内，如通过蓝牙和红外技术来连接耳机和笔记本电脑。随着一些厂商将 Wi-Fi 技术整合到一些电子消费产品中，Wi-Fi 个域网也越来越常见。Intel 的"MyWiFi"和 Windows 7 的"虚拟 Wi-Fi"使得创建 Wi-Fi 个域网更加简单易行。

　　无线局域网（Wireless Local Area Network，WLAN）利用无线频率分布方法连接短距离内的两个或更多设备，通常通过一个接入点提供设备到互联网的连接。扩频（Spread-Spectrum）及正交频分多路复用（OFDM）技术的使用，使用户可以在局部覆盖区域内移动并保持到网络的连接。固定无线技术在两个间隔地点的计算机或网络间建立点到点的连接，一般在直线传播路径上使用专用微波或调制的激光束，常用于城市两个或多个建筑物之间的网络互联，从而减少铺设线缆的费用和麻烦。WLAN 一般用于区域间的无线通信，覆盖范围较小。代表性的技术有 IEEE 802.11 系统及 HomeRF 技术。数据传输速率为 11～56Mb/s，甚至更高；传输距离在 50～100 米。

无线城域网（Wireless Metropolitan Area Network，WMAN）是一种连接几个无线局域网的无线网络。例如，WiMAX（IEEE 802.16a/e）是能够提供固定站点 1Gb/s 速率的通信标准，它远超过常规 WLAN 的 30 米无线通信范围，提供了 50 公里信号半径的城域网。

无线广域网（Wireless Wide Area Network，WWAN）主要是指通过移动通信卫星进行数据通信的网络，它能够覆盖更大的区域，如相邻的城市或城市和郊区。这些网络可用于连接公司的分支机构或者作为公共互联网的接入系统。接入点之间的无线连接通过使用点到点的 2.4GHz 波段微波链路实现。典型的系统包括基站网关、接入点和无线中继，其他的配置还包括每个接入点都可作为中继的网状系统。

移动网络（Mobile Network）是一种分布在称为单元（cell）的区域无线网络，每一个区域由一个称为基站（Base Station）的固定位置的收发器提供服务。在移动网络中，每个单元使用与其直接邻居不同的无线电频率来避免冲突。将这些单元结合起来能够提供广阔地理区域上的无线覆盖。尽管这种网络最初设计用于移动电话，随着智能电话的发展，它也自然而然地开始承载电话通讯以外的数据。

从网络拓扑结构的角度，无线网络又可分为有中心网络和无中心、自组织网络。有中心的网络以移动通信网络为代表，基站作为一个中央基础设施，网络中所有的终端的通信都要通过中央基础设施来转发。无中心的网络以移动自组织网络（Mobile Ad Hoc Network）、无线传感器网络和移动车载自组织网络为代表，采用分布式、自组织的思想形成网络，网络中每个结点都兼具路由功能，可以随时为其他结点的数据传输提供路由和中继服务，而不仅仅依赖单独的中心结点。

11.1.2 影响无线网络稳定性的因素

在实际的运行环境中，一些突发的因素会直接导致无线局域网的网络性能产生突然的降低，并且直接导致无线应用程序无法保持长时间的稳定运行。影响无线信号稳定性和连接速度的因素很多，分别介绍如下。

（1）频段干扰。无线网络运行时，其他无线设备的干扰会严重影响信号稳定性。理论上，同一个频段内无线网络过多会严重影响信号的强弱，多个 AP 和多个无线路由器之间只要 SSID 名和频段不同就不会相互干扰，不会影响数据传输。相同频段存在太多的无线网络则会产生干扰。所以当网络不稳定时通过无线路由器更换一个信号发射频段是一个解决办法。其他最常见的是射频干扰，如在无线局域网的区域中突然打开一台微波炉，或者突然有其他的同频段的无线设备运行等。

（2）网络物理架构。无线设备在整个无线网络中的摆放位置也是决定无线信号是否稳定的一个主要因素。一般来说无线路由器应该放在整个房间的中间位置，不管是信号覆盖面还是传输速度方面都能得到最好的效果。无线网络所处房间中的墙体拐角也会影响无线信号的传输，所以在设计无线网络和设备摆放位置时应该尽量避免拐角。另外，网络物理结构的变化也不容忽视，如在无线 AP 和无线客户端之间，突然有大的障碍物出现或人群的移动等都有可能成为影响信号稳定的因素。

（3）DHCP 数据包。DHCP 服务用于自动分配网络中计算机的 IP 地址，但是在实际使用中 DHCP 会造成网络的不稳定，例如租约到期再次获得 IP 却发现网络中其他计算机已经在使用该 IP 地址，或者计算机与无线路由器之间频繁协商 DHCP 信息。对于一般家庭用户来说，网络中的计算机数量并不多，可以通过手动设置 IP 地址等网络参数的方法来减少 DHCP 数据包。

（4）网络速度设置过高。现在无线网络非常普及，由于同频段无线网络会相互干扰，一般无线路由器都会通过自动选择频段的功能解决该问题。也可以把无线设备工作模式从 802.11g 变为 802.11b，虽然速度上降低了，但是却带来稳定性方面的好处，所以在一定程度上降低传输速度可以让无线网络更加稳定。

（5）未授权用户非法使用无线设备。如果无线网络中的设备未进行加密，那么周边的人很有可能能够搜索到无线设备，从而在用户毫不知情的情况下，非法使用无线网络，对其速度和稳定性造成一定的影响。因此，整个网络中的无线设备都需要配置加密措施。

11.1.3 无线网络的安全威胁

无线网络具有布署成本低、可扩展性好、移动性高等优点，这是有线网络无法比拟的，无线网络尤其适用于布线难度大、需要移动性高的环境。但由于无线网络通过无线电波在空中传输数据，在信号传递区域内的无线用户，只要具有相同接收频率就可能获取所传递的信息。在原来有线网络环境中，别人必须能够通过有线链路接入用户的网络，才能威胁到用户的文档、邮件、数据及服务等资源；然而在无线网络环境中，别人坐在用户隔壁的办公室里、楼上或楼下，或者旁边的一幢建筑物里，就可能像是坐在用户的计算机前一样搞破坏。无线网络技术的发展极大地提高了工作效率，在使用上也更加简单、方便，但同时也给系统和使用的信息带来许多额外的风险。

1. 无线网络在安全方面的特殊性

无线网络在安全方面的特殊性表现在：

（1）无线网络的开放性使得网络更容易受到恶意攻击。有线网络具有确定的边界，攻击者必须物理接入网络或越过物理边界才能进入有线网络，通过对防火墙进行有效地设置可以控制非法用户接入。但无线网络没有一个明确的边界，攻击者可能来自任意的结点，每个结点都必须面对攻击者直接或间接的攻击。同时，无线网的开放性使无线链路更容易被窃听、干扰或未授权使用无线网络服务。

（2）无线网络的移动性造成安全管理难度更大。有线网络的用户终端与接入设备之间通过线缆连接，终端不能在大范围内移动，对用户的管理比较容易。而无线网络终端不仅可以在较大范围内移动，而且还可以跨区域漫游，这意味着移动结点没有足够的物理防护，从而容易被窃听、破坏或劫持。攻击者可能在任意位置通过移动设备实现攻击，然后利用被攻陷的结点实施进一步攻击，造成更大的破坏，并且这种移动的攻击更难检测到。因此，对无线网络移动终端的管理要困难得多。

（3）无线网络动态变化的拓扑结构使得安全方案的实施难度大。有线网络具有固定的拓扑结构，安全技术和方案容易实现；而在无线网络环境中，动态的、变化的拓扑结构缺乏集中管理机制，使得安全技术更加复杂。另一方面，无线网络环境中做出的决策是分散的，而许多网络算法必须依赖所有结点的共同参与和协作。缺乏集中管理机制意味着攻击者可能利用这一弱点实施新的攻击来破坏协作机制。

（4）无线网络传输信号的不稳定性引起的通信健壮性问题。有线网络的传输环境是确定的，信号质量稳定，但无线网络会由于频段干扰、信号衰减、频移和用户移动等原因造成信号质量波动较大，甚至无法进行通信。无线网络传输信号不稳定会产生无线网络服务质量降低等问题。

总之，无线网络由于其传输介质的开放性、终端的移动性、动态变化的网络拓扑结构、传输信号不稳定、缺乏集中的管理及没有明确边界等特点，使得其安全问题比有线网络的安全问题更加突出和难以控制。对于无线网络，需要针对性地分析其使用环境、安全需求，客观地评价安全风险，并设计合理的身份认证、访问控制、数据加密、密钥管理及入侵检测机制，形成全方位的综合保护措施。

2. 无线网络的主要安全威胁

（1）搜索攻击。

搜索是攻击无线网络的一种方法，现在有很多针对无线网络识别与攻击的技术和软件。NetStumbler 软件是第一个被广泛用来发现无线网络的软件。很多无线网络没有使用加密功能，或即使使用加密功能，但没有关闭 AP 广播信息功能，AP 广播信息中仍然包括许多可以用来推断出 WEP 密钥的明文信息，如网络名称、SSID（Service Set Identifier，服务集标识符）等，可给黑客提供入侵的条件。

（2）信息泄露威胁。

泄露威胁包括窃听、截取和监听。窃听是指偷听流经网络的计算机通信，它以被动和无法觉察的方式入侵检测设备。即使网络不对外广播网络信息，只要能够发现任何明文信息，攻击者仍然可以使用一些网络工具，如 AiroPeek 和 TCPDump 来监听和分析通信量，从而识别出可以破解的信息。

（3）无线网络身份验证欺骗。

无线网络身份验证欺骗攻击手段是通过欺骗网络设备，使它们错误地认为连接是网络中一个合法的和经过授权的机器发起的。一种最简单的欺骗方法是重新定义无线网络或网卡的MAC 地址。由于 TCP/IP 的设计原因，几乎无法防止 MAC/IP 地址欺骗。只有通过静态定义MAC 地址表才能防止这种类型的攻击。但是，因为巨大的管理负担，这种方案很少被采用。只有通过智能事件记录和监控日志才可以对付已经出现过的欺骗。

（4）网络接管与篡改。

同样因为 TCP/IP 设计的原因，某些欺骗技术可供攻击者接管与无线网上其他资源建立的网络连接。如果攻击者接管了某个 AP，那么所有来自无线网的通信信息都会传到攻击者的机器上，包括其他用户试图访问合法网络主机时需要使用的密码和其他信息。欺诈 AP 可以让攻击者从有线网或无线网进行远程访问，而且这种攻击通常不会引起用户的怀疑，用户通常是在毫无防范的情况下输入自己的身份验证信息，甚至在接到许多 SSL 错误或其他密钥错误的通知之后，仍像是看待自己机器上的错误一样看待它们，这让攻击者可以继续接管连接，而不容易被别人发现。

（5）拒绝服务攻击。

无线信号传输的特性和专门使用的扩频技术，使得无线网络特别容易受到 DoS（拒绝服务）攻击的威胁。拒绝服务是指攻击者恶意占用主机或网络几乎所有的资源，使得合法用户无法获得这些资源。黑客要造成这类的攻击方法包括：①通过让不同的设备使用相同的频率，从而造成无线频谱内出现冲突；②攻击者发送大量非法（或合法）的身份验证请求；③如果攻击者接管 AP，并且不把通信传递到恰当的目的地，那么所有的网络用户都将无法使用网络。无线攻击者可以利用高性能的方向性天线，从很远的地方攻击无线网。已经获得有线网访问权的攻击者，可以通过发送高于无线 AP 处理能力的通信量进行攻击。

（6）用户设备安全威胁。

由于 IEEE 802.11 标准规定 WEP 加密给用户分配的是一个静态密钥，因此只要得到一块无线网网卡，攻击者就可以拥有一个无线网使用的合法 MAC 地址。也就是说，如果终端用户的笔记本电脑被盗或丢失，其丢失的不仅是笔记本电脑本身，还包括设备上的身份验证信息，如网络的 SSID 及密钥。

11.1.4 无线网络安全业务

在无线网络环境下，具体的安全业务可以分为访问控制、实体认证、数据来源认证、数据完整性、数据机密性、不可否认、安全报警、安全响应和安全审计等。其中，机密性和认证性是无线网络安全的基本业务。

无线网络环境中的机密性包括移动用户位置的机密性、用户身份的机密性、传输数据的机密性和完整性。位置和身份的机密性能够阻止非授权实体获取有关通信方的位置信息，数据或内容的机密性能够阻止非授权用户暴露存储或传输中的数据。机密性又可以分为点到点的链路层安全性和端到端的安全性。链路层的机密性在数据链路层提供，对用户是透明的。

认证通过可靠的实体认证或者身份识别来保证通信方的身份，其目的是阻止伪装、防止非法用户的接入与访问。认证可以进一步分为实体认证和数据源认证。实体认证的目的是证实一个用户、系统或应用所声称的身份是否属实。数据源认证是验证通信数据的来源是否为所声称的来源。实体认证包括单向认证和双向认证。单向认证由验证者认证通信方的身份，而双向认证中通信双方都要进行认证。在实际应用中，往往通过安全协议来完成实体间的认证、在实体间安全地分配密钥、确认发送和接收的消息的不可否认性等。在无线网络环境中，安全的接入网络并在两个实体之间安全地建立会话密钥以提供后续的数据机密性这一问题是认证协议所要解决的核心问题，是后续安全通信的基础，同时也是无线网络安全与有线网络安全区别最大的问题之一。

11.2 无线局域网安全

11.2.1 IEEE 802.11 协议

IEEE 802.11 是 IEEE 802 委员会的一个工作组，成立于 1990 年，负责无线局域网传输协议及规范的开发和制定。从那以后，对不同频率和数据率无线局域网的需求日益增长，为了与应用和发展的需求保持一致，IEEE 802.11 工作组颁布了一系列的标准。

第一个得到工业界广泛认可的 802.11 标准为 802.11b。尽管 802.11b 的产品都以同样的标准为基础，但总有人担心不同厂商产品之间的可互联性。为此，1999 年成立了无线以太网兼容联盟（Wireless Ethernet Compatibility Alliance，WECA），后来更名为 Wi-Fi 联盟。该组织创建了一个测试套件来确认 802.11b 产品的互联性，并用 Wi-Fi 来称呼合格的 802.11b 产品。

IEEE 802.11 与所有的 IEEE 802 标准一样采用分层的协议结构，如图 11-1 所示。

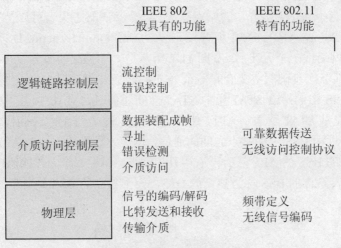

图 11-1　IEEE 802.11 协议栈

（1）物理层。物理层是 IEEE 802 参考模型的最底层，它包括信号的编码/解码、比特传输及传输介质的定义等功能。在 IEEE 802.11 中，物理层还定义了频带及天线等特性。

（2）介质访问控制（MAC）层。所有局域网都是由一组共享网络传输容量的设备组成，因此需要一些访问控制方法来保证所有的设备能够按序地、并行地使用网络传输容量。介质访问控制层就是用来完成这项任务的，其功能包括：

- 在发送端，把从上层接收到的数据组成帧，即形成包括地址及错误检测字段的介质访问控制协议数据单元（MPDU）；
- 在接收端，对接收到的数据帧进行分解，并进行地址识别和错误检测；
- 控制对 LAN 传输介质的访问。

介质访问控制协议数据单元（MPDU）的格式与不同的协议有关。一般来说 MPDU 包括以下字段：

- 介质控制：包括 MAC 协议正常实施所需要的协议控制信息，如优先级；
- 源 MAC 地址：MPDU 的源物理地址；
- 目的 MAC 地址：MPDU 的目的物理地址；
- MAC 服务数据单元（MSDU）：从上层来的数据；
- CRC 校验：从 MPDU 中所有的数据计算出来、用于实现错误检测的循环冗余校验码。发送方计算要发送的 MPDU 的 CRC 码并添加到数据帧上；接收方在接收到的 MPDU 上进行相同的运算并与 MPDU 中的 CRC 校验字段进行比较，如果两个值不同，则说明 MPDU 在传输过程中有错误发生。

（3）逻辑链路控制（LLC）层。在多数的数据链路控制协议中，数据链路协议项不仅负责错误的检测，还能够通过重传发生错误的数据帧实现错误的恢复。在 LAN 协议体系中，这两个功能分别在介质访问控制层和逻辑链路控制层来实现。介质访问控制层负责检测错误并丢弃发生错误的帧；逻辑链路控制层跟踪有哪些帧被成功地接收，并重传那些传送失败的帧。

11.2.2　无线局域网体系结构及服务

无线局域网最小的组织单元被称为基础服务集合（Basic Service Set，BSS），它由执行相同的 MAC 协议和竞争共享无线介质的站点组成。一个基础服务集合可以是独立的，也可以通过接入点（Access Point，AP）连接中枢分发系统（Distribution System，DS），DS 可以是一个交换机、一个有线网络或一个无线网络。图 11-2 所示是一个扩展的服务集合（Extended Service Set，ESS），它包括 2 个基础服务集合和一个分发系统。AP 在一个 BSS 中起到网桥和中继点的作用。当一个 BSS 中的站点 STA1 想与 STA2 之间通信时，MAC 帧并不是从 STA1 直接传送到 STA2 的，而是从 STA1 发送到 AP1，然后再由 AP1 发送到 STA2。同样，对于从一个 BSS 中的站点到另一个远程 BSS 中的站点之间的通信，也是先发送给本地的 AP，然后再经过中枢分发系统转发到目的 BSS 的 AP，然后再送达目的站点。如果一个无线网络中的所有站点是无需 AP 直接通信的，这样的 BSS 称为独立的 BSS，一个独立的 BSS 是典型的 Ad Hoc 网络。

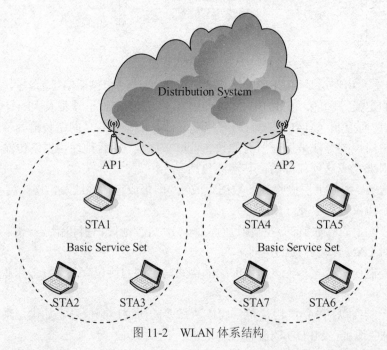

图 11-2　WLAN 体系结构

图 11-2 中的每个站点只属于一个 BSS。事实上，两个 BSS 在地理上是可以互相重叠的，这样一个站点可以加入多个 BSS。另外，站点与 BSS 之间的联系是动态的，站点可以关闭，也可以随时进入和离开一个 BSS 的无线信号范围。一个扩展的服务集合是由分发系统连接的多个 BSS 组成的。

为使无线局域网达到与有线局域网等价的功能，IEEE 802.11 定义了九项服务，如表 11-1 所示，这些服务的提供者是站点或分发系统 DS。站点服务在每个 802.11 站点包括 AP 中实现，DS 服务提供不同 BSS 之间的互联性，这些服务在 AP 或连接到 DS 的设备中实现。这些服务中的六个是关于如何支持在站点之间传送 MSDU，如果一个 MSDU 太大，无法封装在一个 MPDU 中，需要对 MSDU 进行分割然后封装在几个 MPDU 中进行发送。另外的三种服务控制对 LAN 的访问和机密性。下面简要叙述 MSDU 消息的传递过程。

表 11-1　IEEE 802.11 提供的服务

服务	服务提供者	用途
关联	分发系统	MSDU 传送
认证	站点	LAN 访问及安全
脱离认证	站点	LAN 访问及安全
断开关联	分发系统	MSDU 传送
分发	分发系统	MSDU 传送
综合	分发系统	MSDU 传送
MSDU 传送	站点	MSDU 传送
隐私	站点	LAN 访问及安全
重联结	分发系统	MSDU 传送

在一个分发系统中进行消息的传送包括两种服务，分别是分发和综合。当一个 BSS 中的站点需要穿过分发系统与另一个 BSS 中的站点交换 MPDU 时，需要用到的最基本的服务就是分发。例如，在图 11-2 中，如果一个站点 STA1 想与 STA5 进行通信，数据帧将先从 STA1 传送到 AP1，然后由 AP1 将数据帧传送给分发系统 DS，DS 的工作是将该数据帧传送到与 STA5 关联的 AP2 上去，然后由 AP2 将接收到的数据帧转发给 STA5。综合服务使得 802.11 网络中的站点与其他的 802.x 局域网中的站点能够有效地交换数据，它负责不同局域网之间交换数据所需要的地址翻译和介质转换操作。

MAC 层的主要目的是在 MAC 实体之间传送 MSDU，要实现这个功能，需要扩展服务集合中所有站点的信息，这些信息由关联服务提供。在一个站点要传送和接收数据之前，它必须是已经关联的。在说明关联的概念之前，需要首先了解移动性的概念。IEEE 802.11 标准根据移动性定义三种转移方式。

- 无转移：这种类型的站点或者是固定的，或者只在一个单独的 BSS 通信范围内移动。
- BSS 转移：这类站点可以在一个扩展的服务集合中，从一个 BSS 转移到另一个 BSS。在这种情况下，传送数据到站点需要能够识别站点的新位置。
- ESS 转移：这类站点从一个扩展服务集合的 BSS 中转移到另一个扩展服务集合的 BSS 中。在这种情况下，不能确保由 802.11 支持的上层连接的维持，常常会发生服务的中断。

在一个 DS 中传递消息时，分发服务需要知道目的站点的位置。为了把消息送达目的站点，DS 需要知道把消息发送到哪个 AP，因此，每个站点必须维持与当前所在 BSS 的 AP 的关联，它涉及的服务有三个：

- 关联（Association）：在站点和 AP 之间建立初始关联。一个站点能够在局域网中发送或接收数据之前，首先要知道它的标识和地址。一个 BSS 中的站点必须与相应的 AP 建立关联，然后由 AP 把站点的信息通知给扩展服务集合中的其他 AP，以保证数据帧能够路由和传送。
- 重联结（Reassociation）：使得已经建立的关联能够从一个 AP 转移到另一个 AP 上，允许站点从一个 BSS 转移到另一个 BSS 中。

● 断开关联（Disassociation）：从站点或 AP 发出通知，中断已存在的关联。一个站点在离开 ESS 或关闭之前，应该发出断开关联的通知。对于不通知而消失的站点，MAC 管理设施也可以保证自己不陷入混乱。

11.2.3 WEP 协议

有线等效保密 WEP（Wired Equivalent Privacy）协议是早期 IEEE 802.11 无线局域网标准中定义的安全架构，其目标是在无线局域网中得到和有线局域网相当的安全性。由于无线网络的开放性和无边界性，需要额外的访问控制来增加无线局域网的攻击难度。WEP 提供三个方面的安全保护：数据机密性、访问控制和数据完整性。WEP 使用 RC4 流加密技术来获得机密性保证，并使用 CRC32 校验进行消息完整性认证。

RC4 算法是 WEP 加密的核心算法，它用密钥作为种子通过伪随机数发生器产生伪随机序列，伪随机序列与明文异或得到密文序列。WEP 协议的消息加密流程如图 11-3 所示。在序列算法，伪随机序列不能使用两次，因此 WEP 中将 RC4 的输入密钥 K 分成两部分：24bit 的初始向量 IV 和 40bit 的秘密密钥 SK。IV 以明文的形式随密文一起发送给接收方，SK 为 BSS 中所有站点共享的秘密消息，通常由管理员手工配置和分发。WEP 中使用 CRC32 算法作为消息认证算法，并将计算的认证码与明文一起进行加密。接收端接收到消息后，先用 IV 与 SK 生成解密的密钥，用 RC4 算法对密文序列进行解密，再利用 CRC32 算法对接收到的消息进行检验。

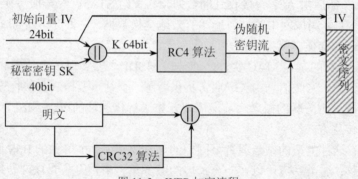

图 11-3　WEP 加密流程

虽然 WEP 的设计者希望得到与有线网络等价的安全性，但研究者很快发现 WEP 的一些安全弱点。2001 年 8 月，Fluhrer 等人发表了针对 WEP 的密码分析，利用 RC4 加/解密和 IV 的使用方式的特性，在网络上偷听几个小时之后，就可以把 RC4 的钥匙破解出来。这个攻击方式很快就被实际应用，并发布了自动化的工具。2003 年，Cam-Winget 等审查了 WEP 的各种弱点，认为："只要有合适的仪器，可以在一英里之外或更远的地方偷听由 WEP 保护的网络"。他们还报告了两个普遍的弱点：WEP 不是强制使用的，使得许多设施根本就没有启动 WEP；WEP 并不包含钥匙管理协定，都依赖在用户间共享一个秘密钥匙。2005 年，美国联邦调查局的一个小组展示了用公开可得的工具在三分钟内破解一个 WEP 保护的网络。

针对 WLAN 的安全问题，802.11i 任务组进行了一系列的努力来改善其安全性。为了在 WLAN 加快引入强安全措施，Wi-Fi 联盟发布了 WPA（Wi-Fi Protected Access）作为 Wi-Fi 的标准。WPA 基于 802.11i 标准，并改进了 802.11 的安全问题。802.11i 标准的最后形式称为 RSN（Robust Security Network），Wi-Fi 联盟验证通过的、遵循完整 IEEE 802.11i 规范的 WPA2 被厂家广泛支持。

11.2.4　IEEE 802.11i 安全服务

802.11i RSN 的安全定义包括以下的服务：

- 认证：由认证服务器来提供客户与 AP 之间的相互认证和通信使用的暂时密钥。
- 访问控制：该功能加强认证机制的使用、正确进行消息路由及密钥交换，它可以与多种认证协议结合工作。
- 消息机密和完整性：MAC 层的数据与消息完整性认证码一起进行加密来提供机密和完整性服务。

802.11i 定义了可扩展的的认证协议（Extensible Authentication Protocol，EAP）用于实现认证和密钥的生成；使用基于端口的访问控制协议实现访问控制；使用 TKIP（Temporal Key Integrity Protocol）和 CCMP（Counter mode with Cipher Block Chaining MAC Protocol）实现数据机密性、完整性、数据源认证及重放保护等服务。

802.11i RSN 的实现可以分成五个独立的操作阶段，这五个阶段的确切性质依赖于实际通信端点及配置，无线通信可能包括以下情境：

（1）同一 BSS 中的两个无线站点通过该 BSS 中的 AP 进行通信。

（2）同一 Ad Hoc 独立 BSS 中的两个无线站点直接通信。

（3）两个不同的 BSS 中的站点通过各自 BSS 中的 AP 跨越分发系统进行通信。

（4）一个无线站点通过其 AP 和分发系统与一个有线站点通信。

802.11i 安全只关注站点与 AP 之间的安全通信，在上面的第一种情境中，如果站点与 AP 建立了安全通信，就可以保证两站点的通信安全；第二种情境也是类似的，只是 AP 的功能在站点中实现；在第三和第四种情境中，802.11i 只提供 BSS 内的安全性，不提供穿越分发系统时的安全保障，端到端的安全性由更高层服务提供。

图 11-4 描述了 RSN 的五个操作阶段，并将操作映射到相关的网络组件上，其中包括一个新的组件是认证服务器（AS）。五个阶段定义如下：

（1）发现。

AP 使用一种称为信标和探查响应（Beacons and Probe Responses）的消息来告知 IEEE 802.11i 的安全策略。AP 通过信标帧来广播其安全能力，或者接收和响应站点发出的探查响应帧。站点也可通过主动探查每个信道或被动地监视信标帧来发现可用的 AP。无线站点找到想与之通信的无线局域网的 AP 后与之建立关联，当信标和探查响应提供选择时，选择要使用的密码套件和认证机制。

（2）认证。

在此阶段，站点 STA 和认证服务器 AS 向对方证明自己的身份。AP 封锁 STA 与 AS 之间除认证消息以外的所有消息直到认证交换成功。AP 不参与认证交换，只负责转发 STA 与 AS 之间的通信。

（3）密钥生成和分发。

在 AP 和站点之间进行操作，完成加密密钥的生成并布置在 AP 和站点。消息只在 AP 和站点之间传递。在此阶段会生成多种密钥并分发到各个站点上。主要有两类密钥：对偶密钥用于站点和 AP 之间的通信；群组密钥用于多播通信。

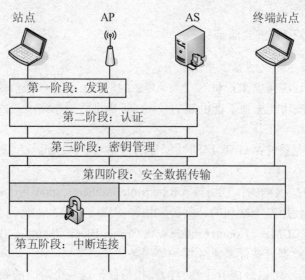

图 11-4　IEEE 802.11i 操作阶段

（4）安全数据传输。

数据帧通过 AP 在站点和终端站点之间传递。如图 11-4 中第四阶段的阴影和加密模型图标所示，安全的数据传输只在站点和 AP 之间实现，并不提供端到端的安全服务。802.11i 提供两种机制来保护 MPDU 中传输的数据，分别是 TKIP（Temporal Key Integrity Protocol）和 CCMP（Counter CBC-MAC Protocol）。TKIP 以源 MAC 地址、目的 MAC 地址、数据字段及密钥资料等作为输入，使用 Michael 算法来生成 64bit 的消息完整性码（MIC）；用 RC4 算法对 MPDU 和 MIC 进行加密。CCMP 用于支持该机制的新 IEEE 802.11 硬件设备，它使用密码块链接消息认证码（CBC-MAC）进行消息的认证，使用 AES 的 CTR 块密码操作模型对数据进行加密。

（5）中断连接。

AP 和站点之间交换消息，断开安全连接，并将连接恢复到初始状态。

11.2.5 节将对 IEEE 802.11i RSN 的具体操作过程进行逐一分解，以更加详细、深入地了解机密性、完整性、可用性等目标是如何实现的。

11.2.5　IEEE 802.11i RSN 的具体操作过程

（1）发现阶段。

发现过程的目的是使一个站点和 AP 互相发现和识别，并就一组安全能力达成一致，并利用这组安全能力建立关联，用于后续的安全通信，其过程如图 11-5 的上半部分所示。

安全能力的定义包括以下几个方法：在站点与 AP 之间进行通信所需要的机密性及 MPDU 完整性协议、认证方法和密钥交换方法。机密性及完整性协议由 AP 来规定。协议的定义及密钥长度选择等被称为密码套件，可选的机密性及完整性密钥套件包括：具有 40 位或 104 位密钥的 WEP 协议、TKIP、CCMP 及厂商独立的方法。另一个需要协商的密码套件是认证和密钥管理（Authentication and Key Management，AKM）套件，它定义 AP 和站点之间实现认证的方法及用于生成其他密钥的根密钥的提取方法。可用的 AKM 套件包括：IEEE 802.1x、预共享密钥及厂商独立方法。发现阶段包括三个交换，它们分别是：

- 网络和安全能力发现：在此过程中，站点试图探测和发现一个可以进行通信的网络；同时 AP 也通过信标帧周期性地广播它的安全能力或对站点发来的探查帧回应一个响应帧。一个无线站点可以通过消极地监视信标帧或积极地探查每个信道来发现可用的访问点。
- 开放系统认证：开放系统认证帧序列不提供安全性，如现有的 IEEE 802.11 硬件中实现的那样，仅维护与 IEEE 802.11 状态的机器的后向兼容性。实质上，STA 和 AP 这两种设备只是简单地交换标识符。
- 关联：这个阶段主要是协商一组安全性参数。STA 给 AP 发送一个关联请求帧，在这个关联请求帧中，STA 指定与 AP 广播的安全能力相匹配的一组安全能力（包括一个认证和密钥管理套件、一个对偶密码套件、一个群组密码套件）。如果 STA 没有与 AP 匹配的安全能力，AP 将拒绝关联请求帧。

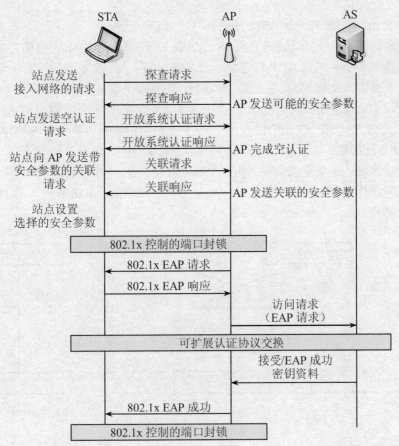

图 11-5　IEEE 802.11i 的操作阶段：能力发现、认证和关联

（2）认证阶段。

认证阶段实现站点 STA 与一个位于分布系统 DS 中的认证服务器 AS 之间的相互认证。认证是目的是保证只有被授权的站点可以使用网络，并保证给站点提供的是一个合法的网络。

IEEE 802.11i 使用了为 LAN 提供访问控制的标准——IEEE 802.1x，这是一种基于端口的网络访问控制方法，使用的认证协议为可扩展的认证协议（EAP）。在这个协议中使用了请求者、认证者和认证服务器。在 WLAN 环境中，请求者、认证者分别对应无线站点 STA 和 AP，而认证服务器一般是有线网一侧的独立设备，也可以直接在认证者 AP 上实现。在认证处理完成之前，AP 只在站点和 AS 之间传送控制消息，而封锁数据通道。一旦申请者已被认证并获得密钥，数据通信解锁，AP 根据之前定义的申请者访问站点的限制开始为申请者传送数据。802.1x 使用受控端口和非受控端口的概念。端口是定义在认证者内的逻辑实体，指物理的网络连接。对于 WLAN，认证者（AP）只有两个物理端口，一个连接到 DS，一个用于连接 BSS内的无线站点，每一个逻辑端口都映射到这两个物理端口。非受控端口不管申请者的认证状态如何，都允许在申请者和 AS 之间交换协议数据单元。受控端口只有在申请者具有授权进行消息交换时才允许申请者和 LAN 上其他的系统交换数据。

图 11-5 的下半部分显示了认证阶段的数据交换过程，认证过程可以划分成以下三个阶段：

- 连接到 AS：STA 发送请求到 AP，要求与 AS 进行连接。AP 确认该请求并向 AS 发送一个访问请求。
- EAP 交换：实现 STA 与 AS 之间的相互认证。
- 安全密钥传送：一旦认证建立，AS 将生成主会话密钥（MSK，也称之为认证、授权和审计（AAA）密钥），并将之发送给 STA。STA 与 AP 之间后续的安全通信所需要的所有密钥都是从 MSK 生成的。802.11i 依据 EAP 来实现 MSK 的安全传送。

在认证过程中可以使用多种可能的 EAP 交换方法。一般情况下，STA 和 AP 之间的消息流采用 LAN 上的 EAP 协议（EAPOL），AP 与 AS 之间的消息采用 RADIUS 协议。

（3）密钥管理阶段。

在密钥管理阶段，主要完成多种密钥的生成及分发。在 RSN 中有两类密钥，一类是用于 STA 和 AP 之间进行通信的对偶密钥，另一类是用于多播通信的群组密钥。图 11-6 显示了两种密钥的层次结构。

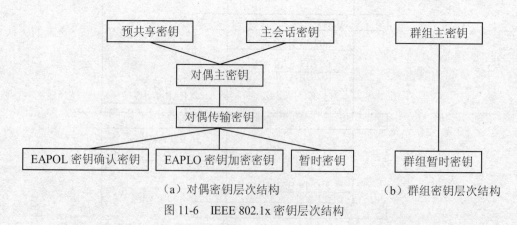

（a）对偶密钥层次结构　　（b）群组密钥层次结构

图 11-6　IEEE 802.1x 密钥层次结构

最上层可以采用 AP 与 STA 之间共享秘密作为预共享密钥（PSK）或由 IEEE 802.1x 生成的主会话密钥（MSK），所有其他的密钥都是从主密钥生成的。对偶主密钥（PMK）从主密钥中推导而来。如果主密钥使用 PSK，则 PSK 用作 PMK；如果主密钥使用 MSK，PMK 是 MSK或 MSK 的一部分。在认证阶段结束时，STA 和 AP 都拥有共享的 PMK。PMK 用来生成对偶传输密钥（PTK），PTK 实际上由三个用于在 STA 和 AP 之间进行数据通信的密钥组成。PTK

是通过在 PMK、STA 和 AP 的 MAC 地址和生成的临时值上使用 HMAC-SHA-1 函数生成的。使用 STA 和 AP 的地址来生成 PTK 是为了防止会话劫持和假冒；使用临时值则提供了额外的随机性。生成的三个密钥分别是：EAPOL 密钥确认密钥（EAPOL-KCK）、EAPOL 密钥加密密钥（EAPOL-KEK）和暂时密钥（TK）。EAPOL 密钥确认密钥支持完整性和数据起源认证；EAPOL 密钥加密密钥用于保护 RSN 关联过程中的密钥和数据的机密性；暂时密钥为用户的通信提供实际保护。

群组密钥用于多播通信，即一个 STA 将 MPDU 发送给多个 STA。在群组密钥层次结构中，位于最高层的是群组主密钥（GMK）。群组暂时密钥（GTK）由 AP 根据 GMK 来生成，再传送给与之关联的的 STA。GTK 使用已经在 AP 与 STA 之间使用的对偶密钥进行安全地传送，每次有设备离开网络，GTK 都要更换。

（4）数据传输保护。

IEEE 802.11i 定义了两种保护数据传输的机制：暂时密钥完整性协议（TKIP）和计数器模式密码块链接消息认证协议（CCMP）。TKIP 和 CCMP 都提供了消息完整性和数据机密性两种服务。TKIP 使用 Michael 算法来计算 64 位的消息完整性码，并将之添加在 MAC 帧数据字段的后面，Michael 算法的输入包括源和目的 MAC 地址、数据字段及密钥资料。利用 RC4 加密数据单元 MPDU 和 MIC 来提供机密性。CCMP 使用密码块链接消息认证码（CBC-MAC）来提供完整性认证。利用 CTR 模式的 AES 算法进行数据的加密。

11.3　移动通信安全

随着移动通信的普及以及移动互联网业务的迅猛发展，移动网络逐渐成为黑客关注的目标。网络的开放性以及无线传输的特性，使安全问题成为整个移动通信系统的核心问题之一。

11.3.1　移动通信发展过程

移动通信可以说从无线电通信发明之日就产生了。1897 年，M.G.马可尼完成的无线通信试验就是在固定站与一艘拖船之间进行的，距离为 18 海里。二十世纪六十年代，美国贝尔实验室等单位提出蜂窝系统的概念和理论，但直到二十世纪七十年代，随着半导体技术的成熟、大规模集成电路器件和微处理器技术的发展，蜂窝移动通信才真正具备了实现的技术基础。移动通信的变革在北美、欧洲和日本几乎同时进行，但在这些区域采用的标准不同，代表性的通信系统有美国的 AMPS 系统、英国的 ETACS 系统、法国的 450 系统、我国的 TACS 系统等。移动通信系统主要采用模拟技术和频分多址（FDMA）技术，由于受带宽限制，不能进行长途漫游，只是一个区域性的移动通信系统，它们统称为第一代移动通信（1G）。

模拟蜂窝移动通信使人们无线通话的梦想成真，但其存在频率利用率不高、容量有限、制式太多且不兼容等局限，这些问题促使人们开发出第二代移动通信——数字蜂窝移动通信（2G）。2G 系统主要采用数字的时分多址（TDMA）和码分多址（CDMA）技术，提供数字化的话音业务及低速数据业务，它克服了模拟移动通信系统的弱点，话音质量、保密性得到很大的提高，具有代表性的 2G 系统有美国的 CDMA95 系统和欧洲的 GSM 系统。在中国 2G 系统有 GSM 和 CDMA 两种制式，目前大多数用户仍普遍使用。

数字蜂窝移动通信网络由于采用数字无线传输和无线蜂窝之间先进的切换方法，得到比模拟系统好得多的频率利用率，从而增加了用户数量；由于网络提供了一种公共标准，使用户能在整个网络服务区域使用系统，在网络系统覆盖的所有国家之间漫游；同时还可以享受一些新的用户业务，如收发传真和短消息业务等。第二代移动通信系统虽然与第一代系统相比有很大的优势，但还是存在业务单一、通话和低速数据通信以及无法全球漫游等缺憾。于是结合 Internet 和高度移动性的第三代移动通信（3G）应运而生，3G 与 2G 的主要区别是在传输声音和数据的速度上的大幅提升，它能够在全球范围内更好地实现无线漫游，并可以处理图像、音乐、视频流等多种媒体形式，提供包括网页浏览、电话会议、电子商务、视频交互等多种信息服务，同时兼容已有的第二代系统。为了提供这种服务，无线网络必须能够支持不同的数据传输速度，也就是说在室内、室外和行车的环境中能够分别支持至少 2Mb/s、384kb/s 以及 144kb/s 的传输速度。目前，国际上最具代表性的 3G 技术标准有 W-CDMA、CDMA2000 和 TD-SCDMA 三种。

　　第三代移动通信系统仍是基于地面、标准不一的区域性通信系统，尽管其传输速率可高达 2Mb/s，仍无法满足多媒体通信的要求，因此第四代移动通信系统（4G）的研究势在必行。第四代移动通信技术可称为宽带（Broadband）接入和分布网络，具有非对称超过 2Mb/s 的数据传输能力，对全速移动用户能提供 150Mb/s 的高质量影像服务，将首次实现三维图像的高质量传输。它包括广带无线固定接入、广带无线局域网、移动广带系统和互操作的广播网络（基于地面和卫星系统），集成不同模式的无线通信，移动用户可以自由地从一个标准漫游到另一个标准。其宽带无线局域网（WLAN）能与 B-ISDN 和 ATM 兼容，实现广带多媒体通信，形成综合广带通信网（IBCN），它还能提供信息之外的定位定时、数据采集、远程控制等综合功能。第四代移动通信技术不仅可以将上网速度提高到超过 3G 技术的 50 倍，而且将首次实现三维图像的高质量传输。

11.3.2　移动通信面临的安全威胁

　　近年来，移动通信发展势头迅猛。据统计，截止 2012 年初，全球手机用户数量达到 60 亿，全球有超过 1.2 亿的互联网用户，手机接入互联网占全球网站点击的 8.49%，日本以 78% 的比例牢牢占据手机接入互联网用户比例的第一名，法国第二，第三名到第五名分别为美国、英国以及德国。在全球范围内，手机上网和应用程序的使用以每年 7%～9% 的增长率增长，截至 2011 年底，全球手机应用下载量接近 300 亿次，每个美国手机用户平均下载 22 种手机程序。

　　开放的移动通信网络给用户带来通信自由和便利的同时也带来一些不安全性因素，如通信内容容易被窃听，通信内容可以被更改，通信用户身份可能被假冒等。无线通信网络也存在着有线通信网络所具有的不安全因素。移动通信面临的潜在安全威胁包括以下几个方面：

　　（1）窃听。

　　在移动通信网络中，所有通信内容的传送都是通过无线信道，而无线信道是一个开放性信道，任何具有适当无线设备的人均可以通过访问无线信道而获得信息。无线窃听可以导致如数据信息、身份信息、位置信息以及移动用户与网络中心之间的控制信令等信息的泄露。另外，无线窃听还可以导致其他一些攻击，即攻击者可能并不知道真正的消息，但他知道这个消息确实存在，并知道这个消息的发送方和接收方地址，从而可以根据消息传输流分析通信目的，并可以猜测通信内容。

　　（2）信息篡改。

　　攻击者将窃听到的信息进行修改后再将信息传给原本的接收者。信息篡改攻击在一些"存储—转发"型有线通信网络（如因特网等）是很常见的，而一些无线通信网络，如无线局域网络中，两个无线站之间的信息传递可能需要其他无线站或网络中心的转发，这些"中转站"就可能篡改转发的消息。

（3）假冒攻击。

在无线通信网络中，移动用户与网络控制中心以及其他用户之间不存在任何固定的物理联系，如网络电缆，移动用户必须通过无线信道传送其身份信息以便于网络控制中心以及其他用户能够正确鉴别它的身份。当攻击者从无线信道中窃听并截获到一个合法用户的身份信息时，他就可以利用这些身份信息来假冒该合法用户的身份入网，这就是所谓的身份假冒攻击。攻击者不仅可以假冒用户，还可以假冒网络控制中心，如在移动通信网络中，攻击者可能假冒网络终端基站来欺骗移动用户，以此手段获得移动用户的身份信息，进而假冒该移动用户身份。

（4）重传攻击。

攻击者将窃听到的有效信息经过一段时间后再传给信息的接收者。攻击者的目的是企图利用曾经有效的信息在已改变的环境中再次达到同样的目的。

（5）窃取和丢失。

由于移动设备功能的不断增加，它可以存储一些用户的个人信息，如通信录、工作日程表等。有些移动设备（如笔记本电脑）中甚至存储着一些公司的重要商业信息。移动设备被盗或丢失会引发隐私或机密信息的泄露，其危害和损失往往不是物质和金钱可以衡量的。因此，防止移动设备中秘密信息的失窃也是一个很重要的问题。

（6）恶意代码。

随着智能手机的不断普及，手机病毒成为病毒发展的下一个目标。2012 年 1～6 月，安全管家通过移动云安全中心共发现手机恶意软件 33930 款，其中安卓（3G 门户客户端 Android 版）平台发现 26580 款手机恶意软件，塞班（Symbian）平台发现 7350 款恶意软件。手机病毒是一种破坏性程序，和计算机病毒（程序）一样具有传染性、破坏性。手机病毒可利用发送短信、彩信、电子邮件，浏览网站，下载铃声，蓝牙等方式进行传播。手机病毒可能会导致用户手机死机、关机、被窃取和被删用户资料、向外发送垃圾邮件、自动拨打电话、传播非法信息等，甚至还会损毁SIM 卡、芯片等硬件，造成通讯网络瘫痪等。如今的手机病毒受到 PC 病毒的启发与影响，也有所谓混合式攻击的手法出现。虽然杀毒软件厂商正在提供运行在各种手机和掌上电脑上的软件来探测和去除病毒，但目前移动设备携带病毒并将病毒传播到有线平台的风险在不断增加。

移动通信技术从 1G 发展到 3G 的过程，也是移动网络的安全机制不断完善的过程。第一代移动通信系统几乎没有采取任何安全措施，移动台把其电子序列号（ESN）和网络分配的移动台识别号（MIN）以明文方式传送至网络，若二者相符，即可实现用户的接入，但用户面临的最大威胁是自己的手机有可能被克隆。第二代数字蜂窝移动通信系统（2G）采用基于私钥密码的体制，这种机制在身份认证及加密算法等方面存在许多安全隐患，同样面临克隆、数据完整性、拒绝服务攻击等安全威胁。第三代移动通信系统（3G）在 2G 的基础上进行了改进，继承了 2G 系统安全的优点，同时针对 3G 系统的新特性，定义了更加完善的安全特征与鉴权服务。

11.3.3　2G（GSM）安全机制

GSM 的安全机制在系统的不同部分实现，包括用户身份模块（SIM）、GSM 手机及 GSM

网络。SIM 中包括国际移动用户识别码（IMSIN）、个人用户认证密钥 K_i、密钥生成算法 A8、认证算法 A3 及私人鉴别码 PIN；GSM 手机中包含加密算法 A5；GSM 网络使用密码算法 A3、A5、A8。GSM 系统中运行和维护子系统的部分是认证中心，认证中心保存用户身份和认证信息的数据，这些信息包括国际移动用户识别码、位置区域标识和个人用户认证密钥。SIM、手机及 GSM 网络三者一起协同工作，才能实现认证和安全机制，保护移动通信的隐私性及阻止电话欺骗。图 11-7 显示了安全机制在 GSM 三个系统组成部分 SIM、移动站（Mobile Station，MS）和 GSM 网络中的分布情况。在 GSM 网络中，安全信息进一步分布在认证中心（AUC）、归属位置寄存器（Home Location Register，HLR）和访问用户位置寄存器（Visitor Location Register，VLR)。AUC 负责生成随机数、签名响应消息 SRES 和加密密钥 K_c 的集合，这些信息都会保存在 HLR 和 VLR 上，用于后续的加密和认证过程。

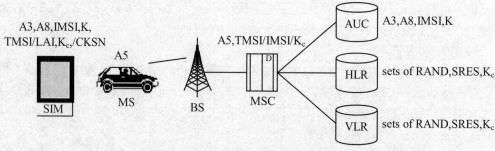

图 11-7　GSM 系统中安全机制的分布

GSM 系统中的安全机制由用户身份鉴别、用户身份保密性和信令及数据保密性组成。

（1）认证。

GSM 网络通过挑战—应答机制来对用户的身份进行认证。GSM 网络向移动站（移动电话）发送一个 128bit 的随机数，移动站使用认证算法 A3 和个人用户认证密钥 K_i 对这个随机数进行加密，生成一个 32bit 的签名响应消息 SRES。GSM 网络收到这个签名的响应消息后，重复同样的计算来验证用户的身份。如果收到的 SRES 与计算值匹配，则移动站认证通过，可以继续接入过程；如果与计算值不匹配，连接将终止，并向移动站显示认证失败的信息。GSM 网络的认证机制如图 11-8 所示。

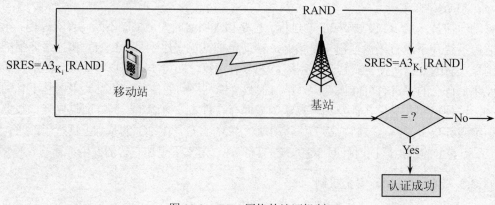

图 11-8　GSM 网络的认证机制

（2）数据机密性。

SIM 包括密钥生成算法 A8，它用来生成 64bit 的加密密钥 K_c。用认证过程中使用的随机数、密钥生成算法 A8 和个人用户认证密钥 K_i 一起来生成加密密钥 K_c，K_c 用来加密和解密移动站 MS 和基站 BS 之间的通信数据。与认证的方式类似，加密密钥 K_c 的计算也是在 SIM 内部完成的，以保证个人用户认证密钥 K_i 这样的敏感信息不会被泄露。移动站和网络之间的语音和数据通信的加密使用 A5 加密算法完成。加密通信首先由 GSM 网络通过发送一个加密模式请求命令发起，移动站接收到该命令后，使用 A5 算法和加密密钥 K_c 对数据进行加密和解密。图 11-9 描述了 GSM 网络的加密机制。

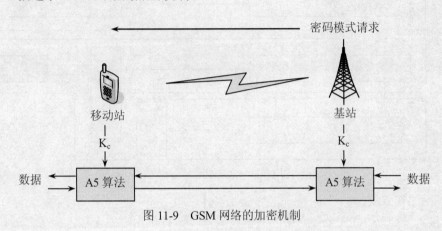

图 11-9　GSM 网络的加密机制

（3）用户身份认证。

GSM 采用临时移动用户身份（Temporary Mobile Subscriber Identity，TMSI）来保证用户身份的机密性。在认证过程完成和加密过程生效后，TMSI 被发送到移动站，移动站接收后发送确认响应。TMSI 在其发行的位置区域内有效，如果要在这个位置区域外进行通信，还需要位置区域标识（LAI）与 TMSI 一起来标识用户身份。TMSI 的重新分配过程如图 11-10 所示。

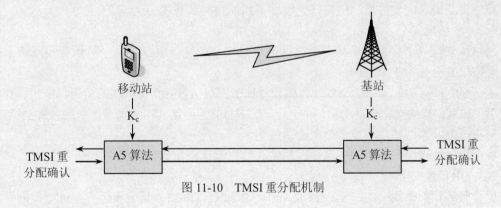

图 11-10　TMSI 重分配机制

11.3.4　3G 系统的安全机制

第三代移动通信技术（3rd-Generation，3G）是指支持高速数据传输的蜂窝移动通信技术。3G 服务能够同时传送声音及数据信息，速率一般在几百 kb/s 以上。目前 3G 存在四种国际标准：CDMA2000、W-CDMA、TD-SCDMA、WiMAX。其中，TD-SCDMA 是由中国提出的；

W-CDMA、TD-SCDMA的安全规范由以欧洲委员会为主体的3GPP（3G Partnership Project）制定；CDMA2000的安全规范由以北美为首的3GPP2制定。

　　3G系统中的安全防范技术是在2G的基础上建立起来的，并针对3G系统的特性，定义了更加完善的安全特征与安全服务。3GPP将3G网络分为三层，分别是应用层、归属层/服务层、传输层，图11-11给出了完整的3G安全体系结构，它包括五个主要的安全范畴，分别为：网络接入安全、网络域安全、用户域安全、应用域安全、安全的可知性及配置。

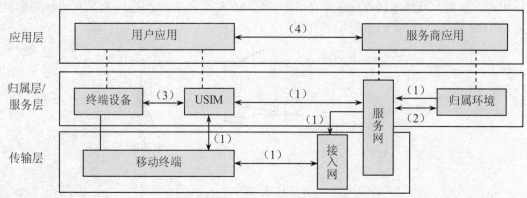

图 11-11　3G 安全体系结构

　　（1）网络接入安全。

　　网络接入安全是3G安全体系中的关键组成部分，提供用户安全接入服务器的认证机制，对抗无线接入链路上的窃听和篡改等攻击。这些安全机制包括：用户标识的保密性、认证和密钥管理、数据机密性和信令消息的完整性。

　　用户标识的保密性包括用户标识的保密、用户位置的保密及用户位置的不可追踪性，主要用来保护用户的个人隐私；认证和密钥管理实现对用户的认证和对接入网络的认证及密钥的协商和分发；数据机密性提供加密算法协商、用户数据加密和信令数据加密的服务；信令消息的完整性机制提供完整性算法协商、完整性密钥的协商和数据源认证。

　　（2）网络域安全。

　　网络域安全用于保证网络运营者之间的结点安全地交换信令数据，对抗有线网络上的攻击。网络域安全分为3个层次：

　　密钥建立：密钥管理中心产生并存储非对称密钥对，保存其他网络的公钥，产生、存储并分配用于加密信息的对称会话密钥，接收并分配来自其他网络的用于加密信息的对称会话密钥。

　　密钥分配：为网络中的结点分配会话密钥。

　　安全通信：使用对称密钥实现数据加密、数据源认证和数据完整性认证。

　　（3）用户域安全。

　　用户服务识别模块（User Service Identify Module，USIM）是一个运行在可更换的智能卡上的应用程序，用户域安全机制用于保护用户与USIM之间、USIM与终端之间的连接，确保安全接入移动设备。包括以下两个安全服务：

　　用户到USIM的认证：用户接入到USIM之前必须经过USIM的认证，确保接入到USIM的用户是授权用户。

　　USIM到终端的连接：确保只有授权的USIM才能接入到终端或其他用户环境。

（4）应用域安全。

应用域安全用于保证用户和网络运营者之间的各项应用能够安全地交换信息。USIM 应用程序为操作员或第三方运营商提供了创建驻留应用程序的能力，这就需要确保通过网络向 USIM 应用程序传输信息的安全性，其安全级别可由网络操作员或应用程序提供商根据需要选择。

（5）安全的可知性和可配置性。

安全的可知性是指用户能获知安全特性是否正在使用，服务提供商提供的服务是否需要以安全服务为基础。确保安全功能对用户可见，使用户可以清楚地了解自己当前的通信是否被保护、受保护的程度是多少。可配置性是指允许用户对当前运行的安全功能进行选择和配置，包括是否允许用户到 USIM 认证、是否接收未加密的消息、是否建立非加密的连接、是否接受某种加密算法等。

11.3.5　WAP 安全机制

无线应用协议（WAP）是由 WAP 论坛开发的一个通用的、开放的标准，由一系列协议组成，它将网络技术、无线数据和 WWW 融合在一起，与现有 Internet 协议兼容，使得移动设备很容易访问和获取以统一的内容格式表示的互联网或企业内部网的信息和各种服务。无线传输层安全（WTLS）是 WAP 结构中重要的安全模块，提供客户端和服务器之间连接的安全性，它为两个通信的 WAP 应用之间提供保密性、数据完整性和认证。为获得最佳的安全性能，WTLS 安全功能的某些部分必须由抗干扰设备 WAP 身份识别模块（WAP Identity Module，WIM）来完成，使攻击者无法获取敏感信息。下面分别从 WAP 安全服务、WTLS 协议及 WAP 身份识别模块三个角度对 WAP 提供的安全机制进行简要介绍。

1．WAP 安全服务

WAP 规范定义了机密性、完整性、认证和非否认等安全机制，提供的安全服务包括以下内容：

- 密码库：处于应用框架层次的密码库提供签名服务，用于实现数据完整性认证和非否认服务。
- 认证：WAP 为客户和服务器之间的认证提供不同的认证机制。在会话服务层，HTTP 客户认证用于向代理服务器和应用服务器认证客户；在传输服务层，WTLS 和 TLS 握手用来进行客户和服务器间的认证。
- 识别：WAP 身份识别模块提供存储和处理用户身份标识和认证信息的功能。
- PKI：一组用于管理，使用公钥加密和证书的安全服务。
- 安全传输：传输层服务协议是为数据报和连接上的安全传输定义的。WTLS 针对数据报的安全传输，TLS 则是为连接上的安全传输定义的。
- 安全运载：一些运载网络提供运载级安全，例如：IP 网络（特别是 IPv6 环境下）通过 IPSec 提供运载安全性。

2．WTLS 协议

WTLS 作为 WAP 协议栈的一个安全层向上层提供安全传输服务，包括加密鉴别和数据完整性服务等。WTLS 是以 TLS 标准为基础发展而来的，提供类似 TLS 的功能，它针对无线网络环境中窄道通信信道的特点做了改进，并具有支持数据包服务，支持优化的分组大小以及优化的握手方式和动态密钥更新等特点。

（1）WTLS 结构。

WTLS 由记录协议（Record Protocol）、握手协议（Handshake Protocol）、报警协议（Alert Protocol）、改变密码规范协议（Change Cipher Specification Protocol）四部分构成。

记录协议将从相邻层接收到的原始数据进行压缩、加/解密、鉴别和数据完整性处理，然后向上层转交或向下层发送。它完全按照在握手协议中通信双方所协商的处理流程和算法进行相关处理。

报警消息主要有警告（warning）、危急（critical）、致命（fatal）三种，使用当前定义的安全参数发送。如果报警消息的类型是 fatal，则双方将中止安全连接。在这个会话上的其他连接可以保持，但会话标识必须设成无效，使得在该会话上不能再建立新的安全连接。当报警消息的类型为 critical 时，当前的安全连接中止，而其他使用该安全会话的连接可以继续，会话标记可以用于建立新的安全连接。WTLS 中的出错处理是基于 warning 消息的，当发现错误时，发现的一方发送包含出现错误的报警消息，进一步的处理依赖于出现错误的级别和类型。

改变密码规范协议用于在 WAP 会话的双方间进行加密策略改变的通知。

WTLS 与 SSL 及 TLS 协议在规范的定义上有许多相同之处，此处不再赘述，可参考本书第九章中 SSL 协议的具体描述。握手协议是建立安全连接的关键一步，与安全相关的参数都在握手阶段协商，下面仅就握手过程做简单介绍。

（2）WTLS 握手过程。

握手协议主要用来协商安全参数、实现身份认证、建立安全连接。需要协商的安全参数包括：协议版本号、使用的加密算法、鉴别的信息和由公开密钥技术生成的密钥等。握手过程可以看作四个阶段，其中每个阶段交换的消息如图 11-12 所示。

第一阶段：握手过程初始化逻辑连接，并协商建立在连接上进行安全通话的能力。连接首先由客户发起，由客户向服务器发送一个 Client_hello 消息，其中包括会话 ID 及客户支持的密码算法、压缩算法列表等内容。当客户方发送 Client_hello 消息以后，它等待接收 Server_hello 消息。服务方将在 Server_hello 中告知对方自己选择的用于此次信息交换的密码算法、压缩算法。

第二阶段：进行服务器认证和密钥交换。服务器在需要的情况下先向对方发送公钥证书；然后发送一个Server_key_exchange消息，在用公钥算法进行对称密钥交换时需要发送这个消息；下一步，服务器可以向客户请求证书；以上三步不是必须的，需要根据实际情况酌情删减。第四步的Server_hello_done消息是必须的，它由服务器发送，是表明hello及相关消息结束的信号。发送完后，服务器等待客户的响应。

第三阶段：进行客户的认证和密钥交换。客户接收到服务器的Server_hello_done消息后，验证服务器证书是否有效及提供的参数是否可接受。如果服务器请求了客户证书，客户会发送Certificate消息；然后是Client_key_exchange消息，其内容依赖于密钥交换的类型；最后，客户发送Certificate_verify消息提供客户证书的确认。

第四阶段：完成安全连接的建立。客户发送 Change_cipher_spec 消息，并将待用的密码规范（CipherSpec）复制到当前的密码规范中。事实上，这个消息不是握手协议的一部分，而是由改变密码规范协议发送的。然后客户立即使用新算法、密钥来发送完成消息，以确认密钥交换及认证的成功完成。服务器则发送 Change_cipher_spec 和完成消息来响应客户发送的消息。至此，握手过程全部结束，客户和服务器可以开始交换应用层的数据了。

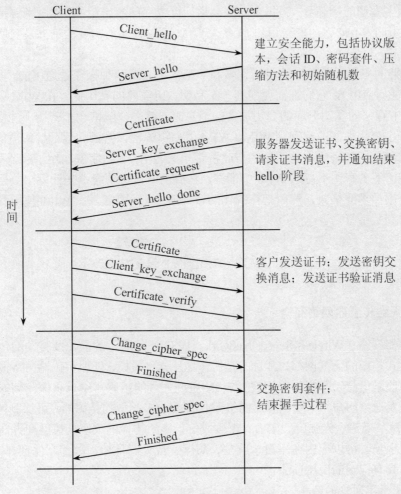

图 11-12　WTLS 握手过程

3. WAP 的身份识别模块

WAP 的身份识别模块（WIM）是 WAP 定义的用于完成无线传输层安全（WTLS）和应用层安全功能的抗干扰设备，它存储和处理用户身份和认证的信息，主要有如下功能：存储敏感数据（特别是密钥）；执行所有与密钥有关的操作。WIM 的出发点是提供基本的安全，但也存储一些与安全无关的数据，如用户情况、书签等，这些数据与便携性有关，使便携的 WIM 设备可与其他终端交换数据。WIM 解决两个基本的安全问题，一是 WAP 服务器和客户间的无线传输层的安全，即 WTLS 安全；二是保证应用层安全。WIM 可以在智能卡上实现，也可以用专门的 WIM 卡来实现。WIM 将 WAP 应用的便利与端到端连接的安全性有机结合起来，比其他特定标准系统更方便、更安全。

对于传输层安全，WIM 用于实现握手期间的加/解密操作、客户验证的操作，还用于保证长期 WTLS 安全会话的安全。WIM 用于保护永久性的、经过认证的私钥，私钥不能从 WIM 中泄漏。这些私钥的作用包括：用于所选握手方案需要的客户验证的签名操作；使用固定客户方密钥的密钥交换操作。在保护会话时，WIM 支持以下功能：计算 ECDH 密钥；交换或产生 RSA 交换密钥及预主秘钥。WIM 可产生质量良好的不可预测的随机数，在某些握手方案中，随机数用作预主密钥的一部分；为每个安全会话计算或存储主密钥；根据主密钥推算和输出密码密钥材料，用于 MAC、加密密钥和 IV 等。WIM 可以存储所需要的证书及它所支持的算法的有关信息。

WIM 支持的应用层安全操作包括签名和解密密钥（这两种操作是通用的，服务于 WAP 或非 WAP 的任何应用），它们都需要用到一个私钥，所需要的私钥保存在 WIM 中。应用收到一个用 WIM 中存储的私钥对应的公钥加密的消息时，就需要解密一个密钥。过程如下：移动终端发送一个用公钥加密的密钥到 WIM，WIM 用私钥解密该密钥并返回解密后的密钥。接下来移动终端就可以用解密后的密钥解密与此密钥相关的消息。数字签名用于验证和抗抵赖。为保证抗抵赖性，签名密钥不得从 WIM 中泄漏。在签名时，移动终端先计算出数据的散列值并把它组织成应用要求的格式，然后把格式化的散列值送到 WIM 中。WIM 使用私钥计算出数字签名并返回该数字签名。

11.4　无线传感器网络安全

11.4.1　无线传感器网络简介

无线传感器网络（Wireless Sensor Network，WSN）是大量的静止或移动的传感器以自组织和多跳的方式构成的无线网络，其目的是协作地感知、采集、处理和传输网络覆盖地理区域内感知对象的监测信息，并报告给用户。WSN 通过大量的传感器结点将探测数据通过汇聚结点经其他网络发送给用户。无线传感器网络所具有的众多类型的传感器，可探测包括地震、电磁、温度、湿度、噪声、光强度、压力、土壤成份、移动物体的大小、速度和方向等周边环境中多种多样的现象，可以应用在军事、航空、防爆、救灾、环境、医疗、保健、家居、工业、商业等领域，具有广阔的应用前景。

1. 无线传感器网络的结构

无线传感器网络的结构可分为分布式传感器网络和具有层次结构的传感器网络两种。

（1）分布式传感器网络。

分布式传感器网络是由大量的密集部署在监控区域的智能传感器结点构成的一种网络应用系统。由于传感器结点数量众多，部署时只能采用随机投放的方式，传感器结点的位置不能预先确定；在任意时刻，结点间通过无线信道连接，自组织网络拓扑结构；传感器结点间具有很强的协同能力，通过局部的数据采集、预处理以及结点间的数据交互来完成全局任务。分布式传感器网络是一种无中心结点的全分布系统。由于大量传感器结点是密集部署的，传感器结点间的距离很短，因此，多跳对等通信方式比传统的单跳、主从通信方式更适合在分布式传感器网络中使用，由于每跳的距离较短，无线收发器可以在较低的能量级别上工作。另外，多跳通信方式可以有效地避免在长距离无线信号传播过程中遇到的信号衰减和干扰等各种问题。

（2）具有层次结构的传感器网络。

将传感器网络划分成逻辑上的层次结构，网络中的结点分为簇头（Cluster Head）和簇成员（Cluster Member）两种。簇头作为所在簇的控制中心，负责簇结构的形成、簇内成员数据的收集，并融合所得数据后发送给其他簇头或者直接发送给数据汇聚点（基站）。基站是一个控制中心，通常具有很高的计算和存储能力，可以实施多种控制命令，实现网关、用户访问接口等功能。在具有层次结构的传感器网络中，为了尽可能高效地使用传感器结点的能量和最大限度地延长网络的生存时间，如何选择簇头是关键的研究问题。麻省理工学院的 Heinzelman 等人提出了一直被广泛引用的 LEACH 算法，该算法以循环的方式随机选择簇头结点，将整个网络的能量负载平均分配到每个传感器结点中，从而达到降低网络能源消耗、提高网络整体生存时间的目的。普渡大学的 Younis 和 Fahmy 提出了一种迭代的分簇算法 HEED，该算法对剩余能量和簇内通信代价综合考虑，进行迭代选出簇头。当某个结点被选为簇头时，用平均最小可达功率（AMRP）作为簇内通信代价的度量。HEED 算法与 LEACH 算法相比，在簇头负载平衡上有了很大的提高。

2. 传感器网络的主要特点

传感器网络的主要特点有：

（1）网络结点规模大、数目多、密度高。为了获取精确信息，在监测区域通常部署大量的传感器结点，传感器结点数量可能成千上万，甚至更多。传感器网络的大规模性包括两方面的含义：一方面是传感器结点分布在很大的地理区域内，如在原始森林采用传感器网络进行森林防火和环境监测，需要部署大量的传感器结点；另一方面，传感器结点部署很密集，在一个面积不是很大的空间内，密集部署了大量的传感器结点。传感器网络的大规模性具有如下优点：通过不同空间视角获得的信息具有更大的信噪比；通过分布式处理大量的采集信息能够提高监测的精确度，降低对单个结点传感器的精度要求；大量冗余结点的存在，使得系统具有很强的容错性能；大量结点能够增大覆盖的监测区域，减少洞穴或者盲区。

（2）自组织网络，网络拓扑结构不稳定。在传感器网络应用中，通常情况下传感器结点被放置在没有基础设施的地方。传感器结点的位置不能预先精确设定，结点之间的相互邻居关系预先也不知道，如通过飞机播撒大量传感器结点到面积广阔的原始森林中，或随意放置到人不可到达或危险的区域。这样就要求传感器结点具有自组织的能力，能够自动进行配置和管理，通过拓扑控制机制和网络协议自动形成转发监测数据的多跳无线网络系统。在传感器网络使用过程中，部分传感器结点由于能量耗尽或环境因素造成失效，也会有一些结点为了弥补失效结点、增加监测精度而补充到网络中。这样，传感器网络中的结点个数就动态地增加或减少，从而使网络的拓扑结构随之动态地变化。传感器网络的自组织性要能够适应这种网络拓扑结构的动态变化。传感器网络的拓扑结构可能因为下列因素而改变：①环境因素或电能耗尽造成的传感器结点出现故障或失效；②环境条件变化可能造成无线通信链路带宽变化，甚至时断时通；③传感器网络的传感器、感知对象和观察者这三要素都可能具有移动性；④新结点的加入。这就要求传感器网络系统要能够适应这种变化，具有动态的系统可重构性。

（3）对传感器结点的可靠性要求高。由于监测区域环境的限制以及传感器结点数目巨大，不可能人工管理和维护网络。另外，还要防止监测数据被盗取和获取伪造的监测信息。因此，传感器网络的软、硬件必须具有鲁棒性和容错性，同时，传感器网络的通信保密性和安全性也十分重要。传感器网络特别适合部署在恶劣环境或人类不宜到达的区域，传感器结点可能工作在露天环境中，遭受太阳的暴晒或风吹雨淋，甚至遭到无关人员或动物的破坏。传感器结点往往采用随机部署，如通过飞机撒播或发射炮弹到指定区域进行部署。这些都要求传感器结点非常坚固，不易损坏，适应各种恶劣环境条件。

通过以上对传感器网络的基本知识及特点的了解可知，通常传感器网络会被布置在不易控制、易受损、易被敌人攻击的环境中，且其本身也存在计算能力和能量受限的特点。因此，传感器网络面临的安全问题也更加复杂和多样，寻找适合于传感器网络特点的安全措施和方法是目前信息安全研究的热点问题之一。

3. 安全需求

无线传感器网络虽然与普通的计算机网络有一些共同之处，但它也具有一定的的独特性，这也决定了 WSN 对安全的需求除了通常的机密性、完整性及可用性之外，还应有针对其独特性的要求。WSN 的安全需求可以总结为以下几个方面：

（1）数据机密性：安全机制要能够保障除了预期的接收者外，其他人不能够理解消息的内容。WSN 中的机密性需要考虑的问题包括：结点采集的数据只能被授权的其他邻居结点读取；密钥分发机制需要格外的健壮；公共的信息（如传感器标识、共享密钥）也应该加密，以防止被流量分析的方法攻击。

（2）数据完整性：需要保证消息在从发送者到达接收者的传输过程中不被改变。在传感器网络中，通常使用消息认证码来进行数据完整性的检验。它使用一种带有共享密钥的散列算法，即将共享密钥和待检验的消息连接在一起进行散列运算，并查看散列值（数据的一点儿微小改变都会对散列值产生较大的影响）。

（3）可用性：安全机制需要保证 WSN 即使在发生了内部或外部的攻击时仍能保持服务。针对 WSN 结点的计算和通信能力弱等特点，一个合理的 WSN 安全机制既要节能高效，又不能太复杂，一些研究者通过在结点之间增加额外的通信来达到这个目的；另外一些方法则采用一个中心控制系统来保证每个消息都会成功地被发送到接收者。

（4）数据的新鲜性：在传感器网络中，基站和簇头需要处理很多结点发送过来的消息，为了防止攻击者通过将过时的消息重复发送给接收者而消耗接收者的资源，需要保证发送方传给接收者的数据是在最近时间内生成的最新消息，而不是攻击者重放的窃听到的旧消息。这一点在使用共享密钥的结点间消息通信中尤其重要，因为对手可能会利用密钥更新的时机，在新密钥被所有结点接收到之前实施重放攻击。可以通过在消息上加一个临时值或时间相关的计数器来检测其新鲜性。

（5）自组织性：在 WSN 网络中，要求结点是自组织和自恢复的，这对 WSN 附加了更高的安全挑战。因为在高度动态的 WSN 中，在结点和基站之间的共享密钥机制很难部署和预安装。在 WSN 网络中，不仅要求能够自组织地进行多跳路由，还需要能够自组织地实现密钥管理及信任关系管理。

（6）安全定位：在许多情况下，对 WSN 中每个结点进行精确和自动的定位是必须的。例如，在用于故障检测的 WSN 中，攻击者可以通过报告假的信号强度及重放等手段来提供错误的结点位置信息。一种称为 SeRLoc（Secure Range-independent Localization）的机制可以用来防止这种攻击，提供安全的结点位置信息。它首先假设定位器是不会被攻击的，结点监听每个定位器发出的信标消息，信标消息使用预分配的共享的全局对称密钥进行加密。一个传感器结点依据接收到的所有信标消息及定位器的位置来计算其大致位置，然后传感器结点利用多数表决机制来计算重叠的天线区域，最终的位置为重叠的天线区域的重心。

（7）认证性：在传感器网络中，攻击者很容易向网络中注入信息，因此必须保证通信的结点身份的真实性和有效性，保证消息真正来源于真实可信的发送者，而非来自于假冒的发送者。在传统的计算机网络中，通常使用数字签名来进行身份认证，但这种基于公钥的机制对于通信能力、计算能力及存储能力都有限的的传感器结点不适用。一般通过判断对方是否拥有共享的秘密对称密钥来进行身份认证。

另外，多数的 WSN 应用要求时间同步，因此任何 WSN 的安全机制也应该是时间同步的；传感器网络一般部署在恶劣环境，环境的不确定性要求安全方案具有足够的健壮性和自适应能力，能够灵活地适应环境变化，在某些结点受到攻击后仍能保证安全方案不失效。

4. 安全方案设计需要考虑的因素

由于无线传感器网络本身的特点，在进行安全协议、安全方案设计时需要考虑以下的制约因素：

（1）能量限制：结点在部署后很难替换和充电，所以低功耗设计是首先要考虑的因素。

（2）结点存储和计算能力：传感器结点存储和运行代码的空间有限，其计算能力也不能和计算机相比，因此安全算法不能过于复杂。

（3）通信的不可靠性：无线信道通信的不稳定性、结点并发通信冲突和多跳路由延迟等问题对安全算法的容错能力提出更高的要求。

（4）结点的物理安全无法保证：在进行安全方案设计时，必须考虑如何对被攻击者控制结点进行检测和删除的问题，还要限制被控制结点安全隐患的传播和散布。

（5）结点布置的随机性：结点通常采用随机投放的方式放置，传感器结点的位置不能预先确定。

11.4.2　无线传感器网络面临的安全威胁

无线传感器网络易受到各种不同类型的攻击，主要的安全威胁可分成三大类，分别是：对保密和认证的攻击、对网络可用性的攻击及对服务完整性的攻击。对网络可用性的攻击一般指拒绝服务攻击，其目的是减弱或消除网络提供服务的能力；对保密和认证的攻击包括重放、窃听、篡改和欺骗等攻击方式；对服务完整性的攻击目的是使网络能够接收某些虚假的信息，例如，路由攻击通过虚假或错误的路由信息，将数据转发到错误的路径或破坏正常的网络服务。这些安全威胁又包括多种不同的攻击方式，下面介绍一些常见的安全威胁及可能的攻击方式。

1. 对保密和认证的攻击

WSN 能够通过对传感器的有效开发来自动地采集数据，但也易受到大量数据源滥用的攻击。在 WSN 中，敏感数据的保护是一个很难解决的问题。因为攻击者不需要实地出现来实施攻击，他可以容易地实现远程的、匿名的数据采集。此外，攻击者如果知道如何对源自不同传感器的数据进行综合，也可能通过搜集一些看似普通的数据并从中推理出敏感信息。

物理层的一种攻击是结点篡改，如果它可以物理地访问其他结点，那么就可以篡改它们。这样，攻击者可以直接查询一个结点的内存，捕捉私密信息，包括加密数据，从而破坏该结点的功能，甚至完全破坏其硬件。

结点复制攻击通过复制网络中已经存在的一个结点的标识来向网络中添加一个结点。由于复制结点的加入会引发错误的路由，因此会导致 WSN 网络中消息通信的严重破坏。它也可能引发网络分裂和虚假信息通信。如果攻击者能够获得对整个网络的物理访问，他就能够复制共享密钥从复制结点进行消息通信。另外，如果攻击者能够将复制结点放到网络中特殊的战略位置上，他就可以容易地操纵某一个网段，从而引发网络的分裂。

如果 WSN 中的通信没有加密，那么窃听是对数据私密性进行攻击的最简单方式，攻击者很容易截获和理解消息的内容。即使 WSN 中的数据通信已加密，攻击者通过流量分析仍能够识别一些传感器的角色和行为。例如，一些结点间的突发流量意味着这些结点上发生特殊的行动或事件，需要重点监视。

攻击可能先攻陷 WSN 中的一个结点，然后利用这个结点来伪装成一个正常的结点。这个伪装的结点可以广播虚假的路由信息，吸引其他的结点把它作为转发结点。一旦被欺骗的结点将数据包发给伪装的结点，它会进一步将数据转发到某些进行秘密分析的战略结点上。

随机数攻击与访问控制列表（ACL）有关。ACL 定义结点接收的数据来自哪里，其包括目的地址、密钥、随机数和其他选项。如果发送方在两次传输中使用了相同的密钥和随机数，那么攻击者有可能截获这些密码，并窃取有用信息。

重放保护攻击针对 IEEE 802.15.4 协议中定义的重放保护机制。重放保护机制定义了一种特殊的帧，该帧用来检查最近收到的数据包计数器值是否大于它的前一个数据包计数器值。如果一个攻击者发送大量计数器值大的帧给一个合法的结点，那么该结点就会拒绝其他结点发来的计数器值小的合法帧。

2.　对可用性的攻击

对 WSN 的可用性进行攻击的常见方式是拒绝服务攻击（DoS），这些拒绝服务攻击可以发生在网络的物理层、链路层、传输层及应用层上。

在物理层上，主要通过无线电干扰的方式来导致接收结点或发送结点的拒绝服务攻击。根据无线干扰的方式将攻击分为连续性攻击、欺骗性攻击、随机性攻击和反应性攻击。连续性攻击是指攻击者可以使用一个干扰器不间断地发送无线信号或随机几个 bit。合法结点只有在信道空闲时发送数据包，因此不间断干扰剥夺了合法用户对信道资源的使用。欺骗性攻击会在信道中不断注入与合法数据包无间隙的后继数据包，使合法结点相信这个具有欺骗性的后继数据包也是合法的，而一直处于接收数据的状态。随机性攻击采取一种节约能源机制，会在睡眠和干扰状态之间交替。经过一段时间的干扰后，它会进入"睡眠"模式，当"睡眠"一段时间后，它又进入干扰阶段。这三种攻击模式都通过有源干扰器抢占信道资源，比较容易被发现。另一种攻击方法就是使用一个反应干扰器，当信道处于闲置状态时反应干扰器保持安静，当它感应到信道有数据传输时就发送一个干扰信号，阻碍合法数据的传输。这种反应性攻击很难检测到。

攻击者在数据链路层的拒绝服务攻击主要是指通过利用 MAC 协议规则来破坏指定信道或消耗信道资源。例如，退避攻击是指在 CSMA/CA 算法中，如果是在一个很小退避间隔内选择退避时间而不是随机选择，很容易造成碰撞，从而剥夺合法用户使用信道。另外，也可通过在链路层产生大量的干扰数据包来造成碰撞。

传输层提供了端到端数据包的可靠传输，这一层主要的攻击有泛洪攻击和同步攻击。泛洪攻击是指攻击者向合法结点发送许多虚假连接请求，这个结点的资源（如存储器）将很快被这些不必要的虚假连接消耗殆尽。同步攻击中，攻击者窃听两个结点之间的连接，然后伪造信息给其中一个结点，目的是使接收结点重新请求发送结点重发一些重要的信息，如果攻击者在特定时间攻击含有连接所需的特殊控制信息，那么两个结点之间的同步会丢失。

OverWhelming 攻击主要发生在监控应用中，比如运动监测，当某一事件被监测到时传感器被触发。一个或者一组攻击者试图覆盖其他的结点，这样会导致网络中大量的通信涌向 sink 结点。基于路径的 DoS 攻击通过端结点将大量的重复数据包放到网络中，这些重复的数据包涌向 sink 结点，使网络资源很快被消耗殆尽。攻击者还可以通过发送不相干重复的数据包消耗结点能量来降低网络生存期。

3. 路由攻击

网络层攻击通常阻碍路由选择机制或路由策略。攻击者可能在路由发现期、路由选择期或路由建立之后进行网络攻击。

路由建立后的攻击。在路由环路攻击中，攻击者通过改变传输分组的地址来造成路由环路，使它们无法与外界通信。在黑洞攻击中，攻击会导致结点丢掉全部或选择性接收部分数据包。

路由发现过程中的攻击。在虚假路由信息攻击中，向网络中提供错误的路由信息，误导结点。在篡改路由序列号攻击中，结点根据目的路由序列号数值的大小来判断路由是否失效，目的路由序列号值最大的结点作为最新的请求结点。攻击者就可以伪造一个目的序列号值大的数，那么它就可以加入到路由当中。

路由选择过程中的主要攻击。①在 HELLO 泛洪攻击中，其使得接收结点确信攻击者在其一跳的传输范围之内，而实际上攻击者可能需要消耗更高的传输能量或在距其更远的传输距离；②在 Sinkhole 攻击中，恶意结点制作一个高效的路由，让周围结点信息的传送都经过这个路由，再对所有经过它的数据包完全不转发或者选择性转发；③在蠕虫攻击中，至少有两个协议攻击者，通过隧道报文在它们之间建立一个虚假的低时延路径，使合法用户相信其是将数据发往目的结点的最优路径；④在 Sybil 攻击中，攻击者在网络中伪造或者窃取多个不同的身份以便提高其被选为路由的概率。

11.4.3　WSN 常用的安全防御机制

1. WSN 中的密码术

由于密码是所有网络安全保障的基础，因此，选择合适的密码术是 WSN 中最重要的一步。选择时需要考虑传感器结点的约束，要很好的评估算法代码的大小、数据量的大小、处理时间以及能耗等问题。

（1）公开密钥密码。

很多研究者认为，公开密钥密码术由于算法的代码长度、数据量、处理时间以及能耗等问题而不适合无线传感器网络。公开密钥算法，如 RSA，是一种计算复杂度较高的算法，每完成一次操作都需要进行几千次甚至上百万次的乘法指令，一个微处理器公钥算法的效率主要是由完成一个乘法操作指令所需要时间周期的数量决定的。Brown 等人的研究发现，RSA 在资源受限的 WSN 网络中完成一次加密和解密所需要时间达到几十秒甚至几分钟的量级，这会使 WSN 网络很容易受到拒绝服务攻击。另一方面，Carman 等人的研究发现，处理器仅完成一个结果为 128 位的乘法操作，就需要消耗几千 nJ 的能量。相比之下，对称算法及散列函数消耗的能量较少，例如，在 MC68328 DragonBall 处理器上的测试结果表明，用 RSA 算法加密 1024 位的分组消耗 42mJ 的能量，而用 AES 加密 128 位的分组仅消耗 0.104mJ 的能量。

近期的一些研究认为，如果选择正确的算法、相关参数、优化策略及低能耗技术，在传感器网络上使用公钥加密也是可行的。研究的算法包括 Rabin、Ntru-Encrypt、RSA 和 ECC，其中 RSA 和 ECC 吸引了更多研究者的注意。ECC 的魅力在于它可以用较小的密钥达到相等的安全性，从而减少处理和通信的开销。例如，密钥长度为 1024 位的 RSA-1024 可以提供目前多数应用可接受的安全性，它的安全强度与密钥长度为 160 位的 ECC-160 相当；RSA-2048 的安全强度与 ECC-224 相当。

Wander 等人研究和测试了在 Atmel ATmega128 处理器上基于 RSA 和 ECC 密码算法的认证和密钥交换的能量消耗。基于 ECC 的签名由椭圆曲线数字签名算法（ECDSA）来生成和验证，密钥交换协议是简化版的 SSL 握手过程。假设 WSN 由一个中心点管理，每个传感器都拥有一个由中心点的私钥和 RSA 或 ECC 算法签发的数字证书。结果显示，ECDSA 签名比 RSA 签名在节能方面更加出色；在密钥交换方面，基于 ECC 的密钥交换算法在服务器端胜出，但在客户端 ECC 与 RSA 的能耗不分上下。此外，随着密钥长度的增加，ECC 的性能优势更加明显。

在 Mica2 传感器结点上实现 RSA 和 ECC 密码算法也证明了公钥协议对 WSN 的可行性。Watro 等人描述了一个在 TinyOS 开发环境上实现 RSA 算法的系统 TinyPK，它可以在资源受限的传感器结点上有效地实现认证和密钥协商。Malan 等人在 Mica2 上开发了 TinyECC，它利用 ECC 分发用于链路层加密的对称密钥。尽管公钥加密在传感器中实现是可能的，但私钥操作的费用仍然很高，例如选择较小的整数 $2^{16}+1$ 做公开密钥，公钥操作时间非常快，而私钥的操作不变化。许多的研究都假设私钥操作是在基站上或由其他的第三方来完成的，但这就限制了公钥算法的一些应用，如传感器结点间的对等身份认证及安全的数据聚合。

（2）对称密钥算法。

由于公钥算法计算的复杂性，多数对于 WSN 加密的研究集中在对称密钥算法上。对称算法在参与通信的双方共享一个密钥，既用于加密也用于解密。研究者在六个不同的微处理器平台上对常用的加密算法 RC4、RC5、IDEA、SHA-1、MD5 进行评估，结果表明，对于每个加密类别和平台，加密的开销是一致的。另外，散列函数 MD5、SHA-1 的开销比对称加密算法 RC4、RC5 和 IDEA 高。尽管对称算法相比非对称算法更适合计算能力、存储能力及能量受限的无线传感器网络，但对称密钥算法面临最大的挑战是如何安全地实现密钥的分发。由于预分发密钥在许多情况下不可行，使得密钥分发问题变得更加重要，更加有效和灵活的密钥分发机制是未来研究的主要方向之一。

2. WSN 中的密钥管理

密钥管理是保证 WSN 网络服务及应用安全的核心机制，其目的是在结点间实现安全可靠的分发和管理密钥。另外，在 WSN 中，密钥管理需要支持结点的增加和撤销。由于 WSN 中的结点具有计算能力和能量限制，密钥管理协议必须是极轻量级的。虽然公钥算法在密钥分配方面具有先天的优势，但由于公钥算法计算强度太高，目前多数的 WSN 密钥管理机制是基于对称算法的。图 11-13 显示了 WSN 中密钥管理协议的分类。下面将对一些重要的密钥管理协议做进一步的介绍。

（1）基于网络结构的密钥管理。

根据网络的结构，WSN 中的密钥管理可分为集中的密钥管理和分布的密钥管理。集中的密钥管理机制中，由称为密钥分发中心（KDC）的实体唯一负责密钥的生成和分发。文献中关于集中密钥管理协议只有 LKHW 一种。

在 LKHW 密钥管理机制中，基站被用作 KDC，所有密钥呈现一种以 KDC 为根的树状结构逻辑分布。这种机制主要的缺点是：如果中心控制者失效，会影响整个网络的安全。另外，这种机制不能提供数据认证、缺少可测量性。在分布式的密钥管理协议中，用多个不同的控制者对密钥相关活动进行管理，不存在单点失败的问题。因此，多数文献中的密钥管理方法本质上都是分布式管理，这些方法又分为确定性的密钥管理和概率密钥管理。

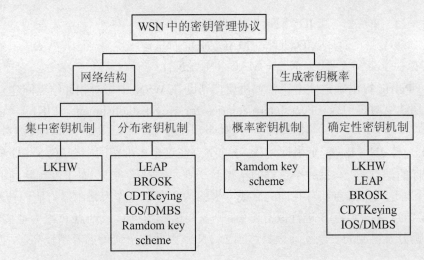

图 11-13　WSN 中密钥管理协议的分类（来源：Y.Wang，G.Attebury，B.Ramamurthy，
IEEE Communications Surveys and Tutorials，Vol.8，No.2，pp.2～23，2006）

（2）根据密钥共享的概率进行密钥管理。

WSN 的密钥管理还可以根据在一对传感器结点之间共享密钥的概率进行分类。根据这种共享概率将密钥管理分为确定性的管理机制和概率管理机制。

● 确定性密钥管理机制。

Satia 等提出的局部加密和认证协议（LEAP）是一种基于对称密钥算法的 WSN 密钥管理协议，它根据不同数据分组安全需求的不同使用不同的密钥生成机制，并为每个结点建立四种密钥：预分配的结点与基站共享的个人密钥；预分配的网络中所有结点共享的群组密钥；两个直接邻居结点之间的对偶密钥；与多个邻居共享的簇密钥。对偶密钥用于结点之间的对等通信；簇密钥用于局部广播。该协议的一个前提假设是攻击一个结点所需的时间比建立网络的时间长。在部署前，一个通用的初始密钥装备到每个结点，每个结点再根据初始密钥和自己的唯一标识推导出主密钥。结点交换 Hello 消息并由接收者进行认证，然后结点基于他们的主密钥计算共享密钥，并从结点中删除通用初始密钥，并假设在此阶段完成之前，每个结点都是安全的。由于攻击者不知道通用密钥，就无法向网络中注入假消息或解密以前交换的秘密消息；同时，也没有可以伪造其他结点的主密钥。这样，就在每一对直接邻居之间建立了对偶密钥。一个结点生成簇密钥并用对偶密钥将之加密送给其直接邻居。群组密钥是预装的，但如果网络中一旦检测到有结点被攻击，群组密钥就需要更新。群组密钥更新可以通过一种简单的方式完成，由基站用个人密钥将新的群组密钥发送给每个结点。也有更复杂的方式来完成这个任务，如在多跳邻居之间建立共享密钥。

Lai 等人提出广播会话密钥协商协议（BROSK）。BROSK 假设在网络所有结点中共享一个主密钥，主密钥是保密的，可用于结点间的认证。一个传感器结点 A 与其邻结点 B 建立会话密钥的过程通过广播一个密钥协商消息来实现。A 发送的密钥协商消息的内容如式（11-1）所示，其中，ID_A 为结点 A 的标识，并且网络中每个结点的标识是唯一的；N_A 是由 A 产生的临时值，$MAC_K(ID_A \| N_A)$ 实现对消息及结点的认证。结点 B 广播密钥协商消息内容如式（11-2）所示。A 可以收到来自 B 的广播消息，B 可以收到来自 A 的广播消息，因此，A 与 B 可以依照式（11-3）来形成会话密钥。这种方法具有可扩展性好、能耗低的优点。

$$ID_A \parallel N_A \parallel MAC_K(ID_A \parallel N_A) \tag{11-1}$$

$$ID_B \parallel N_B \parallel MAC_K(ID_B \parallel N_B) \tag{11-2}$$

$$K_{AB} = MAC_K(N_A \parallel N_B) \tag{11-3}$$

Chan 和 Perrig 提出确定性密钥管理协议，帮助在 WSN 中每对相邻结点间建立密钥，该机制称为密钥建立对等中介（Peer Intermediaries for Key Establishment，PIKE）。它把所有 N 个传感器结点组织到一个二维空间中，如图 11-14 所示，结点的坐标为 (x, y)，其中 $x, y \in \{0, 1, \cdots, \sqrt{N}-1\}$。一个坐标为 (x, y) 的结点在这个二维空间中有 $2(\sqrt{N}-1)$ 个与之有相同 x 或 y 坐标的结点，它与每一个这样的结点共享唯一的对偶密钥。对于没有共同坐标的两个结点，用一个与这两个结点都有共同的 x 或 y 坐标的中介结点作为路由器为他们转发密钥。如图 11-14 中，结点 A 与结点 B 进行保密通信，则需要选择结点 C 或结点 D 来为他们转发密钥。由于这种密钥分发机制的安全连通性只达到 $2/\sqrt{N}$，因此整个通信的开销较高。

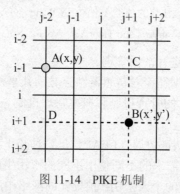

图 11-14　PIKE 机制

此外，Camete 等人提出一种基于组合设计理论的确定性密钥分发机制（CDTKeying）。该方法基于组合数学的分块设计（Block Design）技术，采用对称的一般化的四边形设计技术。Lee 和 Stinson 提出两种基于组合设计理论的确定性机制：基于 ID 的单向函数机制（IOS）和确定性多重空间 Bloms 机制（DMBS），并进一步讨论如何使用组合集系统来设计 WSN 中确定性密钥的预分发机制。

● 概率密钥管理机制。

多数的 WSN 密钥管理协议是概率的和分布的机制。Eschenauer 和 Gligor 提出一种随机密钥预分发机制（Random Key Pre-distribution Scheme），它依赖于一个随机图结点间的概率密钥共享。这个协议分成三个阶段：密钥预分发、共享密钥发现和路径密钥的建立。在密钥预分发阶段，每个传感器都配备一个存储在其存储器中的密钥环，密钥环由 k 个密钥组成，这 k 个密钥是从一个由 P 个密钥组成的大密钥池中随机抽取的。密钥环中密钥的标识符和传感器标识符之间的关联存储在基站上。每个传感器结点与基站共享一个对偶密钥。在共享密钥发现阶段，每个传感器发现与之共享密钥的邻居结点。发现的方法有两种：一种简单的方法是让每个结点以明文的形式广播自己密钥环中的密钥标识符，然后由邻居结点检查是否有与自己共享的密钥。但这种方法容易被敌手观察到传感器间密钥共享的模式；第二种方法使用质询—应答机制来隐藏传感器间密钥共享的模式。在路径密钥的建立阶段，将为在通信范围内且没有共享密钥的所有传感器指派一个路径密钥。在这种机制中，如果有某个结点被攻击，基站会向所有其他传感器发出一个消息来撤销被攻击结点的密钥环，并重新分发一个密钥环。基站与传感器结点间的通信都是用共享的对偶密钥签名的，以防止基站被敌手假冒。如果一个结点被攻陷，那么攻击者攻击任意链路能够成功的概率近似等于 k/P，只要初始的密钥数量满足 k<<P，就可以保证攻击只影响少数的结点。

在基本的随机密钥管理机制中，任意两个邻居结点在密钥设置阶段需要在各自的密钥环上找到一个共同的密钥。Chan 等人的研究发现，密钥环中密钥交迭数目的增长能够增加网络对结点俘获的适应能力，因此提出 q－复合随机密钥预分发机制（q-Composite Random Key Pre-distribution Scheme）。这种机制要求在密钥设置阶段，在任意两上邻居结点间建立安全连接至少需要共享 q 个共同密钥。此外，他们还引入密钥更新阶段来加强基本的随机密钥管理机制。假设 A 在密钥设置完成后与 B 有一个安全连接，且安全密钥是来自密钥池 P 中的密钥 k，由于 k 可以存在于其他结点的密钥环中，那么，某个具有该密钥的结点被俘获，则会危害到 A 与 B 之间的连接的安全性。因此，放弃使用密钥池中的密钥，更新 A 与 B 之间使用的通信密钥会得到更高的安全性。他们为密钥更新提出多路径密钥加固方法，在这种情况下，一个敌手如果想重建 A 与 B 之间的通信密钥，它需要窃听结点 A 与 B 之间所有分离的路径。

3. 对路由协议攻击的防御

WSN 有许多种路由协议，这些路由协议大体上可以分成三类：基于平面的路由、基于层次的路由和基于位置的路由。在基于平面的路由协议中，所有结点一般具有相等的角色或功能。在层次路由协议中，结点在网络中的角色是不同的。在基于位置的路由协议中，传感器的位置用来给数据提供传送路线。所有这些路由协议都会受到某些攻击的威胁，如选择转发、Sinkhole 攻击等。WSN 安全路由协议的目的是保证消息的完整性、认证和可用性，多数现有的 WSN 安全路由算法都基于对称加密算法，下面介绍几种 WSN 中的安全路由机制。

（1）无线传感器网络中的入侵容忍路由协议。

Deng 等人提出无线传感器网络中的入侵容忍路由协议，该方法在每个结点中构建一个绕过网络中恶意结点的路由表。尽管该协议不能完全排除对结点的攻击，但可以使破坏降到最低限度；将计算和通信开销集中到基站上，对结点的运算、通信、存储及带宽的要求较低。为了防止 DoS 攻击，个体结点不允许广播到整个网络，只有基站允许广播。并且基站使用单向散列函数来防止被恶意结点假冒。与路由有关的控制信息由基站来认证以防止假的路由信息注入。由于基站没有计算和能量限制，路由表计算和传播都由它来完成。即使一个结点被攻击而无法转发数据分组，入侵容忍路由协议能够使用冗余的多路径路由，绕过恶意结点，把数据分组送达目的地。

入侵容忍路由协议由两个阶段组成：路由发现和数据转发。在路由发现阶段，基站通过多跳转发向网络中每个结点发送一个请求信息。任何收到请求消息的结点记录发送者的身份标识并向它的所有直接邻居发送该消息。结点通过发送反馈消息来告知它的局部拓扑信息。消息的完整性由共享密钥机制来保护。一个恶意结点能造成的危害只限于不转发数据分组，但数据可以通过不同的邻居来发送。尽管恶意结点的危害不能完全排除，但即使在最坏的情况下，也只会影响到下游的少数几个结点。恶意结点也可能通过发送虚假消息来耗尽下游结点的电池。最后，基站为每个结点计算两条独立的路径，并生成路由表发送给每个结点。第二阶段的数据转发以基站计算的转发表为基础。

（2）SPINS。

SPINS 是 Perrig 等人提出的一套适合无线传感器网络的安全协议。它包括两个构成模块：

SNEP（Secure Network Encryption Protocol）和μTESLAP（micro version of Timed Efficient Streaming Loss-tolerant Authentication Protocol）构成，在 WSN 中提供数据机密性、真实性、双方数据认证和对等通信的数据新鲜性。

SPINS 协议采用结点和可信基站之间预共享主密钥的模型，网络部署前，每个结点都与基站初始化一个共享的主密钥 K。所有的其他密钥，包括用于加密的的 K_{encr}、用于生成消息认证码的 K_{mac} 和用于生成随机数的 K_{rand}，都来源于主密钥 K。

在 SNEP 中，为了实现双向认证、数据机密性、完整性和新鲜性，使用计数器（CTR）模式的加密机制和消息验证码（MAC）。假设 A 想发送消息给基站 B，其消息的格式是：

$$A \rightarrow B : D_{<K_{encrC}>} \| MAC(K_{mac}, C \| D)_{<K_{encrC}>}$$

其中：D 表示加密前的消息，C 是计数器链接加密模式中在发送方和接收方之间共享的计数器的值，发送方和接收方发送或接收一个消息后，计数器值增加 1。C 与密文数据一起链接计算形成消息认证码，可以提供重放保护和弱新鲜性。SNEP 协议要实现强新鲜性，则还需要引入 nonce 随机数。

μTESLAP 利用散列函数的单向特性，将密钥延迟发布，实现对广播报文的认证。基站首先使用单向散列函数 H 生成一个单向密钥链 K_0, K_1, …, K_i, …, K_n，其中 $K_i = H(K_{i+1})$，由 K_{i+1} 容易计算得到 K_i，而由 K_i 则无法计算得到 K_{i+1}。将网络生存时间分为若干个时间片，每一时间片对应密钥链中的一个密钥。在第 i 个时间片内，基站发送认证数据包，然后延迟一个时间 t 后公布密钥 K_i。结点接收到该数据包后首先保存在缓冲区中，等待接收到最新公布的密钥 K_i，然后使用其目前保存的密钥 K_j，并使用 $K_j = H^{i-j}(K_i)$ 来验证密钥 K_i 是否合法。若合法则使用 K_i 来认证缓冲区中的数据包。使用μTESLAP，攻击者很难获取或伪造认证密钥来发布合法的广播报文。

SPINS 协议实现简单，具有较小的负载，而且各个结点与基站间使用的密钥不相关，抗攻击性好，但是 SPINS 也存在一些不足，如基站需要存储与网络中所有结点对应的主密钥，需要有较大的存储空间；SPINS 没有考虑到网络扩展，部署后不能加入新结点；没有密钥更新；SNEP 中的加密密钥和 MAC 密钥不会改变；不能抵御 DoS 攻击等。

4. 对 Sybil 攻击的防御

Sybil 攻击是指一个结点冒充多个结点，它可以声称自己具有多个身份，甚至随意产生多个假身份，利用这些身份非法获取信息并实施攻击。Sybil 攻击能够破坏传感器网络的路由算法，还能降低数据汇聚算法的有效性。对 Sybil 攻击有两种探测方法，一种是资源探测法，即检测每个结点是否都具有应该具备的硬件资源。Sybil 结点不具有任何硬件资源，所以容易被检测出来。但是当攻击者的计算和存储能力都比正常传感器结点大得多时，则攻击者可以利用丰富的资源伪装成多个 Sybil 结点。另一种是无线电资源探测法，通过判断某个结点是否有某种无线电发射装置来判断是否为 Sybil 结点。然而其明显缺点是这种无线电探测非常耗费电源。

5. 结点复制攻击的检测

集中式结点复制攻击的检测方法存在一些问题，如单点失败问题、邻居投票协议无法检测分布式复制等。针对这些问题，Parno、Perrig 和 Gligor 提出两种分布式的算法：随机多播算法和线选择（line-selected）多播算法，这两种算法都是以多个结点的集体行为为基础进行工作的。随机多播算法向随机选择的见证人分发一个结点的位置信息，利用生日悖论来检测复制的结点。线选择多播算法使用网络的拓扑结构来检测结点复制。

传统的结点到结点的广播中，每个结点使用认证的广播消息将自己的位置信息广播到整个网络。每个结点存储其邻居结点的位置信息，如果收到了冲突的信息，它将撤销恶意结点。如果广播能到达所有结点，则这种协议可以 100%检测到所有复制位置的声明，但是通信开销较大，达到了 $O(n^2)$，这对于 WSN 网络是不可容忍的。为了减少结点到结点广播的通信开销，在一个结点位置声明被一个确定性选择的见证人结点有限子集共享的情况下，可以使用确定性多播机制。被选择的见证人是结点的 ID 的函数，如果对手复制了一个结点，见证人将会收到同一个结点 ID 两个不同的位置声明，这个冲突的位置声明会引起对复制结点的撤销。

Parno 等人提出随机多播方法来改善确定性多播的健壮性。给定一个结点位置声明，随机多播算法随机地选择见证人结点，因此对手很难预测见证人的身份。当一个结点声明其位置后，它的每一个邻居会向一组随机选择的见证人发送一个位置声明的副本。如果敌手复制了一个结点，就会有两组见证人被选择出来。在一个有 n 个结点的网络中，如果每个位置产生 $\sqrt{n}$ 个见证人，根据生日悖论，至少有一个见证人结点会收到两个冲突的位置声明。两个冲突的位置声明形成足够的证据来撤销一个结点，这样这个见证人就可以将这一对位置声明广播到整个网络，每个结点可以独立地进行撤销决策。但随机多播的通信和存储开销仍然较高，分别是 $O(n^2)$ 和 $O(\sqrt{n})$。

为了减少随机多播的通信开销，Parno 等人又提出一个替代算法——线选择多播算法。该算法的基本思想是：一个位置声明从源结点 s 到目的结点 d 的旅行会经过几个中间结点。如果这期间的每个结点记录这个位置声明，那么位置声明在网络中经过的路径可以看成一个线段。位置声明的终点是一个随机选择的见证人结点，随着位置声明穿过网络到达见证人结点，中间结点要检查这个声明。如果一个冲突的位置声明穿过一条线，那么在交叉点上的结点将检测到冲突，然后发起一个撤销广播。如果每一条线段的长度为 $O(\sqrt{n})$，那么线选择算法的通信开销为 $O(n\sqrt{n})$，算法的存储开销为 $O(\sqrt{n})$。

6. 对流量分析攻击的防御

在 WSN 中，有两类已被确认的流量分析攻击形式：速率监视攻击和时间相关攻击。在速率监视攻击中，敌手监视其附近结点的分组发送速率。在时间相关攻击中，敌手观察一个结点和它的邻居结点转发同一个数据分组的时间相关性，然后依次跟踪分组向基站传播过程中的每个转发操作，从而推测路径。

Deng、Han 和 Mishra 等人提出的防御流量分析的方法包括四种技术。首先，提出多源路由机制（Multiple Parents Routing Scheme），使传感器结点可以将数据分组转发给多个源头的其中一个，使得分组路由的模式不是那么显著；第二，在分组穿过 WSN 网络到达基站的多跳路径中引入受约束的随机行走算法，这样可以分散分组流量，从而使速率监视攻击失效；第三，引入随机伪装路径来迷惑敌手，使之无法跟踪分组，从而削弱时间相关攻击的有效性；最后，建立多个通信活跃度高的随机区域来欺骗敌手，让它认为这些区域是基站的位置，这样做还可以增加速率监视攻击的难度。这四项技术的结合可以非常有效地抵御流量分析攻击。

7. 对物理攻击的防御

为防止受到物理攻击，传感器结点需要配备特殊的硬件。如利用防篡改硬件使得传感器芯片上存储的内容不能被外部攻击者访问；利用传感器之外的软件和硬件外来检测篡改。自我终止是传感器结点在受到物理攻击时防御数据被偷窃的有效方法，其基本思想是：无论何时传感器感知受到攻击，它会自行关掉并破坏内存中所有的数据和密钥。在大规模的 WSN 中，由于结点的信息及连通性的冗余度较高，这种方式非常切实可行。但主要的挑战是如何准确地辨别一个物理攻击。简单的方法是周期性地为每个结点确认邻居信息，但对于机动的传感器网络，这仍是一个悬而未决的问题。

习题 11

一、思考题

1. 根据覆盖范围的不同，无线网络可分成哪几类？

2. 影响无线网稳定性的因素有哪些？

3. 无线网络在安全方面的特殊性表现在哪些方面？

4. 列举几种常见的无线网安全威胁。

5. 无线网络的安全业务有哪些？

6. 介质访问控制协议数据单元 MPDU 包括哪些字段？

7. IEEE 802.11 的介质访问控制层有哪些功能？

8. 什么是无线网的基础服务集合和扩展服务集合？

9. 简述 WEP 的加密流程及 WEP 的安全缺陷。

10. 802.11i RSN 定义了哪些安全服务？

11. RSN 的五个操作阶段分别是什么？各阶段操作是在哪两类实体间完成的？

12. 无线站点和 AP 之间是如何互相发现并交换安全能力的？

13. RSN 中有哪两类密钥？是如何进行密钥管理的？

14. 移动通信面临哪些潜在的安全威胁？

15. GSM 系统中使用了哪几种密码算法？其用途各是什么？

16. GSM 采用的临时移动用户身份有什么作用？

17. 简述 3G 系统五个主要安全范畴提供的安全服务。

18. WAP 提供了哪些安全服务？

19. 简述 WTLS 的结构和握手过程。

20. WAP 的身份识别模块 WIM 的作用是什么？

21. 无线传感器网络有哪两种结构？各有什么特点？

22. 简述传感器网络的主要特点及安全需求。

23. 无线传感器网络的安全设计方案需要考虑哪些因素？

24. 列举三种你认为对传感器网络最危险的攻击方式，并提出防御策略。

二、实践题

1. 了解你使用的 WLAN 的安全设置，分析潜在的安全威胁及改进措施。

2. 研究你的移动电话的服务及安全属性，了解它存在的安全威胁及防范策略。

参考文献

[1] 戚文静，刘学．网络安全原理与应用．北京：中国水利水电出版社，2008．

[2] [美]Bruce Schneier．应用密码学．吴世忠等译．北京：机械工业出版社，2000．

[3] 胡道元，闵京华．网络安全．北京：清华大学出版社，2004．

[4] 卢开澄．计算机密码学．北京：清华大学出版社，1999．

[5] [美]William Stallings．Network Security Essentials:Applications and Standards．第4版．北京：清华大学出版社，2002．

[6] 樊成丰，林东编著．网络信息安全与PGP加密．北京：清华大学出版社，1998．

[7] 冯登国．计算机网络通信安全．北京：清华大学出版社，2001．

[8] [加]斯廷森著．密码学原理与实践．第2版．冯登国译．北京：电子工业出版社，2003．

[9] 袁津生，吴砚农．计算机网络安全基础．北京：人民邮电出版社，2002．

[10] [美]Sailesh Kumar．Survey of Current Network Intrusion Detection Techniques．http://www.cse. wustl.edu/~jain/cse571-07/ftp/ids/．

[11] 北京启明．防火墙原理与实用技术．北京：电子工业出版社，2002．

[12] 曹天杰等．计算机系统安全．北京：高等教育出版社，2003．

[13] 蔡红柳等．信息安全技术及应用实验．北京：科学出版社，2004．

[14] 石志国等．计算机网络安全教程．北京：清华大学出版社，2004．

[15] [美]帕斯托著．Security+安全管理员全息教程．陈圣琳等译．北京：电子工业出版社，2003．

[16] 李守鹏，方关宝，李鹤田．信息技术安全性评估通用准则（CC）的主要特征．中国计算机学会信息保密专业委员会学术年会，2001．

[17] [美]Bishop 著．计算机安全学——安全的艺术与科学．王立斌等译．北京：电子工业出版社，2005．

[18] [瑞士]Rolf Oppliger 著．WWW安全技术．杨义先等译．北京：人民邮电出版社，2001．

[19] [美]Patrick T.Lane 等著．CIW：网际互联专家全息教程．谈利群等译．北京：电子工业出版社，2003．

[20] 李海泉，李健．计算机系统安全技术．北京：人民邮电出版社，2001．

[21] Haller N，Meta C，Nesser P 等．A One-Time Password System．RFC 2289，1995．

[22] Rivest R．The MD5 Message-Digest Algorithm，RFC 1321，1992．

[23] Haller N．On Internet authentication．RFC 1704．IETF Network Working Group，1994．

[24] NIST FIPS-46-3，Data Encryption Standard (DES)．http://csrc.nist.gov/publications/fips/fips46-3/fips46-3. pdf，1999．

[25] NIST FIPS-197，Advanced Encryption Standard (AES)．http://csrc.nist.gov/publications/fips/fips197/fips-197. pdf，2001．

[26] RFC 2402，IP Authentication Header．http://www.ietf.org/rfc/rfc2402. txt，1998．

[27] RFC 2406，IP Encapsulating Security Payload．http://www.ietf.org/rfc/rfc2406. txt，1998．

[28] 任伟．无线网络安全．北京：电子工业出版社，2011．

[29] Jaydip Sen．A Survey on Wireless Sensor Network Security．IJCNIS.Vol.1，No.2，August 2009．

[30] Christos Xenakis，Lazaros Merakos．Security in third Generation Mobile Networks．Computer Communications．2004．（27）：638-650.

[31] Na Li，Nan Zhang，Sajal K.Das 等．Privacy preservation in wireless sensor networks:A state-of-the-art survey．Ad Hoc Networks．2009．（7）：1501-1514.

[32] WAPArch. Wireless Application Protocol Architecture.Version 30．WAP Forum．http://www.wapforum.org/，April 1998.

[33] MasterCard and VISA Corporations．Secure Electronic Transaction (SET) Specification-Book 1:Business Description，June 1996.

[34] MasterCard and VISA Corporations．Secure Electronic Transaction (SET) Specification-Book 2:Programmer's Guide，June 1996.

[35] MasterCard and VISA Corporations．Secure Electronic Transaction (SET) Specification-Book 3:Formal Protocol Definition，June 1996.

[36] 梁晋．电子商务核心技术——安全电子交易协议的理论与设计．西安：西安电子科技大学出版社，2000.